高等学校教材

无机及分析化学

王庆伦
顾　文　等编
任红霞

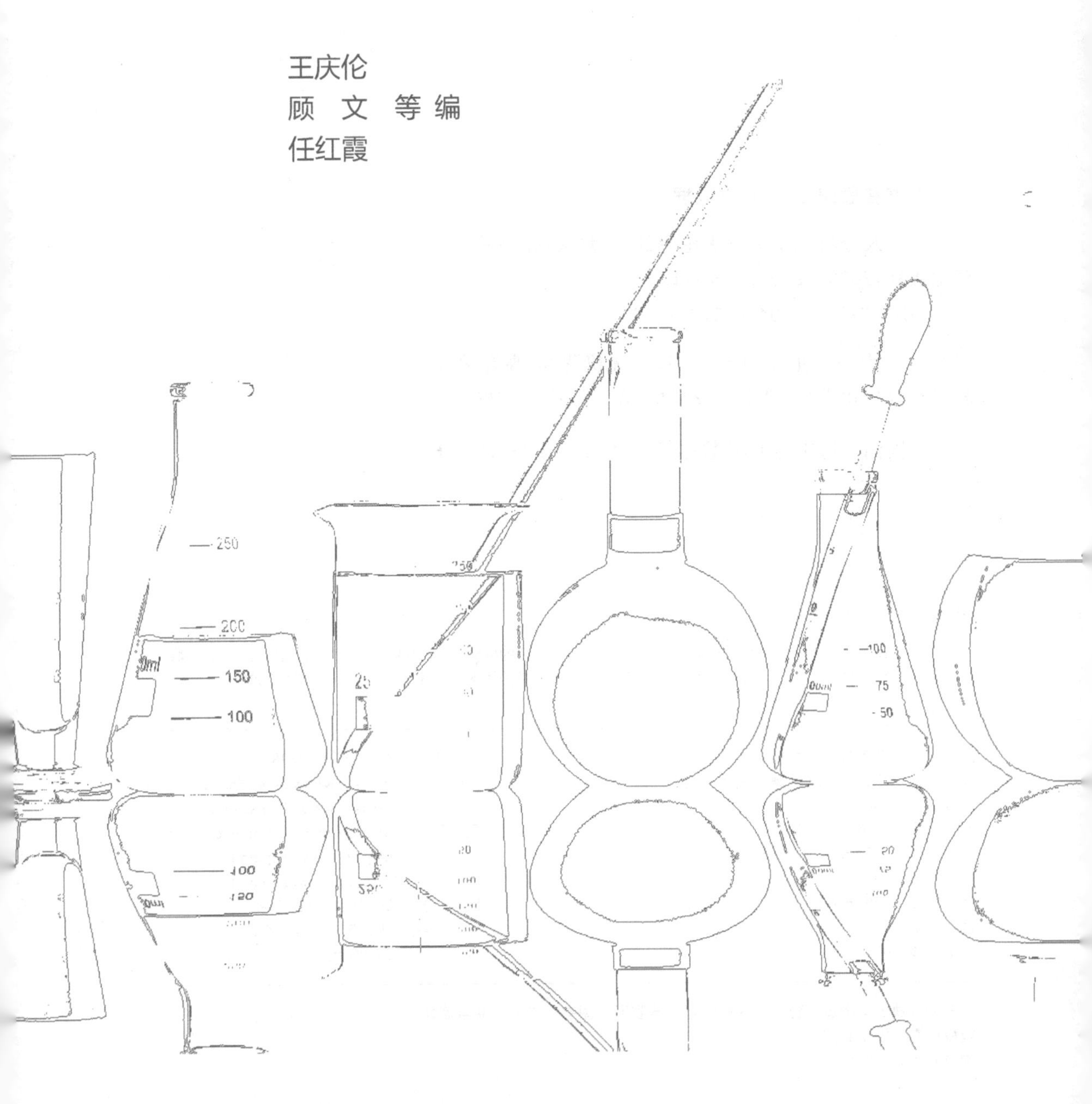

中国教育出版传媒集团
高等教育出版社·北京

内容提要

本书是为材料、环境、生命科学、医学和药学等近化学类专业学生编写的无机及分析化学教材，旨在使学生掌握物质结构的基本理论、基本原理和化学反应的应用、元素化学的基本知识；能够使用基本理论解决无机及分析化学的一般问题，选择合适的分析方法并能正确预测和表达分析结果，为解决生产和科研中的实际问题奠定基础。全书共分 12 章，有 18 个附录，每章后附有习题及习题参考答案。

本书可用作高等学校近化学类专业的无机及分析化学教材，亦可供相关技术人员参考使用。

图书在版编目(CIP)数据

无机及分析化学 / 王庆伦等编.--北京：高等教育出版社，2023.12(2024.8 重印)

ISBN 978-7-04-061231-8

Ⅰ.①无… Ⅱ.①王… Ⅲ.①无机化学-高等学校-教材②分析化学-高等学校-教材 Ⅳ.①O61②O65

中国国家版本馆 CIP 数据核字(2023)第 181772 号

WUJI JI FENXI HUAXUE

策划编辑 曹 瑛　责任编辑 曹 瑛　特约编辑 陈梦恬　封面设计 王 鹏
版式设计 杨 树　责任绘图 邓 超　责任校对 马鑫蕊　责任印制 刁 毅

出版发行 高等教育出版社
社　　址 北京市西城区德外大街 4 号
邮政编码 100120
印　　刷 涿州市京南印刷厂
开　　本 787mm×1092mm 1/16
印　　张 18.5
字　　数 460 千字
插　　页 1
购书热线 010-58581118
咨询电话 400-810-0598
网　　址 http://www.hep.edu.cn
　　　　 http://www.hep.com.cn
网上订购 http://www.hepmall.com.cn
　　　　 http://www.hepmall.com
　　　　 http://www.hepmall.cn
版　　次 2023年12月第 1 版
印　　次 2024年 8月第 2 次印刷
定　　价 35.00 元

物 料 号 61231-00

前　　言

“无机及分析化学”是材料、环境、生命科学、医学和药学等近化学类专业学生学习的第一门必修基础化学课程。这门课程旨在帮助学生掌握物质结构的基本理论、基本原理和化学反应的应用，以及元素化学的基本知识；使学生能够使用基本理论解决无机及分析化学中的一般问题，选择合适的分析方法，并能正确预测和表达分析结果，为解决生产和科研中的实际问题奠定基础。此外，本课程还能帮助学生养成良好的学习习惯、严谨的治学态度、实事求是的科学态度，以及分析和解决问题的能力，从而使学生逐步成长为科技人才。

本书针对材料、环境、生命科学、医学和药学等近化学类专业的实际需求，适当修改和精简了课程内容，努力为相关专业学生的后续学习打好基础。本书的主要特色在于：

1. 把原子结构和分子结构放到了第一章和第二章，充分利用高中阶段学习的积极性和主动性，在大学学期开始的时候就把最难的部分消化掉，为以后的学习打好基础。

2. 不再划分成无机化学和分析化学两个部分，同时对一些标准也做到了统一，如一元弱酸的氢离子浓度的计算公式和条件。

3. 删除了一些不必要的知识点，如分析化学中的分布系数和换算因子等内容。对无机化学元素部分的知识内容也进行了大量的删减。

本书共 12 章，其中第一、二章由顾文老师编写，第三到八章由王庆伦老师编写，第九、十章由任红霞老师编写，张晨曦老师和杨春老师分别负责第十一章和第十二章的编写工作。书稿由王庆伦老师统稿，并承李立存老师和仝玉章老师审阅和指导。高等教育出版社曹瑛、陈梦恬编辑负责书稿的策划和编辑加工工作。在此一并表示感谢！

本书的讲授一般需要 72 学时左右。其中个别标上 * 号的章节可自行选择是否讲授。由于编写时间仓促及编者水平所限，书中错误和不妥之处在所难免，敬请广大读者不吝指正。

编　者

2023 年 6 月

目　　录

第一章 原子结构和元素周期律

1803年，英国化学家道尔顿(Dalton J)提出了原子量的概念，这极大地推动了化学的发展。如今已经知道，原子是由原子核和电子组成的。在化学变化中，原子核不发生变化，只涉及核外电子运动状态的改变，所以研究原子结构主要是研究电子的运动状态。

1.1 微观粒子的波粒二象性

1.1.1 氢原子光谱和玻尔理论

近代关于原子中电子的排布和运动状态的理论开始于氢原子光谱的实验工作。使含有低压氢气的放电管通过高压电流，放电管发出的光通过分光棱镜，就可以得到氢原子的发射光谱。氢原子光谱的特点是在可见区有四条比较明显的谱线，通常用 H_α，H_β，H_γ，H_δ 来表示，见图1-1。1883年，瑞士物理学家巴耳末(Balmer J J)提出这些谱线的波长(λ)与编号(n)之间存在如下经验方程：

$$\frac{1}{\lambda}=R_\infty\left(\frac{1}{2^2}-\frac{1}{n^2}\right) \tag{1-1}$$

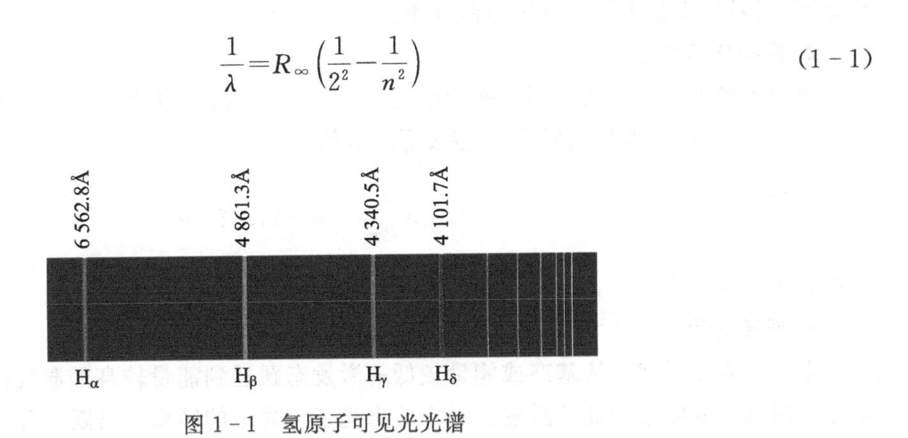

图1-1 氢原子可见光光谱

式中，R_∞ 称为里德伯常量(Rydberg constant)，其数值为 $1.097\times10^7\ \text{m}^{-1}$。当 n 分别等于3，4，5，6时，可以得到 H_α，H_β，H_γ，H_δ 几条谱线的波长。可见区的这几条谱线被命名为Balmer线系。后来人们陆续又发现了紫外区的Lyman线系，近红外区的Paschen线系和远红外区的Brackett线系。1913年，瑞典物理学家里德伯(Rydberg J R)找出了能概括所有氢原子光谱谱线波数(波长的倒数)之间联系的经验公式：

$$\frac{1}{\lambda}=R_{\infty}\left(\frac{1}{n_1^2}-\frac{1}{n_2^2}\right) \tag{1-2}$$

式中，n_1 和 n_2 为正整数，且 $n_2>n_1$。

1913 年，年轻的丹麦物理学家玻尔(Bohr N H D)在总结了当时最新的物理学发现，包括普朗克(Planck)的量子论、爱因斯坦(Einstein)的光子论和卢瑟福(Rutherford)的原子行星模型的基础上建立了氢原子核外电子运动模型，解释了氢原子光谱，被后人称为玻尔理论。

普朗克的量子论认为，在微观领域能量是不连续的，物质吸收或放出的能量总是一个最小能量单位的整数倍。这个最小的能量单位是能量子。

爱因斯坦在解释光电效应时，提出了光子论。该理论认为能量以光的形式传播时，其最小单位称为光量子，简称光子。光子的能量大小与光的频率成正比：

$$E=h\nu \tag{1-3}$$

式中，E 为光子的能量；ν 为光子的频率；h 为普朗克常量(Planck constant)，其值为 6.626×10^{-34} J·s。

1911 年，卢瑟福根据 α 离子散射实验的结果，提出了新的原子模型。该模型认为原子中有一个极小的核，称为原子核，它带正电荷并几乎集中了原子的全部质量，电子在原子核外像行星绕太阳旋转一样围绕原子核旋转。

玻尔在总结上述发现的基础上提出了解释氢原子光谱的玻尔理论，其要点如下。

1. 定态假设

氢原子中的电子是处在一定的线性轨道上绕核运行的。在一定轨道中运动的电子具有一定的能量，这种状态称为定态。处于定态的电子既不吸收能量，也不发射能量。能量最低的定态叫作**基态**，能量高于基态的定态称为**激发态**。

2. 量子化条件

氢原子核外电子的轨道不是连续的，而是分立的。在一定轨道上运动的电子具有一定的轨道角动量 L，这些轨道角动量 L 只能按下式取值：

$$L=n\frac{h}{2\pi},\quad n=1,2,3,\cdots \tag{1-4}$$

式中，n 称为量子数。

3. 跃迁选律

电子吸收光子就会从基态或能量较低的激发态跃迁到能量较高的激发态，反过来，激发态的电子返回基态或能量较低的激发态时会放出光子。光子的频率 ν 与跃迁前后两个能级的能量差 ΔE 的关系：

$$\nu=\Delta E/h \tag{1-5}$$

玻尔用经典力学的离心力等于向心力的基本原理，推导出计算氢原子核外电子各定态的轨道半径 r 和能量 E 的相应公式：

$$r=Bn^2 \tag{1-6}$$

$$E=-A\frac{1}{n^2} \tag{1-7}$$

式中，n 为量子数，$B=52.9$ pm，$A=13.6$ eV(2.179×10^{-18} J)。52.9 pm 为基态氢原子的轨道半径，常称为玻尔半径，以 a_0 表示。-13.6 eV(-2.179×10^{-18} J)为基态氢原子电子的能量。

当电子从激发态(n_2)回到低能级的轨道(n_1)上时，就会以光子的形式放出能量，将光子的频率 $\nu=\frac{c}{\lambda}$(c 为光速)代入式(1-5)，得

$$\frac{1}{\lambda}=\frac{A}{hc}\left(\frac{1}{n_1^2}-\frac{1}{n_2^2}\right)=1.097\times10^7\ \text{m}^{-1}\left(\frac{1}{n_1^2}-\frac{1}{n_2^2}\right)$$

因此，玻尔理论对于氢原子线性光谱规律性的公式[式(1-2)]的解释是令人满意的。

玻尔理论成功解释了氢原子光谱规律，但是对于比氢原子复杂的多电子原子的光谱却无法提供合理解释，所以它被后来发展起来的量子力学所取代也是必然的事情。但是玻尔理论有其合理的“内核”：核外电子处于定态时有确定的能量；原子光谱来自核外电子的能量变化。而且玻尔理论的核心概念——定态、激发态、跃迁、能级也被量子力学继承和发展。实际上，玻尔当时还没有认识到电子运动的特殊性——**波粒二象性**(wave-particle duality)，其运动不再遵守经典力学的定律。20 世纪 20 年代量子力学的产生和发展，为人类认识微观世界带来了新的曙光。

1.1.2 微观粒子的波粒二象性

1924 年，年轻的法国博士生德布罗意(de Broglie L V)大胆地假定电子等微观粒子都具有跟光一样的波粒二象性，这引起了科学界的轰动。他预言了质量为 m，运动速度为 v 的电子的物质波的波长 λ 为

$$\lambda=\frac{h}{p}=\frac{h}{mv} \tag{1-8}$$

式中，p 为电子的动量，h 为普朗克常量。1927 年，美国物理学家戴维森(Davisson C J)和革末(Germer L H)进行了电子衍射实验，当高速电子流穿过薄晶体片(相当于光衍射实验中的光栅)投射到感光屏幕上，得到一系列明暗相间的环纹(图 1-2)。而且由电子衍射图计算得到的波长与式(1-8)计算得到的波长一致。电子衍射实验证实了德布罗意的假设——微观粒子具有波粒二象性。

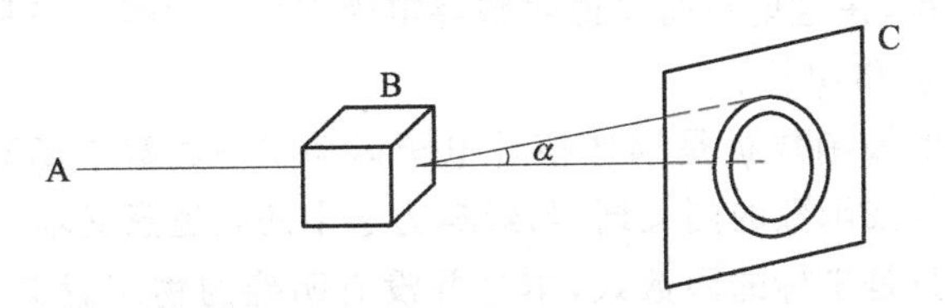

A—电子束发生器；B—金属箔；C—屏幕

图 1-2 电子衍射示意图

1.1.3 海森伯不确定原理

在经典力学体系中，可以同时确定某一时刻运动物体的位置和运动速度。1927 年，德国物理学家海森伯(Heisenberg W)提出了**不确定原理**(uncertainty principle)，对于具有波粒二象性的微观粒子进行了描述，其数学表达式为

$$\Delta x \cdot \Delta p \geqslant \frac{h}{2\pi} \tag{1-9}$$

式中，Δx 为微观粒子位置的测量偏差；Δp 为微观粒子动量的测量偏差。不确定原理告诉人们，微观粒子具有波粒二象性，它的运动完全不同于宏观物体的运动特点，因为不可能同时测定它的空间位置和动量。位置偏差 Δx 越小，则相应的动量偏差 Δp 就越大。位置偏差和动量偏差的乘积不小于常数 $h/2\pi$。对于电子来说，其质量为 9.11×10^{-31} kg，速度为 2.18×10^{7} m · s^{-1}，假设对电子速度的测量偏差小到 1%，则 $\Delta p=\Delta mv=2\times10^{-25}$ kg · m · s^{-1}，这样，电子的运动坐标的偏差就会达到 520 pm。这个数据是玻尔半径的近 10 倍，因此无法接受。

不确定原理表明核外电子不能找到类似宏观物体那样的固定轨道。描述核外电子不能用轨迹，也无法确定它的轨迹。但是可以运用统计规律对核外电子的运动规律进行研究，指出它在空间某个区域内出现机会的大与小，也就是用“概率”来描述。

1.2 氢原子核外电子的运动状态

1.2.1 波函数和薛定谔方程

1926 年，奥地利物理学家薛定谔(Schrödinger E)在将定态类比驻波(波形不随时间变化)的基础上提出了著名的波动方程，用来求出描述微观粒子运动状态的波函数 ψ，即薛定谔方程。薛定谔方程是一个二阶偏微分方程：

$$\frac{\partial^2\psi}{\partial x^2}+\frac{\partial^2\psi}{\partial y^2}+\frac{\partial^2\psi}{\partial z^2}+\frac{8\pi^2 m}{h^2}(E-V)\psi=0 \tag{1-10}$$

式中，E 是微观粒子的总能量；V 是微观粒子的势能，与被研究粒子的具体环境有关；m 是微观粒子的质量；h 是普朗克常量；x、y、z 是空间坐标。

解薛定谔方程就可以得到所有可能的运动状态 ψ 和所有可能状态对应的能量 E，这可以形象地比作“母鸡下蛋”，而“薛定谔母鸡”下的每一个“蛋”就是核外电子的一个定态。求解薛定谔方程涉及较深的数学知识，在这里只简要说明解薛定谔方程的大概思路和步骤，着重讨论解薛定谔方程所得到的波函数 ψ 和 $|\psi|^2$。

从薛定谔方程解得的波函数 ψ 是描述核外电子运动状态的数学函数式，也叫原子轨道(orbital)，这里的原子轨道是波函数的同义词，与经典力学中的轨道意义不同，它没有物体在运动中走过的轨迹的含义。ψ 只是坐标的函数式，本身并没有明确的物理意义。但是，波函数的模(有些波函数为复数)的平方($|\psi|^2$)的物理意义却十分明确，它代表空间某点上电子出现的概率密度(probability density)。电子云就是概率密度的形象化表示，也可以说电子云图是 $|\psi|^2$ 的图

像。在空间某点(x,y,z)附近体积单元$\mathrm{d}\tau$内电子出现的概率为$\mathrm{d}p$，则$|\psi(x,y,z)|^2$表示电子在坐标(x,y,z)这一点单位体积出现的概率，即概率密度。

$$|\psi(x,y,z)|^2=\frac{\mathrm{d}p}{\mathrm{d}\tau} \tag{1-11}$$

1.2.2 量子数的概念

在解薛定谔方程的过程中，为了保证解的合理性，自然而然地需要引入三个参数n、l、m，而且它们的取值必须满足下列条件：

$$n=1,2,3,\cdots,+\infty$$
$$l=0,1,2,\cdots,(n-1)$$
$$m=0,\pm1,\pm2,\cdots,+l$$

n、l、m分别称为**主量子数**、**角量子数**和**磁量子数**。

1. 主量子数 *n*

主量子数n的取值为1,2,3,…(正整数)，在光谱学中分别用大写英文字母K,L,M,…表示。主量子数描述了电子出现概率最大的区域离核的远近。n越大，电子离核越远。主量子数n也是决定电子能量高低的主要因素。对于氢原子和类氢离子，电子的能量只和n有关：

$$E=-\frac{13.6\times Z^2}{n^2}\mathrm{eV} \tag{1-12}$$

式中，Z为核电荷数，氢原子中$Z=1$。但是对于多电子原子，核外电子的能量除了取决于主量子数n以外，还和角量子数l有关。

2. 角量子数 *l*

角量子数l的取值为0,1,2,3,…,$(n-1)$，对应的光谱学符号为s,p,d,f,…，电子绕核运动时，轨道角动量M的大小也是量子化的，其绝对值由角量子数l决定：

$$|M|=\frac{h}{2\pi}\sqrt{l(l+1)} \tag{1-13}$$

同时角量子数l决定了原子轨道或电子云角度部分的形状：

$l=0$表示s轨道，形状为球形；

$l=1$表示p轨道，形状为哑铃形或纺锤形；

$l=2$表示d轨道，形状为花瓣形。

主量子数n相同，角量子数l不同的轨道称为亚层或分层，如$n=2$时，l可分别取值0和1，所以有2s,2p两个亚层；$n=3$时，有3s,3p,3d三个亚层。

3. 磁量子数 *m*

磁量子数m取值为0,±1,±2,…,±l。轨道角动量在z轴上的分量M_z也是量子化的，其大小由磁量子数m决定：

$$M_z=m\frac{h}{2\pi} \tag{1-14}$$

磁量子数 m 决定了原子轨道在核外空间的取向：

$l=0$　　$m=0$　　　　　　s 轨道，只有一种取向；

$l=1$　　$m=0,\pm1$　　　　p 轨道，有三种取向 p_x, p_y, p_z；

$l=2$　　$m=0,\pm1,\pm2$　　d 轨道，有五种取向 $d_{xy}, d_{xz}, d_{yz}, d_{x^2-y^2}, d_{z^2}$。

磁量子数 m 与原子轨道的能量无关。三种不同取向的 p 轨道，其能量相等，所以三种 p 轨道为**简并轨道**(degenerate orbitals)，可以说 p 轨道是三重简并的，或者说 p 轨道的简并度为 3。同理可知，d 轨道的简并度为 5，f 轨道的简并度为 7。氢原子轨道与三个量子数的关系见表 1-1。

表 1-1　氢原子轨道与三个量子数的关系

n	l	m	轨道名称	轨道数	轨道总数
1	0	0	1s	1	1
2	0	0	2s	1	4
2	1	−1, 0, +1	2p	3	
3	0	0	3s	1	9
3	1	−1, 0, +1	3p	3	
3	2	−2, −1, 0, +1, +2	3d	5	
4	0	0	4s	1	16
4	1	−1, 0, +1	4p	3	
4	2	−2, −1, 0, +1, +2	4d	5	
4	3	−3, −2, −1, 0, +1, +2, +3	4f	7	

4. 自旋量子数 m_s

自旋量子数不是从解薛定谔方程中得到的。1925 年，乌伦贝克(Uhlenbeck)和古兹密特(Goadchmit)提出了电子自旋的假设，认为电子除了围绕核旋转之外，还有自身旋转运动，具有自旋角动量。电子自旋角动量沿磁场方向的分量 M_s 的大小，由自旋量子数 m_s 决定：

$$M_s = m_s \frac{h}{2\pi} \tag{1-15}$$

m_s 的取值只有两个，即 $+1/2$ 和 $-1/2$，所以电子的自旋方式只有两种，通常用↑和↓来表示。

综上所述，n、l、m 三个量子数可以决定一个原子轨道。但原子中每个电子的运动状态必须用 n、l、m、m_s 四个量子数来描述。

1.2.3　波函数和电子云图形

在解氢原子的薛定谔方程过程中，为了解方程方便，需要进行坐标变换，把三维直角坐标变换成球坐标。球坐标用三个变量 r, θ, φ 表示空间位置，见图 1-3。

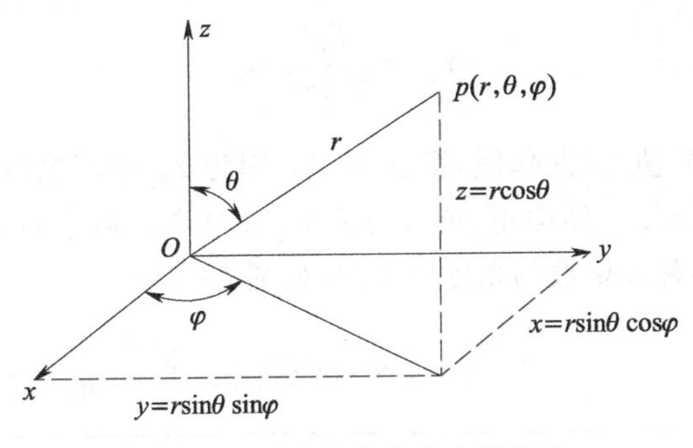

图 1-3 球坐标与直角坐标关系

坐标变换后还要进行变量分离，即将含有三个变量 r,θ,φ 的偏微分方程分离为波函数径向部分 $R(r)$ 和波函数角度部分 $Y(\theta,\varphi)$ 的乘积：

$$\psi(r,\theta,\varphi)=R(r)\cdot Y(\theta,\varphi)$$

式中，$R(r)$ 表示波函数的径向部分，仅随距离 r 变化；$Y(\theta,\varphi)$ 表示波函数的角度部分，只随角度 θ、φ 变化。表 1-2 列出了氢原子的若干波函数及其径向部分和角度部分的函数。

表 1-2 氢原子的若干波函数及其径向部分和角度部分的函数(a_0 为玻尔半径)

轨道	$\psi(r,\theta,\varphi)$	$R(r)$	$Y(\theta,\varphi)$
1s	$\sqrt{\frac{1}{\pi a_0^3}}\mathrm{e}^{-r/a_0}$	$2\sqrt{\frac{1}{a_0^3}}\mathrm{e}^{-r/a_0}$	$\sqrt{\frac{1}{4\pi}}$
2s	$\frac{1}{4}\sqrt{\frac{1}{2\pi a_0^3}}\left(2-\frac{r}{a_0}\right)\mathrm{e}^{-r/2a_0}$	$\sqrt{\frac{1}{8a_0^3}}\left(2-\frac{r}{a_0}\right)\mathrm{e}^{-r/2a_0}$	$\sqrt{\frac{1}{4\pi}}$
$2p_z$	$\frac{1}{4}\sqrt{\frac{1}{2\pi a_0^3}}\left(\frac{r}{a_0}\right)\mathrm{e}^{-r/2a_0}\cos\theta$		$\sqrt{\frac{3}{4\pi}}\cos\theta$
$2p_x$	$\frac{1}{4}\sqrt{\frac{1}{2\pi a_0^3}}\left(\frac{r}{a_0}\right)\mathrm{e}^{-r/2a_0}\sin\theta\cos\varphi$	$\sqrt{\frac{1}{24a_0^3}}\left(\frac{r}{a_0}\right)\mathrm{e}^{-r/2a_0}$	$\sqrt{\frac{3}{4\pi}}\sin\theta\cos\varphi$
$2p_y$	$\frac{1}{4}\sqrt{\frac{1}{2\pi a_0^3}}\left(\frac{r}{a_0}\right)\mathrm{e}^{-r/2a_0}\sin\theta\sin\varphi$		$\sqrt{\frac{3}{4\pi}}\sin\theta\sin\varphi$

波函数 ψ 是 r,θ,φ 的函数，在三维空间中很难画出其图像，可以利用变量分离的结果，从角度部分和径向部分两个方面分别讨论它们随 θ,φ 和 r 的变化。

1. 波函数角度分布图

波函数角度分布图也叫原子轨道角度分布图，就是 Y 值对 θ,φ 作图。从坐标原点出发，引出与 z 轴夹角为 θ 的线段，使其长度等于该角度的 Y 值。将这些线段的所有端点连起来，就是波函数角度分布图。因为 Y 函数与主量子数 n 无关，所以只要量子数 l,m 相同，原子轨道角度分布图就相同。下面以 p_z 轨道为例，说明原子轨道角度分布图的作法。由表 1-2 可知：

$$Y_{p_z}=\sqrt{\frac{3}{4\pi}}\cos\theta$$

表 1-3 列出不同 θ 角的 Y 值，由此作图，得图 1-4。因为 Y_{p_z} 中不包括 φ，所以将该“8”字形曲线绕 z 轴旋转一周，即得立体图。图中正、负号表示 Y_{p_z} 在这个区域中是正值还是负值。通过类似的方法可以画出 s，p，d 各种波函数的角度分布图，见图 1-5。

表 1-3 不同 θ 角的 Y 值 $\left(令\sqrt{\frac{3}{4\pi}}=c\right)$

θ	0°	30°	60°	90°	120°	150°	180°
$\cos\theta$	1	$\frac{\sqrt{3}}{2}$	$\frac{1}{2}$	0	$-\frac{1}{2}$	$-\frac{\sqrt{3}}{2}$	-1
Y	$1.00c$	$0.87c$	$0.50c$	0	$-0.50c$	$-0.87c$	$-1.00c$

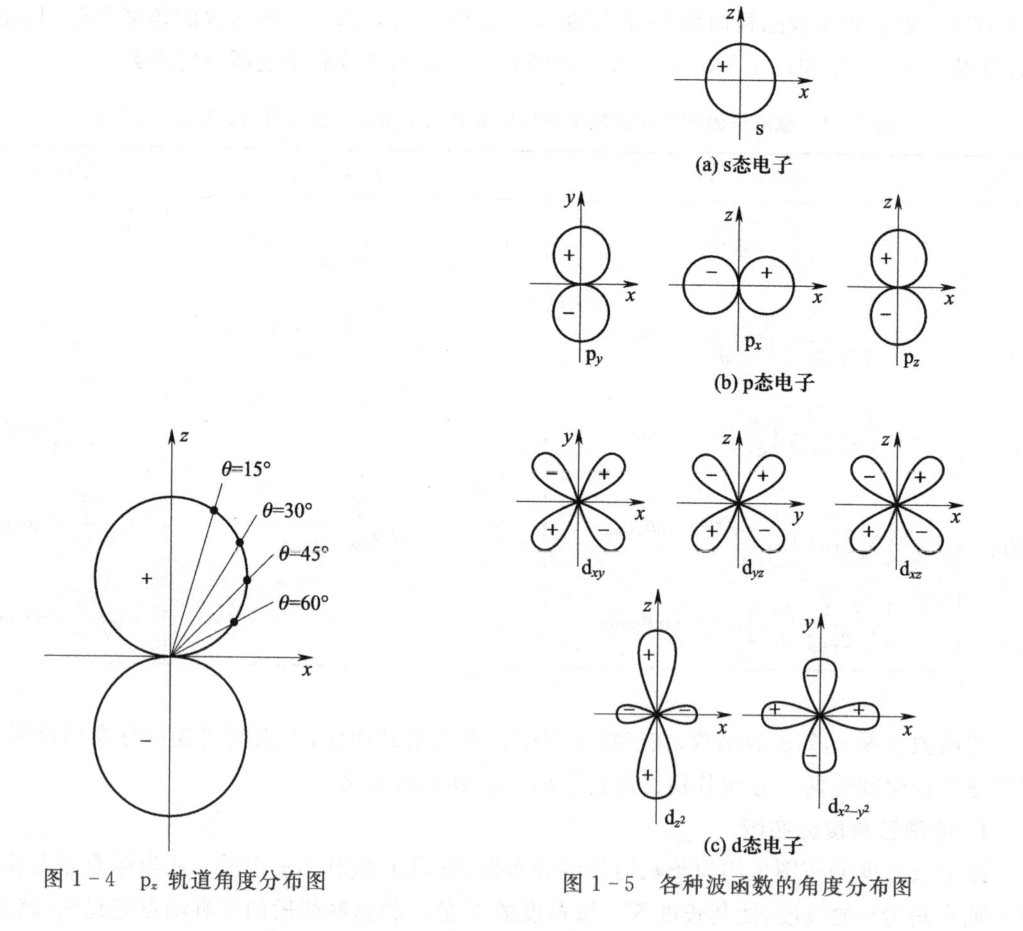

图 1-4 p_z 轨道角度分布图

图 1-5 各种波函数的角度分布图

由图 1-5 可见，s 态、p 态和 d 态轨道波函数的角度分布依次分别有 1，3，5 种形式。它们的形状和伸展方向在以后的学习中会经常用到，需要认真理解和记忆。

2. 电子云角度分布图

电子云角度分布图是表现$|Y|^2$值随θ,φ变化的图像。作图方法与原子轨道角度分布图类似。图 1-6 给出了一些轨道的电子云角度分布图。电子云就是概率密度的形象化表示。

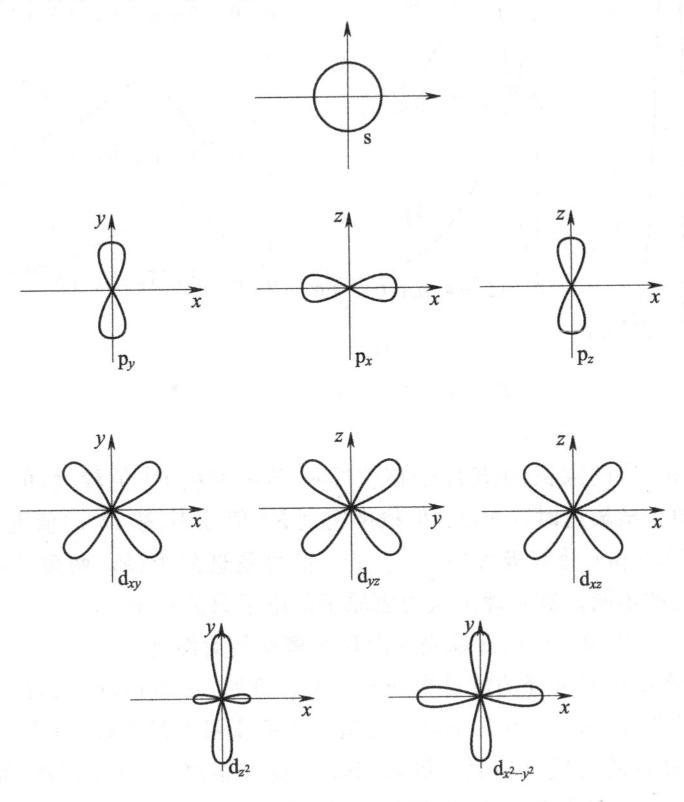

图 1-6 电子云角度分布图

电子云角度分布图和波函数角度分布图的图形有些相似，但有两点区别：(1) 电子云角度分布图比波函数角度分布图要“瘦”一些，因为$|Y|$值总是小于 1，所以$|Y|^2$值将变得更小；(2) 波函数角度分布图有正负之分，而电子云角度分布图都大于或者等于零，因为Y值平方后总是非负值。

3. 电子云径向分布图

波函数径向部分R本身没有明确的物理意义，但是$4\pi r^2R^2$有明确的物理意义。它表示以r为半径的单位厚度的薄球壳内电子出现的概率(图 1-7)。令$D(r)=4\pi r^2R^2$，以$D(r)$为纵坐标，对横坐标r作图即为电子云径向分布图。图 1-8 为氢原子电子云径向分布图。

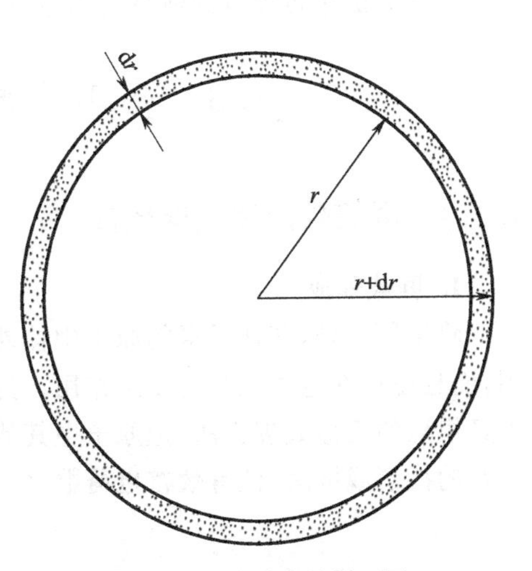

图 1-7 薄球壳的剖面图

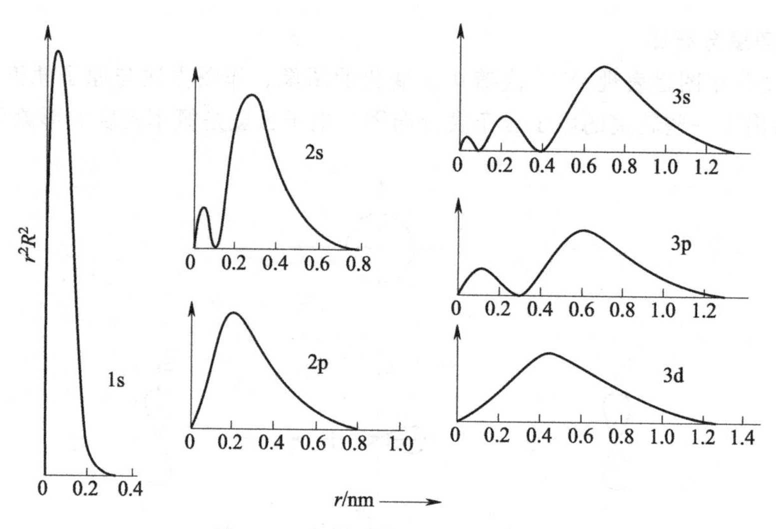

图 1-8 氢原子电子云径向分布图

$D(r)$是 $4\pi r^2$ 和 R^2 的乘积，距离原子核较近时，概率密度 R^2 值较大，但 r 值很小，故 $D(r)$ 值不会很大；距离原子核较远时，r 很大，但概率密度 R^2 值较小，故 $D(r)$值也不会很大。对于 1s 轨道，$D(r)$在 $r=52.9$ pm 处有极大值，52.9 pm 恰恰是玻尔半径。两理论在这一点上虽然一致，但二者也有本质的不同。玻尔理论认为氢原子的电子只能在 $r=52.9$ pm 处运动，而量子力学认为电子只是在 $r=52.9$ pm 的薄球壳内出现的概率最大而已。

电子云径向分布图中概率峰的数目为$(n-l)$个。例如，2s 轨道，$n=2$，$l=0$，峰数为 2；3d 轨道，$n=3$，$l=2$，峰数为 1。但是，在几个峰中总有一个概率最大的主峰，且主量子数相同的电子，其概率最大的主峰离核的远近也相似。例如，2s，2p 离核距离比 1s 要远些，而 3s，3p，3d 比 2s，2p 离核又远些。因此，从径向分布来看，核外电子是按 n 值分层分布的。

注意这里所说的电子云径向分布图是 $D(r)$的图像，严格来讲应该是“电子球面概率图像”，是半径为 r 的单位厚度的薄球壳内电子出现的概率，而不是概率密度。

1.3 多电子原子核外电子的运动状态

1.3.1 屏蔽效应和钻穿效应

1. 屏蔽效应

除氢原子外，其他元素的原子中核外电子都不止一个，不但存在电子与原子核之间的相互作用，而且还存在电子之间的相互作用。为了探讨某一指定电子的运动状态，人们提出了一种中心力场模型的近似处理方法，把原子中其他电子对于被研究电子的排斥作用，近似地考虑成对核电荷数的抵消或屏蔽，使**有效核电荷数** Z^* (effective nuclear charge)减小，即

$$Z^*=Z-\sigma \tag{1-16}$$

σ 称为**屏蔽常数**(screening constant)。这种其他电子对于被研究电子的排斥，导致有效核电荷

数降低的作用称为**屏蔽效应**(screening effect)。因此,解氢原子薛定谔方程所得的全部轨道都可直接应用于多电子原子体系,只是使用有效核电荷数而已。同时,多电子原子中指定电子的能量公式就变成

$$E=-\frac{(Z-\sigma)^2}{n^2}(2.179\times10^{-18}\ \mathrm{J}) \tag{1-17}$$

σ 值可根据斯莱特(Slater)提出的规则进行计算,该规则可归纳为用表 1-4 提供的数据去计算 σ 值,再进一步求出多电子原子中指定电子的能量。

表 1-4 原子轨道中一个电子对于屏蔽常数的贡献

被屏蔽电子	屏蔽电子							
	1s	2s, 2p	3s, 3p	3d	4s, 4p	4d	4f	5s, 5p
1s	0.30							
2s, 2p	0.85	0.35						
3s, 3p	1.00	0.85	0.35					
3d	1.00	1.00	1.00	0.35				
4s, 4p	1.00	1.00	0.85	0.85	0.35			
4d	1.00	1.00	1.00	1.00	1.00	0.35		
4f	1.00	1.00	1.00	1.00	1.00	1.00	0.35	
5s, 5p	1.00	1.00	1.00	1.00	0.85	0.85	0.85	0.35

例 1-1 Ti(Z=22)核外电子排布为 $[\mathrm{Ar}]3d^2 4s^2$,试分别计算处于 3p 和 3d 轨道上某一电子的有效核电荷数。

解 某一 3p 电子 $Z^*=22-[(0.35\times7)+(0.85\times8)+(1.00\times2)]=10.75$

某一 3d 电子 $Z^*=22-[18\times1.00+0.35\times1]=3.65$

计算结果表明,在多电子原子中,角量子数不同的电子受到的屏蔽效应是不同的,这种不同可用钻穿效应来说明。

2. 钻穿效应

从氢原子电子云径向分布图(图 1-8)可以看到,4s 电子最大概率峰比 3d 的离核更远,但是由于 4s 电子的几个内层的小概率峰出现在离核较近的地方,所以受到其他电子的屏蔽作用比 3d 电子要小得多。这种外层电子钻到内层空间而靠近原子核的现象称为**钻穿效应**(penetration effect)。钻穿效应主要体现在穿入内层的小峰上,峰的数目($n-l$)越多,钻穿效应越大,内层对它的屏蔽效应越小,其相应的能量也就越低。因此多电子原子产生了能级的分裂:$E_{ns}<E_{np}<E_{nd}<E_{nf}$。当分裂较大时,甚至会出现能级交错现象,如 $E_{4s}<E_{3d}$。

1.3.2 原子核外电子排布

原子核外电子排布见表 1-5,随着核电荷数的递增,大多数元素原子的电子按照如下的三个规则填入核外电子运动轨道,叫作**构造原理**(aufbau principle)。

表 1-5 元素基态电子构型

原子序数	元素	电子构型	原子序数	元素	电子构型
1	H	$1s^1$	34	Se	[Ar]$3d^{10}4s^24p^4$
2	He	$1s^2$	35	Br	[Ar]$3d^{10}4s^24p^5$
3	Li	[He]$2s^1$	36	Kr	[Ar]$3d^{10}4s^24p^6$
4	Be	[He]$2s^2$	37	Rb	[Kr]$5s^1$
5	B	[He]$2s^22p^1$	38	Sr	[Kr]$5s^2$
6	C	[He]$2s^22p^2$	39	Y	[Kr]$4d^15s^2$
7	N	[He]$2s^22p^3$	40	Zr	[Kr]$4d^25s^2$
8	O	[He]$2s^22p^4$	41	Nb	[Kr]$4d^45s^1$
9	F	[He]$2s^22p^5$	42	Mo	[Kr]$4d^55s^1$
10	Ne	[He]$2s^22p^6$	43	Tc	[Kr]$4d^55s^2$
11	Na	[Ne]$3s^1$	44	Ru	[Kr]$4d^75s^1$
12	Mg	[Ne]$3s^2$	45	Rh	[Kr]$4d^85s^1$
13	Al	[Ne]$3s^23p^1$	46	Pd	[Kr]$4d^{10}$
14	Si	[Ne]$3s^23p^2$	47	Ag	[Kr]$4d^{10}5s^1$
15	P	[Ne]$3s^23p^3$	48	Cd	[Kr]$4d^{10}5s^2$
16	S	[Ne]$3s^23p^4$	49	In	[Kr]$4d^{10}5s^25p^1$
17	Cl	[Ne]$3s^23p^5$	50	Sn	[Kr]$4d^{10}5s^25p^2$
18	Ar	[Ne]$3s^23p^6$	51	Sb	[Kr]$4d^{10}5s^25p^3$
19	K	[Ar]$4s^1$	52	Te	[Kr]$4d^{10}5s^25p^4$
20	Ca	[Ar]$4s^2$	53	I	[Kr]$4d^{10}5s^25p^5$
21	Sc	[Ar]$3d^14s^2$	54	Xe	[Kr]$4d^{10}5s^25p^6$
22	Ti	[Ar]$3d^24s^2$	55	Cs	[Xe]$6s^1$
23	V	[Ar]$3d^34s^2$	56	Ba	[Xe]$6s^2$
24	Cr	[Ar]$3d^54s^1$	57	La	[Xe]$5d^16s^2$
25	Mn	[Ar]$3d^54s^2$	58	Ce	[Xe]$4f^15d^16s^2$
26	Fe	[Ar]$3d^64s^2$	59	Pr	[Xe]$4f^36s^2$
27	Co	[Ar]$3d^74s^2$	60	Nd	[Xe]$4f^46s^2$
28	Ni	[Ar]$3d^84s^2$	61	Pm	[Xe]$4f^56s^2$
29	Cu	[Ar]$3d^{10}4s^1$	62	Sm	[Xe]$4f^66s^2$
30	Zn	[Ar]$3d^{10}4s^2$	63	Eu	[Xe]$4f^76s^2$
31	Ga	[Ar]$3d^{10}4s^24p^1$	64	Gd	[Xe]$4f^75d^16s^2$
32	Ge	[Ar]$3d^{10}4s^24p^2$	65	Tb	[Xe]$4f^96s^2$
33	As	[Ar]$3d^{10}4s^24p^3$	66	Dy	[Xe]$4f^{10}6s^2$

续表

原子序数	元素	电子构型	原子序数	元素	电子构型
67	Ho	$[Xe]4f^{11}6s^2$	89	Ac	$[Rn]6d^17s^2$
68	Er	$[Xe]4f^{12}6s^2$	90	Th	$[Rn]6d^27s^2$
69	Tm	$[Xe]4f^{13}6s^2$	91	Pa	$[Rn]5f^26d^17s^2$
70	Yb	$[Xe]4f^{14}6s^2$	92	U	$[Rn]5f^36d^17s^2$
71	Lu	$[Xe]4f^{14}5d^16s^2$	93	Np	$[Rn]5f^46d^17s^2$
72	Hf	$[Xe]4f^{14}5d^26s^2$	94	Pu	$[Rn]5f^67s^2$
73	Ta	$[Xe]4f^{14}5d^36s^2$	95	Am	$[Rn]5f^77s^2$
74	W	$[Xe]4f^{14}5d^46s^2$	96	Cm	$[Rn]5f^76d^17s^2$
75	Re	$[Xe]4f^{14}5d^56s^2$	97	Bk	$[Rn]5f^97s^2$
76	Os	$[Xe]4f^{14}5d^66s^2$	98	Cf	$[Rn]5f^{10}7s^2$
77	Ir	$[Xe]4f^{14}5d^76s^2$	99	Es	$[Rn]5f^{11}7s^2$
78	Pt	$[Xe]4f^{14}5d^96s^1$	100	Fm	$[Rn]5f^{12}7s^2$
79	Au	$[Xe]4f^{14}5d^{10}6s^1$	101	Md	$[Rn]5f^{13}7s^2$
80	Hg	$[Xe]4f^{14}5d^{10}6s^2$	102	No	$[Rn]5f^{14}7s^2$
81	Tl	$[Xe]4f^{14}5d^{10}6s^26p^1$	103	Lr	$[Rn]5f^{14}6d^17s^2$
82	Pb	$[Xe]4f^{14}5d^{10}6s^26p^2$	104	Rf	$[Rn]5f^{14}6d^27s^2$
83	Bi	$[Xe]4f^{14}5d^{10}6s^26p^3$	105	Db	$[Rn]5f^{14}6d^37s^2$
84	Po	$[Xe]4f^{14}5d^{10}6s^26p^4$	106	Sg	$[Rn]5f^{14}6d^47s^2$
85	At	$[Xe]4f^{14}5d^{10}6s^26p^5$	107	Bh	$[Rn]5f^{14}6d^57s^2$
86	Rn	$[Xe]4f^{14}5d^{10}6s^26p^6$	108	Hs	$[Rn]5f^{14}6d^67s^2$
87	Fr	$[Rn]7s^1$	109	Mt	$[Rn]5f^{14}6d^77s^2$
88	Ra	$[Rn]7s^2$	110	Ds	$[Rn]5f^{14}6d^87s^2$

1. 泡利不相容原理

1925 年，奥地利物理学家泡利(Pauli)提出一个假设，称为泡利不相容原理(Pauli exclusion principle)，即在同一原子中没有四个量子数完全相同的电子，或者没有运动状态完全相同的电子。因此，在同一轨道上最多只能容纳自旋方式不同的两个电子。根据泡利不相容原理，主量子数为 n 的电子层中，其轨道的数目为 $1+3+5+\cdots+(2n-1)=n^2$，所以电子的最大容量为 $2n^2$。

2. 能量最低原理

系统的能量越低就越稳定，这是自然界的一个普遍规律。原子中电子的排布也遵循这一规律。核外电子总是尽可能地分布到能量最低的原子轨道，在低能量的原子轨道排满之后再排布到相邻的较高的能级上，从而使整个原子能量处于最低状态，这称为能量最低原理。我国化学家徐光宪提出原子轨道能级的高低可以用($n+0.7l$)的数值来判断。根据这一规则，可以推出电子在各轨道中填充的顺序为：1s，2s，2p，3s，3p，4s，3d，4p，5s，4d，5p，6s，4f，5d，6p，7s，5f，6d，7p，…

鲍林(Pauling L C)在大量光谱数据以及某些近似的理论计算的基础上,提出了相似的电子填充顺序图,如图 1－9 所示。图中圆圈代表轨道,每一横线代表一个能级。鲍林的原子轨道近似能级图将所有的能级按照从低到高的顺序分为 7 个能级组,第一能级组只有一个能级 1s,第二能级组有两个能级 2s 和 2p,第三能级组有两个能级 3s 和 3p,第四能级组有三个能级 4s,3d 和 4p,第五能级组有三个能级 5s,4d 和 5p,第六能级组有四个能级 6s,4f,5d 和 6p,第七能级组有四个能级 7s,5f,6d 和 7p。除第一能级组只有一个能级外,其余各能级组均从 ns 能级开始到 np 能级结束。电子按照图 1－9 能级从低到高的顺序依次填充。

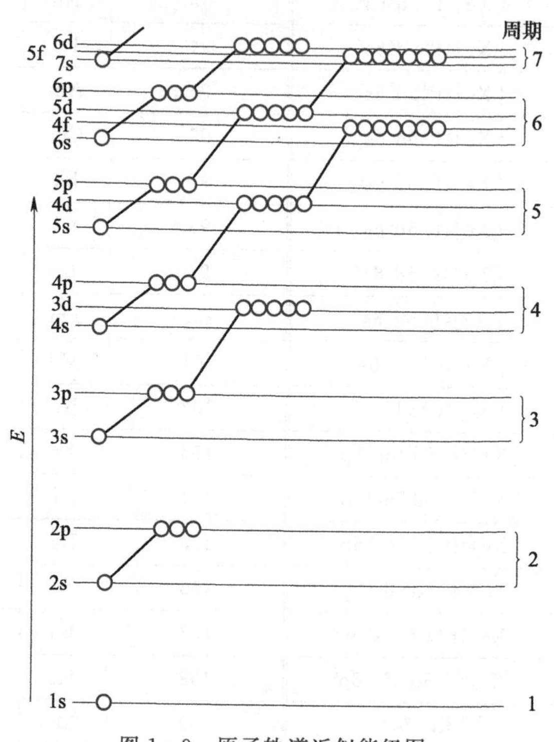

图 1－9 原子轨道近似能级图

3. 洪德定则(Hund's rule)

德国物理学家洪德(Hund F)根据大量光谱实验数据总结出一条规律:电子在简并轨道上排布时,优先以自旋相同的方式分占不同轨道。例如,碳原子核外有 6 个电子,按泡利不相容原理和能量最低原理,电子排布式为 $1s^2 2s^2 2p^2$。根据洪德定则,2 个 p 电子排布在 3 个能量简并的 2p 轨道上应该是 [↑|↑|]。

作为洪德定则的补充和发展,简并轨道全充满(p^6,d^{10},f^{14})、半充满(p^3,d^5,f^7)或全空的状态是比较稳定的。

构造原理是实验和理论的综合结果,由此可得出大多数元素原子基态的核外电子排布(亦称电子组态)。例如,Ti 原子有 22 个电子,按能量从低到高可得如下排布:$1s^2 2s^2 2p^6 3s^2 3p^6 4s^2 3d^2$。但一般通用的书写顺序是 $1s^2 2s^2 2p^6 3s^2 3p^6 3d^2 4s^2$,即按电子层顺序从内层到外层逐层书写。另外为了避免电子结构式过长的问题,通常把内层电子已达到稀有气体结构的部分写成稀有气体符号外加方括号的形式，这部分称为原子实。因此 Ti 的电子排布可以写成[Ar]$3d^2 4s^2$。铬原子核外有 24 个电子，它的电子排布式为[Ar]$3d^5 4s^1$，而不是 [Ar]$3d^4 4s^2$，这是因为半充满结构是一种能量较低的稳定结构。又如 Cu 核外电子排布式为[Ar]$3d^{10} 4s^1$，而不是[Ar]$3d^9 4s^2$，同样也是由于 3d 轨道全充满比较稳定。类似的元素还有钼、银和金。

为了简便，有时只写出原子的价电子排布。所谓价电子排布是指主族元素只需写出最外层 ns，np 轨道的电子排布；副族元素只需写出($n-1$)d，ns 轨道的电子排布(La 系和 Ac 系元素还需写出($n-2$)f 轨道的电子排布)。例如，Ca：$4s^2$，V：$3d^3 4s^2$，Mo：$4d^5 5s^1$。

原子失去电子后便成为阳离子，实验证明原子轨道失电子的次序是 np，ns，($n-1$)d，($n-2$)f，即首先失去最外层的电子，然后再失去内层电子。因此，Fe^{2+} 核外电子排布式为[Ar]$3d^6$，As^{3+} 为[Ar]$3d^{10} 4s^2$。

必须指出，有些元素原子的核外电子不符合构造原理，如^{45}Rh，按三原则推断为[Kr]$4d^7 5s^2$，但实验测定结果是[Kr]$4d^8 5s^1$。这些“特殊”元素核外电子排布说明除三原则外，还有一些人们不太清楚的其他因素可以决定原子能量高低。

1.4 元素周期表

1.4.1 元素周期表的有关概念

最早的元素周期表是 1869 年由俄国化学家门捷列夫(Mendeleev D I)提出来的，他发现元素的性质随原子量递增发生周期性的变化，创造性地提出了“主族”和“副族”的术语并应用至今。目前最通用的是由诺贝尔奖得主沃纳(Werner A)首先倡导的长式周期表，详见本书后附彩页。

1. 元素的周期

对应于主量子数 n 的每一个数值，就有一个能级组，也就对应一个周期。第一周期有 2 种元素，称为特短周期。第二和第三周期各有 8 种元素，称为短周期。第四和第五周期各有 18 种元素，称为长周期。第六和第七周期各有 32 种元素，称为特长周期。各周期元素数目等于按能级顺序从 $n\mathrm{s}^1$ 开始到 $n\mathrm{p}^6$ 结束各轨道所能容纳的电子总数。由于能级交错的存在，所以产生以上各长短周期的分布(见表 1-6)。因此，元素在周期表中所处的周期与原子结构的关系为：周期数＝电子层层数，因为每增加一个电子层，就开始一个新的周期。

表 1-6 各周期元素的数目与原子结构的关系

周期	元素数目	相应的轨道名称	容纳电子总数
1	2	1s	2
2	8	2s 2p	8
3	8	3s 3p	8
4	18	4s 3d 4p	18
5	18	5s 4d 5p	18
6	32	6s 4f 5d 6p	32
7	32	7s 5f 6d 7p	32

2. 元素的族

长式元素周期表从左到右共有 18 列。其中有七个主族(A 族)：ⅠA～ⅦA,最后一个电子填入 ns 或 np 轨道,其族数等于最外电子层的电子数,也就是其价电子数。零族元素,也称ⅧA 族,是稀有气体,其电子构型为稳定结构(ns 和 np 全满)。副族(B 族)元素从ⅢB 到ⅦB,最后一个电子多数填入$(n-1)$d 轨道,其族数等于最高能级组[$(n-1)$d 和 ns]中的电子总数。Ⅷ族也称ⅧB 族,包括三列元素,由于它们性质相似归为一族,其最高能级组[$(n-1)$d 和 ns]中的电子总数为 8～10。ⅠB 族和ⅡB 族$(n-1)$轨道的电子已经排满(d^{10}),ns 轨道的电子分别为 1 和 2。位于周期表下面的镧系元素和锕系元素,按其所在的族来讲应属于ⅢB 族,因其性质特殊而单列。

在同一族元素中,虽然它们的电子层数不同,但由于其具有相同的价电子构型,因此化学性质是相似的。

3. 元素分区

根据元素原子最后一个电子填充的能级不同,可以把周期表中的元素分成 5 个区,实际上是把价电子构型相似的元素集中分布到一个区。

(1) s 区　包括ⅠA 族和ⅡA 族,价电子构型为 $ns^{1\sim2}$；

(2) p 区　包括ⅢA 族～ⅧA 族(零族),价电子构型为 $ns^2np^{1\sim6}$；

(3) d 区　包括ⅢB 族～ⅧB 族(Ⅷ族),价电子构型为$(n-1)d^{1\sim10}ns^{0\sim2}$；

(4) ds 区　包括ⅠB 族和ⅡB 族,价电子构型为$(n-1)d^{10}ns^{1\sim2}$；

(5) f 区　包括镧系和锕系元素,价电子构型为$(n-2)f^{0\sim14}(n-1)d^{0\sim2}ns^2$(有例外)。

元素周期性的基本内涵是:随着原子序数的递增,元素周期性地从活泼金属渐变到非金属,以稀有气体结束,如此循环往复。元素周期表和周期律是 20 世纪科学技术发展的重要理论依据之一,它们对元素及其化合物的性质有预测性,对寻找并设计具有特殊性质的新化合物有很大的指导意义,极大地推动了现代科学技术的发展。

例 1-2　*已知某元素在周期表中第 4 周期ⅤB 族,求它的电子排布式。*

解　*根据该元素在周期表中的位置,知道它有 4 个电子层和 5 个价电子,所以其电子排布式为*$[Ar]3d^34s^2$。

1.4.2 元素基本性质的周期性

元素周期律最重要的内容是随着元素的原子序数的增加,原子核外电子层结构呈周期性变化。因此元素的基本性质如原子半径、电离能、电子亲和能和电负性等都呈现周期性变化。

1. 原子半径

按照量子力学的观点,电子在核外运动没有固定轨道,仅概率分布不同而已,所以对单个原子来说并没有一个明确的界面。通常所说的原子半径,是以相邻原子的核间距为基础而定义的。同种元素的两个原子以共价单键联结时,其核间距的一半称为原子的**共价半径**(covalent radius)。金属晶格中根据原子核间距的一半计算得到的叫作**金属半径**(metallic radius)。稀有气体元素在低温下形成分子晶体时,两个原子核间距的一半称为**范德华半径**(van der Waals radius)。附录二所列的元素的原子半径中,金属原子为金属半径,非金属原子为共价半径,稀有气体为范德华半径。

原子半径的变化规律：

(1) 同一周期从左到右,原子半径逐渐减小,这是因为新增加的电子不足以完全屏蔽新增加的核电荷,因此从左向右有效核电荷数逐渐增加,原子半径逐渐减小。主族元素比副族元素减小的幅度大得多,因为副族元素新增加的电子填充到次外层,而次外层的电子对核电荷数的抵消作用要比最外层电子大得多(见"屏蔽效应"),所以有效核电荷数增加的程度较小。

(2) 同一主族自上而下原子半径逐渐增大,这是因为电子层数增多起主要作用。副族元素中,第一过渡系列元素的原子半径较小,第二和第三过渡系列元素的原子半径大于第一过渡系列的原子半径。但第二和第三过渡系列元素的原子半径十分接近,这是镧系收缩(见第十二章)所造成的结果。

2. 电离能

元素的气态原子失去一个电子,变成气态+1 价离子所需要的能量,称为该元素的第一**电离能**(ionization energy),用 I_1 表示。从+1 价离子再失去一个电子形成+2 价离子所需要的能量称为第二电离能(I_2),以此类推。电离能的大小反映原子失去电子的难易程度,电离能越大,失去电子越难。元素的第一电离能最重要,其数据见附录三。

图 1-10 为元素第一电离能的周期性变化情况。主族元素同一周期从左到右,随着核电荷数的增加和原子半径的减小,原子核对外层电子的引力增大,电离能呈递增趋势。各周期中稀有气体的电离能最大,原因就在于它们的原子具有 ns^2np^6 稳定的电子结构。在同一主族中,从上到下电子层数增加,原子半径增大的因素占主导地位,原子核对外层电子引力减小,故第一电离能总的趋势是逐渐减小的。

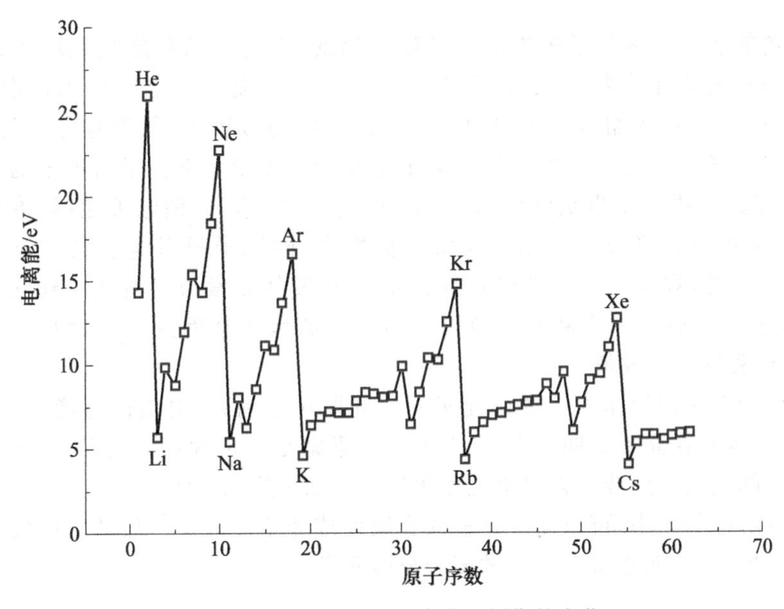

图 1-10 元素第一电离能的周期性变化

过渡元素的第一电离能从左向右增加的程度较小,这与它们的原子半径减小的程度较小相一致。同理第三过渡系列内元素第一电离能增加的程度更小。

元素的第一电离能的变化中有反常现象出现。以第二周期为例,B 的第一电离能反而比 Be 的小;O 的第一电离能也比 N 的小。这是因为 B 失去的是 2p 电子,2p 电子能量比 2s 电子能量高,易失去。O 的价电子排布为 $2s^22p^4$,失去一个电子后达到稳定的 $2s^22p^3$ 半充满结构,因此电离能较小;而 N 的价电子排布为 $2s^2 2p^3$,本身就是稳定的半充满结构,因此电离能较大。过渡元素中 Zn,Cd,Hg 的电离能比相邻元素都高,也与其具有比较稳定的$(n-1)d^{10}ns^2$ 的全充满电子构型有关。

3. 电子亲和能

元素的气态原子获得一个电子形成气态−1 价离子所放出的能量,称为该元素的电子亲和能(electron affinity),用 E 表示。电子亲和能越大,表示该元素原子得到电子的倾向越大,非金属性也就越强。一些元素的电子亲和能见附录四。

一般来说,电子亲和能随原子半径的减小而增大,因为原子半径减小,核电荷对电子的引力增大,结合一个电子后放出的能量也就增大。所以在元素周期表中,对于主族元素,同一周期从左到右电子亲和能基本呈逐渐增加的趋势,同一族从上到下呈依次减小的趋势。但也有例外,例如,同一族元素中,电子亲和能最大的不是第二周期元素而是第三周期元素,Cl 的电子亲和能比 F 的大,同理 S 的电子亲和能比 O 的大。这是因为 O 和 F 的原子半径小,电子云密度高,以致当原子结合一个电子形成负离子时,电子间的互相排斥使放出的能量减小。而 S 和 Cl 的原子半径较大,接受电子时电子之间的斥力显然较小,所以在同族元素中电子亲和能是最大的。

电子亲和能的数值一般比电离能要小一个数量级,而且测定的准确性也较差,所以其重要性不如元素的电离能。

4. 电负性

元素的电离能表示元素原子失去电子的难易程度,而电子亲和能则表示元素原子得到电子的可能性。但在许多化合物形成时,元素的原子经常是既不失电子也不得电子,只是发生了原子之间的电子偏移,例如,H_2 和 O_2 反应生成 H_2O 的过程中,氢没有完全失去电子,而氧也没有完全得到电子。因此仅从电离能或电子亲和能来衡量元素原子对电子的吸引能力是不全面的。1932 年鲍林提出了电负性(electronegativity)的概念,所谓电负性,是指元素原子吸引电子的能力,通常用希腊符号 χ 表示。元素电负性大,则原子吸引电子能力强。鲍林从相关分子的键能数据出发,规定元素 F 的电负性为 4.0,将其他元素与 F 对比得到其他元素的电负性数值,因此鲍林电负性是一个相对的数值。附录五是鲍林电负性经过后人不断修正后得到的比较能获得大家公认的数值。

元素电负性的变化规律是对于主族元素同一周期从左到右,电负性递增,同一主族从上到下,电负性递减。因此在元素周期表中,右上方的元素氟是电负性最大的元素,而左下方的元素铯是电负性最小的元素。副族元素电负性变化规律不如主族元素明显。

根据元素电负性的大小,可以衡量元素的金属性或非金属性。一般认为电负性在 2.0 以上的元素属于非金属元素,而在 2.0 以下的属于金属元素。

习题

1. 核外电子的运动有何特点?波函数、原子轨道、电子云的含义是什么?有何关系?
2. 画出 s,p,d 各原子轨道的角度分布图,并注明各波瓣的"+""−"号。
3. 下列各组量子数哪些是不合理的,为什么?

(1) $n=2, l=1, m=-1, m_s=-1/2$;

(2) $n=2,\ l=3, m=2, m_s=1/2$;

(3) $n=3, l=1, m=-2, m_s=1/2$;

(4) $n=1, l=2, m=2, m_s=-1/2$。

4. 由氢原子的径向函数分布图$[R(r)-r]$或径向密度分布图$[R^2(r)-r]$可知，氢原子的1s轨道的$R(r)$或$R^2(r)$的最大值出现在$r=0$这一点。请问当氢原子的电子在1s轨道运动时，该电子是运动在这点上或是在此点出现的概率最大吗？说明理由。

5. 以下各套量子数标记了不同的原子轨道函数，请用原子轨道符号表示。

(1) $n=2, l=0, m=0$；

(2) $n=2, l=1, m=0, \pm1$；

(3) $n=3, l=2, m=0, \pm1, \pm2$；

(4) $n=5, l=3, m=0, \pm1, \pm2, \pm3$。

6. 具有下列量子数的轨道，最多可容纳多少个电子？

(1) $n=3$；

(2) $n=4, l=1, m=-1$；

(3) $n=2, l=1, m=0, m_s=-1/2$；

(4) $n=3, l=3$；

(5) $n=4, m=+1$；

(6) $n=4, m_s=+1/2$。

7. 对多电子原子来说，当主量子数$n=4$时，有多少个能级？各能级有多少个轨道？最多能容纳多少个电子？

8. 在氢原子中，4s和3d哪一种状态能量高？在19号元素钾中，4s和3d哪一种状态能量高？为什么？

9. 请写出具有下列原子序数的基态原子的核外电子排布式、价电子排布，以及所在周期和族。

(1) $Z=47$　　(2) $Z=29$　　(3) $Z=35$　　(4) $Z=56$

10. 判断下列说法是否正确？为什么？

(1) s电子轨道是绕核旋转的一个圆圈，而p电子是走“8”字形；

(2) 氢原子中原子轨道能量由主量子数来决定；

(3) 在N电子层中，有4s,4p,4d,4f共4个原子轨道。主量子数为1时，有自旋相反的两条轨道；

(4) 氢原子的核电荷数和有效核电荷数不相等；

(5) 角量子数l决定了所有原子(包括氢原子和多电子原子)原子轨道的形状；

(6) Li^{2+}的3s,3p,3d轨道能量相同。

11. 满足下列条件的是什么元素？

(1) +2价正离子与Ar的电子构型相同；

(2) +3价正离子与F^-电子构型相同；

(3) +2价正离子的3d轨道全满。

12. 某元素在Kr之前，当它的原子失去3个电子后，其角量子数为2的轨道上的电子数恰好是半充满，试推断该元素的名称。

13. 说明具有下列价电子构型的元素属于元素周期表中的哪个区、哪个族，并写出元素名称和元素符号。

(1) $6s^2$　　(2) $4s^24p^3$　　(3) $3d^{10}4s^1$　　(4) $3d^54s^2$

14. 完成下列表格：

原子序数	电子排布式	价电子构型	周期	族	元素分区
24					
	$1s^22s^22p^63s^23p^63d^{10}4s^24p^5$				
		$4d^{10}5s^2$			
			六	ⅡA	

15. 写出下列离子的电子排布式：

Cu^{2+},Ti^{3+},Fe^{3+},Pb^{2+},S^{2-}

16. 价电子构型分别满足下列条件的是哪一类或哪一种元素？

(1) 具有 2 个 p 电子；

(2) 有 2 个 $n=4,l=0$ 的电子,6 个 $n=3,l=2$ 的电子；

(3) 3d 为全充满,4s 只有一个电子。

17. 原子序数 1～36 的基态原子中,有哪几种电子构型及哪几种元素具有 2 个不成对电子？

18. 某一元素的 M^{2+} 的 3d 轨道中有 5 个电子,试推出：

(1) M 原子的电子排布式；

(2) M 元素的名称和元素符号；

(3) M 在周期表中属第几周期？第几族？主族还是副族？

19. 为什么原子的最外层上最多只能有 8 个电子？次外层上最多只能有 18 个电子？(提示:从能级交错上去考虑。)

20. 试根据原子结构理论预测：

(1) 第 8 周期将包括多少种元素？

(2) 原子核外出现第一个 $5g(l=4)$ 电子的元素的原子序数是多少？

(3) 第 114 号元素属于哪一周期？哪一族？试写出其电子排布式。

21. 不查表比较下列各对原子或离子半径的大小：

Sc 和 Ca,Sr 和 Ba,K 和 Ag,Fe^{2+} 和 Fe^{3+},Pb 和 Pb^{2+},S 和 S^{2-}

22. 不查表比较下列各对原子电离能的高低：

O 和 N,Al 和 Mg,Sr 和 Rb,Cu 和 Zn,Cs 和 Au,Br 和 Kr

23. 试用原子结构理论解释：

(1) 稀有气体在每周期元素中具有最高的电离能；

(2) 电离能:P＞S；

(3) 电子亲和能:S＞O；

(4) 电子亲和能:C＞N；

(5) 第一电离能 Na＜Mg,但第二电离能 Na＞Mg。

24. 比较下列各组元素的原子(离子)性质,说明理由。

(1) K 和 Ca 原子半径的相对大小；

(2) S^{2-} 和 S 原子的半径相对大小；

(3) C 和 N 第一电离能的相对大小；

(4) Si 和 Al 电负性的相对大小。

25. 将下列原子按电负性降低的次序排列(不查表)：

Ga,S,F,As,Sr,Cs

26. 指出具有下列性质的元素(稀有气体和放射性元素除外,不查表)：

(1) 原子半径最大和最小；

(2) 电负性最大和最小；

(3) 电子亲和能最大。

习题参考答案

第二章 化学键和分子结构

化学键(chemical bond)主要分为离子键、共价键和金属键三种类型,是原子或离子之间的强相互作用,键能一般在几十到几百千焦每摩尔。本章除介绍这三种化学键外,也将讨论分子间作用力和氢键,并进一步介绍它们与物质的物理和化学性质之间的关系。

2.1 离 子 键

2.1.1 离子键理论的基本要点

离子键理论认为,当电离能小的活泼金属原子和电子亲和能大的活泼非金属原子相互接近时,金属原子的电子转移到非金属原子上,分别形成稳定电子结构的正负离子。正离子和负离子之间通过静电引力结合在一起,形成离子化合物。这种正负离子间的静电引力就叫作离子键(ionic bond)。

离子键的本质是静电作用力,这决定了离子键的特点是没有方向性和饱和性。没有方向性是指由于离子的电荷是球形对称分布的,它可以在空间任何方向吸引带相反电荷的离子,不存在在某一个方向上吸引力更强的问题。没有饱和性是指一个离子可以尽可能多地吸引带相反电荷的离子。但是,这并不是说一个离子周围所排列的相反电荷离子数目是任意的。实际上,每个离子周围排列的相反电荷离子的数目是一定的,这个数目与正负离子半径的大小和所带电荷多少等有关。以 NaCl 晶体为例,每个 Na^+ 周围等距离排列着 6 个 Cl^-,每个 Cl^- 周围也有 6 个 Na^+。所以说在 NaCl 晶体中 Na^+ 和 Cl^- 的配位数为 6;而在 CsCl 晶体中 Cs^+ 和 Cl^- 的配位数为 8。

离子键是活泼金属元素原子和活泼非金属元素原子之间形成的,其形成的重要条件就是原子之间的电负性差较大。一般来说,元素的电负性差越大,形成的离子键越强。通常把元素电负性差值大于 1.7 看作离子型化合物形成的条件。

2.1.2 晶格能

晶格能(lattice energy)是指气态正离子和气态负离子结合成 1 mol 离子晶体时所释放的能量,符号为 U。例如,对 NaCl 晶体来说,U 就是下列反应的热效应:

$$Na^+(g) + Cl^-(g) \longrightarrow NaCl(s)$$

晶格能不能用实验的方法直接测得,为此德国化学家玻恩(Born)和哈伯(Haber)建立了一个热化学循环,即玻恩-哈伯循环,由此来间接地求算晶格能。

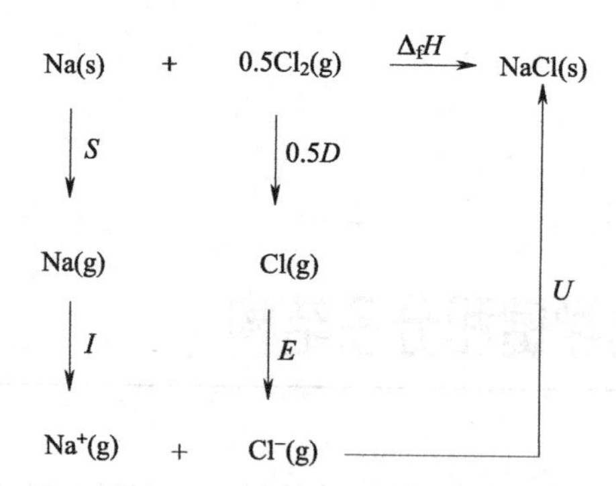

式中，S 为 Na 的升华能(108 kJ · mol^{-1})；I 为 Na 的电离能(519.6 kJ · mol^{-1})；D 为 Cl_2 的解离能(243 kJ · mol^{-1})；E 为 Cl 的电子亲和能(−365.3 kJ · mol^{-1})；$\Delta_f H$ 为 NaCl 的生成焓(−411 kJ · mol^{-1})；U 为 NaCl 的晶格能。

由玻恩-哈伯循环可得

$$\Delta_f H = S + I + 0.5D + E + U$$

所以，$U = \Delta_f H - S - I - 0.5D - E$

$$= [-411-108-519.6-0.5\times 243-(-365.3)]\ \text{kJ}\cdot\text{mol}^{-1} = -794.8\ \text{kJ}\cdot\text{mol}^{-1}$$

对 NaCl 晶体进行理论计算得到的晶格能为−760 kJ · mol^{-1}(负号表示放出能量)，这与玻恩-哈伯循环法求得的结果比较接近。

离子键的强度通常用晶格能的大小来衡量。晶格能越大，表示正、负离子间结合力越强，晶体越牢固，因此晶体的熔点越高，硬度越大。

2.1.3 离子的特征

影响晶格能的主要因素有离子的电荷、半径和电子构型，它们是离子的三个重要特征，决定了离子化合物的性质。

1. 离子的电荷

离子的电荷对离子间的相互作用力影响很大，离子电荷越高，与相反电荷间的吸引力越强，晶格能越大，化合物的熔点和沸点也就越高，如 CaO 的熔点(2613 ℃)比 KF 的熔点(858 ℃)高。

2. 离子的半径

与原子半径一样，离子半径也没有明确的界面。离子半径通常是根据晶体中相邻正、负离子的核间距(d)测出的，并假设 $d = r_+ + r_-$，r_+ 和 r_- 分别代表正、负离子的半径。推算离子半径的方法很多。1926 年，戈尔德施米特(Goldschmidt H)用光学法测得 F^- 的半径为 133 pm，O^{2-} 的半径为 132 pm。以此为基础，他推出 80 多种离子的半径。1927 年，鲍林从核电荷数和屏蔽常数出发，推出一套离子半径数据(常称之为鲍林离子半径)。附录七中列出了鲍林离子半径的数据。

从原子结构的理论可以得出离子半径大小的变化规律：

(1) 同族元素自上而下电子层数增加，具有相同电荷的同族离子半径依次递增。例如：

$$r(Li^+) < r(Na^+) < r(K^+) < r(Rb^+) < r(Cs^+)$$

$$r(F^-) < r(Cl^-) < r(Br^-) < r(I^-)$$

(2) 同一周期的正离子的电荷越多，半径越小，而负离子的电荷越多，半径越大。例如：

$$r(Na^{+})>r(Mg^{2+})>r(Al^{3+})$$
$$r(F^{-})<r(O^{2-})$$

(3) 同一元素正离子半径小于原子半径，简单负离子半径大于原子半径。同一元素形成几种不同电荷的正离子时，电荷高的正离子半径小，即高价离子的半径小于低价离子的半径。例如：

$$r(S^{2-})>r(S)$$
$$r(Fe^{3+})<r(Fe^{2+})<r(Fe)$$

离子半径的大小是决定离子化合物中正、负离子间引力大小的因素之一。离子半径越小，离子间引力越大，离子化合物的熔、沸点也就越高。表 2-1 明显地反映出这种变化关系。

表 2-1 几种离子化合物的熔点和正离子半径

离子化合物	NaF	KF	RbF	CsF
熔点/℃	996	858	795	703
正离子半径/pm	102	138	152	167

3. 离子的电子构型

对于简单负离子(如 F^{-}，O^{2-} 等)来说，最外电子层都是稳定的 8 电子结构($nsnp$ 全充满)，故称为 8 电子构型。对于正离子来说，情况比较复杂，通常有以下几种电子构型。

(1) 2 电子构型　最外层有 2 个电子的离子，如 Li^{+}，Be^{2+} 等；

(2) 8 电子构型　最外层有 8 个电子的离子，如 Na^{+}，Ca^{2+}，Al^{3+} 等；

(3) 9～17 电子构型　最外层有 9～17 个电子的离子，也称为不饱和电子构型，如 Fe^{2+}，Cr^{3+} 等；

(4) 18 电子构型　最外层有 18 个电子的离子，如 Ag^{+}，Zn^{2+} 等；

(5) 18+2 电子构型　次外层有 18 个电子，最外层有 2 个电子的离子，如 Sn^{2+}，Pb^{2+}，Bi^{3+} 等。

离子的电子构型对离子化合物的性质有显著影响。例如，Na^{+} 和 Ag^{+} 电荷相同，离子半径也相近(分别为 102 pm 和 115 pm)，但 NaCl 易溶于水，AgCl 难溶于水。显然，这与 Na^{+} 和 Ag^{+} 具有不同的电子构型有关，详见下节的离子极化。

2.2 离子极化

2.2.1 离子极化

离子因为带电荷，可以产生电场。在自身电场的作用下，使周围离子的电子云发生变形，这一过程称为**离子极化**(ionic polarization)。正离子带正电荷，一般离子半径较小，而负离子正相反，变形性大，极化力小。考虑离子极化作用时，一般考虑在正离子产生的电场下负离子发生变形，即正离子对相邻的负离子起诱导作用。离子极化与离子两方面的性质有关:离子的极化力和离子的变形性。

离子极化作用的强弱取决于该离子产生电场强度的大小。电场强度越大，极化力越大，这与离子的结构有关，主要影响因素如下：

(1) 离子的电荷　电荷越高，极化力越大，如 $Al^{3+} > Mg^{2+} > Na^{+}$；

(2) 离子的半径　半径越小，极化力越大，如 $Mg^{2+} > Ca^{2+} > Sr^{2+} > Ba^{2+}$；

(3) 离子的电子构型　离子的电子构型也显著影响极化力，其大小次序为:18 或(18＋2)电子构型的离子＞9～17 电子构型的离子＞8 电子构型的离子。

2.2.2 离子的变形性

离子的变形性是指离子在被带相反电荷离子的极化作用下，电子云发生变形的性质。负离子半径一般较大，外层有较多的电子，容易变形。离子的变形性也和离子的特征有关。

(1) 离子的半径　半径越大，变形性越大，如 $I^{-} > Br^{-} > Cl^{-} > F^{-}$。

(2) 离子的电荷　负离子电荷越高，变形性越大；正离子电荷越高，变形性越小。例如 $O^{2-} > F^{-}$，$Na^{+} > Mg^{2+} > Al^{3+}$。

(3) 离子的电子构型　离子的电子构型对变形性的影响大小次序为:18 或(18＋2)电子构型的离子＞9～17 电子构型的离子＞8 电子构型的离子。例如 $Ag^{+} > K^{+}$，$Hg^{2+} > Ca^{2+}$。

(4) 复杂负离子(如 SO_4^{2-}，ClO_4^{-})的变形性不大，而且复杂负离子中心氧化数越高，变形性越小。

综上所述，最容易变形的离子是体积大的简单负离子(如 I^{-}，S^{2-})。18 或(18＋2)电子构型以及不规则电子层的少电荷正离子的变形性也是相当大的。最不容易变形的离子是半径小、电荷高、外层电子数少的 8 电子构型正离子。

2.2.3 附加极化作用

通常考虑极化作用时，一般关注正离子的极化作用和负离了的变形性。但是当正离子也有一定的变形性时(如 18 电子构型的 Ag^{+}、Hg^{2+} 等)，它也可以被负离子极化，极化后的正离子反过来又加强了对负离子的极化能力。这种加强了的相互极化作用称为附加极化作用。18 或(18＋2)电子构型的正离子变形性较大，容易引起附加极化。随着极化作用的增强，负离子的电子云逐渐向正离子方向移动，使原子轨道重叠的部分增加，从而使离子键向共价键过渡(图 2－1)。

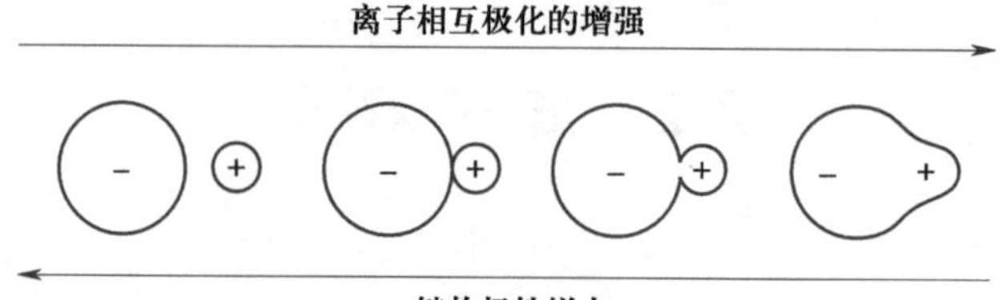

图 2－1　附加极化作用对原子轨道的影响

2.2.4 离子极化对化合物性质的影响

离子极化的实质就是正离子将负离子的电子拉向自身。随着离子极化作用的增强，势必引起化学键型的变化，即键的性质从离子键过渡到共价键。离子极化导致化学键性质的变化，并对化合物的结构和性质有显著的影响。

1. 溶解度

一般离子化合物易溶于极性溶剂水。离子极化的结果是离子键向共价键过渡，会导致化合物在水中的溶解度降低。在银的卤化物中，F^- 半径小，不易发生变形，因此 AgF 是离子化合物，易溶于水；对于 AgCl，AgBr，AgI，随着 Cl^-，Br^-，I^- 半径依次增大，离子变形性也随之增大，同时 Ag^+ 极化力也很强，所以 AgCl，AgBr，AgI 的共价性依次增大，溶解度依次减小。

2. 熔沸点

离子极化的结果是离子键向共价键过渡，引起晶格能降低，导致化合物的熔点和沸点降低。例如，NaCl 和 AgCl 的熔点分别为 1047 K 和 728 K，就是因为极化力 $Ag^+ > Na^+$，NaCl 为典型的离子化合物，而 AgCl 有一定的共价性。

3. 颜色

一般情况下，如果组成化合物的两种离子都是无色的，这个化合物也无色；如果其中一个离子有颜色，另一个为无色，则这个化合物呈现出有色离子的颜色。例如，K_2CrO_4 呈黄色就是因为 CrO_4^{2-} 为黄色。但 Ag_2CrO_4 却呈棕红色，而不是黄色，这显然与 Ag^+ 具有较强的极化作用有关。因为极化作用导致电子从负离子向正离子的跃迁（荷移跃迁）变得容易了，只要吸收可见光部分的能量就可以完成，从而呈现不同颜色。

离子极化在许多方面影响无机化合物的性质，可以把它看成离子键理论的重要补充。对于ⅠA、ⅡA 族元素的氧化物、氟化物可主要使用离子键理论，而对于其他族、其他化合物则要考虑离子极化的作用。例如，Na_2O (1132 ℃) 的熔点小于 MgO (2806 ℃)的，这是因为 Mg^{2+} 电荷高，半径小，因此 MgO 晶格能大于 Na_2O（离子键理论）。而对于 Al_2O_3（2054 ℃），因为 Al^{3+} 电荷更高，半径更小，极化作用的影响更大，所以化合物的熔点反而低于 MgO。

2.3 共 价 键

2.3.1 价键理论

离子键和离子极化理论能很好地说明离子化合物的形成和特性，但不能说明由同种元素的原子如何形成单质分子（如 H_2 等），也不能说明电负性相近的元素原子如何形成稳定的分子（如 H_2O 等）。1916 年，路易斯（Lewis G N）提出了共价键理论，认为同种原子之间以及电负性相近的原子间可以通过共用电子对形成分子。通过共用电子对而形成的化学键称为**共价键**（covalent bond），在通过共价键形成的分子中，每个原子均达到稳定的稀有气体原子的 8 电子外层电子构型（He 为 2 电子），习惯上称为“八隅体规则”。1927 年，海特勒（Heitler）和伦敦（London）用量子力学处理了 H_2 分子结构，后经鲍林等人发展成为现代的价键理论（valence bond theory，VBT）。

用量子力学处理A,B两个氢原子时发现,当两个原子中电子的自旋相反,两个氢原子相互接近时,A原子的电子不仅受A原子核的吸引,而且也受B原子核的吸引。同样,B原子的电子也同时受到A,B两原子核的吸引,整个体系的能量低于两个氢原子单独存在时的能量。当$R=R_0$时,出现能量最低值D(图2-2)。如果两电子自旋平行,则随着R变小,两个氢原子之间相互排斥,体系能量逐渐升高,如图中的虚线所示。体系的能量始终高于两个单独存在的氢原子的能量,不能形成化学键。因此电子自旋相反的两个氢原子以距离为R_0相结合,比原来的两个氢原子能量低,可以形成稳定的H_2,而自旋相同的两个氢原子无法成键。

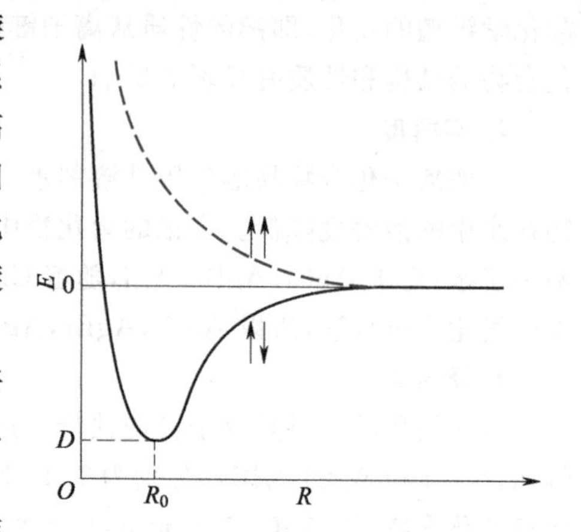

图2-2 H_2分子形成过程能量随核间距离变化示意图

从共价键的形成来看,共价键的本质是电性的。共价键的结合力是两个原子核对共用电子对形成的负电区域的吸引力,而不是正、负离子之间的库仑作用力。

1930年,鲍林等人将量子力学对氢原子的处理推广到其他体系,建立了现代价键理论(又称电子配对法或VB法)。该理论的基本要点是:

(1) 如果两个原子各有一个未成对电子,两个单电子可以以自旋相反的方式相互配对,在两原子间形成稳定的共价单键。如果两个原子各有两个或三个未成对电子,那么自旋相反的电子可以两两配对,形成共价双键或三键。例如,氧原子外层有2个可以成对的2p电子,所以两个氧原子可以通过共价双键的形式形成O_2分子。

(2) 成键的原子轨道重叠越多,形成共价键越稳定,这叫作原子轨道最大重叠原理。

2.3.2 共价键的特性

1. 共价键的饱和性

共价键的饱和性是指每个原子成键的总数或其以单键相连的原子数目是一定的。在构成共价分子时,每个原子的成单电子数是一定的,所以形成的共用电子对的数目也是一定的。例如,氢原子只有一个未成对电子,所以H_2分子中只有一个单键。氮原子最外层有3个未成对电子,所以两个氮原子可以共用三对电子以共价三键形成N_2分子,一个氮原子也可以与三个氢原子分别共用一对电子结合成NH_3分子,形成三个共价单键。

2. 共价键的方向性

形成共价键时,成键的原子轨道沿着一定的方向进行最大程度的重叠,以形成共价键,这就是**共价键的方向性**。例如,氢原子的1s电子与氟原子的未成对电子(设处于$2p_x$轨道)成键时,只有沿着x轴的方向才能发生最大程度的重叠,形成共价键,如图2-3(a)所示。而图2-3(b),(c)所示的方向均不能达到最大重叠。

3. 共价键的类型

由于原子轨道重叠方式不同,可以将共价键分为σ键和π键两种类型。成键的两个原子间的连线称为键轴,如果原子轨道按“头碰头”的方式发生重叠,轨道重叠部分对于键轴呈柱形对称,即轨道绕键轴旋转180°,图形和符号均不发生变化,这种共价键称为σ键[图2-4(a)]。如果原子轨道按“肩并肩”的方式发生重叠，即轨道在键轴两侧发生重叠而形成的键称为 π 键[图 2－4(b)]。π 键的轨道关于键轴是反对称的，也就是绕键轴旋转 180°，图形一样，符号相反。一般来说，σ 键具有键能大、稳定性高的特点。π 键轨道的重叠程度比 σ 键的重叠程度小，因此通常键能低于 σ 键。但 π 键的电子比 σ 键的电子活泼，容易参与化学反应。以 N_2 分子为例，N 原子的电子排布为[He]$2s^2 2p^3$，3 个 p 电子分别占据 $2p_x$、$2p_y$、$2p_z$ 轨道，如果两个 $2p_x$ 轨道以“头碰头”的方式发生重叠形成 σ 键，那么两个 $2p_y$ 和两个 $2p_z$ 轨道就只能各自“肩并肩”重叠形成 2 个 π 键。

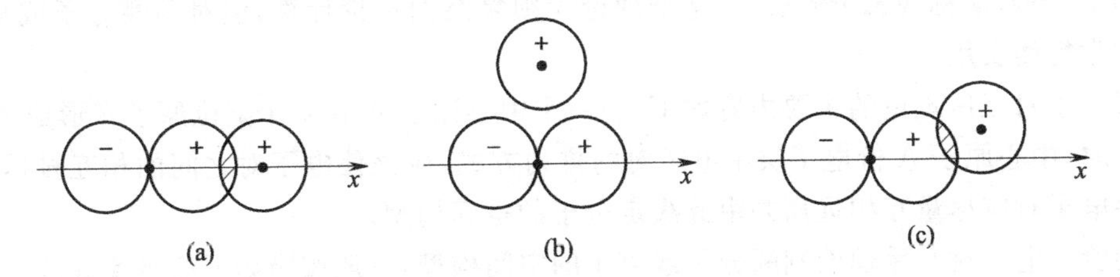

图 2－3　s 和 p_x 轨道的重叠方式

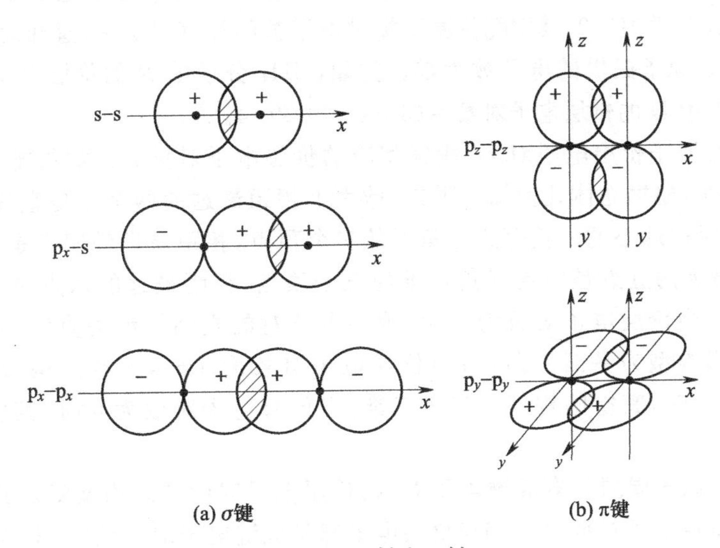

图 2－4　σ 键和 π 键

共价键中有一种特殊的类型称为配位共价键，简称配位键。共用电子对是由一方单独提供的，另一方只提供空轨道。提供电子对的原子或分子称为给予体，接受电子对的原子或分子称为接受体。通常用“→”表示配位键，箭头方向由给予体指向接受体。例如，NH_3 分子中氮原子有一对孤对电子，可以提供给 H^+ 形成 NH_4^+。应该注意的是，正常共价键和配位键的区别仅在于键的形成过程不同，但在键形成以后，两者就没有差别了。例如在 NH_4^+ 中，四个 N—H 键是完全等同的。

$$\mathrm{H^+} + \mathrm{:NH_3} = \left[\mathrm{H}\longleftarrow\mathrm{NH_3}\right]^+$$

2.4 价层电子对互斥理论

1940年，西奇维克(Sidgwick N V)和鲍威尔(Powell H M)在总结实验事实的基础上，提出了一种简单的理论模型，用来判断分子或离子的几何构型，后来经过吉利斯皮(Gillespie R J)和尼霍姆(Nyholm R S)加以发展，现在称为价层电子对互斥理论(valence-shell electron pair repulsion theory，简称VSEPR法)。这个理论无须复杂的理论计算，但对预测分子或离子的空间构型非常简便实用。

价层电子对互斥理论的主要内容如下：当一个中心原子A和n个配位原子B形成AB_n型分子或离子时，中心原子A价电子层中电子对的排列方式，应该使电子对之间的相互排斥力最小，因此价层电子对应尽量互相远离并由此决定分子的空间构型。

使用价层电子对互斥理论判断分子或离子的空间构型，一般按照如下的步骤进行。

(1) 确定中心原子的价层电子对数。价层电子对数=(中心原子价电子数+配位原子提供电子数−离子电荷代数值)/2，其中配位原子提供电子数的计算方法是：氢和卤素原子均各提供1个价电子；氧和硫原子提供的电子数为零。例如，NH_3分子中N的价层电子对数=(5+1×3)/2=4；而NH_4^+中N的价层电子对数=(5+4−1)/2=4。

(2) 根据中心原子价层电子对数，找到相应的价层电子对排布。如果把中心原子的价电子层视为一个球面，根据立体几何知识可知，球面上相距最远的两个点是直线的两个端点，相距最远的三点是通过球心的内接等边三角形的三个顶点，相距最远的四点是内接正四面体的四个顶点，相距最远的五点是内接三角双锥的五个顶点，相距最远的六点是内接正八面体的六个顶点。因此，当价层电子对数为2时，价层电子对的空间构型为直线形；当价层电子对数为3时，其空间构型为平面三角形；当价层电子对数为4时，其空间构型为正四面体；当价层电子对数为5时，其空间构型为三角双锥；当价层电子对数为6时，其空间构型为正八面体。

(3) 如果中心原子周围只有成键电子对，则价层电子对的空间构型就是分子的几何构型。如CH_4分子，其价层电子对数为4，四对价层电子都是成键电子对，所以CH_4为正四面体结构。如果价层电子对中有孤对电子，其所处的位置不同，往往会影响分子的空间构型。不同价层电子对之间的排斥作用的顺序为：

① 电子对之间的夹角越小，排斥力越大；

② 孤对电子只受到中心原子的吸引，电子云比较集中，对相邻的电子对的排斥作用较大。不同价层电子对之间的排斥作用的顺序为：

孤对电子-孤对电子>孤对电子-成键电子对>成键电子对-成键电子对

例2-1 判断SF_4分子的空间构型。

解 中心原子S的价电子数为6，4个配位原子F各提供1个电子，所以

$$价层电子对数=\frac{6+4}{2}=5$$

5对价层电子以三角双锥的方式排布。因只有4个配位原子F，故有4对为成键电子对，1对为孤对电子。由图2-5可见：结构(a)中有两个90°孤对电子-成键电子对排斥作用，而结构

(b)中有三个 90°孤对电子-成键电子对排斥作用，显然结构(a)是一种更稳定的构型，所以 SF_4 的构型为变形四面体。

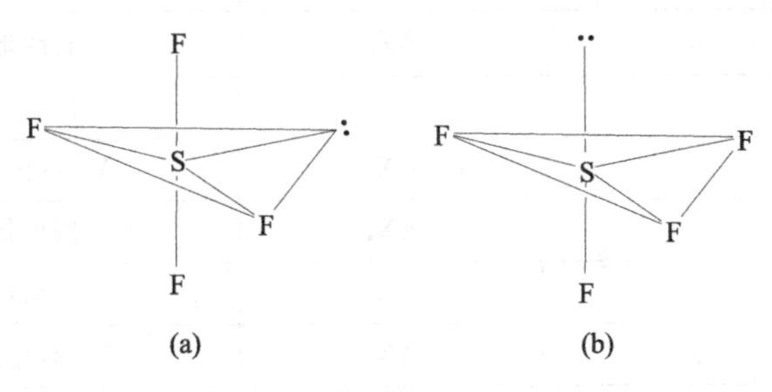

图 2-5 SF_4 两种可能的结构

例 2-2 判断 ClF_3 分子的空间构型。

解 中心原子 Cl 的价电子数为 7，3 个配位原子 F 各提供 1 个电子，所以

$$价层电子对数=\frac{7+3}{2}=5$$

5 对价层电子以三角双锥的方式排布。因只有 3 个配位原子 F，故有 3 对为成键电子对，2 对为孤对电子。由图 2-6 可见：结构(a)中没有 90°孤对电子-孤对电子排斥作用，有四个 90°孤对电子-成键电子对排斥作用；而结构(b)中有一个 90°孤对电子-孤对电子排斥作用，三个 90°孤对电子-成键电子对排斥作用；结构(c)中没有 90°孤对电子-孤对电子排斥作用，有六个 90°孤对电子-成键电子对排斥作用。显然结构(a)是一种更稳定的构型，所以 ClF_3 的构型为 T 形。

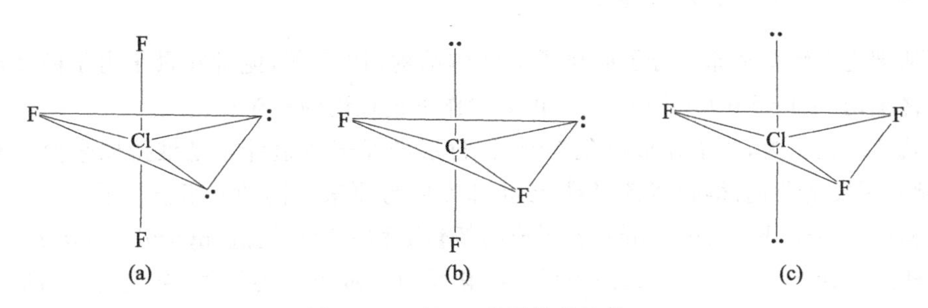

图 2-6 ClF_3 三种可能的结构

同理可以判断 XeF_2 中价层电子对数也为 5，有三对孤对电子，空间构型为直线形。因此当价层电子对数为 5 时，孤对电子总是优先处于三角双锥平面部分三个角的顶点位置；当价层电子对数为 3，4 时，孤对电子无论处在什么位置都不会改变分子的空间构型；当价层电子对数为 6 时，第二对孤对电子总是优先处于八面体某一轴线的对角位置，例如，XeF_4 分子价层电子对数为 6，有两对孤对电子，因此分子构型为平面正方形。

现把使用价层电子对互斥理论推导出的常见分子或离子的空间构型归纳于表 2-2。

表 2-2 常见分子或离子的空间构型

价层电子对数	孤对电子数	分子或离子的类型	实际的几何构型	实例
2	0	AX_2	直线形	$BeCl_2$
3	0	AX_3	平面三角形	BF_3
	1	AX_2	V 形(角形)	SO_2
4	0	AX_4	四面体	SO_4^{2-}
	1	AX_3	三角锥	NH_3
	2	AX_2	V 形(角形)	H_2O
5	0	AX_5	三角双锥	PCl_5
	1	AX_4	变形四面体	SF_4
	2	AX_3	T 形	ClF_3
	3	AX_2	直线形	I_3^-
6	0	AX_6	正八面体	SF_6
	1	AX_5	四方锥	IF_5
	2	AX_4	平面正方形	XeF_4

2.5 杂化轨道理论

2.5.1 杂化轨道理论的基本要点

为了从理论上解释多原子分子或离子的立体结构，1931 年，鲍林在量子力学的基础上提出了**杂化轨道理论**(hybrid orbital theory)，可以看作价键理论的补充和发展。

杂化轨道理论认为，原子在形成化学键时，价层的原子轨道并不是维持原来原子轨道的形状，而是倾向于发生杂化，得到能量相同、形状和方向与原来不同的一组新轨道。这种轨道重新组合的过程称为**杂化**(hybridization)，所形成的新轨道称为**杂化轨道**(hybrid orbital)。

原子轨道为什么要杂化？这是因为形成杂化轨道后成键能力增加，杂化轨道的形状通常变成一头大一头小(图 2-7 表示一个 s 轨道和一个 p 轨道经杂化所得的杂化轨道的形状)。杂化轨道用大的一头与其他原子的轨道进行重叠，重叠部分比没有杂化的轨道增多，因此原子轨道的成键能力增强。

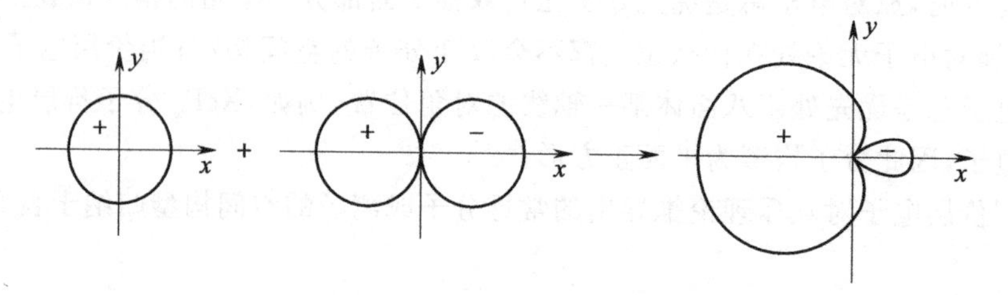

图 2-7 一个 s 轨道和一个 p 轨道经杂化所得的杂化轨道形状

只有能量相近的轨道才能相互杂化，所以常见的杂化类型有 $ns np$，$ns np nd$ 和 $(n-1)d ns np$ 杂化。参加杂化的原子轨道数目与形成的杂化轨道数目相同。例如，一条 s 轨道和一条 p 轨道杂化后形成两条 sp 杂化轨道；一条 s 轨道和三条 p 轨道杂化后形成四条 sp^3 杂化轨道。

2.5.2 杂化轨道的类型

根据组成杂化轨道的数目和种类的不同，可以把杂化轨道分成不同的种类。

1. sp 杂化

$BeCl_2$ 分子的形成采用了 sp 杂化。Be 原子的电子构型为[He]$2s^2$，当 Be 原子和 Cl 原子形成 $BeCl_2$ 分子时，Be 原子的 $2s^2$ 中的 1 个电子激发到 2p 轨道，1 个 2s 轨道与 1 个 2p 轨道杂化，形成两个能量、形状完全等同的 sp 杂化轨道，2 个 sp 杂化轨道之间的夹角为 180°(每个 sp 杂化轨道含有 1/2 的 s 轨道成分和 1/2 的 p 轨道成分，见图 2-8)，Be 原子的 2 个 sp 杂化轨道分别与两个 Cl 原子的 p 轨道重叠形成 σ 键，所以 $BeCl_2$ 分子的空间构型为直线形。上述杂化过程可表示为：

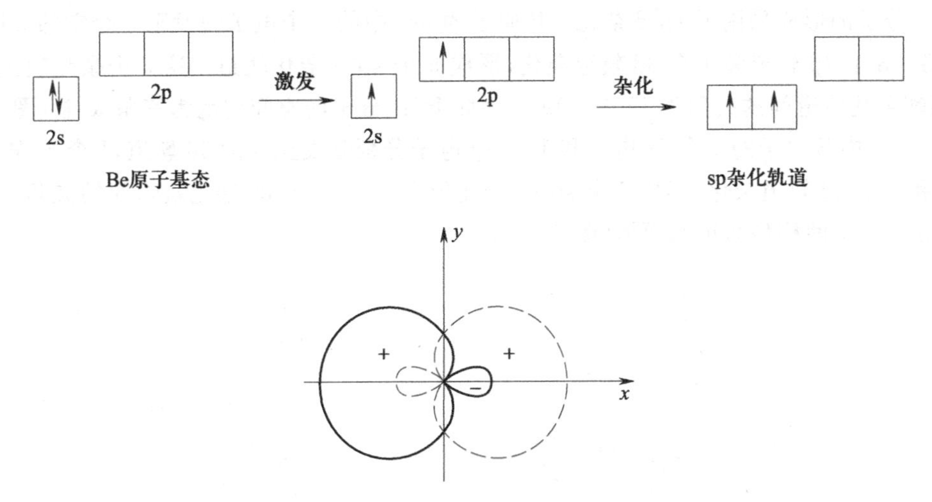

图 2-8 两个 sp 杂化轨道的角度分布图

2. sp^2 杂化

BF_3 分子的形成属于 sp^2 杂化。B 原子的电子构型为[He]$2s^2 2p^1$，当 B 原子和 F 原子形成 BF_3 分子时，B 原子中的 $2s^2$ 中的 1 个电子激发到 2p 轨道，1 个 2s 轨道与 2 个 2p 轨道杂化，形成 3 个 sp^2 杂化轨道，分别指向平面三角形的 3 个顶点，B 原子的 3 个 sp^2 杂化轨道分别与 3 个 F 原子的 p 轨道重叠形成 σ 键，因此 BF_3 分子的空间构型为平面三角形。具体的杂化过程可表示为：

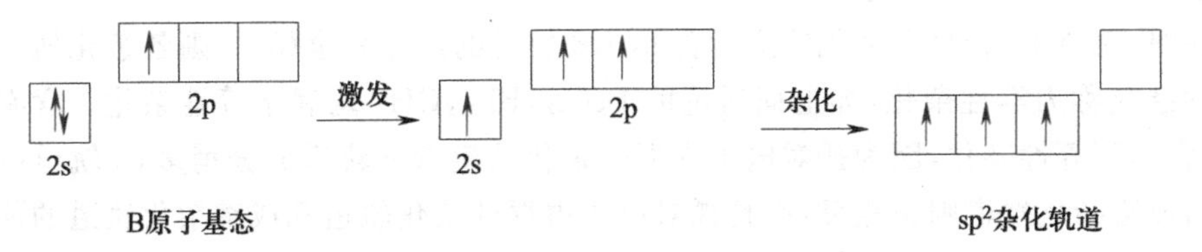

每个 sp^2 杂化轨道含有 1/3 的 s 轨道成分和 2/3 的 p 轨道成分。3 个 sp^2 杂化轨道彼此间的夹角为 120°，呈平面三角形分布。

3. sp^3 杂化

sp^3 杂化的典型例子是 CH_4 分子。C 原子的 1 个 2s 电子激发到 2p 轨道，1 个 2s 轨道与 3 个 2p 轨道杂化，形成 4 个 sp^3 杂化轨道，C 原子的 4 个 sp^3 杂化轨道分别与 4 个 H 原子的 1s 轨道重叠形成四个 σ 键，CH_4 分子的空间构型为正四面体形。这一过程可表示为：

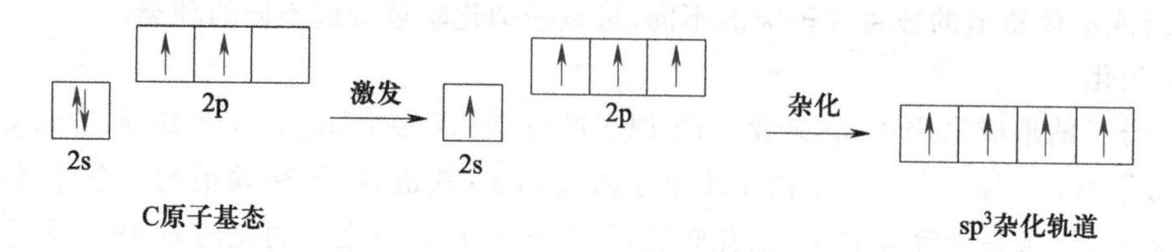

每个 sp^3 杂化轨道含有 1/4 的 s 轨道成分和 3/4 的 p 轨道成分。4 个 sp^3 杂化轨道的夹角为 109°28′，空间构型为正四面体。

4. sp^3d 杂化和 sp^3d^2 杂化

PCl_5 分子的形成采用了 sp^3d 杂化。P 原子的 $3s^2$ 中的 1 个电子激发至一个空的 3d 轨道，1 个 3s 轨道、3 个 3p 轨道和 1 个 3d 轨道杂化，形成 5 个 sp^3d 杂化轨道。这 5 个杂化轨道呈三角双锥，相邻杂化轨道间的夹角为 120°或 90°。因此 PCl_5 分子的空间构型为三角双锥（图 2－9）。

SF_6 分子中 S 原子的 1 个 3s 电子和 1 个 3p 电子分别激发至空的 3d 轨道，1 个 3s 轨道、3 个 3p 轨道和 2 个 3d 轨道杂化，形成 6 个 sp^3d^2 杂化轨道。相邻 sp^3d^2 杂化轨道间的夹角为 90°，所以 SF_6 分子的空间构型为正八面体（图 2－9）。

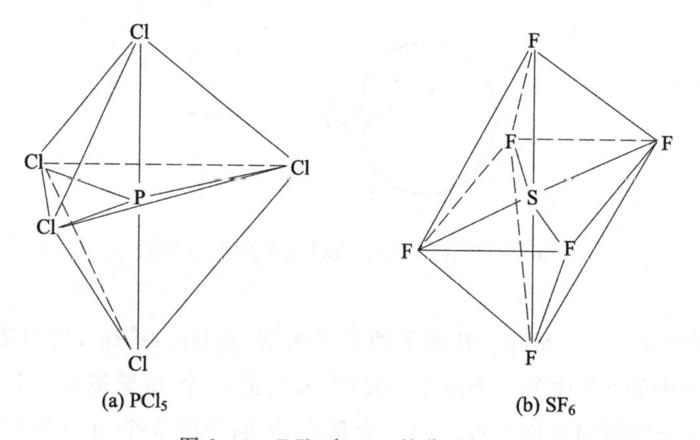

图 2－9 PCl_5 和 SF_6 的分子构型

5. 等性杂化和不等性杂化

一组杂化轨道中，若每个杂化轨道所含 s，p，d 轨道的成分完全相同，则各杂化轨道的能量也相等，这种杂化称为等性杂化，如上面讨论的 $BeCl_2$，BF_3，CH_4 均属于等性杂化。含有孤对电子的杂化通常是不等性杂化，因为孤对电子占据的杂化轨道含 s 轨道成分稍多，p 轨道（或 d 轨道）成分稍少，成键杂化轨道则正相反，而且孤对电子占据的杂化轨道和成键杂化轨道的能量和轨道形状也有些不同。

在 NH_3 分子中，N 原子的电子结构为[He]$2s^2 2p^3$。1 个 2s 轨道与 3 个 2p 轨道杂化，形成 4 个 sp^3 杂化轨道，但在 4 个 sp^3 杂化轨道中有 1 个杂化轨道被孤对电子占据。N 原子的 3 个成单电子占据的杂化轨道分别与 H 原子的 1s 轨道成键，另一个孤对电子占据的轨道不参加成键。孤对电子只受氮原子核的吸引，电子云比较集中，它对成键电子对产生的排斥作用大于成键电子对之间的排斥作用，因此 H—N—H 键的键角被压缩到了 107.3°。NH_3 分子的几何构型为三角锥（图 2－10）。

H_2O 分子中 O 原子也采取不等性 sp^3 杂化。因为有 2 个杂化轨道被孤对电子占据，迫使 H—O—H 键的键角减小至 104.5°。H_2O 分子的空间构型为角形（V 形）（图 2－10）。

表 2－3 总结了上述五种常见的杂化轨道。此外，还有内层的 $(n-1)$d 轨道与 $ns np$ 轨道一起参与的杂化方式，主要存在于过渡金属配合物中，详细的内容将在第七章讨论。

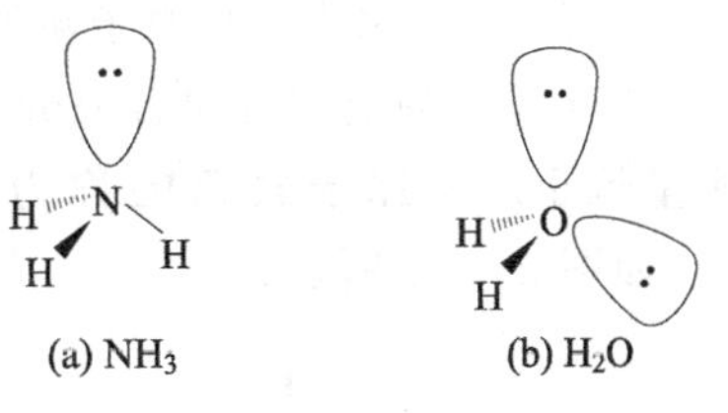

图 2－10 NH_3 和 H_2O 的分子构型

表 2－3 常见的杂化轨道

杂化类型	轨道数目	杂化轨道形状	实例
sp	2	直线形	$BeCl_2$
sp^2	3	平面三角形	BF_3
sp^3	4	四面体	CCl_4，NH_3，H_2O
sp^3d	5	三角双锥	PCl_5
sp^3d^2	6	八面体	SF_6

2.6 分子轨道理论简介

价键理论、价层电子对互斥理论和杂化轨道理论比较直观，能较好地说明共价键的形成和分子的空间构型，但是这些理论也有其局限性。例如，对于 O_2 分子，价键理论认为电子已经全部配对成键，没有成单电子。但实验测定发现 O_2 分子是顺磁性的，有成单电子。又如在 H_2^+ 中存在成单电子，这也是价键理论无法解释的。为此，洪德（Hund F）和美国人马利肯（Mulliken R S）提出了分子轨道理论（molecular orbital theory），该理论把分子作为一个整体来处理，考虑电子在分子内的运动状态，是一种化学键的量子理论。本节对该理论的介绍主要集中在第一、第二周期的同核双原子分子。

2.6.1 分子轨道理论的要点

(1) 在分子中，电子不是属于某个特定的原子，而是属于整个分子，在整个分子轨道中运动。分子中每个电子的运动状态用相应的波函数 ψ_{MO} 来描述，ψ_{MO} 称为分子轨道。

(2) 分子轨道由分子中各原子的原子轨道线性组合而成。分子轨道的数目等于组成分

子的各原子的原子轨道数目之和。例如,2个氢原子的1s轨道组合得到氢分子的2个分子轨道:

$$\psi_1 = c_1\psi_{1s} + c_2\psi_{1s}$$
$$\psi_2 = c_1\psi_{1s} - c_2\psi_{1s}$$

式中,ψ_{1s}代表氢原子的1s轨道,c_1和c_2是常数;ψ_1和ψ_2代表线性组合得到的氢分子的分子轨道。分子轨道和原子轨道的不同之处在于分子轨道是多中心的(多个原子核),而原子轨道只有一个中心(一个原子核);原子轨道用s,p,d,f,…表示,分子轨道用σ,π,δ,…表示。

(3) 原子轨道线性组合成分子轨道,分子轨道中能量高于原来原子轨道的称为反键轨道,能量低于原来原子轨道的称为成键轨道。上述分子轨道中,ψ_1为成键轨道,ψ_2为反键轨道,如图2-11所示。

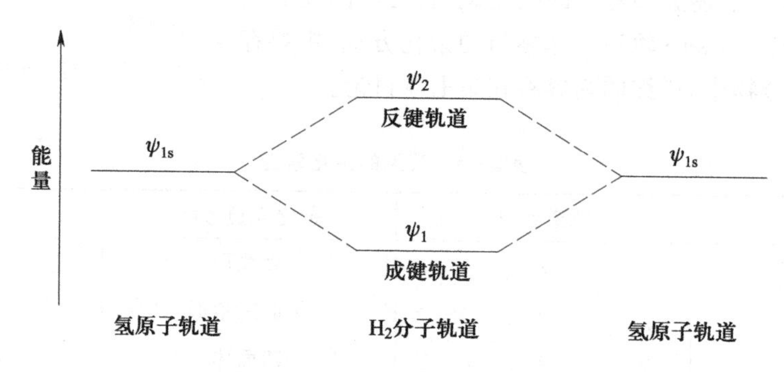

图2-11 氢原子轨道组合成分子轨道能级图

2.6.2 原子轨道线性组合三原则

原子轨道在组合成分子轨道时,要遵循能量相近、对称性匹配和最大重叠原则,这三条原则是有效组成分子轨道的必要条件。

1. 能量相近

只有能量相近的原子轨道才能有效组合成分子轨道,而且原子轨道的能量越相近越好。例如,H原子的1s轨道能量是−1312 kJ/mol,O原子的2p轨道能量为−1314 kJ/mol,而Na原子的3s轨道能量只有−496 kJ/mol。H原子的1s轨道和O原子的2p轨道可以组成分子轨道;而Na原子的3s轨道和O原子的2p轨道能量相差太大,不可以组成分子轨道,只能形成离子键。

2. 对称性匹配

只有对称性匹配的原子轨道才能有效地组合成分子轨道。原子轨道具有一定的对称性,如s轨道是球形对称的,p_x轨道关于x轴对称。对称性匹配有其特定的物理意义和条件。当进行组合的原子轨道完全相同时,如两个氧原子的$2p_x$轨道,肯定符合对称性匹配的原则。

3. 最大重叠

原子轨道重叠的程度越大,成键效应就越显著,形成的化学键就越稳定。因此两原子轨道必须尽可能多地重叠,以有效地组合成分子轨道。按照重叠的方式不同,可以分为σ键(头碰头)和

π 键(肩并肩)。

电子在分子轨道上的排布跟在原子轨道里填充一样,要遵循泡利不相容原理、能量最低原理和洪德定则。

2.6.3 分子轨道能级图

每个分子轨道都有相应的能量,其大小主要通过光谱实验的数据来确定。把分子中各分子轨道按照能量由低到高排列,可以得到分子轨道能级图。对于第二周期同核双原子分子来说,1s 轨道上的电子基本保持了原来原子轨道中的状态,不参与化学键的形成,所以通常写成 KK,表示两个 K 层的电子。两个原子的 2s 轨道线性组合成 σ_{2s} 和 σ_{2s}^* 分子轨道,能量通常比 2p 轨道组合成的分子轨道要低;三条 2p 轨道中有一条参与 σ 键的形成,另外两条只能形成 π 键。因此两个原子可以形成两条 σ_{2p_x} 和 $\sigma_{2p_x}^*$ σ 键分子轨道和四条 π_{2p}(π_{2p_y},π_{2p_z})和 π_{2p}^*($\pi_{2p_y}^*$,$\pi_{2p_z}^*$)π 键分子轨道。图 2-12 分别表示 s-s,p-p 轨道组合成分子轨道的情况。其中 σ_s,σ_{p_x} 和 π_{p_y} 是成键分子轨道,它们的能量分别比原来的原子轨道能量低;而 σ_s^*,$\sigma_{p_x}^*$ 和 $\pi_{p_y}^*$ 为反键分子轨道,它们的能量分别比原来的原子轨道能量高。注意 π 键分子轨道(π_{2p} 和 π_{2p}^*)在这里都是二重简并的。

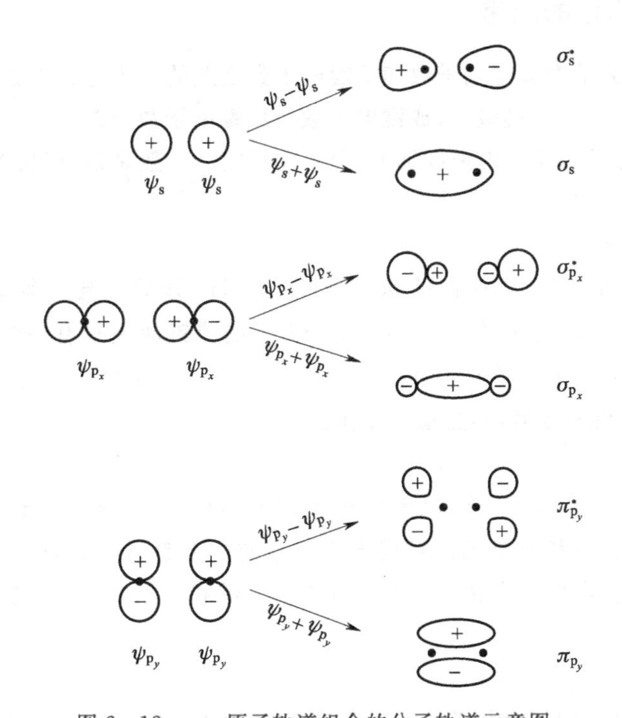

图 2-12 s,p 原子轨道组合的分子轨道示意图

图 2-13 是第二周期同核双原子分子的能级图。注意这里面也有能级交错现象,如果原子的 2s 和 2p 轨道能量差较大(如 O,F,Ne 原子),其分子轨道能级图如图 2-13(a)所示(能量 $\pi_{2p}>\sigma_{2p}$)。如果原子的 2s 和 2p 轨道能量差较小(如 Li,Be,B,C,N 原子),则能量 $\pi_{2p}<\sigma_{2p}$,如图 2-13(b)所示。

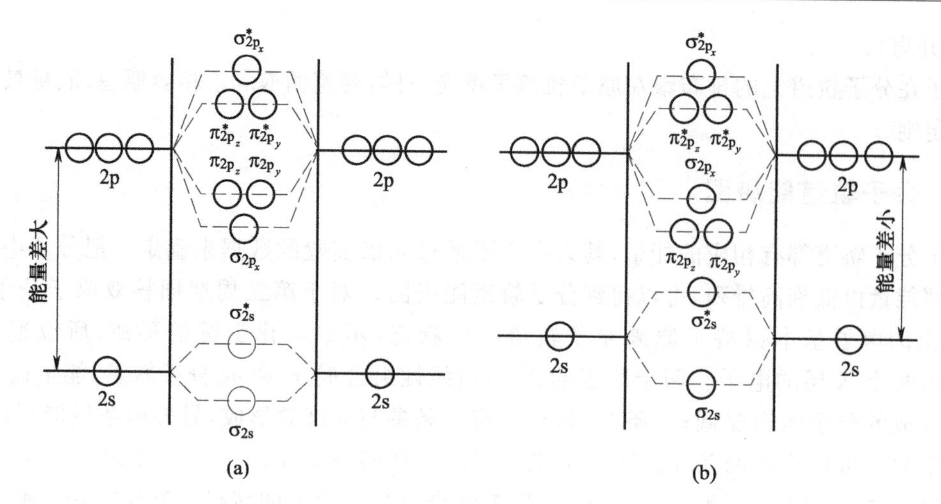

图 2-13 第二周期同核双原子分子轨道的能级图

2.6.4 分子轨道理论的应用

分子轨道理论把分子中成键电子数和反键电子数之差的一半定义为分子的**键级**，即

$$键级=(成键电子数-反键电子数)/2$$

键级越高，形成分子的化学键强度越大，分子越稳定。一般来说，键长随键级的增加而减小，键能随键级的增加而增大。

1. H_2 和 He_2 分子

H 原子的电子排布为 $1s^1$。两个 H 原子所形成的 H_2 分子的电子排布式为 $(\sigma_{1s})^2$。键级为 1，能够稳定存在。H_2^+ 的电子排布为 $(\sigma_{1s})^1$，这个离子的成键轨道只有一个电子，键级等于 0.5，仍可存在。He_2 分子的 4 个电子的能级排布为 $(\sigma_{1s})^2(\sigma_{1s}^*)^2$。有两个成键电子和两个反键电子，键级为 0，成键和反键相互抵消，不能稳定存在。

2. N_2 分子

N_2 的电子按图 2-13 (b) 填充，其电子排布式为 $KK(\sigma_{2s})^2(\sigma_{2s}^*)^2(\pi_{2p_y})^2(\pi_{2p_z})^2(\sigma_{2p_x})^2$，其中，$(\sigma_{2s})^2$ 和 $(\sigma_{2s}^*)^2$ 的能量相互抵消。对成键有贡献的主要是 $(\pi_{2p_y})^2$，$(\pi_{2p_z})^2$ 和 $(\sigma_{2p_x})^2$。N_2 的键级为 $(8-2)/2=3$，稳定性非常高。分子中有 1 个 σ 键和 2 个 π 键，这与价键理论得出的结果是一致的。

3. O_2 分子

O_2 的电子按图 2-13 (a) 填充，其电子排布式为 $KK(\sigma_{2s})^2(\sigma_{2s}^*)^2(\sigma_{2p_x})^2(\pi_{2p_y})^2(\pi_{2p_z})^2(\pi_{2p_y}^*)^1(\pi_{2p_z}^*)^1$，根据洪德定则，最后 2 个电子应分别填入 $\pi_{2p_y}^*$ 和 $\pi_{2p_z}^*$ 轨道并且自旋平行，所以 O_2 分子中含有 2 个成单电子，是顺磁性分子。O_2 的键级为 $(8-4)/2=2$。在 O_2 分子中，氧原子间存在一个 σ 键 $(\sigma_{2p_x})^2$ 和两个三电子 π 键 $[(\pi_{2p_y})^2(\pi_{2p_y}^*)^1$ 和 $(\pi_{2p_z})^2(\pi_{2p_z}^*)^1]$，$(\pi_{2p_y})^2$ 和 $(\pi_{2p_z})^2$ 降低的能量分别被 $(\pi_{2p_y}^*)^1$ 和 $(\pi_{2p_z}^*)^1$ 升高的能量抵消掉一半，因此三电子 π 键只相当于半个键。O_2 的电子式可表示为：

$$:O \overset{\cdots}{\underset{\cdots}{—}} O:$$

其中，短线代表 σ 键；短线上下两组 3 个小黑点分别代表 2 个三电子 π 键；氧原子左右两端两组 2 个小黑点代表总体上对成键无贡献的$(\sigma_{2s})^2$ 和$(\sigma_{2s}^*)^2$电子。

2.7 金 属 键

2.7.1 金属键的改性共价键理论

元素周期表中大约 80%的元素为金属。金属及其合金具有一些共同的特征，如具有金属光泽、优良的导电性、导热性和延展性等。金属的特性是由金属内部结合力的特殊性决定的。在金属晶体中，每个原子被 8 个或 12 个相邻原子或离子包围，而金属原子只有少数价电子（通常只有 1 个或 2 个）能用于成键，这样少的价电子不足以使金属原子之间形成一般的共价键，而是形成改性共价键。

金属原子的半径较大，原子核对价电子的吸引力比较弱。因此金属的价电子很容易从金属原子上脱落下来，这些脱落下来的电子可以在整个金属晶体中自由流动，因此被称为自由电子或离域电子。金属晶体中金属原子和失去电子的金属离子沉浸在自由电子的海洋中并依靠自由电子和金属正离子之间的吸引力结合在一起。也可以说这些自由电子是黏合剂，把金属的原子和离子“黏合”在一起，形成了**金属键**（metallic bond）。普通的共价键是二中心二电子键，金属键则是多中心少电子键，而且是遍布整个晶体的离域键。和普通共价键不同的是，金属键没有方向性和饱和性。金属键的强弱和自由电子的数目有关，也和离子半径、电子层结构等因素有关。

金属中自由电子可以吸收波长范围极广的光，并重新把大部分光反射出去，所以金属晶体不透明且有金属光泽。在外电场的作用下，自由电子可以定向移动形成电流，所以金属具有良好的导电性。受热时通过自由电子间及其与金属离子之间的碰撞传递能量，所以金属也是热的良导体。金属键不固定于两个原子之间，在原子层发生滑动时金属键不易被破坏，故金属有很好的延展性和可塑性。

2.7.2 金属键的能带理论

分子轨道理论将金属晶体看作一个巨大分子，结合在一起的无数个金属原子形成无数条分子轨道，这些轨道数目很多，能量差别很小，于是连成一片而成为一个能带。**能带**（energy band）就是一组连续状态的分子轨道，如图 2－14 所示其中全部分子轨道都被电子占满的能带叫**满带**；分子轨道没有电子占据的能带称为**空带**；分子轨道部分充满，电子在其中能自由运动的能带称为**导带**（conduction band）；能带和能带之间的区域称为**禁带**（forbidden energy gap）。一般金属导体的价电子能带是部分充满的导带，因此能导电。绝缘体中的价电子所处的能带都是满带，满带和相邻空带之间的禁带很大，电子不能越过禁带跃迁到上面的空带，因此不能导电，如金刚石等。半导体的价电子也处于满带，但与邻近空带间的禁带间隙较小，一般小于 3 eV，高温时电子可以越过禁带到邻近空带而导电，如 Si 和 Ge 等。

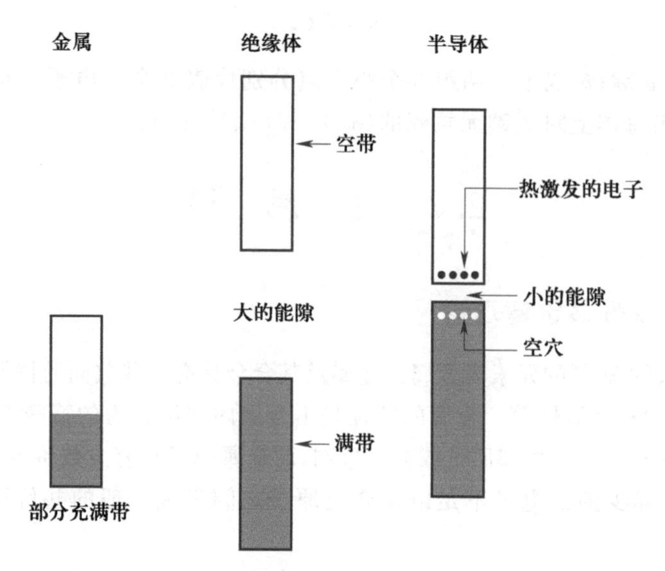

图 2-14 固体按照能带理论的分类

2.8 分子间作用力

分子间作用力的大小通常比化学键小一到两个数量级(几到几十千焦每摩尔),是一种弱相互作用,但是会对很多物质的物理和化学性质产生重大影响。分子间作用力的大小不仅与分子的结构有关,还与分子的极性有紧密联系。

2.8.1 分子的极性

极性是一个电学概念。在共价键中,若成键的两原子属于同种元素,这种键称为非极性键;若成键的两原子所属元素的电负性差值不等于零,这种键称为极性键。在双原子分子中,分子的极性和键的极性是一致的。例如,H_2 属于非极性分子而 HCl 属于极性分子。在多原子分子中,不仅要看键的极性,更重要的是要考虑分子的空间结构。例如 BF_3,虽然 B—F 键是极性键,但由于 BF_3 具有平面三角形构型,其正、负电荷中心重合,所以是非极性分子,而三角锥的 NH_3 则是极性分子。因此正、负电荷中心重合的分子为**非极性分子**,否则为**极性分子**。

分子极性的大小用**偶极矩**(dipole moment) μ 来衡量。分子偶极矩的定义是分子正、负偶极一端的电荷量 q 与正、负两中心之间的距离 d 的乘积,即

$$\mu = q \cdot d \tag{2-1}$$

偶极矩是矢量,方向从正电中心指向负电中心,单位为 C·m(库·米)。偶极矩为 0 的分子是非极性分子,μ 值越大,分子的极性越强。偶极矩的计算有助于判断分子的空间结构。例如,CO_2 偶极矩为 0,说明分子是非极性的,当然是直线形结构;SO_2 偶极矩不为 0,说明分子是极性的,因此属于角形结构。表 2-4 列出了一些物质的偶极矩,从表中可以看出,决定偶极矩大小的主要因素是两种元素的电负性的差值,差值越大,偶极矩也就越大。例如,HCl,HBr,HI 的偶极矩依次减小;H_2O 的偶极矩远大于 H_2S 的。

表 2-4 一些物质的偶极矩

物质	偶极矩/(10^{-30} C·m)	物质	偶极矩/(10^{-30} C·m)
H_2	0	H_2O	6.16
N_2	0	HCl	3.43
CO_2	0	HBr	2.63
CS_2	0	HI	1.27
H_2S	3.66	CO	0.40
SO_2	5.33	HCN	6.99

2.8.2 分子间作用力

分子间作用力最早是由范德华提出来的,所以也称为范德华力(van der Walls force)。范德华力根据来源的不同可分为如下三个部分。

1. 取向力

取向力又称定向力,是极性分子和极性分子的固有偶极之间的静电引力。两个极性分子相互接近时,同极相斥,异极相吸,使分子发生相对转动,因为偶极定向排列而产生静电引力(图 2-15)。取向力与分子偶极矩的平方成正比,因此分子偶极矩越大,取向力越大。

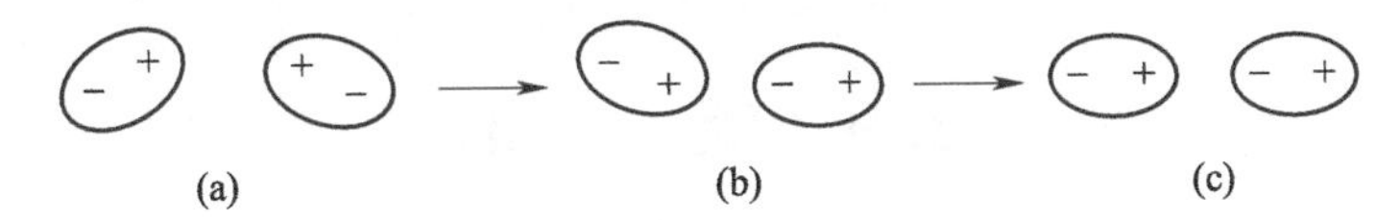

图 2-15 两个极性分子相互作用示意图

2. 诱导力

当极性分子和非极性分子充分接近时,极性分子的固有偶极诱导非极性分子发生形变而产生诱导偶极。于是诱导偶极与固有偶极之间产生静电引力。极性分子和非极性分子之间的这种作用力称为诱导力(图 2-16)。极性分子与极性分子之间也会相互诱导发生形变而产生诱导偶极,因此极性分子之间也存在诱导力。极性分子的偶极矩越大,被诱导分子的变形性越大,诱导力越大。

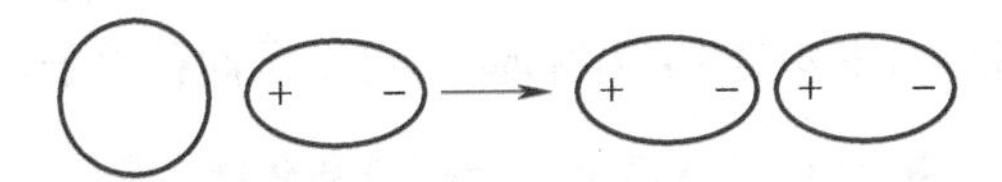

图 2-16 极性分子和非极性分子相互作用示意图

3. 色散力

任何一个分子,由于电子的运动和原子核的振动,可使电子云和原子核之间发生瞬间的相对位移而产生瞬时偶极,这种瞬时偶极会诱导相邻分子产生瞬时诱导偶极,瞬时偶极和瞬时诱导偶极之间的作用力称为色散力。1930 年,德国物理学家伦敦根据量子力学推导出色散力的理论公式,因为与光色散公式相似而得名。量子力学计算表明,色散力与分子的变形性有关,变形性越大,色散力越强。色散力存在于极性分子和极性分子、极性分子和非极性分子以及非极性分子和非极性分子之间,而且在一般情况下,色散力是最主要的分子间作用力。只有极性相当强的分子(如H_2O),取向力才显得重要(见表2-5)。

表2-5 分子间作用力的分配

作用力的类型	分子						
	Ar	CO	HI	HBr	HCl	NH_3	H_2O
取向力/($kJ \cdot mol^{-1}$)	0	0.0029	0.025	0.687	3.31	13.31	36.39
诱导力/($kJ \cdot mol^{-1}$)	0	0.0084	0.013	0.502	1.01	1.55	1.93
色散力/($kJ \cdot mol^{-1}$)	8.50	8.75	25.87	21.94	16.83	14.95	9.00
作用力总计/($kJ \cdot mol^{-1}$)	8.50	8.76	26.02	23.13	21.25	29.81	47.32

综上所述,分子间作用力是一种固定存在于分子或离子间的吸引力。其作用能大小一般是几到几十千焦每摩尔,比化学键小1~2个数量级。分子间作用力是一种近程力,作用范围只有300~500 pm,随着分子间距离的增大而迅速减小。与共价键不同,分子间作用力没有方向性和饱和性。

分子间作用力对物质的许多物理化学性质,如熔点、沸点、熔化热、汽化热和黏度等有较大的影响。HCl,HBr,HI的熔点、沸点依次升高,就是因为色散力依次增强。

2.9 氢 键

2.9.1 氢键的形成

最早对于氢键的研究是从发现H_2O和HF的沸点比相应的同族元素氢化物的沸点反常地高开始的(表2-6)。氧元素的电负性比氢大得多,因此水分子中O—H键的极性很强,共用电子对强烈地偏向O原子,而H原子成为几乎裸露的质子。因为裸露的氢原子核半径很小,电荷密度大,它与另一个水分子中含有孤对电子、带部分负电荷的O原子产生相互吸引,借静电引力形成氢键。因此**氢键**(hydrogen bond)是指分子中与高电负性原子X以共价键相连的H原子,和另一个高电负性原子Y之间所形成一种弱键X—H---Y。其中"—"表示共价键;"---"表示氢键。X、Y均是电负性高、半径小的原子,主要是F,O,N原子,可以是同种原子,也可以是不同种原子。

表2-6 ⅥA族和ⅦA族元素氢化物的沸点

ⅥA族元素氢化物	沸点/℃	ⅦA族元素氢化物	沸点/℃
H_2O	100	HF	20
H_2S	−60	HCl	−85
H_2Se	−41	HBr	−67
H_2Te	−2	HI	−35

图 2－17 分别表示 HF 分子之间和邻硝基苯酚分子内部形成的氢键，前者称为**分子间氢键**，后者称为**分子内氢键**。分子内氢键在熔化和汽化的时候不需要破坏，因此邻硝基苯酚的沸点（45 ℃）要远小于对硝基苯酚（110 ℃，只能形成分子间氢键）。

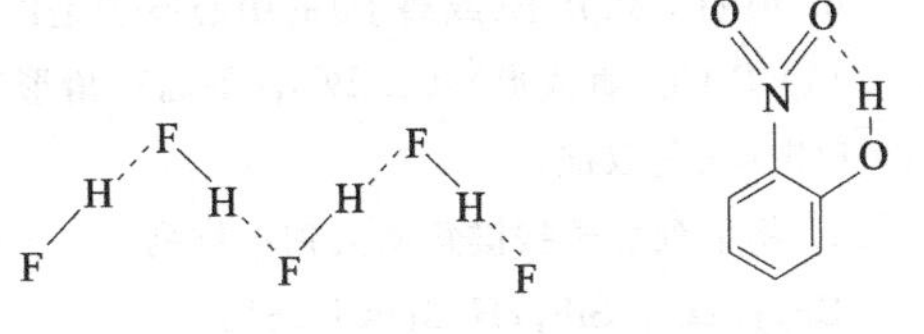

图 2－17　HF 和邻硝基苯酚中的氢键

2.9.2　氢键的特点

1. 氢键的方向性和饱和性

氢键的方向性是指 X—H---Y 中三个原子一般是在同一条直线上，这是因为 H 原子体积很小，直线结构使得 X 和 Y 原子距离最远，原子之间的斥力最小。

氢键的饱和性是指每一个 X—H 键只能与一个 Y 原子形成氢键。这是因为 H 原子体积很小，形成 X—H---Y 氢键后，X，Y 原子电子云的斥力使得另一个 Y 原子难以再与其靠近。

2. 氢键的强度

氢键是一种很弱的键，键能一般在 40 $kJ \cdot mol^{-1}$ 以下，比一般的共价键弱，但比范德华力稍强。氢键的强弱与 X 和 Y 的电负性大小有关，元素的电负性越大，形成的氢键越强。氢键的强弱也与 X 和 Y 的半径有关，较小的原子半径有利于形成较强的氢键。所以典型的强氢键主要指 X，Y 原子均为 F，O，N 原子时的氢键。近年来对分子结构的研究发现，还存在许多类型的弱的氢键，如 C—H---O，C—H---N 氢键；C—H---π，O—H---π 氢键；O—H---M 和 M—H---O 氢键等。

2.9.3　氢键对化合物性质的影响

形成分子间氢键时，化合物的熔点、沸点显著升高。由于 H_2O 和 HF 中分子间氢键的存在，熔化固体或汽化液体必定需要额外的能量，因此其沸点明显高于相应的同族元素氢化物。又如，乙醇在水中的溶解度比二甲醚大得多，这是因为乙醇可以与水分子形成分子间氢键。冰的密度低于水是因为冰中 H_2O 分子借氢键形成网络结构，存在着很多空隙，当这些空隙中装有 CH_4 分子时，就是可燃冰。氢键也广泛地存在于生命体中，决定着生命体系的结构、性质和生理功能。DNA 中遗传密码的碱基对就是通过氢键相连接的，并决定着复制机理和过程。正是有了氢键，生命在地球上的出现才成为可能。

习题

1. 指出下列离子分别属于何种电子构型：

Ti^{4+}；Be^{2+}；Cr^{3+}；Fe^{2+}；Ag^{+}；Cu^{2+}；Zn^{2+}；Sn^{4+}；Pb^{2+}；Tl^{+}；S^{2-}；Br^{-}

2. 试从元素电负性数据判断下列化合物中哪些是离子化合物，哪些是共价化合物。

NaF；AgBr；OF_2；HI；CuI；CsCl

3. 试解释下列各组化合物熔点的高低关系：

(1) NaCl＞NaBr；(2) CaO＞KCl；(3) MgO＞Al_2O_3

4. 共价键的本质是什么？如何理解共价键具有方向性和饱和性，而离子键却不具有方向性和饱和性？

5. 试用杂化轨道理论说明 BF_3 是平面三角形，而 NF_3 却是三角锥。

6. 说明下列分子(或离子)的中心原子是以何种杂化轨道与其他原子成键的。

(1) $BeCl_2$(直线形);(2) BCl_3(平面三角形);(3) CCl_4(正四面体);(4) H_2O(V字形);(5) NO_2^-(V字形);(6) PCl_5(三角双锥)

7. 将下列分子按键角从大到小排列:

BF_3;$BeCl_2$;SiF_4;H_2S;PCl_3;SF_6

8. 用价层电子对互斥理论判断下列分子和离子的几何构型:

CS_2;NO_2^-;I_3^-;NO_3^-;BrF_3;PCl_4^+;BrF_4^-;$CHCl_3$;BrF_5;PF_6^-

9. ClF_3 与 AsF_5 反应的反应式为

$$ClF_3 + AsF_5 \longrightarrow [ClF_2]^+[AsF_6]^-$$

该反应的实质是 ClF_3 中1个 F^- 转移到 AsF_5 而生成离子化合物$[ClF_2]^+[AsF_6]^-$。试指出反应物各分子和产物各离子的空间构型及其中心原子的杂化类型。

10. (1) 用价层电子对互斥理论判断下列物种空间构型

CH_3^+;CH_3^-;CH_4;CH_2;CH_2^{2+};CH_2^{2-}

(2) 将以上物种 H—C—H 键角从大到小排列。

11. 写出下列分子(或离子)的分子轨道的电子排布式和键级,并判断分子的磁性(顺磁性或抗磁性):

(1) C_2;(2) O_2;(3) F_2;(4) He_2;(5) He_2^+

12. 根据分子轨道理论判断 O_2^+,O_2,O_2^-,O_2^{2-} 的键级和单电子数。

13. 在第二周期元素形成的同核双原子分子中:

(1) 顺磁性的有哪些?

(2) 键级为1的有哪些?

(3) 键级为2的有哪些?

(4) 何种分子具有最高键级?

(5) 不能存在的有哪些?

14. 在下列双原子分子和离子中,能稳定存在的有哪些?

(1) H_2^+,H_2^-,H_2^{2-};

(2) He_2^{2+},He_2^+,He_2;

(3) N_2^{2-},O_2^{2-},F_2^{2-}

15. 用分子轨道理论判断:

(1) F_2 分子和F原子比较,哪个第一电离能低?并解释原因。

(2) N_2 分子和N原子比较,哪个第一电离能低?并解释原因。

16. 判断下列分子中哪些是极性分子?哪些是非极性分子。

(1) SO_2;(2) CS_2;(3) NF_3;(4) BCl_3;(5) $CHCl_3$;(6) CH_4;(7) SF_6;(8) H_2S

17. 比较下列各对分子偶极矩的大小:

(1) CO_2 和 SO_2;　　(2) CCl_4 和 CH_4;

(3) PH_3 和 NH_3;　　(4) BF_3 和 NF_3;

(5) H_2O 和 H_2S;　　(6) NO_2 和 SO_3

18. 将下列化合物按熔点从高到低的顺序排列:

NaF;NaCl;NaBr;NaI;SiF_4;$SiCl_4$;$SiBr_4$;SiI_4

19. 用离子极化观点解释:

(1) KCl的熔点高于 $GeCl_4$;

(2) $ZnCl_2$ 的熔点低于 $CaCl_2$;

(3) $FeCl_3$ 的熔点低于 $FeCl_2$

20. 指出下列各对分子之间存在的分子间作用力的类型(取向力、诱导力、色散力和氢键)：

(1) 苯和 CCl_4；(2) CH_3COOH 和 H_2O；

(3) CO_2 和 H_2O；(4) HBr 和 HI；

(5) He 和 H_2O；(6) O_2 和 N_2

21. 下列化合物中哪些自身能形成氢键？

(1) C_2H_6；(2) H_2O_2；(3) C_2H_5OH；(4) CH_3CHO；(5) H_3BO_3；(6) H_2SO_4；(7) $(CH_3)_2O$

22. 比较下列各组中两种物质的熔点高低，并简单说明原因。

(1) NH_3 和 PH_3；(2) PH_3 和 SbH_3；

(3) Br_2 和 ICl；(4) MgO 和 Na_2O；

(5) $SnCl_2$ 和 $SnCl_4$；(6) $CH_3CH_2CH_2NH_2$ 和 $H_2NCH_2CH_2NH_2$

23. 解释下列现象：

(1) H_3PO_4，H_2SO_4，$HClO_4$ 黏度大小的次序为 $H_3PO_4 > H_2SO_4 > HClO_4$；

(2) 乙醇和二甲醚组成相同，前者沸点(78 ℃)比后者沸点(−23 ℃)高得多；

(3) 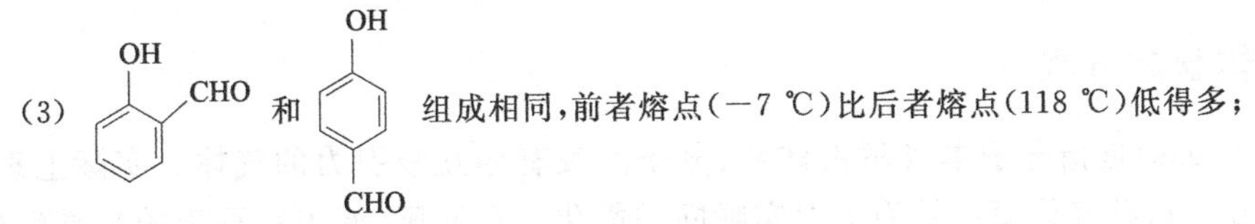

组成相同，前者熔点(−7 ℃)比后者熔点(118 ℃)低得多；

(4) CF_4 和 SF_4 都能存在，但 OF_4 却不存在；

(5) Br_2 与 SbF_5 反应可生成 Br_2^+，实验测得其 Br—Br 核间距为 215 pm，比 Br_2 分子核间距 228 pm 要小。

24. 下列说法是否正确？为什么？

(1) 分子中的化学键为极性键，则分子也为极性分子；

(2) Mn_2O_7 中 Mn(Ⅶ)正电荷高、半径小，所以该化合物的熔点比 MnO 高；

(3) 色散力仅存在于非极性分子间；

(4) 3 电子 π 键比 2 电子 π 键的键能大。

25. 下列化合物中，熔点、沸点最低的是__________。

NH_3；　PH_3；　AsH_3；　SbH_3

26. 下列分子中，偶极矩为零的是__________。

BCl_3；　NF_3；　SbH_3；　CH_3Cl

习题参考答案

第三章 物质的聚集状态

物质通常以三种不同的聚集状态存在，即气态、液态和固态。在某些情况下（如高温、电离等）还可以等离子体的形式存在。本章将对物质不同的聚集状态进行概括性的介绍。

3.1 气 体

3.1.1 理想气体状态方程

理想气体（ideal gas）是指分子本身不占体积、分子间没有相互吸引力的气体。实际上理想气体是不存在的，建立这种气体模型是为了把实际问题简化。在低压（低于数百千帕）、高温（高于 273 K）的条件下实际气体接近理想气体，因此这种抽象是有实际意义的。

理想气体状态方程（ideal gas equation of state）通常写成：

$$pV=nRT \tag{3-1}$$

该方程表明气体的压力（化学里说的压力实际为压强 p）、体积（V）、温度（T）和物质的量（n）之间的关系。四个变量只要知道其中的三个，理想气体就处于一个确定的“状态”，因此该方程被称为理想气体状态方程。R 为摩尔气体常数，其值为 8.314 $kPa \cdot L \cdot mol^{-1} \cdot K^{-1}$ 或 8.314 $J \cdot mol^{-1} \cdot K^{-1}$。

通过简单变换，理想气体状态方程还可以写成下列的形式：

$$pV=(m/M)RT \tag{3-2}$$

$$pM=\rho RT \tag{3-3}$$

式中，m 为气体的质量；M 为气体的摩尔质量；ρ 为气体的密度。利用上述关系式可进行一些有关气体的计算。注意计算时要保持 p（单位通常为 kPa），V（单位通常为 L）与 R 单位的统一。

例 3-1 实验室中，一学生在 101 kPa，27 ℃下收集得 1.0 L 某气体。在分析天平上称量，得气体净质量为 0.65 g。求这种气体的相对分子质量。

解 将上述数据代入式（3-2），得

$$M=\frac{mRT}{pV}=\frac{0.65\ \text{g}\times 8.314\ \text{kPa}\cdot\text{L}\cdot\text{mol}^{-1}\cdot\text{K}^{-1}\times 300\ \text{K}}{101\ \text{kPa}\times 1.0\ \text{L}}$$

$$=16.0\ \text{g}\cdot\text{mol}^{-1}$$

所以该气体的相对分子质量为 16.0。

3.1.2 混合气体的分压定律

两种或两种以上的气体混合在一起组成的体系称为混合气体。1801 年，道尔顿在大量实验的基础上，提出了混合气体的分压定律：混合气体的总压力等于各组分气体分压力之和。组分气体的分压力是指该组分气体单独占据容器总体积时所产生的压力。

用 p_1、p_2、…分别表示气体 1、2、…的分压力，p 代表总压力，由混合气体的分压定律可得

$$p = p_1 + p_2 + \cdots$$

或

$$p = \sum_i p_i \tag{3-4}$$

设有一混合气体，其中第 i 个组分的分压和物质的量分别为 p_i 和 n_i，V 为混合气体的体积，对该气体使用理想气体状态方程，则有

$$p_i = \frac{n_i RT}{V} \tag{3-5}$$

对于整个混合气体使用理想气体状态方程可知

$$p = \frac{nRT}{V} = \frac{\sum_{i=1}^{n} n_i RT}{V} = \sum_{i=1}^{n} p_i \tag{3-6}$$

式中，n 为混合气体的总物质的量。因此，混合气体的分压定律表明理想气体状态方程不仅适用于某一纯净气体，也适用于气体混合物。

混合物中某组分的**摩尔分数**是该组分的物质的量占混合物中总物质的量的分数。第 i 种气体的摩尔分数(mole fraction)可用 x_i 表示，则

$$x_i = \frac{n_i}{n}$$

将式(3－5)与式(3－6)相比，可得

$$\frac{p_i}{p} = \frac{n_i}{n}$$

或

$$p_i = \frac{n_i}{n} p = x_i p \tag{3-7}$$

式(3－7)表示混合气体中组分气体的分压等于该组分的摩尔分数与总压的乘积。这是混合气体的分压定律的另一种表示形式，注意这个定律同样只对理想气体成立。

混合气体的分压定律对于研究气体混合物非常重要。实验室里常用的排水集气法得到的气体实际是饱和水蒸气和某种气体的混合气体，因此其总压为

$$p(\text{总压}) = p(\text{气体}) + p(\text{水蒸气})$$

不同温度下水的饱和蒸气压可以通过查表 3－1 得到，用总压减去该温度下水的饱和蒸气压就可以得到其他气体的分压。

例 3-2 在22 ℃,100 kPa的条件下,用排水集气法收集氢气1.26 L。求所得氢气的质量。

解 查表3-1得,22 ℃时水的饱和蒸气压为2.64 kPa,由分压定律可知

$$p(H_2)=(100-2.64)\ kPa=97.36\ kPa$$

由理想气体状态方程,得

$$n=\frac{pV}{RT}=\frac{97.36\ kPa\times 1.26\ L}{8.314\ kPa\cdot L\cdot mol^{-1}\cdot K^{-1}\times 295\ K}=0.0500\ mol$$

$$m=2\ g\cdot mol^{-1}\times 0.0500\ mol=0.100\ g$$

表 3-1 水在不同温度下的饱和蒸气压

温度/℃	饱和蒸气压/kPa	温度/℃	饱和蒸气压/kPa	温度/℃	饱和蒸气压/kPa
0	0.61	18	2.07	40	7.37
1	0.65	19	2.20	45	9.59
2	0.71	20	2.33	50	12.33
3	0.76	21	2.49	55	15.73
4	0.81	22	2.64	60	19.92
5	0.87	23	2.81	65	25.00
6	0.93	24	2.97	70	31.16
7	1.00	25	3.17	75	38.54
8	1.07	26	3.36	80	47.34
9	1.15	27	3.56	85	57.81
10	1.23	28	3.77	90	70.10
11	1.31	29	4.00	95	84.54
12	1.40	30	4.24	96	87.67
13	1.49	31	4.49	97	90.94
14	1.60	32	4.76	98	94.30
15	1.71	33	5.03	99	97.75
16	1.81	34	5.32	100	101.32
17	1.93	35	5.63	101	105.00

例 3-3 人体肺泡气体中,N_2,O_2和CO_2的摩尔分数分别为80.5%,14.0%和5.50%,假设肺泡气体总压为100 kPa,在人体正常体温下,水的饱和蒸气压为6.28 kPa,试计算肺泡中各组分气体的分压。

解

$$p=p(\text{肺泡})+p(H_2O)=100\ kPa$$

$$p(\text{肺泡}) = p - p(H_2O) = 100\ \text{kPa} - 6.28\ \text{kPa} = 93.72\ \text{kPa}$$
$$p(N_2) = p(\text{肺泡}) \times 80.5\% = 93.72\ \text{kPa} \times 80.5\% = 75.4\ \text{kPa}$$
$$p(O_2) = p(\text{肺泡}) \times 14.0\% = 93.72\ \text{kPa} \times 14.0\% = 13.1\ \text{kPa}$$
$$p(CO_2) = p(\text{肺泡}) \times 5.50\% = 93.72\ \text{kPa} \times 5.50\% = 5.15\ \text{kPa}$$

新鲜空气中 O_2 的分压为 21.3 kPa，大于计算得到的肺泡中 O_2 的分压；CO_2 的分压为 0.0314 kPa，小于计算得到的肺泡中 CO_2 的分压。正是因为这种压力差的存在，人体正常的生理代谢（吸入 O_2，呼出 CO_2）才能够顺利进行。

3.2 溶液和依数性

不同的溶质分别溶于同一种溶剂中，所得溶液的性质通常各不相同。但是对于难挥发非电解质的溶液，在溶液的浓度比较低的情况下，有一类性质只与溶液的浓度有关，而与溶质的本性无关。这类性质称为稀溶液的依数性（colligative property），或称稀溶液的通性，包括溶液的蒸气压下降、沸点升高、凝固点降低和渗透压等。

3.2.1 蒸气压下降

在一定温度下将某纯溶剂，如水，置于密闭容器中，液面上方的空间将逐渐被气态水分子占据，这个过程称为蒸发。当气态水分子与液面碰撞时，有可能被液体捕获而进入液体中，这个过程称为凝聚。当凝聚速度和蒸发速度相等时，水面上的蒸气浓度和压力不再改变，这时水面上的蒸气所产生的压力称为水的饱和蒸气压。饱和蒸气压属于液体的性质，它与温度有关，若温度升高，饱和蒸气压就大。当把难挥发非电解质的溶质（如葡萄糖等）溶于水形成溶液后，部分溶剂表面被溶质分子所占据。因此溶液表面在单位时间内蒸发的溶剂分子数目便相应地减少，蒸发和凝聚达到平衡时水蒸气的压力就小于纯水的蒸气压。也就是说，溶液的饱和蒸气压小于纯溶剂的饱和蒸气压。

1887 年，法国物理学家拉乌尔（Raoult F M）根据实验结果得出如下结论：在一定温度下，难挥发非电解质稀溶液的饱和蒸气压等于纯溶剂的饱和蒸气压与溶剂的摩尔分数的乘积，即

$$p = p_B^* \cdot x_B \tag{3-8}$$

式中，p 为溶液的蒸气压；p_B^* 为纯溶剂 B 的蒸气压；x_B 为溶剂 B 的摩尔分数。将 $x_B = 1 - x_A$（x_A 为溶质 A 的摩尔分数）代入式（3-8），得

$$p = p_B^* \cdot (1 - x_A)$$
$$\Delta p = p_B^* - p = p_B^* \cdot x_A \tag{3-9}$$

式（3-9）表明，在一定温度下，难挥发非电解质稀溶液的蒸气压降低值和溶质的摩尔分数成正比，称为**拉乌尔定律**。拉乌尔定律只适用于理想溶液，但近似地适用于难挥发非电解质的稀溶液，溶液越稀适用性越高。

拉乌尔定律表达式也可用质量摩尔浓度来表示。**质量摩尔浓度**（常以 b 表示）是指每千克溶剂中所含溶质的物质的量，单位为 $\text{mol} \cdot \text{kg}^{-1}$。在稀溶液中，溶剂的物质的量 n_B 远比溶质的物

质的量 n_A 大得多，因此

$$x_A=\frac{n_A}{n_A+n_B}\approx\frac{n_A}{n_B} \tag{3-10}$$

对于水溶液，溶解在 1 kg (55.6 mol)水中的溶质的物质的量 n_A 在数值上就等于该溶液质量摩尔浓度 b，则

$$\Delta p=p_B^* x_A\approx p_B^* \frac{n_A}{n_B}\approx p_B^* \frac{b}{55.6\ \text{mol}\cdot\text{kg}^{-1}}$$

在一定温度下，p_B^* 为一常数，$p_B^*/55.6\ \text{mol}\cdot\text{kg}^{-1}$可合并为另一常数，用 K 表示，则

$$\Delta p=K\cdot b \tag{3-11}$$

因此，在一定温度下，难挥发非电解质稀溶液的蒸气压下降值 Δp 与溶液中溶质的质量摩尔浓度 b 成正比，这是拉乌尔定律的又一种表述形式。

3.2.2 沸点升高和凝固点降低

当液体的饱和蒸气压和外界大气压力相等时，液体的汽化将在其表面和内部同时发生，这种现象称为沸腾，这时的温度称为沸点。

物质的凝固点是指在一定外界压力下，物质的液相蒸气压和固相蒸气压相等时的温度，即固液共存时的温度。溶液的凝固点是指溶液中的溶剂和它的固相共存时的温度。

溶液的沸点升高和凝固点降低都属于稀溶液的依数性。

图 3-1 是纯水、水溶液和冰的饱和蒸气压-温度图。从图中可以看出，随着温度的升高，纯水、水溶液和冰的饱和蒸气压都升高；在同一温度下，水溶液的饱和蒸气压低于纯水的饱和蒸气压；而当温度改变时，冰的饱和蒸气压变化最显著，其曲线的斜率明显大于纯水和水溶液的。

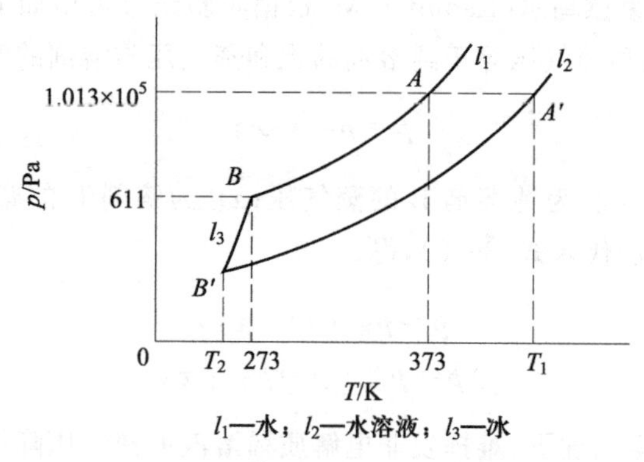

图 3-1 纯水、水溶液和冰的饱和蒸气压-温度图

373 K 时，水的饱和蒸气压等于外界大气压力 1.013×10^5 Pa，故 373 K 是水的沸点，见图 3-1 中 A 点。在该温度下，溶液的饱和蒸气压小于外界大气压力，故溶液未达到沸点。只有继续升

温到 T_1 时，溶液的饱和蒸气压才等于外界大气压力，见图 3-1 中 A' 点，溶液才会沸腾。可见，溶液的饱和蒸气压降低导致其沸点升高。

在冰线和水线的交点 B 处，冰和水的饱和蒸气压相等，约为 611 Pa，此时的温度 273 K 即为水的凝固点。在该温度下，溶液的饱和蒸气压低于冰的饱和蒸气压，只有降温到 T_2 时，冰线和溶液线相交于 B' 点，此时冰的饱和蒸气压才和溶液的饱和蒸气压相等，溶液开始结冰，达到凝固点。这仍是由于溶液的蒸气压降低导致其凝固点降低。

溶液沸点的升高和凝固点的降低，均与溶液的蒸气压降低有直接的关系。实验结果表明，难挥发非电解质稀溶液沸点升高、凝固点降低的数值，均与其蒸气压降低的数值成正比，即

$$\Delta T = k'\Delta p \tag{3-12}$$

式中，Δp 是式(3-11)中稀溶液的饱和蒸气压降低值；k' 是比例系数。

对于稀溶液的沸点升高这一性质，式(3-12)中的 ΔT 是指溶液的沸点减去纯溶剂的沸点所得的差值，用 ΔT_b 表示。

将式(3-11)代入式(3-12)中，得

$$\Delta T_b = k'K \cdot b \tag{3-13}$$

式中，k' 与 K 之积仍为一常数，用 K_b 表示，即沸点升高常数；于是式(3-13)变为

$$\Delta T_b = K_b \cdot b \tag{3-14}$$

这就是稀溶液的沸点升高公式，表明难挥发非电解质稀溶液沸点升高的数值，与其质量摩尔浓度成正比。沸点升高常数 K_b 因溶剂的不同而不同，详见表 3-2。最常见的 H_2O 的 $K_b = 0.512\ K \cdot kg \cdot mol^{-1}$。

表 3-2 一些常见溶剂的沸点和沸点升高常数

溶剂	T_b/℃	K_b/(K·kg·mol^{-1})	溶剂	T_b/℃	K_b/(K·kg·mol^{-1})
水	100	0.512	氯仿	61.7	3.63
乙醇	78.4	1.22	萘	218.9	5.8
丙酮	56.2	1.71	硝基苯	210.8	5.24
苯	80.1	2.53	苯酚	181.7	3.56
乙酸	117.9	3.07	樟脑	208	5.95

由于难挥发性非电解质稀溶液凝固点降低的数值，与其蒸气压下降的数值成正比，故可以推导出难挥发性非电解质稀溶液的凝固点降低公式：

$$\Delta T_f = K_f \cdot b \tag{3-15}$$

式中，ΔT_f 为凝固点降低的数值，它等于纯溶剂的凝固点减去溶液的凝固点所得的差；K_f 为凝固点降低常数，它的数值因溶剂的不同而不同，详见表 3-3。

表 3-3 一些常见溶剂的凝固点和凝固点降低常数

溶剂	水	苯	乙酸	萘	硝基苯	苯酚
凝固点/℃	0.0	5.5	16.6	80.5	5.7	43
$K_f/(K\cdot kg\cdot mol^{-1})$	1.86	5.12	3.9	6.87	7.00	7.80

在日常生活中，凝固点降低是经常遇到的现象。例如，海水的凝固点低于 0 ℃；常青树的树叶因富含糖分，可以在严寒的冬天常青不冻等。日常生活中很多方面利用了凝固点降低的性质，如，撒盐可将道路上的积雪融化；冬天施工的混凝土中常添加氯化钙以降低凝固点；为防止冬天汽车水箱冻裂常加入适量的乙二醇、甲醇或甘油。尽管日常遇到的溶液不一定是难挥发非电解质的溶液，但溶液的凝固点仍会下降，只是不符合拉乌尔定律的定量关系而已。

例 3-4 将 0.402 g 某纯净试样溶于 26.6 g $CHCl_3$ 中，测得该溶液的沸点升高了 0.432 ℃。求该试样的相对分子质量。

解 查表 3-2 得，氯仿的沸点升高常数为 3.63 $K\cdot kg\cdot mol^{-1}$，设该试样的摩尔质量为 M，则

$$\Delta T_b=K_b\cdot b=K_b\,\frac{\dfrac{0.402\ g}{M}}{0.0266\ kg}$$

$$M=\frac{3.63\ K\cdot kg\cdot mol^{-1}\times 0.402\ g}{0.432\ K\times 0.0266\ kg}=127\,g\cdot mol^{-1}$$

所以该试样的相对分子质量为 127。

3.2.3 渗透压

如图 3-2 所示，在 U 形管中央放置半透膜，将等高度的水和蔗糖溶液隔置在其左右两侧。放置一段时间后，发现蔗糖溶液的液面升高，而水的液面降低。这种溶剂透过半透膜进入溶液的现象，称为渗透现象。产生渗透现象的原因是在两侧静水压相等的前提下，由于半透膜两侧透过的水分子数不等，在单位时间内，进入蔗糖溶液的水分子，即右行的水分子相对多些。

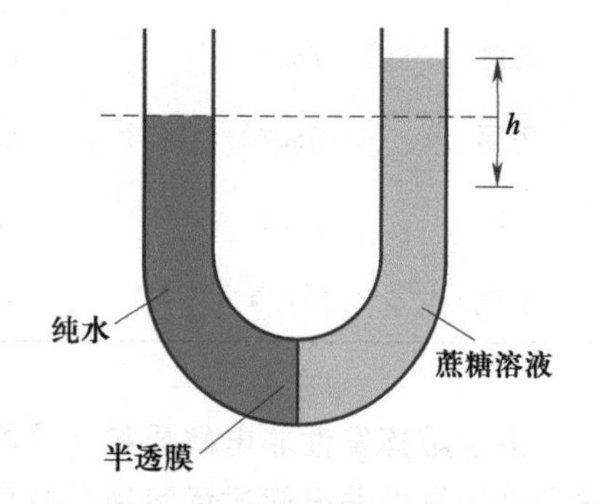

图 3-2 渗透现象和渗透压

渗透现象发生以后，水柱的高度降低，静压减小，使右行的水分子数目减少；蔗糖溶液柱高度升高，使左行的水分子数增加；同时蔗糖溶液变稀，膜右侧的水分子的数目增加，也会使得左行的水分子数增加。当该过程进行到一定程度时，左行和右行的水分子数目相等，这时达到渗透平衡，即两边液柱的高度不再变化。两个液柱液面高度差造成的静压称为溶液的**渗透压**。

1887 年，荷兰物理学家范托夫(van't Hoff J H)指出，稀溶液的渗透压与溶液的浓度和温度的关系同理想气体方程式类似，即

$$\Pi V = nRT \tag{3-16}$$

或

$$\Pi = cRT \tag{3-17}$$

式中，Π 代表渗透压；V 是溶液体积；n 是溶质的物质的量；c 是溶液的浓度；R 是摩尔气体常数；T 是热力学温度。

从上面的式子可以看出，在一定条件下，难挥发非电解质稀溶液的渗透压与溶液的浓度成正比，而与溶质的种类和本性无关。

溶液的渗透压随浓度的增大而增大，通常具有很高的数值。例如，大树靠渗透压可将根系吸收的水分输送到数十米高的树梢；又如，血液的渗透压为 780 kPa。向患者进行静脉输液的各种溶液的渗透压必须与血液的相等，称为等渗溶液(isoosmotic solution)。临床上使用的质量分数为 0.9%的生理盐水或质量分数为 5%的葡萄糖溶液就是等渗溶液。如果输入溶液的渗透压小于血浆的渗透压，水就会通过血红细胞膜向细胞内渗透，致使细胞肿胀甚至破裂，这种现象医学上称为溶血。如果输入溶液的渗透压大于血浆的渗透压，血红细胞内的水分通过血红细胞膜渗透出来，引起血红细胞的皱缩，并从悬浮状态沉降下来，这种现象医学上称为胞浆分离。

难挥发非电解质稀溶液的蒸气压下降、沸点升高、凝固点降低和渗透压都与溶液中所含的溶质的种类和本性无关，只与溶液的浓度有关，统称为稀溶液的依数性。浓溶液、电解质溶液也有蒸气压下降、沸点升高、凝固点降低以及渗透压，但相对于非电解质稀溶液的依数性会有不同程度的偏差。如 NaCl 在水中解离成 Na^+ 和 Cl^-，正负离子间具有吸引力而相互制约，因此发挥作用的离子数少于电解质完全解离实际产生的离子数。1 mol NaCl 在水溶液中，发挥作用的质点数不是 1 mol，由依数性实验测得的结果也不是 2 mol，而处于 1～2 mol 之间。由于定量关系不明确，所以不能用上述公式进行定量计算。

3.3 胶　　体

胶体以固体分散在水中的溶胶(sol)最为常见，本节主要介绍这种类型的胶体。溶胶中的粒子大小为 1～100 nm，它含有数百万乃至上亿个原子，是一类难溶的多个分子或离子的聚集体。所以溶胶是固液两相共存的高分散体系，具有很高的表面能。从热力学角度来看，溶胶具有互相聚集而降低其表面能的趋势。因此，在制备溶胶时要有稳定剂的存在，否则就得不到稳定的溶胶。

3.3.1 溶胶的性质

1. 动力性质——布朗运动

1827 年，英国植物学家布朗(Brown R)用显微镜观察到悬浮在水上的花粉在不停顿地做无规则运动，进一步的实验证实，溶胶中胶粒也表现出这种无规则运动，后人把这种运动称为**布朗运动**(Brownian motion)。由于液体分子不停地做无规则的运动，这些分子不断地随机撞击悬浮微粒。当悬浮的胶体颗粒足够小的时候，由于受到的来自各个方向的液体分子的撞击作用是不平衡的，所以它们时刻以不同的方向、速度做无规则运动。布朗运动是胶体的重要特征之一。

2. 光学性质——丁铎尔效应

1869 年，英国物理学家丁铎尔(Tyndall J)发现，当一束平行光线通过胶体时，从侧面会看到一束光亮的“通路”(图 3－3)，这种现象叫作丁铎尔效应(Tyndall effect)。可见光的波长为 400～700 nm，而溶胶粒子的直径为 1～100 nm，当光线射入胶体系统时，因为胶粒尺寸小于入射光的波长，主要发生光的散射。这时观察到的是光波环绕微粒而向其四周放射的光，丁铎尔效应就是光的散射现象。真溶液中分子和离子的体积太小，光可以发生衍射，从侧面就无法观察到光的“通路”。因此可以用丁铎尔效应来区别溶胶和真溶液。

图 3－3 丁铎尔效应

3. 电学性质——电泳

在外加电场下，胶粒在分散介质中向正极或负极做定向移动，这种现象叫作电泳(electrophoresis)。例如，在一个 U 形管中装入金黄色的 Sb_2S_3 溶胶，在 U 形管的两端各插入一银电极，通入直流电后可以观察到 Sb_2S_3 溶胶在电场中由负极向正极运动，证明胶粒带负电荷。一般情况下，金属硫化物、硅酸、淀粉及金、银等胶粒带负电荷，称为负溶胶；金属氢氧化物[如 $Fe(OH)_3$，$Al(OH)_3$]的胶粒带正电荷，称为正溶胶。

同种溶液的胶粒带相同的电荷，具有静电斥力，胶粒间彼此接近时，会产生排斥力，所以胶体能稳定存在，胶粒带电是胶体稳定的最主要的原因。

3.3.2 胶团结构和 ζ 电势

1. 胶团结构

胶体的性质与其结构有关，现以 $AgNO_3$ 与过量的 KI 稀溶液反应制备 AgI 溶胶为例说明其结构。图 3－4 是 AgI 溶胶的胶团结构示意图。小圆圈表示胶核 $(AgI)_m$，m 表示胶核中所含 AgI 的分子数，通常是一个很大的数值(约 10^3)。由于 KI 是过量的，溶液中还有 K^+，NO_3^-，I^- 等离子。因为胶核有选择性地吸附与其组成相类似离子的倾向，所以 I^- 在其表面优先被吸附，使胶核带上负电荷。溶液中与其电性相反的离子 K^+(称为反离子)一方面受到胶核电荷的吸引有靠近胶核的趋势，另一方面本身的热运动有远离胶核的趋势，在这种情况下，一部分反离子也被吸附在胶核表面形成吸附层，图 3－4 用中间的圆圈表示。胶核和吸附层构成胶粒 $[(AgI)_m \cdot nI^- \cdot (n-x)K^+]^{x-}$，在溶胶中胶粒是独立运动的单元。其余反离子松散地分布在胶粒外面，形成了扩散层。扩散层和胶粒合称胶团，胶团是电中性的。胶团结构也可以用下面的简式表示：$[(AgI)_m \cdot nI^- \cdot (n-x)K^+]^{x-} \cdot xK^+$。

除吸附作用使其带电外，有些胶粒表面分子本身的解离也可使其带电荷，如硅酸溶胶表面上的偏硅酸解离为 H^+ 和 SiO_3^{2-}，并将 H^+ 送入溶剂中而本身带负电荷。

2. ζ 电势

由以上胶团结构可知，胶粒和扩散层之间形成了扩散双电层。对于胶粒带正电，扩散层带负电的情况，双电层的结构如图 3－5 所示。图中纵坐标表示电势的高低，横坐标表示离胶粒固相表面的距离。MN 为胶粒固相的界面，AB 为胶粒运动的滑动面。所以 MA 为吸附层的厚度，

AC 为扩散层的厚度。从胶粒固相表面到液体内部的电势差称为热力学电势 φ，其数值与胶粒固相直接吸附离子的数量有关，而与其他离子的存在无关。滑动面 AB 到液体内部的电势差称为 **ζ 电势**。ζ 电势只在有电场作用下，胶粒和介质做相对移动时才能表现出来。因为吸附层中的反离子抵消了固相表面的部分电荷，所以 $|\zeta|<|\varphi|$。$|\zeta|$ 的大小与反离子在双电层中分布情况有关，在吸附层中反离子越多，中和掉胶粒的表面电荷就越多，$|\zeta|$ 就越小。所以，ζ 电势是衡量胶粒所带净电荷多少的物理量。ζ 电势的正负由胶粒所吸附离子的电荷决定。吸附正电荷的离子，ζ 电势为正；吸附负电荷的离子，ζ 电势为负。

电解质对 ζ 电势的影响显著，只要加入很少的电解质就会引起 ζ 电势很大的变化。这是由于外加电解质浓度增大时，会有更多的反离子进入吸附层，从而使得扩散层变薄，$|\zeta|$ 下降。

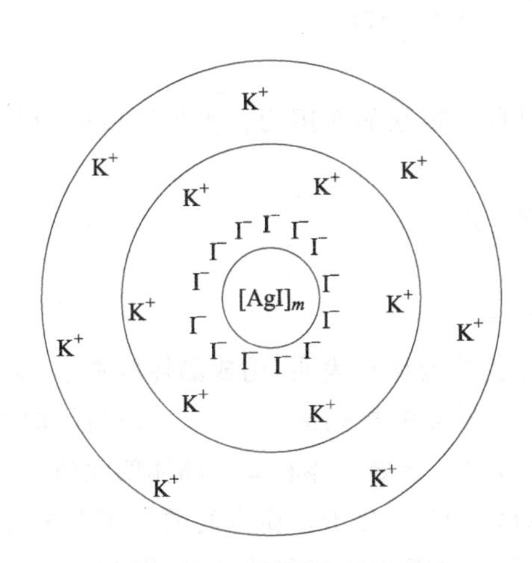

图 3-4　AgI 胶团结构示意图

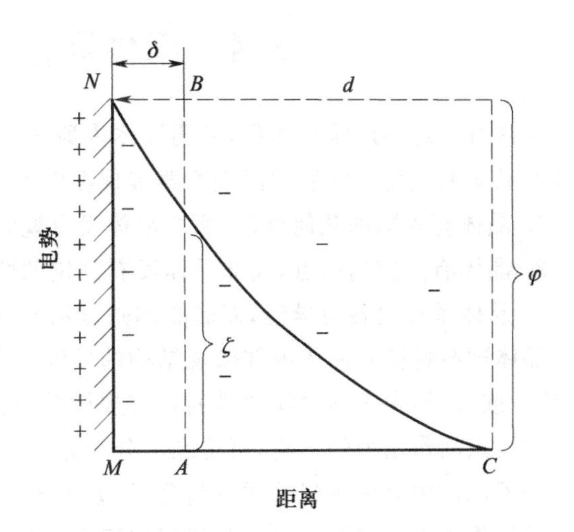

图 3-5　胶粒与介质之间的双电层及电势差

3.3.3　溶胶的稳定性和聚沉

溶胶具有很大的比表面积，有聚集成更大颗粒以降低其表面能的趋势，所以是热力学不稳定的体系。但是因为胶粒带电，彼此互相排斥而趋于稳定状态。如果改变条件，中和或减小胶粒所带的电荷，胶粒便相互碰撞并导致颗粒聚集变大，大到一定程度后便以沉淀的形式析出，这种现象称为聚沉(coagulation)。

导致溶胶聚沉的因素主要有以下几个方面。

1. 电解质的聚沉作用

电解质的加入，使更多的反离子进入吸附层，减小或接近中和掉胶粒所带电荷，$|\zeta|$ 降低而发生聚沉。

2. 溶胶的相互聚沉

将带相反电荷的溶胶混合，由于带相反电荷的溶胶粒子的静电吸引作用，相互中和电性而发生聚沉。明矾净水作用就是溶胶相互聚沉的典型例子，天然水中胶态的悬浮物大多带负电，而明矾在水中水解产生的 $Al(OH)_3$ 溶胶带正电，它们相互聚沉而使水净化。

3. 加热

升高温度会降低胶粒对离子的吸附，从而降低$|\zeta|$值；同时，升温能加速溶胶粒子的热运动，增加它们互相碰撞的机会。

在容易聚沉的溶胶中，加入适量的大分子溶液（如动物胶、蛋白质等）可大大增加溶胶的稳定性，这种作用叫作**保护作用**（protective effect）。土壤中的胶体因受到腐殖质等大分子物质的保护作用，可以稳定存在，从而有利于营养物质的迁移。墨水是一种胶体，质量好的墨水长时间不会发生聚沉是因为里面添加的明胶或阿拉伯胶起到了保护作用。人体的血液中含有碳酸镁、碳酸钙等难溶盐，它们都是以溶胶的形式存在，且被血清蛋白等保护着。当人患某些疾病时，保护物质含量减少导致溶胶聚沉，这也是各种结石病产生的原因之一。

3.4 固体和晶体的内部结构

固体有固定的形状和体积，表明固体内原子或分子间具有很强的作用力。固体可以分为晶体和非晶体两大类。它们的区别主要表现在以下几个方面。

1. 晶体有规则的几何外形，而非晶体没有规则的几何外形；
2. 晶体有固定的熔点，而非晶体没有固定的熔点；
3. 晶体呈现出各向异性，而非晶体则显示出各向同性。

晶体这些特征是晶体内部微观结构的反映。X 射线衍射实验结果表明，构成晶体的质点（离子、原子或分子）在三维空间的排列是有规律的，而非晶体中质点的排列毫无规律。按照晶体中质点和质点间作用力的不同，可将晶体分为分子晶体、原子晶体、金属晶体和离子晶体四大类。

分子晶体中有序排列的质点是分子，如干冰中的质点就是 CO_2 分子。质点间的作用力主要为分子间作用力和氢键。由于分子间作用力和氢键的强度远小于离子键和共价键，因此分子晶体一般来说熔沸点较低，在室温下多以气体和液体的形式存在；同时硬度小，导电性也很差。

原子晶体中有序排列的质点是中性原子，如金刚石中的质点是碳原子，碳原子与碳原子之间以共价键相互结合，构成了一个包含无数个原子的巨大分子。由于质点间的作用力为共价键，这类晶体往往熔点高、硬度大、不溶于水和不导电。原子晶体数量较少，常见的有金刚石、单晶硅、碳化硅（SiC）、氮化硼（BN）和石英（SiO_2）等。

金属晶体中有序排列的质点是金属原子或金属离子，质点间的作用力为自由电子把金属原子和金属离子牢牢吸引在一起的金属键。由于不同金属晶体中自由电子的数目各异，金属键也有强有弱。例如，钠的熔点很低，质地很软，可用刀切；而钨具有很高的熔点，而且非常硬。金属键不固定于两个质点之间，在质点做相对滑动时不破坏金属的堆积结构，所以金属具有良好的延展性。

离子晶体中有序排列的质点是正负离子，如 $CaCO_3$ 晶体中有序排列的质点就是 Ca^{2+} 和 CO_3^{2-}。离子晶体质点间的作用力为离子键。离子键作用较强，所以离子晶体的熔沸点一般比较高。当离子晶体的质点做相对滑动时，正负离子之间的吸引力马上变成同号电荷之间的排斥力，所以离子晶体虽然硬度大，但比较脆，没有金属晶体那样的延展性。

表 3-4 详细归纳了四类晶体结构的特征及一些实例。

表 3-4 四类晶体结构的特征及一些实例

晶体类型	结构质点	质点间作用力	晶体特征	实例
原子晶体	原子	共价键	硬度大、熔点高、多数溶剂中不溶、导电性差	金刚石、石英(SiO_2)
离子晶体	正离子、负离子	离子键	硬而脆、熔沸点高、大多溶于极性溶剂中、熔融态及其水溶液能导电	$NaCl$,CaF_2
分子晶体	分子	分子间作用力、氢键	硬度小、熔沸点低	H_2O,CO_2
金属晶体	中性原子和正离子	金属键	硬度不一、熔沸点有高有低、有金属光泽和延展性、不溶于多数溶剂	Na,Cu

3.5 等离子体

物质在一定的压力下,随着温度的升高,由固态变成液态,再变成气态;温度继续升高,气态分子便解离成单个原子。若温度再进一步升高,原子的外层电子摆脱原子核的束缚成为自由电子,失去电子的原子就成为带正电荷的离子,这个过程称为电离。气态分子电离产生大量带电粒子(离子、电子),它们和中性粒子所组成的系统,因在整体上保持中性,故称为**等离子体**(plasma)。

等离子体与固、液、气三态相比,在组成和性质上均有本质的不同。和与它最相近的气体相比,两者也有明显的区别:等离子体是一种导电流体,而气体通常不导电;等离子体粒子间存在库仑力,并导致带电粒子群特有的集体运动,而气体分子间不存在净的电磁力;等离子体运动行为还明显地受到电磁场的影响和约束。故等离子体可视为物质的又一种基本状态,即"物质的第四态"。

美国的朗缪尔(Langmuir I)在 1928 年首次引入等离子体这个名词,等离子体物理学才正式问世。产生等离子体的方法很多,如气体放电、光和激光的辐射、射线的辐射、高能粒子束轰炸以及加热等方法都可产生等离子体。

等离子体在自然界中也是普遍存在的。地球上空的电离层、南北极的极光、雷雨时的闪电以及霓虹灯和日光灯等都与等离子体密切相关。在宇宙中,等离子体更是物质存在的主要形式。太阳、恒星、银河系中大部分星际物质都处于等离子体状态。等离子体可分为高温等离子体和低温等离子体。低温等离子体的应用有很多,如在霓虹灯中充入少量特殊气体并在两端接上高电压,特殊气体发生电离,会形成绚丽多彩的等离子体,其中氖为鲜艳的红色;汞为悦目的绿色。高温等离子体温度可高达 10^5 K,人工产生的高温等离子体可应用于切割、喷涂、受控热核聚变反应等方面。等离子体技术可使化学反应速率大大加快,因此等离子体技术在化学、化工领域中也得到了广泛的应用,如制备各种单质和化合物;制备单晶、多晶和非晶体;赋予材料光、电、声、磁和化学等各种功能;实现高聚物等离子聚合和表面改性等。由于等离子体占了整个宇宙的 99%,宇宙研究、宇宙开发,以及卫星、能源等新技术也将随着等离子体的研究而进入新时代。

习题

1. 已知 1 L 某气体在标准态下质量为 2.86 g，试计算该气体的平均相对分子质量，并计算其在 17 ℃，207 kPa时的密度。

2. 收集反应中放出的某种气体并进行分析，发现 C 和 H 的质量分数分别为 0.80 和 0.20。并测得在 0 ℃，101.3 kPa 下，500 mL 此气体质量为 0.6695 g。试求该气态化合物的最简式、相对分子质量和分子式。

3. 将 0 ℃，98.0 kPa 下的 2.00 mL N_2 和 60 ℃，53.0 kPa 下的 50.00 mL O_2，在 0 ℃混合于一个 50.0 mL 的容器中。此混合物的总压力是多少？

4. 在 100 kPa，298 K 时，有含饱和水蒸气的空气 3.47 L，通过干燥器将其中的水除去，则干燥空气的体积为 3.36 L。试求在此温度下水的饱和蒸气压。

5. $CHCl_3$ 在 40 ℃时的蒸气压为 49.3 kPa。于此温度和 101.3 kPa 压力下，有 4.00 L 空气缓慢地通过 $CHCl_3$（即每个气泡都为 $CHCl_3$ 蒸气所饱和）。求：

(1) 空气和 $CHCl_3$ 混合气体的总体积是多少？

(2) 被空气带走的 $CHCl_3$ 质量是多少？

6. 在 57 ℃条件下，让空气通过水，用排水集气法在 100 kPa 下，把气体收集在一个带活塞的圆筒中。此时，湿空气体积为 1.00 L。已知在 57 ℃，$p(H_2O)=17$ kPa，在 10 ℃，$p(H_2O)=1.2$ kPa。问：

(1) 温度不变，若压力降至 50 kPa，该气体体积为多少？

(2) 温度不变，若压力增至 200 kPa，该气体体积为多少？

(3) 压力不变，若温度升至 100 ℃，该气体体积为多少？

(4) 压力不变，若温度降至 10 ℃，该气体体积为多少？

7. 经化学分析测得尼古丁中碳、氢、氮的质量分数依次为 0.7403，0.0870，0.1727。将 1.21 g 尼古丁溶于 24.5 g 水中，测得溶液的凝固点为 −0.568 ℃。求尼古丁的最简式、相对分子质量和分子式。

8. 已知 60 ℃时水的饱和蒸气压为 19.9 kPa，在此温度下将 180 g 葡萄糖溶解到 180 g 水中，此溶液的蒸气压为多少？

9. 在下列溶液中：(a) 0.10 $mol \cdot L^{-1}$ 乙醇，(b) 0.05 $mol \cdot L^{-1}$ $CaCl_2$，(c) 0.06 $mol \cdot L^{-1}$ KBr，(d) 0.06 $mol \cdot L^{-1}$ Na_2SO_4

(1) 何者沸点最高？

(2) 何者凝固点最低？

(3) 何者蒸气压最高？

10. 将 3.24 g 单质硫溶解于 40.0 g 苯中，测得该溶液的沸点升高 0.81 ℃，计算此溶液中的硫分子由几个硫原子组成？

11. 在 101.325 kPa 下将 0.50 mol 萘（$C_{10}H_8$）溶解于 500 g 苯中，计算该溶液的熔点和沸点分别为多少？（已知：苯的熔点为 5.5 ℃，沸点为 80.1 ℃。）

12. 下面是海水中含量较高的一些离子的浓度（单位：$mol \cdot kg^{-1}$）

Cl^-	Na^+	Mg^{2+}	SO_4^{2-}	Ca^{2+}	K^+	HCO_3^-
0.566	0.486	0.055	0.029	0.011	0.011	0.002

在 25 ℃时欲用反渗透法使海水淡化，试求所需的最小压力。

13. 20 ℃时将 0.515 g 血红素溶于适量水中，配成 50.0 mL 溶液，测得此溶液的渗透压为 375 Pa。求：

(1) 溶液的摩尔浓度；

(2) 血红素的相对分子质量；

(3) 此溶液的沸点升高值和凝固点降低值；

(4) 用(3)的计算结果来说明能否用沸点升高和凝固点降低的方法来测定血红素的相对分子质量。

14. 解释下列术语：

(1) ζ 电势；(2) 反渗透；(3) 保护作用。

15. 解释下列现象：

(1) 海鱼在淡水中会死亡；

(2) 盐碱地上植物难以生长；

(3) 雪地里撒些盐，雪就融化了；

(4) 江河入海处易形成三角洲；

(5) 有一金溶胶，先加明胶(一种大分子溶液)再加入 NaCl 溶液不发生聚沉，但先加入 NaCl 溶液发生聚沉，再加入明胶也不能复得溶胶。

16. 填充下表

物质	结构质点	质点间作用力	晶体类型	熔点高或低
MgO				
SiO_2				
Br_2				
NH_3				
Cu				

习题参考答案

第四章 化学热力学基础

热力学是在研究提高热机效率的实践中发展起来的。化学热力学可以解决化学反应中的能量转化问题，同时也可以解决化学反应进行的方向和限度问题。热力学在讨论物质的变化时，着眼于宏观性质的变化，不涉及物质的微观结构，即可得到许多有用的结论，这是化学热力学成功的一面。但是热力学变化讨论的仅仅是反应的趋势，而这趋势能否实现还取决于它的速率，化学热力学不能解决变化进行的速率问题，这是化学热力学的局限性。

4.1 热力学中的一些常用术语

1. 体系和环境

热力学称研究的对象为体系；而体系以外，与其密切相关的部分称为环境。如某容器中充满空气，要研究容器中的气体，那么容器以及容器以外的一切都可以认为是环境。按照体系与环境之间的物质和能量的交换关系，通常将体系分为三类：

(1) 开放体系　体系与环境间既有物质交换又有能量交换；

(2) 封闭体系　体系与环境间没有物质交换但有能量交换；

(3) 孤立体系　体系与环境间既没有物质交换又没有能量交换。

例如，在一个敞口杯中盛满热水，则热水为一开放体系；如果在杯子上加一个密封的盖子，则得到一个封闭体系。如果将上述体系中的杯子换成一个理想的保温杯，隔绝了热量交换，则得到一个孤立体系。

2. 状态和状态函数

一个体系的状态可以由一系列表征体系性质的物理量来确定。例如，用来表示气体状态的物理量有压力、体积、温度和物质的量等，这些确定体系状态的物理量称为状态函数。例如，某理想气体的物质的量为 1 mol，压力为 101.325 kPa，体积为 22.4 L，温度为273 K，这称为理想气体的标准态。

体系发生变化前的状态称为始态，变化之后的状态称为终态。显然，体系变化的始态和终态一经确定，各状态函数的改变量也就确定了。例如，始态的温度为 T_1，终态的温度为 T_2，则状态函数 T 的改变量 $\Delta T = T_2 - T_1$。

有些状态函数具有加和性，称为广度性质或量度性质，如物质的量、质量等。也有些状态函数不具有加和性，称为强度性质，如压力 p 和温度 T。

3. 过程和途径

体系的状态发生变化时，从始态到终态，就说体系经历了一个过程，完成这个过程的具体方式和步骤称为途径。同一个过程可以通过不同的途径来完成，但其状态函数的变化值却是相同的。例如，把 10 ℃的水升温到 100 ℃，可以通过以下两种途径达到：(1) 直接从 10 ℃升温到 100 ℃；(2) 先冷却至 0 ℃，然后升温到 100 ℃。两种途径虽然不同，但温度 T 的改变量 $\Delta T=90$ ℃却是相同的。这是因为当始态和终态一定时，状态函数的改变量就是一个确定的数值。化学热力学实际上就是在一定条件下，利用一些特定的状态函数改变量来解决化学反应的一些问题。化学热力学中经常遇到的过程有下列几种：

(1) 等压过程　体系始态、终态的压力和外压保持恒定($\Delta p=0$)。在开放容器中进行的化学反应过程是等压过程，因为体系始终受到相同的大气压力。绝大多数化学反应是在开放容器中进行的，所以等压过程是化学反应中常见的过程。

(2) 等容过程　体系始态和终态的体积相同($\Delta V=0$)，在密闭容器中进行的反应过程，就是等容过程。

(3) 等温过程　始态和终态的温度相同($\Delta T=0$)。化学反应通常是吸热或放热的，如果让反应后生成物的温度冷却或升温到与反应前反应物的温度相同，则该反应过程就是等温过程。

4. 热力学标准态

物质所处状态不同，热力学标准态的定义也不同。对于理想气体而言，热力学上的标准态是指气体的分压为 100 kPa，记为 $p^{\ominus}$。溶液的标准态是指溶质浓度为1 mol·L^{-1}的状态。所以氧气的标准态是指其分压为 100 kPa，葡萄糖水溶液的标准态是其浓度为 1 mol·L^{-1}。固体或液体的标准态是指标准压力下的纯固体或纯液体。标准态定义里面不包括温度，可以有任一温度下的标准态，但是热力学函数最常用的温度为 298 K。

4.2 热力学第一定律

4.2.1 热和功

通常说的冷和热是指温度的高低，热力学中的“热”是指体系和环境之间因为温度差异而引起的能量传递形式，用符号 Q 表示。温度不同引起的热传递的结果是体系和环境的温度达到相等。

除了热以外，其他的能量传递形式都叫作功，用符号 W 表示。在热力学中，通常把功分为体积功和非体积功两大类。体系由于反抗外力发生体积变化所做的功称为体积功，其他功称为非体积功。在化学反应中，体系一般只做体积功，因为非体积功需要特定装置，如电功一定要在原电池中才能产生。体积功的讨论经常是对气体而言的，液体和固体在变化过程中体积变化很小可忽略，因此等压条件下如果化学反应中有气体的产生或消耗，体系都会有体积功。

4.2.2 热力学能

体系内一切形式能量的总和称为体系的热力学能(也叫内能)，用符号 U 表示。它包括体系内各种分子或原子的动能、势能、电子的动能以及核能等。热力学能是体系自身的一种性质，在一定的状态下有一定的数值，因此热力学能是状态函数。热力学能具有加和性，是量度性质。

体系热力学能的绝对值目前尚无法求得。但是当体系状态发生改变时，体系和环境之间可以通过功和热的形式进行能量交换，由此可以确定体系热力学能的变化值。例如，在不做功的情况下向体系供热，体系的温度升高，热力学能增加，其增加量等于体系吸收的热量，即 $\Delta U=Q$。

4.2.3 热力学第一定律

在一个过程中，体系从环境吸收的热量为 Q，环境对体系所做的功为 W，则体系热力学能的改变量为

$$\Delta U=Q+W \tag{4-1}$$

其中 ΔU 是体系终态和始态的热力学能差，式(4-1)就是**热力学第一定律**(first law of thermodynamics)，它表明能量具有不同的形式，它们之间可以相互转化，而且在转化的过程中能量的总值不变，其实质就是能量的转化和守恒定律。应用式(4-1)进行计算时，要注意 Q 与 W 正负号的规定。本书的热力学中规定：体系在变化中吸收热量，Q 为正值，体系在变化中放出热量，Q 为负值；环境对体系做功，W 为正值，体系对环境做功，W 为负值。例如，在一个过程中体系放出热量 100 J，环境对体系做功 60 J，则体系热力学能变化 $\Delta U=-100\ \text{J}+60\ \text{J}=-40\ \text{J}$，即体系热力学能减少 40 J。

当体系做体积功时，设体系经受的压力不变，其大小为 p，系统内气体体积变化为 ΔV，若体系被压缩，$\Delta V<0$，表明环境对体系做功，W 为正值；如果体系膨胀，$\Delta V>0$，表明体系对环境做功，W 为负值。无论膨胀还是压缩，体积功均可表示为

$$W=-p\Delta V \tag{4-2}$$

4.2.4 可逆过程和最大功

热和功是一个过程中交换或传递的能量，它们都不是体系的自身性质，其大小与途径有关，因此它们都不是状态函数。例如，图 4-1 所示的圆筒内装有理想气体，从始态 $p_1=600\ \text{kPa}, V_1=1.00\ \text{L}$ 等温(300 K)膨胀到终态 $p_2=100\ \text{kPa}, V_2=6.00\ \text{L}$。假设通过下面三种不同的途径来完成：

1. 一次膨胀

在恒外压 100 kPa 下由始态膨胀到终态，则体系对环境做的体积功为

$$W_1=-p\Delta V=-100\ \text{kPa}\times(6.00-1.00)\ \text{L}=-500\ \text{J}$$

2. 二次膨胀

在恒外压 300 kPa 下膨胀到 $p_2=300\ \text{kPa}, V_2=2.00\ \text{L}$，然后再在恒外压100 kPa下膨胀到终态。第一次膨胀中体系所做的功为 W_2'；第二次膨胀中体系所做的功为 W_2''。则体系对外所做的总体积功为

$$\begin{aligned}W_2&=W_2'+W_2''=-300\ \text{kPa}\times(2.00-1.00)\ \text{L}-100\ \text{kPa}\times(6.00-2.00)\ \text{L}\\&=-700\ \text{J}\end{aligned}$$

3. 可逆膨胀

把膨胀过程分为无限多次不断地进行，第一次膨胀时外压比 600 kPa 小一个无限小的值，随

后每次膨胀时的外压总比上一次小一个无限小的值，直到最后的外压变成100 kPa。图 4 - 2 的装置可以用来近似地表示这种途径。活塞上的水（压力为 600 kPa）慢慢地蒸发，外压慢慢地减小，气体逐渐地膨胀，直到外压为 100 kPa 时为止。在数学上这种求和叫作积分，此时的功就是气体所能做的最大体积功，其值为

$$W_3 = -nRT\ln\frac{V_2}{V_1}$$

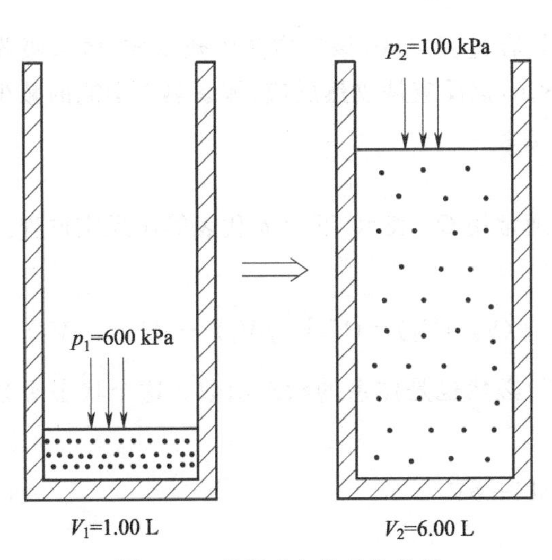

图 4 - 1　体积功与途径的关系

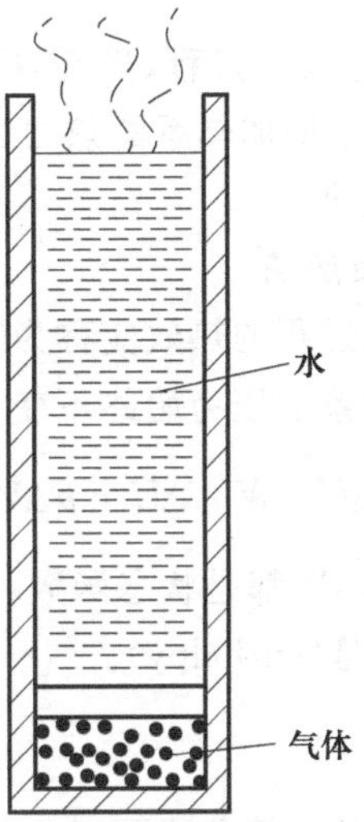

图 4 - 2　气体可逆膨胀做功

式中，n 是气体的物质的量，$n = \frac{pV}{RT} = \frac{600\ \text{kPa} \times 1.00\ \text{L}}{8.314\ \text{J} \cdot \text{mol}^{-1} \cdot \text{K}^{-1} \times 300\ \text{K}} = 0.241\ \text{mol}$。

因此，$W_3 = -0.241\ \text{mol} \times 8.314\ \text{J} \cdot \text{mol}^{-1} \cdot \text{K}^{-1} \times 300\ \text{K} \times \ln\frac{6.00\ \text{L}}{1.00\ \text{L}} = -1077\ \text{J}$

气体按可逆膨胀过程进行，要求变化过程中的每一步都无限接近热力学平衡状态，所以完成这个过程需要无数步、无限长的时间。实际上真正的可逆过程是不存在的，它只是一种科学的抽象，反映了变化过程的一种极限情况。但是可逆过程是热力学上的一个重要概念，一些热力学函数的引入和意义都与可逆过程有密切关系。

以上的计算说明，同一过程途径不同，体系所做的功不同，所以 W 不是状态函数，同样 Q 也不是状态函数。气体等温可逆膨胀所做的功是该过程体系做功的最大值，推广到一般情况就是可逆过程做最大功。

4.3 热 化 学

4.3.1 等容反应热、等压反应热和焓的概念

讨论和计算化学反应的热量变化的学科称为热化学。当生成物和反应物的温度相同时，化学反应过程中放出或吸收的热量称为这个反应的**反应热**（reaction heat）。对于一个化学反应，生

成物的总热力学能与反应物的总热力学能通常是不相等的，这种热力学能变化在反应过程中就以热和功的形式表现出来，这就是反应热产生的原因。

1. 等容反应热

等容反应过程的热效应称为等容反应热。等容反应过程中 $\Delta V=0$，体系不做体积功，故 $W=0$。由热力学第一定律可得：

$$Q_V=\Delta U-W=\Delta U \tag{4-3}$$

因此，对于等容反应过程，当 Q_V（下标 V 表示等容过程）>0，该反应是吸热反应，体系吸收的热量 Q_V 全部用来增加体系的热力学能。当 $Q_V<0$，该反应是放热反应，体系热力学能的减少全部以热的形式放出。

2. 等压反应热

等压反应过程的热效应称为等压反应热，通常用 Q_p 表示，下标 p 代表等压反应过程。等压反应过程中体系的压力始终不变，因此：

$$Q_p=\Delta U-W=\Delta U+p\Delta V=U_2-U_1+p(V_2-V_1)=(U_2+pV_2)-(U_1+pV_1)$$

因为 U,p,V 都是状态函数，所以 $(U+pV)$ 必然也是体系的状态函数。这个状态函数可用 H 表示，称为**焓**（enthalpy）。

$$H=U+pV \tag{4-4}$$

因此 Q_p 的计算公式可以化简为

$$Q_p=H_2-H_1=\Delta H \tag{4-5}$$

对于等压过程，当 $Q_p>0$ 时，该反应是吸热反应，体系吸收的热量全部用来增加它的焓。若 $Q_p<0$，该反应是放热反应，体系焓的减小全部以热的形式放出。所以等压反应热就是体系的焓变，常用 ΔH 来表示。焓和热力学能一样，也是量度函数，具有加和性。

在等压变化中，体系的焓变（ΔH）和热力学能的变化（ΔU）之间的关系式为

$$\Delta H=\Delta U+p\Delta V \tag{4-6}$$

如果反应物和生成物均为固体或液体，ΔV 值很小，$p\Delta V$ 可忽略不计，故 $\Delta H\approx\Delta U$。但对于有气体参与的反应，ΔV 值往往比较大。

$$p\Delta V=p(V_2-V_1)=(n_2-n_1)RT=\Delta nRT$$

式中，Δn 为气体生成物的物质的量 n_2 减去气体反应物的物质的量 n_1，则式(4-6)可表示为

$$\Delta H=\Delta U+\Delta nRT \tag{4-7}$$

式(4-7)是等压过程中 ΔH 和 ΔU 之间的关系式。

例 4-1 在 100 ℃，101.3 kPa 下，1.0 mol H_2 和 0.5mol O_2 反应，生成 1.0 mol 水，总共放出 241.8 kJ 热量。求该过程的 ΔH 和 ΔU。

解 因为反应在等压条件下进行，所以：

$$\Delta H=Q_p=-241.8\ \text{kJ}$$

$\Delta U = \Delta H - \Delta nRT = -241.8\ \mathrm{kJ} - (1.0 - 1.0 - 0.5)\ \mathrm{mol} \times 8.314 \times 10^{-3}\ \mathrm{kJ \cdot mol^{-1} \cdot K^{-1}} \times 373\ \mathrm{K}$

$= -241.8\ \mathrm{kJ} + 1.5\ \mathrm{kJ} = -240.3\ \mathrm{kJ}$

4.3.2 热化学方程式

表示出反应热效应的化学方程式称为**热化学方程式**。书写热化学方程式时要注意下列几点：

(1) 热化学方程式要注明反应的温度和压力条件。如果反应是在 298 K 和 101.325 kPa 下进行的，通常不需要注明。

(2) 反应物和生成物的聚集状态不同或固体物质的晶形不同，对应的反应热也不同，因此写热化学方程式时需要注明物质的聚集状态和晶形。通常用 g 表示气态，l 表示液态，s 表示固态。

(3) 大多数化学反应都是在等压条件下进行的，因此可以使用焓变表示反应的热效应。对于放热反应，体系放出热量，ΔH 为负值；吸热反应，ΔH 为正值。

(4) 方程式中的配平系数表示计量数，可以为整数，也可以为分数。但同一反应的计量数不同，热效应也不同。在反应热符号中，H 的左下标 r 代表“反应”，$\Delta_r H$ 表示反应的焓变，H 的右下标 m 代表反应进度为1 mol，$\Delta_r H_m$ 表示按照书写的反应方程式进行 1 mol 反应时所产生的焓变，称为摩尔焓变，单位为 $\mathrm{kJ \cdot mol^{-1}}$。$H$ 的右上标$\ominus$(读作标准)代表该反应在热力学标准态下进行。例如，在 298 K 和 100 kPa 下，1 mol H_2 和$\frac{1}{2}$mol O_2 反应，生成 1 mol 液态水，放出286 kJ 热量，其热化学方程式可以写成

$$H_2(g) + \frac{1}{2}O_2(g) = H_2O(l) \qquad \Delta_r H_m^{\ominus} = -286\ \mathrm{kJ \cdot mol^{-1}}$$

而热化学方程式 $2H_2(g) + O_2(g) = 2H_2O(l) \qquad \Delta_r H_m^{\ominus} = -572\ \mathrm{kJ \cdot mol^{-1}}$表示 2 mol H_2 和 1 mol O_2 反应，生成 2 mol 液态水，放出 572 kJ 热量。

如果 1 mol H_2 和$\frac{1}{2}$ mol O_2 反应，生成物是气态水，则放出的热量只有 242 kJ，其热化学方程式可写成

$$H_2(g) + \frac{1}{2}O_2(g) = H_2O(g) \qquad \Delta_r H_m^{\ominus} = -242\ \mathrm{kJ \cdot mol^{-1}}$$

4.3.3 盖斯定律

1840 年，俄国化学家盖斯(Hess G H)从热化学实验中得出一条结论：一个化学反应若能分解成几步来完成，其总反应的热效应等于各步反应的热效应之和，这就是盖斯定律。在盖斯研究热力学的年代，化学反应基本上是在恒压条件下进行的，反应的热效应等于反应的焓变。因为焓是状态函数，所以在反应物和生成物确定的情况下，总反应的焓变就是一个定值，即不管反应是一步进行还是分步进行，总反应的焓变不变。

有了盖斯定律，便可以根据已知的化学反应热来求其他反应的反应热，尤其是不易直接准确

测定或根本不能直接测定的反应热。例如，C 和 O_2 反应生成 CO 的反应热很难准确测定，因为难以保证反应产物中不混有 CO_2。但是 C 和 O_2 反应生成 CO_2 以及 CO 和 O_2 反应生成 CO_2 的反应热都是易于测定的，因此可以利用盖斯定律计算 C 和 O_2 反应生成 CO 的反应热。已知：

(1) $C(s)+O_2(g) \longrightarrow CO_2(g) \qquad \Delta_r H_1^\ominus=-393.5\ kJ\cdot mol^{-1}$

(2) $CO(g)+\frac{1}{2}O_2(g) \longrightarrow CO_2(g) \qquad \Delta_r H_2^\ominus=-283.0\ kJ\cdot mol^{-1}$

求(3) $C(s)+\frac{1}{2}O_2(g) \longrightarrow CO(g)$ 的 $\Delta_r H_3^\ominus$。

因为(1)=(3)+(2)，所以

$$\Delta_r H_1^\ominus=\Delta_r H_3^\ominus+\Delta_r H_2^\ominus$$

由盖斯定律得

$$\begin{aligned}\Delta_r H_3^\ominus&=\Delta_r H_1^\ominus-\Delta_r H_2^\ominus\\&=[-393.5-(-283.0)]\ kJ\cdot mol^{-1}\\&=-110.5\ kJ\cdot mol^{-1}\end{aligned}$$

在计算过程中，把相同物质消去时，不仅物质种类必须相同，而且聚集状态和温度、压力也要相同，否则不能直接消去。

例 4-2 已知：(1) $Cu(s)+\frac{1}{2}O_2(g) \longrightarrow CuO(s) \qquad \Delta_r H_1^\ominus=-157\ kJ\cdot mol^{-1}$

(2) $H_2(g)+\frac{1}{2}O_2(g) \longrightarrow H_2O(g) \qquad \Delta_r H_2^\ominus=-241.8\ kJ\cdot mol^{-1}$

试求反应(3) $CuO(s)+H_2(g) \longrightarrow Cu(s)+H_2O(g)$ 的 $\Delta_r H_3^\ominus$。

解 由(2)-(1)=(3)得

$$\Delta_r H_3^\ominus=\Delta_r H_2^\ominus-\Delta_r H_1^\ominus=-241.8-(-157)\ kJ\cdot mol^{-1}=-84.8\ kJ\cdot mol^{-1}$$

4.3.4 标准生成焓

在标准态和指定温度(通常为 298 K)下，由元素的指定单质生成 1 mol 某纯物质时的热效应叫作该物质的**标准生成焓**，用 $\Delta_f H_m^\ominus$ 表示[下标 f 代表"生成"(formation)]，单位为 $kJ\cdot mol^{-1}$。例如，石墨与氧气在 $p^\ominus$ 和 298 K 下反应，生成 1 mol CO，放热 110.5 kJ，则 CO 的 $\Delta_f H_m^\ominus$ 为 $-110.5\ kJ\cdot mol^{-1}$。按照定义，指定单质的 $\Delta_f H_m^\ominus$ 应为零。一些物质在 298.15 K 时的 $\Delta_f H_m^\ominus$ 值列于附录八。

因为焓是状态函数，如果知道各物质在标准态下的焓值，则化学反应的焓变可由生成物总焓值减去反应物的总焓值求得。但是从焓的定义 $H=U+pV$ 可知，H 的绝对值是无法求得的。因此可以指定单质的焓值为零而求得各种物质的相对焓值，即标准生成焓。有了标准生成焓，对于一般的化学反应 $dD+eE \longrightarrow fF+gG$，其标准摩尔焓变为

$$\Delta_r H_m^\ominus=[f\Delta_f H_m^\ominus(F)+g\Delta_f H_m^\ominus(G)]-[d\Delta_f H_m^\ominus(D)+e\Delta_f H_m^\ominus(E)] \tag{4-8}$$

例 4-3 计算下列反应的 $\Delta_r H_m^\ominus$

$$3Fe_2O_3(s) + CO(g) = 2Fe_3O_4(s) + CO_2(g)$$

解 查附录八得各物质的 $\Delta_f H_m^\ominus$ 如下

$$3Fe_2O_3(s) + \quad CO(g) = 2Fe_3O_4(s) + \quad CO_2(g)$$

$$\Delta_f H_m^\ominus/(kJ \cdot mol^{-1}) \qquad -824.2 \qquad -110.5 \qquad -1118.4 \qquad -393.5$$

$$\Delta_r H_m^\ominus = [2\Delta_f H_m^\ominus(Fe_3O_4) + \Delta_f H_m^\ominus(CO_2)] - [3\Delta_f H_m^\ominus(Fe_2O_3) + \Delta_f H_m^\ominus(CO)]$$

$$= \{[2\times(-1118.4) + (-393.5)] - [3\times(-824.2) + (-110.5)]\}\ kJ \cdot mol^{-1}$$

$$= -47.2\ kJ \cdot mol^{-1}$$

例 4-4 计算 1 mol NH_3 燃烧反应的热效应。NH_3 的燃烧反应为

$$4NH_3(g) + 5O_2(g) = 4NO(g) + 6H_2O(g)$$

解 查附录八得各物质的 $\Delta_f H_m^\ominus$ 为

$$4NH_3(g) + 5O_2(g) = 4NO(g) + 6H_2O(g)$$

$$\Delta_f H_m^\ominus/(kJ \cdot mol^{-1}) \qquad -45.9 \qquad 0 \qquad 91.3 \qquad -241.8$$

$$\Delta_r H_m^\ominus = \{[4\times 91.3 + 6\times(-241.8)] - [4\times(-45.9) + 0]\}\ kJ \cdot mol^{-1}$$

$$= -902.0\ kJ \cdot mol^{-1}$$

计算表明上述反应中 4 mol NH_3 燃烧放热 902.0 kJ，所以 1 mol NH_3 燃烧的热效应为

$$1\ mol \times \frac{-902.0\ kJ \cdot mol^{-1}}{4} = -225.5\ kJ$$

4.3.5 键能与反应焓变的关系

化学反应的实质就是反应物中旧化学键的断裂和生成物中新化学键的形成，旧键拆散需要吸热，新键形成需要放热，其中的能量变化就是反应过程中产生热效应的原因。应用各种化学键的键能数据，通过分析反应过程中化学键的变化可以估算反应的焓变。一些常见的化学键的键能列于附录六。

例 4-5 试由键能计算下列反应的焓变

$$2NH_3(g) + 3Cl_2(g) = N_2(g) + 6HCl(g)$$

解 反应物分子中有 6 个 N—H 键，3 个 Cl—Cl 键（这些键要拆散，需吸热），生成物分子中有 1 个 N≡N 键，6 个 Cl—H 键（这些键要形成，要放热）。所以

$$\Delta_r H_m^\ominus = [6\Delta_b H^\ominus(N—H) + 3\Delta_b H^\ominus(Cl—Cl)] - [\Delta_b H^\ominus(N\equiv N) + 6\Delta_b H^\ominus(Cl—H)]$$

$$= [6\times 389 + 3\times 243) - (945 + 6\times 431)]\ kJ \cdot mol^{-1}$$

$$= -468\ kJ \cdot mol^{-1}$$

如果把该数值与由生成焓计算所得的数值（$-462\ kJ \cdot mol^{-1}$）比较，可以看出两者还是很接近的。因此对于那些缺少有关生成焓数据的反应，由键能来估计反应的焓变还是有实用价值的。

4.4 热力学第二定律

4.4.1 化学反应的自发性

所谓“自发变化”就是不需要外力帮助就能自动发生的变化。水从高处流向低处、热从高温物体传向低温物体、铁在潮湿的空气中锈蚀都是生活中常见的自发变化。化学反应中有很多放热反应是自发进行的，因为反应过后体系的能量降低了。例如，H_2 和 O_2 的混合气体被引燃后，反应迅速进行而生成水，这个反应瞬间释放出大量能量，可导致爆炸发生。但是，能量的释放并不是自发变化发生的唯一条件，因为有些自发过程是吸热的。例如，KI 溶于水时，体系温度下降了，但是 KI 的 K^+ 和 I^- 离开了规则排列的晶体，逐渐扩散到溶剂中，溶质的粒子在溶解后比溶解前处于更混乱的状态。溶剂分子和形成溶液之前相比，同样也处于更混乱的状态，因为溶剂分子也一样分散到溶质粒子中去了。可见 KI 自发溶解的推动力是体系的混乱度增大。

由此可见，有两个因素影响着过程的自发性，一个是能量变化，体系将趋向于最低能量；另一个是混乱度变化，体系将趋向于最高混乱度。

4.4.2 熵

热力学中把描述体系混乱度的状态函数叫作熵(entropy)，符号为 S。体系越混乱，熵值越大。变化过程的始态和终态一定，体系的熵变 ΔS 也是一个定值，即

$$\Delta S = S_{终} - S_{始}$$

热力学证明，恒温可逆过程中的熵变可由如下公式计算

$$\Delta S = \frac{Q_r}{T} \tag{4-9}$$

Q_r(下标 r 代表“可逆”)为该过程按可逆方式进行的热效应，T 为体系的热力学温度，式(4-9)说明熵得名于可逆过程的热温商。可逆过程是一种理想方式，但有些实际过程可以近似地认为是可逆的。例如，物质在正常沸点或熔点的汽化或融化过程可以看作可逆过程。在 373 K，101.325 kPa 时，18 g 液态水变成水蒸气，吸热 44.0 kJ，则该过程的熵变为：

$$\Delta S = \frac{Q_r}{T} = \frac{44.0 \times 1000\ \text{J}}{373\ \text{K}} = 118\ \text{J} \cdot \text{K}^{-1}$$

对于一种处于低温下的晶体，体系熵值很小，当晶体受热时，晶格上质点的热振动使一些质点取向混乱，体系熵值增加。吸收的热量越多，晶体越混乱，因此，ΔS 正比于体系吸收的热量。当一定的热量传入一个低温体系，体系从几乎完全有序变成一定程度的混乱，混乱度有一个较显著的变化；而如果相同的热量传入一个高温体系，因体系原来已经相当混乱，吸收一定的热量后只引起混乱度较小的变化，所以 ΔS 与体系的温度成反比。这就像在湖水中投入一个小石块，如果原湖面非常平静，投入的小石块使平静的湖面立刻有一圈圈涟漪荡漾开来，混乱度变化明显；而如果湖水原来已经波涛汹涌，投入小石块所增加的混乱度就几乎可以忽略不计。

4.4.3 热力学第二定律

热力学第二定律有多种表达方式，使用熵变的表述是：在孤立体系的任何自发过程中，体系的熵总是增加的，即

$$\Delta S_{孤} > 0 \tag{4-10}$$

$\Delta S_{孤}$ 代表孤立体系的熵变。孤立体系是指与环境既不发生物质交换也不发生能量交换的体系。真正的孤立体系是不存在的，因为能量交换不能完全避免。但是如果将与体系发生能量交换的那一部分环境也包括进去而组成一个新的大体系，这个新体系可算作孤立体系，则式(4-10)可改写成

$$\Delta S_{体系} + \Delta S_{环境} > 0 \tag{4-11}$$

式中，$\Delta S_{体系}$ 和 $\Delta S_{环境}$ 分别代表体系的熵变和环境的熵变。如果某一变化中 $\Delta S_{体系}$ 和 $\Delta S_{环境}$ 都已知，则可用式(4-11)判断该过程是否自发，即

$$\Delta S_{体系} + \Delta S_{环境} > 0 \quad 过程自发$$

$$\Delta S_{体系} + \Delta S_{环境} < 0 \quad 过程不自发$$

热力学第二定律表明任何自发过程必定伴随着体系和环境整体的熵增大，并不像能量那样是守恒的。化学反应大多是封闭体系，反应自发进行时体系的熵变不一定增大，必须把环境的熵变一并考虑进来才可以做出判断。

4.4.4 标准摩尔熵

在热力学温度为 0 K 时，任何纯净物质的完美晶体只有一种排列方式，即只有一种微观状态，其熵值等于零，这就是热力学第三定律。

有了热力学第三定律，就能根据热力学数据求出任何物质在温度为 T 时熵的绝对值。可以设计一个某物质从 0 K 至温度 T 的升温过程，该过程的熵变 ΔS 就是该物质在温度 T 时熵的绝对值。在标准态下，1 mol 物质的绝对熵值称为该物质的**标准摩尔熵**（简称**标准熵**），用符号 $S_m^\ominus$ 表示。附录八列出了一些物质在 298.15 K 时的标准摩尔熵，单位是 $J \cdot mol^{-1} \cdot K^{-1}$。注意熵不是能量，温度和熵的乘积才等于能量。另外需要指出，水合离子的标准摩尔熵不是绝对值，而是在规定标准态下水合氢离子的熵值为零的基础上求得的相对值。

有了 $S_m^\ominus$ 的数值，就可以计算化学反应的标准摩尔熵变 $\Delta_r S_m^\ominus$，对于一般的化学反应 $dD + eE \longrightarrow fF + gG$，其标准摩尔熵变为

$$\Delta_r S_m^\ominus = [fS_m^\ominus(F) + gS_m^\ominus(G)] - [dS_m^\ominus(D) + eS_m^\ominus(E)] \tag{4-12}$$

例 4-6 计算下列反应的 $\Delta_r S_m^\ominus$

$$C(s,石墨) + O_2(g) \longrightarrow CO_2(g)$$

解 查附录八得各物质的 $S_m^\ominus$ 如下：

$$C(s,石墨) + O_2(g) \longrightarrow CO_2(g)$$

$S_m^{\ominus}/(J \cdot mol^{-1} \cdot K^{-1})$ 5.7 205.2 213.8

$$\begin{aligned}\Delta_r S_m^{\ominus} &= S_m^{\ominus}(CO_2) - [S_m^{\ominus}(C,石墨) + S_m^{\ominus}(O_2)] \\ &= [213.8 - (5.7 + 205.2)]\ J \cdot mol^{-1} \cdot K^{-1} \\ &= 2.9\ J \cdot mol^{-1} \cdot K^{-1}\end{aligned}$$

1878 年，玻尔兹曼(Boltzmann L)从统计热力学的角度出发，揭示了熵和微观状态数 Ω 之间的关系为

$$S = k\ln\Omega \tag{4-13}$$

式中，$k = 1.38 \times 10^{-23}\ J \cdot K^{-1}$，叫作玻尔兹曼常数。$\Omega$ 和物质的体积、温度有关，体积越大，温度越高，Ω 越大，物质的熵值也就越大。同一物质所处的聚集态不同，熵值大小不同，次序是气态>液态>固态。例如，$H_2O(g)$ [$188.7\ J \cdot mol^{-1} \cdot K^{-1}$]>$H_2O(l)$ [$69.97\ J \cdot mol^{-1} \cdot K^{-1}$]>$H_2O(s)$ [$39.33\ J \cdot mol^{-1} \cdot K^{-1}$]。物质的熵值随温度升高而增大；气体物质的熵值随压力增大而减小。例如，CS_2(g, 1298 K) [$150\ J \cdot mol^{-1} \cdot K^{-1}$]>$CS_2$(g, 1161 K) [$103\ J \cdot mol^{-1} \cdot K^{-1}$]；$O_2$(g, 100 kPa) [$205.0\ J \cdot mol^{-1} \cdot K^{-1}$]>$O_2$(g, 600 kPa) [$190\ J \cdot mol^{-1} \cdot K^{-1}$]。

一个化学反应是熵增还是熵减，可以很方便地从气态物质的化学计量数增加还是减小看出来。如果是气体分子数增加的反应，熵变 $\Delta_r S > 0$；反之，熵变 $\Delta_r S < 0$。

4.5 吉布斯自由能及其应用

4.5.1 吉布斯自由能

用熵变来判断变化的自发性很不方便，因为不仅要考虑体系的熵变而且还要计算环境的熵变。对于环境这个庞大的系统而言，这种单纯的传热过程不会引起环境温度的变化，可以看成等温可逆过程，因此 $\Delta S_{环境}$ 是环境的热效应除以传热时环境的温度。在等温等压过程中，环境的热效应等于体系热效应的负值，即 $Q_{环境} = -\Delta H_{体系}$，所以

$$\Delta S_{环境} = \frac{Q_{环境}}{T} = \frac{-\Delta H_{体系}}{T}$$

将上式代入式(4-11)，得

$$\Delta S_{孤} = \Delta S_{体系} + \Delta S_{环境} = \Delta S_{体系} - \frac{\Delta H_{体系}}{T}$$

即 $$T\Delta S_{孤} = T\Delta S_{体系} - \Delta H_{体系} = -(\Delta H_{体系} - T\Delta S_{体系})$$

对于自发变化，$\Delta S_{孤} > 0$，所以 $(\Delta H_{体系} - T\Delta S_{体系}) < 0$，即发生自发变化时

$$(\Delta H_{体系} - T\Delta S_{体系}) < 0 \tag{4-14}$$

因此，在等温等压过程中，如果体系的 $(\Delta H - T\Delta S)$ 小于零，则变化是自发的。

为了方便，人们引入一个新的热力学函数——**吉布斯自由能**(Gibbs free energy)，用符号 G

表示，其定义为

$$G=H-TS \tag{4-15}$$

因为 H,T,S 都是体系的状态函数，所以$(H-TS)$也一定是体系的状态函数。对一个等温等压过程，设始态的吉布斯自由能为 G_1，终态的吉布斯自由能为 G_2，则该过程的吉布斯自由能变 ΔG 为

$$\Delta G=G_2-G_1=(H_2-TS_2)-(H_1-TS_1)=(H_2-H_1)-T(S_2-S_1)$$

即

$$\Delta G=\Delta H-T\Delta S \tag{4-16}$$

此关系式称为**吉布斯-亥姆霍兹**(Gibbs－Helmholtz)方程，是一个非常有用的公式。它说明在等温等压过程中，可以用吉布斯自由能变来判断过程的自发性，即

$\Delta G<0$，过程可自发进行；

$\Delta G>0$，过程不能自发进行；

$\Delta G=0$，过程处于平衡状态。

任何等温等压条件下自发过程中体系的吉布斯自由能都将减小，这是热力学第二定律的另一种表述形式。

从式(4－16)中可以看到，ΔG 综合了 ΔH 和 ΔS 对反应方向的影响。ΔH 越负对过程自发性越有利，说明自发过程倾向于降低体系的能量；ΔS 越正对过程自发性越有利，说明自发过程倾向于增加体系的混乱度。ΔH 和 ΔS 对过程自发性的影响可以分成四种情况。

(1) $\Delta H<0,\Delta S>0$　两因素都对过程自发性有利，不管什么温度下都能自发进行。

(2) $\Delta H>0,\Delta S<0$　两因素都对过程自发性不利，不管什么温度下都不能自发进行。

(3) $\Delta H<0,\Delta S<0$　只有 T 值小时才能 $\Delta G<0$，所以过程在低温下能自发进行。水结冰就是这种情况，因为水结冰时放出能量，$\Delta H<0$；但结冰过程中水分子变得有序，$\Delta S<0$。因此，只有温度 T 比较低时才能保证 $\Delta G<0$。在 101.3 kPa 下，温度低于 273 K 时水会自发结冰；高于273 K时，$|T\Delta S|>|\Delta H|$，使 $\Delta G>0$，则水在高于 273 K 不会自发结冰。

(4) $\Delta H>0,\Delta S>0$　只有 T 值大时才能 $\Delta G<0$，所以过程在高温下能自发进行。温度越高，自发过程越有利。碳酸钙的分解就属于这一类型的反应，详见例 4－7。

对于化学反应而言，当温度变化时，ΔH 和 ΔS 受温度变化的影响很小，因为 ΔH 主要来自化学键改组所引起的能量变化，同一反应不管是在高温还是低温下进行，其化学键的改组情况是一样的，因此 ΔH 几乎不受温度变化的影响；同样，在反应物和生成物一定的情况下，ΔS 也变化不大，因为反应物和生成物的熵都随着温度的升高而变大。因此，在一般温度范围内，ΔH 和 ΔS 都可以用 298 K 时的 $\Delta H^{\ominus}_{298}$和 $\Delta S^{\ominus}_{298}$来代替。但是 ΔG 受温度影响较大，利用式(4－17)就可以求算温度 T 时的 $\Delta G^{\ominus}(T)$

$$\Delta G^{\ominus}(T)=\Delta H^{\ominus}(298\ \text{K})-T\Delta S^{\ominus}(298\ \text{K}) \tag{4-17}$$

例 4－7　计算下列反应在什么温度条件下可自发进行？

$$CaCO_3(s) \xlongequal{} CaO(s)+CO_2(g)$$

解

$$CaCO_3(s) \xlongequal{} CaO(s)+CO_2(g)$$

$\Delta_f H^{\ominus}/(\text{kJ} \cdot \text{mol}^{-1})$ −1207.6 −634.9 −393.5

$S^{\ominus}/(\text{J} \cdot \text{mol}^{-1}\ \text{K}^{-1})$ 91.7 38.1 213.8

$$\Delta_r H_m^{\ominus} = [-634.9 + (-393.5) - (-1207.6)]\ \text{kJ} \cdot \text{mol}^{-1} = 179.2\ \text{kJ} \cdot \text{mol}^{-1}$$

$$\Delta_r S_m^{\ominus} = [38.1 + 213.8 - 91.7]\ \text{J} \cdot \text{mol}^{-1}\ \text{K}^{-1} = 160.2\ \text{J} \cdot \text{mol}^{-1}\ \text{K}^{-1}$$

这是 $\Delta H > 0$，$\Delta S > 0$ 的反应，高温下反应能自发进行，所需最低温度为

$$T = \frac{\Delta H_{298}^{\ominus}}{\Delta S_{298}^{\ominus}} = \frac{179.2 \times 10^3\ \text{J} \cdot \text{mol}^{-1}}{160.2\ \text{J} \cdot \text{mol}^{-1} \cdot \text{K}^{-1}} = 1118.6\ \text{K}$$

因此反应在 1118.6 K(846 ℃)以上可自发进行。

ΔG 具有明确的物理意义。它代表在等温等压过程中，能被用来做有用功(即非体积功)的最大值。一个过程实际做多少有用功取决于利用这个过程做功的机器效率。例如，1 mol 甲烷在内燃机内燃烧，得到的有用功一般为 100～200 kJ。在燃料电池中做功效率要高得多，甚至可以得到 700 kJ 的功。但是不管设计的机器多么巧妙，在 298 K 和 $p^{\ominus}$ 下，消耗 1 mol 甲烷得到的有用功绝不会超过 818 kJ。该值就是下列反应的 $\Delta_r G_m^{\ominus}$。

$$CH_4(g) + 2O_2(g) \xlongequal{} CO_2(g) + 2H_2O(l) \qquad \Delta_r G_m^{\ominus} = -818\ \text{kJ} \cdot \text{mol}^{-1}$$

因为实际过程是不可逆的，只有可逆过程才做最大功，所以 818 kJ 表示该反应在可逆过程中所做的有用功的最大限度。

4.5.2 标准生成吉布斯自由能

只要把化学反应的 ΔG 求出来，就能判断反应自发进行的方向。但是从吉布斯自由能的定义可知，G 的绝对值与热力学能和焓一样是无法求出的。为此，化学热力学规定在指定温度(一般为 298.15 K)和标准态下，令指定单质的吉布斯自由能为零，并且把指定温度和标准态下，由指定单质生成 1 mol 某物质的吉布斯自由能变称为该物质的**标准生成吉布斯自由能**，用符号 $\Delta_f G_m^{\ominus}$ 表示。一些物质在 298.15 K 时的标准生成吉布斯自由能列于附录八。有了 $\Delta_f G_m^{\ominus}$，对于一般的化学反应 $d\text{D} + e\text{E} \xlongequal{} f\text{F} + g\text{G}$，其标准摩尔吉布斯自由能的改变值 $\Delta_r G_m^{\ominus}$ 为

$$\Delta_r G_m^{\ominus} = [f\Delta_f G_m^{\ominus}(\text{F}) + g\Delta_f G_m^{\ominus}(\text{G})] - [d\Delta_f G_m^{\ominus}(\text{D}) + e\Delta_f G_m^{\ominus}(\text{E})] \tag{4-18}$$

例 4-8 计算下列反应在 298 K 时的 $\Delta_r G_m^{\ominus}$

$$2H_2O_2(l) \xlongequal{} 2H_2O(l) + O_2(g)$$

解 查附录八，得各物质的 $\Delta_f G_m^{\ominus}$，代入式(4-18)可得

$$\begin{aligned}\Delta_r G_m^{\ominus} &= [2\Delta_f G_m^{\ominus}(H_2O) + \Delta_f G_m^{\ominus}(O_2)] - 2\Delta_f G_m^{\ominus}(H_2O_2) \\ &= \{[2 \times (-237.1) + 0] - 2 \times (-120.4)\}\ \text{kJ} \cdot \text{mol}^{-1} \\ &= -233.4\ \text{kJ} \cdot \text{mol}^{-1}\end{aligned}$$

$\Delta_r G_m^{\ominus}$ 为负值，说明上述反应在 298 K 和标准态下能自发进行。

4.5.3 范托夫等温方程

$\Delta_r G^\ominus$只能用来判断各物质均处于标准态下反应进行的方向。对于反应条件为非标准态的情况，应该用 $\Delta_r G$ 来判断反应的方向。范托夫等温方程给出了 $\Delta_r G$ 和 $\Delta_r G^\ominus$的关系为

$$\Delta_r G = \Delta_r G^\ominus + RT\ln Q \qquad (4-19)$$

式中，Q 称为活度商(或反应商)。这个方程的实质是通过活度商 Q 对反应 $\Delta_r G^\ominus$加以修正，而得到与活度商 Q 对应的非标准态下的 $\Delta_r G$。

对任一化学反应 $b\mathrm{B} + d\mathrm{D} = e\mathrm{E} + f\mathrm{F}$

活度商的表达式为

$$Q = \frac{a_\mathrm{E}^e a_\mathrm{F}^f}{a_\mathrm{B}^b a_\mathrm{D}^d} \qquad (4-20)$$

式中，a_B，a_D，a_E，a_F 分别表示反应体系中物质 B,D,E,F 的活度。这里的活度就是物质所处状态与标准态相比所得的值，是一个没有单位的纯数字。由于物质处在不同状态时标准态的定义不同，活度的表达式也就不同。因此对不同类型的反应，Q 的表达式也有所不同。

1. 气体反应

理想气体的活度为气体的分压 p 与标准压力的比值：

$$a = p/p^\ominus$$

将此代入式(4-20)，得

$$Q = \frac{(p_\mathrm{E}/p^\ominus)^e (p_\mathrm{F}/p^\ominus)^f}{(p_\mathrm{B}/p^\ominus)^b (p_\mathrm{D}/p^\ominus)^d} = \frac{p_\mathrm{E}^e \cdot p_\mathrm{F}^f}{p_\mathrm{B}^b \cdot p_\mathrm{D}^d} \cdot \left(\frac{1}{p^\ominus}\right)^{\Sigma\nu} \qquad (4-21)$$

式中，$\sum\nu = (e+f) - (b+d)$。

2. 溶液反应

溶液反应的活度是溶液浓度 c 与标准浓度 $c^\ominus$($1\ \mathrm{mol \cdot L^{-1}}$)的比值：

$$a = c/c^\ominus$$

将此代入式(4-20)，得

$$Q = \frac{(c_\mathrm{E}/c^\ominus)^e (c_\mathrm{F}/c^\ominus)^f}{(c_\mathrm{B}/c^\ominus)^b (c_\mathrm{D}/c^\ominus)^d} = \frac{c_\mathrm{E}^e \cdot c_\mathrm{F}^f}{c_\mathrm{B}^b \cdot c_\mathrm{D}^d} \cdot \left(\frac{1}{c^\ominus}\right)^{\Sigma\nu} \qquad (4-22)$$

式中，$\sum\nu = (e+f) - (b+d)$。

3. 复相反应

复相反应是指反应体系中存在两个或两个以上物相的反应，如

$$\mathrm{CaCO_3(s) + 2H^+(aq) = Ca^{2+}(aq) + CO_2(g) + H_2O(l)}$$

由于固相和纯液相的标准态就是物质本身，故固相和纯液相本身均为单位活度，即 $a=1$，在活度商表达式中可不再列出。则上述反应的活度商的表达式为

$$Q = \frac{[c(\mathrm{Ca^{2+}})/c^\ominus] \cdot [p(\mathrm{CO_2})/p^\ominus]}{[c(\mathrm{H^+})/c^\ominus]^2}$$

例 4-9 含结晶水的盐类暴露在大气中逐渐失去结晶水的过程称为风化。$Na_2SO_4 \cdot 10H_2O$ 的风化过程可用如下反应式来表示：

$$Na_2SO_4 \cdot 10H_2O(s) \longrightarrow Na_2SO_4(s) + 10H_2O(g)$$

试判断：(1) 在 298 K 和标准态下，$Na_2SO_4 \cdot 10H_2O$ 是否会风化？

(2) 在 298 K 和空气相对湿度为 60%时，$Na_2SO_4 \cdot 10H_2O$ 是否会风化？

已知：$\Delta_f G_m^\ominus(Na_2SO_4 \cdot 10H_2O) = -3644\ kJ \cdot mol^{-1}$，$\Delta_f G_m^\ominus(Na_2SO_4) = -1267\ kJ \cdot mol^{-1}$。

解 (1) $$Na_2SO_4 \cdot 10H_2O(s) \longrightarrow Na_2SO_4(s) + 10H_2O(g)$$

$$\Delta_f G_m^\ominus/(kJ \cdot mol^{-1}) \qquad -3644 \qquad\qquad -1267 \qquad -228.6$$

所以，$\Delta_r G_m^\ominus = [-1267 + 10 \times (-228.6) - (-3644)]\ kJ \cdot mol^{-1} = 91\ kJ \cdot mol^{-1} > 0$

反应不自发进行，$Na_2SO_4 \cdot 10H_2O$ 不会风化。

(2) 298 K 时，$p(H_2O) = 3.17\ kPa \times 60\% = 1.9\ kPa$（水的饱和蒸气压为 3.17 kPa）

所以，
$$\begin{aligned}\Delta_r G_m &= \Delta_r G_m^\ominus + RT\ln Q \\ &= \Delta_r G_m^\ominus + RT\ln\left[\left(\frac{p(H_2O)}{p^\ominus}\right)^{10}\right] \\ &= 91\ kJ \cdot mol^{-1} + 8.314 \times 10^{-3}\ kJ \cdot mol^{-1} \cdot K^{-1} \times 298\ K \times \ln\left[\left(\frac{1.9}{100}\right)^{10}\right] \\ &= 91\ kJ \cdot mol^{-1} + (-98.2)\ kJ \cdot mol^{-1} = -7.2\ kJ \cdot mol^{-1} < 0\end{aligned}$$

反应自发进行，$Na_2SO_4 \cdot 10H_2O$ 会风化。

习题

1. 在热力学中，对于热和功的正负是怎样规定的？定义化学反应的热效应时，为什么要强调"生成物和反应物的温度相同"？

2. 2.0 mol H_2（设为理想气体）在恒温（298 K）下，经过下列三种途径，从始态 0.015 m^3 膨胀到终态 0.040 m^3，求各途径中气体所做的功。

(1) 自始态反抗 100 kPa 的外压到终态；

(2) 自始态反抗 200 kPa 的外压到中间平衡态，然后再反抗 100 kPa 的外压到终态；

(3) 自始态可逆地膨胀到终态。

3. 在 $p^\ominus$ 和 885 ℃下，分解 1.0 mol $CaCO_3$ 消耗能量 165 kJ。试计算此过程的 W、ΔU 和 ΔH。$CaCO_3$ 的分解反应方程式为 $CaCO_3(s) \longrightarrow CaO(s) + CO_2(g)$

4. 已知：(1) $2C(s) + O_2(g) \longrightarrow 2CO(g)$ $\qquad \Delta_r H_1^\ominus = -222\ kJ \cdot mol^{-1}$

(2) $2H_2O(g) \longrightarrow 2H_2(g) + O_2(g)$ $\qquad \Delta_r H_2^\ominus = 484\ kJ \cdot mol^{-1}$

(3) $CO(g) + H_2O(g) \longrightarrow CO_2(g) + H_2(g)$ $\qquad \Delta_r H_3^\ominus = -41\ kJ \cdot mol^{-1}$

试求反应 $CO_2(g) \longrightarrow C(s) + O_2(g)$ 的 $\Delta_r H_m^\ominus$。

5. 利用附录八的数据，计算下列反应在 298 K 时的 $\Delta_r H_m^\ominus$。

(1) $4NH_3(g) + 5O_2(g) \longrightarrow 4NO(g) + 6H_2O(l)$

(2) $CaCO_3(s) + 2H^+(aq) \longrightarrow Ca^{2+}(aq) + CO_2(g) + H_2O(l)$

6. 三油酸甘油酯在人体中代谢时发生下列反应：$C_{57}H_{104}O_6+80\ O_2(g) \xlongequal{} 57CO_2+52H_2O$，$\Delta_r H_m^{\ominus}=-3.35\times 10^4\ kJ\cdot mol^{-1}$。试计算消耗 1 kg 这种脂肪时将有多少热量释放出？

7. 已知：(1) $C_3H_8(g)+5O_2(g) \xlongequal{} 3CO_2(g)+4H_2O(l)$　　$\Delta_r H_1^{\ominus}=-2220\ kJ\cdot mol^{-1}$

(2) $2H_2O(l) \xlongequal{} 2H_2(g)+O_2(g)$　　$\Delta_r H_2^{\ominus}=572\ kJ\cdot mol^{-1}$

(3) $3C(s)+4H_2(g) \xlongequal{} C_3H_8(g)$　　$\Delta_r H_3^{\ominus}=-104.5\ kJ\cdot mol^{-1}$

试求 CO_2 的标准摩尔生成焓。

8. 利用附录六的键能数据，估算下列反应的 $\Delta_r H_m^{\ominus}$。

$$CH_3OH(g)+HBr(g) \xlongequal{} H_2O(g)+CH_3Br(g)$$

9. 不通过计算判断下列过程是熵增过程还是熵减过程。

(1) 水结成冰；

(2) 气体等温膨胀；

(3) 苯和甲苯相溶；

(4) 蔗糖从蔗糖溶液中结晶出来；

(5) 渗透；

(6) 气体被吸附到固体的表面。

10. 不查表，预测下列反应的熵值是增加还是减小。

(1) $2CO(g)+O_2(g) \xlongequal{} 2CO_2(g)$

(2) $2O_3(g) \xlongequal{} 3O_2(g)$

(3) $2NH_3(g) \xlongequal{} N_2(g)+3H_2(g)$

(4) $2Na(s)+Cl_2(g) \xlongequal{} 2NaCl(s)$

(5) $H_2(g)+I_2(g) \xlongequal{} 2HI(g)$

(6) $2CH_4(g) \xlongequal{} C_2H_6(g)+H_2(g)$

11. 计算下列过程中体系的熵变。

(1) 1 mol NaCl 在其熔点 804 ℃下熔融。已知 NaCl 的熔化热 $\Delta_{fus}H_m^{\ominus}$ 为 34.4 $kJ\cdot mol^{-1}$[下标 fus 代表“熔化”(fusion)]。

(2) 2 mol 液态 O_2 在其沸点 −183 ℃下汽化。已知 O_2 的汽化热 $\Delta_{vap}H_m^{\ominus}$ 为 6.82 $kJ\cdot mol^{-1}$[下标 vap 代表“汽化”(vaporization)]。

12. 水在 0 ℃的熔化热是 6.02 $kJ\cdot mol^{-1}$，它在 100 ℃的汽化热是 40.6 $kJ\cdot mol^{-1}$。1 mol 水在熔化和汽化时的熵变各是多少？为什么 $\Delta_{vap}S_m^{\ominus}>\Delta_{fus}S_m^{\ominus}$？

13. 1 mol 水在其沸点 100 ℃下汽化，求该过程的 $W, Q, \Delta U, \Delta H, \Delta S, \Delta G$。已知水的汽化热为 2.26 $kJ\cdot g^{-1}$。

14. 利用附录八的数据，判断下列反应在 25 ℃和标准态下能否自发进行。

(1) $Ca(OH)_2(s)+CO_2(g) \xlongequal{} CaCO_3(s)+H_2O(l)$

(2) $CaSO_4\cdot 2H_2O(s) \xlongequal{} CaSO_4(s)+2H_2O(l)$

15. 在 100 ℃时，水蒸发过程为 $H_2O(l) \longrightarrow H_2O(g)$

若当时水蒸气分压为 200 kPa，下列说法中正确的有哪些？

(1) $\Delta G^{\ominus}=0$　(2) $\Delta G=0$　(3) $\Delta G^{\ominus}>0$

(4) $\Delta G>0$　(5) $\Delta G^{\ominus}<0$　(6) $\Delta G<0$

16. 下列三个反应：

(1) $N_2(g)+O_2(g) \xlongequal{} 2NO(g)$

(2) $Mg(s)+Cl_2(g)$ ══ $MgCl_2(s)$

(3) $H_2(g)+S(s)$ ══ $H_2S(g)$

它们的 $\Delta_r H_m^\ominus$ 分别为 181 kJ · mol^{-1}，-642 kJ · mol^{-1} 和 -20 kJ · mol^{-1}；$\Delta_r S_m^\ominus$ 分别为25 J · mol^{-1} · K^{-1}，-166 J · mol^{-1} · K^{-1}和 43 J · mol^{-1} · K^{-1}。问在标准态下哪些反应在任何温度下都能自发进行？哪些只在高温或低温下自发进行？

17. CO 和 NO 是汽车尾气的主要污染源，有人设想用加热分解的方法来消除：

$$CO(g) \xlongequal{\triangle} C(s)+\frac{1}{2}O_2(g)$$

$$2NO(g) \xlongequal{\triangle} N_2(g)+O_2(g)$$

也有人设想利用下列反应来净化：

$$CO(g)+NO(g) \xlongequal{} CO_2(g)+\frac{1}{2}N_2(g)$$

试用热力学原理讨论这些设想能否实现。

18. 某化学反应在低温时自发，在高温时为非自发，判断该反应属于下列哪种类型。

(1) $\Delta H<0, \Delta S>0$　　(2) $\Delta H>0, \Delta S>0$

(3) $\Delta H<0, \Delta S<0$　　(4) $\Delta H>0, \Delta S<0$

19. 石灰窑中烧石灰的反应为 $CaCO_3(s)$ ══ $CaO(s)+CO_2(g)$。如果想在标准压力 $p^\ominus$ 下将 $CaCO_3$ 分解，试估算进行这个反应需要的最低温度。

20. 利用附录八的数据，判断下列反应：$C_2H_5OH(g)$ ══ $C_2H_4(g)+H_2O(g)$

(1) 在 25 ℃下能否自发进行；

(2) 在 360 ℃下能否自发进行；

(3) 求该反应能自发进行的最低温度。

21. 已知冰的熔化热为 333 J · g^{-1}，试计算过程：$H_2O(s) \longrightarrow H_2O(l)$

(1) $\Delta H_m^\ominus$　　(2) $\Delta G_m^\ominus$(0 ℃)　　(3) $\Delta S_m^\ominus$

(4) $\Delta G_m^\ominus$(-20 ℃)　　(5) $\Delta G_m^\ominus$(20 ℃)

22. $CuSO_4 \cdot 5H_2O$ 遇热首先失去 5 个结晶水，如果继续升高温度，$CuSO_4$ 还会分解为 CuO 和 SO_3。试用热力学原理估算这两步反应的分解温度。

23. 用 CaO 吸收高炉废气中的 SO_3 气体，其反应的方程式为

$$CaO(s)+SO_3(g) \xlongequal{} CaSO_4(s)$$

根据附录八的数据计算该反应在 373 K 的 $\Delta_r G_m^\ominus$，说明反应进行的可能性，并计算反应逆转的温度，进一步说明应用此反应防止 SO_3 污染环境的合理性。

24. 已知 25 ℃ 时，$\Delta_f G_m^\ominus$(NOBr) = 82.4 kJ · mol^{-1}，$\Delta_f G_m^\ominus$(NO) = 87.6 kJ · mol^{-1}，$\Delta_f G_m^\ominus$(Br_2，g) = 3.1 kJ · mol^{-1}。试判断在该温度下，反应 $2NO(g)+Br_2(g)$ ══ $2NOBr(g)$在下列两种情况下的反应方向。

(1) 标准态下；

(2) p(NOBr) = 80 kPa，p(NO) = 2 kPa，p(Br_2) = 100 kPa。

25. 下列说法是否正确？若不正确应如何改正？

(1) 水合离子的生成焓是以单质的生成焓为零为基础求得的；

(2) 熵值变大的反应都能自发进行；

(3) $\Delta_r G^{\ominus} < 0$ 的反应都能自发进行；

(4) 单质的生成焓等于零，所以它的摩尔熵也等于零；

(5) 生成物的分子数比反应物多，该反应的 $\Delta_r S_m^{\ominus}$ 必是正值。

26. 下列哪些说法是合理的？

(1) 自发过程总是熵增过程；

(2) 熵与体系可能存在的微观状态数有关，微观状态数越大，熵值越大；

(3) 焓、热力学能和熵只有相对意义，不能确定其绝对数值；

(4) 放热过程一定是自发过程。

习题参考答案

第五章 化学平衡和化学反应速率

化学平衡研究在给定的条件下，有多少反应物可以转化为生成物，属于化学热力学的范畴；化学反应速率研究实现这种转化需要多少时间，属于化学动力学的范畴。

5.1 化学平衡

5.1.1 可逆反应与化学平衡

在一个密闭容器中装入氢气和碘蒸气的混合气体，在一定温度下，它们会发生反应生成碘化氢气体。如果在同温度下，将纯碘化氢气体装入另一个密闭容器中，它又会分解产生氢气和碘蒸气。

$$H_2(g)+I_2(g) \rightleftharpoons 2HI(g)$$

这种既能正向进行又能逆向进行的反应称为**可逆反应**(reversible reaction)。在强调可逆时，反应式中常用“$\rightleftharpoons$”代替“$=\!=\!=$”。

大多数反应都有一定的可逆性，因此可逆反应最终会达到这样一种状态：单位时间内，有多少产物分子生成，就会有同样数目的产物分子消耗，可逆反应达到这样的状态称为**化学平衡**(chemical equilibrium)。

在上一章已经指出，对于一个等温等压下进行的过程，当 $\Delta_r G=0$ 时，体系处于平衡状态。对于一个化学反应而言，当反应 $\Delta_r G<0$ 时，反应有正向进行的驱动力，随着反应的进行，$\Delta_r G$ 绝对值减小，最后达到 $\Delta_r G=0$；同理，当反应 $\Delta_r G>0$ 时，反应有逆向进行的驱动力，随着逆向反应的进行，$\Delta_r G$ 减小，最后也达到 $\Delta_r G=0$。所以化学平衡是一个热力学概念，是指化学反应既无正向进行的自发性(推动力)又无逆向进行的自发性(推动力)时的一种状态。表面上看反应似乎已经停止了，因为反应物的浓度和分压都不再改变了，实际上反应仍在进行，只是单位时间内，反应物因正反应消耗的分子数恰好等于逆反应生成的分子数。

5.1.2 标准平衡常数及其有关计算

在上一章中，范托夫等温方程给出了非标准态下 $\Delta_r G$ 和 $\Delta_r G^{\ominus}$ 的关系为

$$\Delta_r G=\Delta_r G^{\ominus}+RT\ln Q$$

当反应达到平衡时，$\Delta_r G=0$，因此

$$\Delta_r G = \Delta_r G^{\ominus} + RT\ln Q = 0$$

$$\Delta_r G^{\ominus} = -RT\ln Q$$

这时的活度商是平衡时的活度商，习惯上用 $K^{\ominus}$ 来表示，称为**标准平衡常数**(standard equilibrium constant)，所以

$$\Delta_r G^{\ominus} = -RT\ln K^{\ominus} \tag{5-1}$$

式(5-1)是一个很重要的公式，它给出了重要的热力学函数 $\Delta_r G^{\ominus}$ 和 $K^{\ominus}$ 之间的关系，为得到一些化学反应的标准平衡常数 $K^{\ominus}$ 提供了可行的方法。

$K^{\ominus}$ 和 Q 的写法和形式完全相同，但 Q 是指反应处于任一状态时生成物活度和反应物活度的比值，而 $K^{\ominus}$ 仅指平衡态时生成物活度和反应物活度的比值，$K^{\ominus}$ 是 Q 的一个特例。

标准平衡常数表达式和数值与方程式的书写有关。例如：

$$N_2(g) + 3H_2(g) \rightleftharpoons 2NH_3(g) \qquad K_1^{\ominus} = \frac{[p(NH_3)/p^{\ominus}]^2}{[p(N_2)/p^{\ominus}][p(H_2)/p^{\ominus}]^3}$$

$$\frac{1}{2}N_2(g) + \frac{3}{2}H_2(g) \rightleftharpoons NH_3(g) \qquad K_2^{\ominus} = \frac{[p(NH_3)/p^{\ominus}]}{[p(N_2)/p^{\ominus}]^{\frac{1}{2}}[p(H_2)/p^{\ominus}]^{\frac{3}{2}}}$$

$$2NH_3(g) \rightleftharpoons N_2(g) + 3H_2(g) \qquad K_3^{\ominus} = \frac{[p(N_2)/p^{\ominus}][p(H_2)/p^{\ominus}]^3}{[p(NH_3)/p^{\ominus}]^2}$$

在这里，$K_1^{\ominus} = (K_2^{\ominus})^2 = 1/K_3^{\ominus}$

标准平衡常数是可逆反应的特征常数，是温度的函数，随温度的变化而变化。在温度一定时，标准平衡常数的大小就是一个定值。它与反应中各物质的浓度和分压无关，增加或减小各物质的浓度或分压不能改变标准平衡常数的大小。标准平衡常数的大小代表了平衡混合物中产物所占比例的多少，代表了可逆反应进行的最大程度。标准平衡常数大，说明反应进行得完全；标准平衡常数小，说明达到平衡时反应进行的程度小。

有关化学平衡的计算一般分为五个步骤：(1) 写出反应方程式；(2) 写出起始和平衡时各物质的物理量，如浓度、分压或物质的量等；(3) 写出标准平衡常数的表达式；(4) 将各物质的物理量代入标准平衡常数表达式中；(5) 解方程，求未知数。

例 5-1 实验测得合成氨反应在 773 K 平衡时 NH_3，N_2 和 H_2 的分压分别为 3.57×10^3 kPa，4.17×10^3 kPa 和 1.25×10^4 kPa，计算合成氨反应在该温度下的 $K^{\ominus}$。

解 合成氨反应：$N_2(g) + 3H_2(g) \rightleftharpoons 2NH_3(g)$

平衡时 p/kPa　　4.17×10^3　1.25×10^4　3.57×10^3

将平衡时各物质的分压代入标准平衡常数的表达式

$$K^{\ominus} = \frac{[p(NH_3)]^2}{[p(N_2)][p(H_2)]^3} \cdot \left(\frac{1}{p^{\ominus}}\right)^{\Sigma\nu}$$

$$= \frac{(3.57\times10^3)^2}{(4.17\times10^3)\times(1.25\times10^4)^3} \times \left(\frac{1}{100}\right)^{-2}$$

$$=1.56\times10^{-5}$$

例 5-2 已知反应 $CO(g)+H_2O(g)\rightleftharpoons CO_2(g)+H_2(g)$ 在某温度下 $K^{\ominus}=9.0$。现将 0.02 mol CO 和 0.02 mol $H_2O(g)$混合，并在该温度下达到平衡，计算 CO 的平衡转化率。

解 设达到平衡时 H_2 为 x mol，则

	$CO(g)$	+	$H_2O(g)$	$\rightleftharpoons$	$CO_2(g)$	+	$H_2(g)$
起始时 n/mol	0.02		0.02		0		0
平衡时 n/mol	$0.02-x$		$0.02-x$		x		x

$$K^{\ominus}=\frac{[n(CO_2)RT/V][n(H_2)RT/V]}{[n(CO)RT/V][n(H_2O)RT/V]}\cdot\left(\frac{1}{p^{\ominus}}\right)^{\Sigma\nu}$$

$$=\frac{n(CO_2)\cdot n(H_2)}{n(CO)\cdot n(H_2O)}$$

将有关数值代入上式：

$$9.0=\frac{x^2}{(0.02-x)^2}$$

解方程，得 $x=0.015$

某物质的平衡转化率是指该物质达到平衡时已转化的量与反应前该物质的总量之比，所以

$$CO\text{的平衡转化率}=\frac{0.015\ \text{mol}}{0.02\ \text{mol}}\times100\%=75\%$$

例 5-3 已知氧化汞在 693 K 时，反应

$$HgO(s)\rightleftharpoons Hg\ (g)+1/2O_2(g)$$

的标准平衡常数为 0.140，问在密闭容器中分解和在氧分压始终保持为空气分压时($p_{O_2}=0.210\ p^{\ominus}$)分解，达到平衡时汞的蒸气压是否相同？

解 在密闭容器中分解，

$$HgO(s)\rightleftharpoons Hg\ (g)+1/2O_2(g)$$

平衡时： p $1/2p$

$$K^{\ominus}=\left(\frac{p_{Hg}}{p^{\ominus}}\right)\cdot\left(\frac{p_{O_2}}{p^{\ominus}}\right)^{\frac{1}{2}}=p\cdot\left(\frac{1}{2}p\right)^{\frac{1}{2}}\cdot\left(\frac{1}{p^{\ominus}}\right)^{\frac{3}{2}}=0.140$$

解得 $p(Hg)=0.340p^{\ominus}=34.0\ \text{kPa}$

若在氧分压始终保持为空气分压时分解：$p_{O_2}=0.210p^{\ominus}$

由 $K^{\ominus}=\left(\frac{p_{Hg}}{p^{\ominus}}\right)'\cdot\left(\frac{p_{O_2}}{p^{\ominus}}\right)^{\frac{1}{2}}=\left(\frac{p_{Hg}}{p^{\ominus}}\right)'\cdot(0.210)^{\frac{1}{2}}=0.140$

解得 $p(Hg)'=0.306p^{\ominus}=30.6\ \text{kPa}$

5.1.3 多重平衡规则

当一个反应可以由几个反应相加(或相减)得到,这个反应的标准平衡常数等于这几个反应的标准平衡常数的乘积(或商),这种关系就称为**多重平衡规则**。多重平衡规则可证明如下:

设反应(1),反应(2)和反应(3)在温度 T 时的标准平衡常数分别为 $K_1^\ominus$,$K_2^\ominus$ 和 $K_3^\ominus$,它们的标准吉布斯自由能变化依次为 $\Delta_r G_1^\ominus$,$\Delta_r G_2^\ominus$ 和 $\Delta_r G_3^\ominus$。如果

反应(3)=反应(1)+反应(2)

则 $\Delta_r G_3^\ominus = \Delta_r G_1^\ominus + \Delta_r G_2^\ominus$,即

$$-RT\ln K_3^\ominus = -RT\ln K_1^\ominus + (-RT\ln K_2^\ominus)$$

$$\ln K_3^\ominus = \ln(K_1^\ominus \cdot K_2^\ominus)$$

因此 $$K_3^\ominus = K_1^\ominus \cdot K_2^\ominus$$

同理,如果反应(4)=反应(1)-反应(2)

则 $$\Delta_r G_4^\ominus = \Delta_r G_1^\ominus - \Delta_r G_2^\ominus$$

$$-RT\ln K_4^\ominus = -RT\ln K_1^\ominus - (-RT\ln K_2^\ominus)$$

$$\ln K_4^\ominus = \ln K_1^\ominus - \ln K_2^\ominus$$

因此 $$K_4^\ominus = K_1^\ominus / K_2^\ominus$$

多重平衡规则在复杂平衡体系的计算中经常用到,合理使用该规则可以使问题简化。

例 5-4 已知在 973 K 时

(1) $2SO_2(g) + O_2(g) \rightleftharpoons 2SO_3(g)$ $\quad K_1^\ominus = 400$

(2) $2NO_2(g) \rightleftharpoons 2NO(g) + O_2(g)$ $\quad K_2^\ominus = 1.44 \times 10^{-4}$

求反应(3) $SO_2(g) + NO_2(g) \rightleftharpoons SO_3(g) + NO(g)$ 在该温度下的 $K_3^\ominus$。

解 反应(3)×2=反应(1)+反应(2)

所以,$K_3^\ominus = \sqrt{K_1^\ominus K_2^\ominus} = \sqrt{400 \times 1.44 \times 10^{-4}} = 0.24$

5.2 化学平衡的移动

5.2.1 化学平衡移动的方向

在一定条件下建立的化学平衡,当外界条件变化时,平衡状态遭到破坏而重新建立新的平衡状态的过程称为**化学平衡的移动**。

1887 年,法国化学家勒夏特列(Le Chatelier)提出了平衡移动的一般规律:如果对一个平衡体系改变温度、压力或浓度,平衡就向减小这个改变的方向移动。例如,在合成氨反应中:

$$3H_2(g) + N_2(g) \rightleftharpoons 2NH_3(g) \qquad \Delta_r H_m^\ominus = -92.2\ \text{kJ} \cdot \text{mol}^{-1}$$

增加总压力可以使平衡向右移动从而提高氨的产率,因此工业上一般是在 500~700 个大气压下

进行该反应。升高体系的温度，平衡向左移动，不利于氨的生成；但温度太低反应速率太慢，因此工业上一般控制温度为 400～500℃。

勒夏特列原理只能做出定性判断，定量的计算需要用 $\Delta_r G$ 来判断。

因为 $\Delta_r G=\Delta_r G^{\ominus}+RT\ln Q$，而 $\Delta_r G^{\ominus}=-RT\ln K^{\ominus}$，所以

$$\Delta_r G=-RT\ln K^{\ominus}+RT\ln Q=RT\ln\frac{Q}{K^{\ominus}} \tag{5-2}$$

当 $Q<K^{\ominus}$，$\Delta_r G<0$，反应正向进行；反之，当 $Q>K^{\ominus}$，$\Delta_r G>0$，反应逆向进行。所以，比较 Q 和 $K^{\ominus}$ 的大小即可判断反应进行（或平衡移动）的方向：

$Q<K^{\ominus}$　　反应正向进行

$Q>K^{\ominus}$　　反应逆向进行

$Q=K^{\ominus}$　　平衡状态

例 5-5　在 2000 ℃时，反应 $N_2(g)+O_2(g)\rightleftharpoons 2NO(g)$ 的 $K^{\ominus}=9.8\times10^{-2}$。判断密闭容器中 N_2，O_2，NO 的分压分别为 2.0 kPa，5.1 kPa，4.1 kPa 时反应进行的方向。

解　$p(N_2)=2.0\ \text{kPa}$，$p(O_2)=5.1\ \text{kPa}$，$p(NO)=4.1\ \text{kPa}$

$$Q=\frac{p^2(NO)}{p(N_2)p(O_2)}\left(\frac{1}{p^{\ominus}}\right)^{2-1-1}=\frac{4.1^2}{2.0\times5.1}=1.6$$

$Q>K^{\ominus}$　　反应逆向进行

5.2.2 浓度和压力对化学平衡的影响

浓度和压力的改变不会影响 $K^{\ominus}$ 值，利用 $K^{\ominus}$ 可以对平衡移动进行定量计算。

例 5-6　反应 $CO(g)+H_2O(g)\rightleftharpoons CO_2(g)+H_2(g)$ 在 850 ℃时，$K^{\ominus}=1.00$。

(1) 计算 CO 和 H_2O 的起始浓度分别为 2.00 $mol\cdot L^{-1}$ 和 3.00 $mol\cdot L^{-1}$ 时 CO 的平衡转化率。

(2) 若从上述平衡体系中取走部分 CO_2，使其浓度降为 0.25 $mol\cdot L^{-1}$，计算 CO 平衡时的总转化率。

解　(1) 设达平衡时 H_2 的浓度为 x $mol\cdot L^{-1}$，则

	$CO(g)$ +	$H_2O(g)$ $\rightleftharpoons$	$CO_2(g)$ +	$H_2(g)$
起始时 $c/(mol\cdot L^{-1})$	2.00	3.00	0	0
平衡时 $c/(mol\cdot L^{-1})$	$2.00-x$	$3.00-x$	x	x

$$\begin{aligned}K^{\ominus}&=\frac{[n(CO_2)RT/V][n(H_2)RT/V]}{[n(CO)RT/V][n(H_2O)RT/V]}\cdot\left(\frac{1}{p^{\ominus}}\right)^{\Sigma\nu}\\&=\frac{[c(CO_2)RT][c(H_2)RT]}{[c(CO)RT][c(H_2O)RT]}\cdot\left(\frac{1}{p^{\ominus}}\right)^{\Sigma\nu}\\&=\frac{c(CO_2)\cdot c(H_2)}{c(CO)\cdot c(H_2O)}\end{aligned}$$

将有关数值代入上式：

$$1.00=\frac{x^2}{(2.00-x)(3.00-x)}$$

解方程，得 $x=1.20\ \text{mol}\cdot\text{L}^{-1}$

所以CO的平衡转化率$=\frac{1.20}{2.00}\times100\%=60\%$

(2) 设CO_2浓度降低后达到新的平衡时，CO_2的浓度增加了 $y\ \text{mol}\cdot\text{L}^{-1}$

	CO(g) +	H_2O(g) ⇌	CO_2(g) +	H_2(g)
起始时 $c/(\text{mol}\cdot\text{L}^{-1})$	0.80	1.80	0.25	1.20
平衡时 $c/(\text{mol}\cdot\text{L}^{-1})$	$0.80-y$	$1.80-y$	$0.25+y$	$1.20+y$

$$K^{\ominus}=\frac{c(CO_2)\cdot c(H_2)}{c(CO)\cdot c(H_2O)}=\frac{(1.20+y)\times(0.25+y)}{(0.80-y)\times(1.80-y)}=1.00$$

解得 $y=0.28\ \text{mol}\cdot\text{L}^{-1}$

所以CO平衡时的总转化率$=\frac{1.20+0.28}{2.00}\times100\%=74\%$

增大一种反应物的浓度或者减小生成物的浓度，平衡将向生成物方向移动，有利于促进反应的正向进行。因此在实际工业生产中，可以采用不断分离出产物的方法来提高反应物的利用率。

压力变化对平衡的影响实质也是通过浓度的变化起作用，加压会使平衡向气体分子数目减少的方向移动。改变压力对无气相参与或反应前后气体分子数目不变的反应基本没有影响。以合成氨反应为例：

$$3H_2(g)+N_2(g)\rightleftharpoons 2NH_3(g)$$

在一定条件下建立起平衡，其平衡常数为

$$K^{\ominus}=\frac{[p(NH_3)/p^{\ominus}]^2}{[p(N_2)/p^{\ominus}]\cdot[p(H_2)/p^{\ominus}]^3}$$

如果平衡系统的总压力增至原来的2倍，则 $p'(NH_3)=2p(NH_3)$，$p'(N_2)=2p(N_2)$，$p'(H_2)=2p(H_2)$，此时的活度商为

$$Q=\frac{[2p(NH_3)/p^{\ominus}]^2}{[2p(N_2)/p^{\ominus}]\cdot[2p(H_2)/p^{\ominus}]^3}=\frac{1}{4}\frac{[p(NH_3)/p^{\ominus}]^2}{[p(N_2)/p^{\ominus}]\cdot[p(H_2)/p^{\ominus}]^3}=\frac{1}{4}K^{\ominus}$$

即 $Q<K^{\ominus}$，导致反应向生成氨的方向移动。

5.2.3 温度对化学平衡的影响

温度对化学平衡的影响与浓度和压力对化学平衡的影响有本质的区别，浓度和压力不会改变标准平衡常数 $K^{\ominus}$ 的大小，而温度的变化将导致 $K^{\ominus}$ 在数值上发生变化，因为

$$\Delta_r G^{\ominus}=-RT\ln K^{\ominus}$$

$$\Delta_r G^{\ominus}=\Delta_r H^{\ominus}-T\Delta_r S^{\ominus}$$

把两式合并可得到

$$\ln K^{\ominus}=-\frac{\Delta_r H^{\ominus}}{RT}+\frac{\Delta_r S^{\ominus}}{R}$$

设某化学平衡在温度 T_1 时标准平衡常数为 $K_1^\ominus$；在 T_2 时标准平衡常数为 $K_2^\ominus$；那么

$$(1)\ \ln K_1^\ominus = -\frac{\Delta_r H^\ominus}{RT_1} + \frac{\Delta_r S^\ominus}{R}$$

$$(2)\ \ln K_2^\ominus = -\frac{\Delta_r H^\ominus}{RT_2} + \frac{\Delta_r S^\ominus}{R}$$

假设 $\Delta_r H^\ominus$ 和 $\Delta_r S^\ominus$ 不随温度而变，(2)－(1)得

$$\ln \frac{K_2^\ominus}{K_1^\ominus} = \frac{\Delta_r H^\ominus}{R}\left(\frac{1}{T_1} - \frac{1}{T_2}\right) = \frac{\Delta_r H^\ominus}{R}\left(\frac{T_2 - T_1}{T_1 T_2}\right) \tag{5-3}$$

式(5－3)表达了标准平衡常数 $K^\ominus$ 与温度 T 的变化关系。对于吸热反应，$\Delta_r H^\ominus > 0$，当温度升高时($T_2 > T_1$)，标准平衡常数变大($K_2^\ominus > K_1^\ominus$)；反之，对于放热反应，升高温度标准平衡常数变小；所以升高温度时平衡向吸热方向移动。当已知化学反应的 $\Delta_r H^\ominus$ 时，已知某温度 T_1 下的 $K_1^\ominus$，即可求另一温度 T_2 下的 $K_2^\ominus$。

例 5－7 反应 $N_2(g) + 3H_2(g) \rightleftharpoons 2NH_3(g)$ 的 $\Delta_r H_m^\ominus = -92.2\ kJ \cdot mol^{-1}$，已知 25 ℃时 $K_1^\ominus = 6.8 \times 10^5$，求在 400 ℃时的 $K_2^\ominus$。

解 由式(5－3) $\ln \frac{K_2^\ominus}{K_1^\ominus} = \frac{\Delta_r H^\ominus}{R}\left(\frac{1}{T_1} - \frac{1}{T_2}\right) = \frac{\Delta_r H^\ominus}{R}\left(\frac{T_2 - T_1}{T_1 T_2}\right)$

将上述数据代入：

$$\ln \frac{K_2^\ominus}{6.8 \times 10^5} = \frac{-92.2 \times 10^3\ J \cdot mol^{-1}}{8.314\ J \cdot mol^{-1} \cdot K^{-1}} \times \left(\frac{673\ K - 298\ K}{673\ K \times 298\ K}\right) = -20.7$$

$$K_2^\ominus = 6.7 \times 10^{-4}$$

例 5－8 可利用热空气流来干燥 Ag_2CO_3，但空气中必须含一定量的 CO_2，以避免 Ag_2CO_3 发生分解：

$$Ag_2CO_3(s) \rightleftharpoons Ag_2O(s) + CO_2(g)$$

试利用有关热力学函数来计算，在 110 ℃干燥时为防止 Ag_2CO_3 分解所需要 CO_2 的分压。

解 由附录八查表得

	$Ag_2CO_3(s)$ $\rightleftharpoons$	$Ag_2O(s)$ +	$CO_2(g)$
$\Delta_f H^\ominus/(kJ \cdot mol^{-1})$	−505.8	−31.1	−393.5
$S^\ominus/(J \cdot mol^{-1} \cdot K^{-1})$	167.4	121.3	213.8

$$\Delta_r H^\ominus = [(-31.1) + (-393.5) - (-505.8)]\ kJ \cdot mol^{-1} = 81.2\ kJ \cdot mol^{-1}$$

$$\Delta_r S^\ominus = (121.3 + 213.8 - 167.4)\ J \cdot mol^{-1} \cdot K^{-1} = 167.7\ J \cdot mol^{-1} \cdot K^{-1}$$

110 ℃时反应的 $\Delta_r G^\ominus$ 为

$$\Delta_r G^\ominus = \Delta_r H^\ominus - T\Delta_r S^\ominus = 81.2\ kJ \cdot mol^{-1} - 383\ K \times 167.7 \times 10^{-3}\ kJ \cdot mol^{-1} \cdot K^{-1} = 17.0\ kJ \cdot mol^{-1}$$

因此，$\ln K^\ominus = \frac{-\Delta_r G^\ominus}{RT} = \frac{-17.0 \times 10^3\ J \cdot mol^{-1}}{8.314\ J \cdot mol^{-1} K^{-1} \times 383\ K} = -5.34$

$$K^\ominus = 4.8 \times 10^{-3}$$

$$K^{\ominus}=\frac{p(CO_2)}{p^{\ominus}}$$

所以 $p(CO_2)=K^{\ominus}\cdot p^{\ominus}=4.8\times10^{-3}\times100\ \text{kPa}=0.48\ \text{kPa}$

为了防止 Ag_2CO_3 分解，CO_2 分压应大于 0.48 kPa。

5.3 化学反应速率及其表示方法

化学反应，有的进行得很快，如爆炸反应、强酸和强碱的中和反应等，几乎在顷刻之间完成；有的则进行得很慢，如岩石的风化、钟乳石的生长、镭的衰变等，历时千年乃至万年才有显著的变化。有的反应，用热力学预测是可以发生的，但却因反应速率太慢而事实上并不发生，如金刚石在常温常压下转化为石墨，氢气和氧气在常温下反应生成水等，这是因为化学热力学只讨论反应的可能性、趋势与程度，却不讨论反应的速率。

对于在体积一定的密闭容器内进行的化学反应，化学反应的平均速率可以用单位时间内反应物浓度的减少或者生成物浓度的增加来表示，一般式为

$$\bar{v}=|\Delta c_{\mathrm{B}}/\Delta t| \tag{5-4}$$

式中，Δc_{B} 是参与反应的物质 B 在 Δt 的时间内发生的浓度变化。取绝对值的原因是反应速率不管大小，总是正值。

对大多数化学反应来说，由于反应式中生成物和反应物的化学计量数往往不同，所以，用不同物质的浓度变化率来表示反应速率时，其数值就不一致。解决的方案是用式(5-5)来代替式(5-4)，其中 ν 为该物质的化学计量数(反应物取负值，生成物取正值)。

$$\bar{v}=\frac{1}{\nu}\frac{\Delta c}{\Delta t} \tag{5-5}$$

对大多数化学反应来说，反应过程中反应物和生成物的浓度时时刻刻都在变化着，故反应速率也是随时间变化的。平均速率不能真实地反映这种变化，只有瞬时速率才能表示化学反应中某时刻的真实反应速率。瞬时速率(常简称为反应速率)是 Δt 趋近于零时的平均反应速率的极限值。

$$v=\lim_{\Delta t\to0}\frac{1}{\nu}\frac{\Delta c}{\Delta t}=\frac{1}{\nu}\frac{\mathrm{d}c}{\mathrm{d}t} \tag{5-6}$$

对一般反应：$a\mathrm{A}+b\mathrm{B}\longrightarrow d\mathrm{D}+e\mathrm{E}$，瞬时速率可表示为

$$v=-\frac{1}{a}\frac{\mathrm{d}c_{\mathrm{A}}}{\mathrm{d}t}=-\frac{1}{b}\frac{\mathrm{d}c_{\mathrm{B}}}{\mathrm{d}t}=\frac{1}{d}\frac{\mathrm{d}c_{\mathrm{D}}}{\mathrm{d}t}=\frac{1}{e}\frac{\mathrm{d}c_{\mathrm{E}}}{\mathrm{d}t} \tag{5-7}$$

对于气相反应，也可以用气体的分压代替浓度。例如，反应

$$2N_2O_5(g)\longrightarrow4NO_2(g)+O_2(g)$$

$$v=-\frac{\mathrm{d}p(N_2O_5)}{2\mathrm{d}t}=\frac{\mathrm{d}p(NO_2)}{4\mathrm{d}t}=\frac{\mathrm{d}p(O_2)}{\mathrm{d}t}$$

反应速率一般是通过实验来确定的。在实验中，用一些化学或物理的方法测定不同时刻反应物（或生成物）的浓度，然后通过作图即可求得不同时刻的反应速率。

例 5-9 N_2O_5 的分解反应为：$2N_2O_5(g) \longrightarrow 4NO_2(g)+O_2(g)$，在 340 K 测得的实验数据如下：

t/min	0	1	2	3	4	5
$c(N_2O_5)/(mol \cdot L^{-1})$	1.00	0.70	0.50	0.35	0.25	0.17

试计算反应在 2 min 之内的平均速率和 1 min 时的瞬时速率。

解 以 $c(N_2O_5)$ 为纵坐标，t 为横坐标作图，可得到 N_2O_5 浓度随时间变化的曲线（图 5-1）。当 t=2 min，$c(N_2O_5)$=0.50 mol·L^{-1}；t=0 min，$c(N_2O_5)$=1.00 mol·L^{-1}。则 2 min 之内的平均速率为

$$\bar{v}=\left(-\frac{1}{2}\right)\frac{(0.50-1.00)\,\text{mol}\cdot\text{L}^{-1}}{(2-0)\,\text{min}}=0.125\ \text{mol}\cdot\text{L}^{-1}\cdot\text{min}^{-1}$$

在 $c-t$ 曲线上任一点作切线，其斜率即为该时刻的 dc/dt，1 min 时的斜率为

$$\text{斜率}=\frac{-0.50\ \text{mol}\cdot\text{L}^{-1}}{2.25\ \text{min}}=-0.22\ \text{mol}\cdot\text{L}^{-1}\cdot\text{min}^{-1}$$

1 min 时的瞬时速率为 $v=\frac{1}{\nu}\frac{dc}{dt}=-\frac{1}{2}\times(-0.22\ \text{mol}\cdot\text{L}^{-1}\cdot\text{min}^{-1})=0.11\ \text{mol}\cdot\text{L}^{-1}\cdot\text{min}^{-1}$

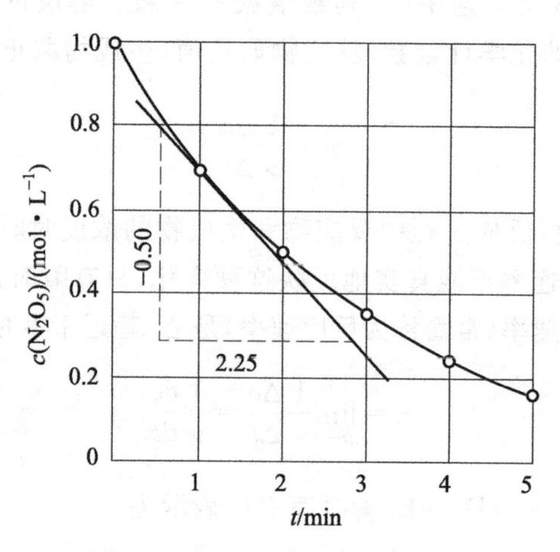

图 5-1 N_2O_5 分解的 $c-t$ 曲线

5.4 浓度对化学反应速率的影响

经验表明，化学反应进行得快慢受反应物浓度的影响。例如，取一团铁丝用铁钳夹住，在煤气灯上加热，只观察到铁丝变得红热，并不燃烧，而同样的铁丝在充满氧气的广口瓶里用点燃的火柴引燃会剧烈燃烧。显然，这是由于广口瓶内氧气的浓度比空气中氧气浓度大。

5.4.1 基元反应和非基元反应

基元反应(elementary reaction)是指反应物分子一步直接转化为产物的反应。例如,反应 $NO_2+CO \longrightarrow NO+CO_2$ 就是基元反应。非基元反应是由两个或多个基元反应步骤完成的反应,常见的化学反应,大多数都是非基元反应,基元反应很少。例如,从实验上证明,$I_2(g)+H_2(g) \longrightarrow 2HI(g)$ 的反应历程由如下两步基元反应组成:

(1) $I_2 \longrightarrow I+I$ (快)

(2) $H_2+I+I \longrightarrow 2HI$ (慢)

基元反应中参与的微粒数一般称为反应的分子数,如上面两个基元反应的反应分子数分别为 1 和 3。常见的反应分子数为 1,2 和 3,四分子或更多分子同时碰撞而发生的反应尚未发现。反应的分子数是一个微观概念,只能对基元反应而言,对非基元反应不能谈反应的分子数。在非基元反应中决定速率的步骤一般是慢反应的基元反应,通常可以通过实验确定决速步骤。

5.4.2 质量作用定律

1864 年,古德博格(Guldberg G M)等人提出基元反应的反应速率与反应物浓度以其化学计量数的绝对值为乘幂的乘积成正比,称为**质量作用定律**(law of mass action)。所以,基元反应 $NO_2+CO \longrightarrow NO+CO_2$ 的反应速率应表示为

$$v=kc(NO_2)\cdot c(CO)$$

对一般的基元反应:$a\text{A}+b\text{B} \longrightarrow$ 产物,反应速率与反应物浓度的关系为

$$v=kc_{\text{A}}^{a}\cdot c_{\text{B}}^{b} \qquad (5-8)$$

式(5-8)称为**速率方程**(rate equation)。c_{A} 和 c_{B} 分别表示反应物 A 和 B 的浓度,单位为 $\text{mol}\cdot\text{L}^{-1}$。速率方程中的 k 称为**速率常数**(rate constant),它的物理意义是反应物浓度都等于1 $\text{mol}\cdot\text{L}^{-1}$时的反应速率。速率常数与浓度无关,是一个重要的表征反应动力学性质的参数。可以笼统地说,速率常数越大的反应进行得越快。速率常数很大的反应,可以称为快反应。例如,大多数酸碱反应为快反应,因为它们的速率常数的数量级为 $10^{10}\ \text{mol}^{-1}\cdot\text{L}\cdot\text{s}^{-1}$。不同的反应有不同的 k 值,只有当温度、溶剂、催化剂、固体的表面性质甚至反应容器的形状等都固定时,速率常数才是真正意义上的常数。

5.4.3 非基元反应速率方程的确定

对于非基元反应,不能直接从反应方程式写出速率方程,必须通过实验确定。其中比较简单的一种方法是改变物质数量比例法。例如,对于反应 $a\text{A}+b\text{B} \longrightarrow$ 产物,可先假设其速率方程为 $v=kc_{\text{A}}^{x}\cdot c_{\text{B}}^{y}$。保持 B 的浓度不变,而将 A 的浓度加大一倍,若反应速率也比原来加快一倍,则可确定 $x=1$。保持 A 的浓度不变,而将 B 的浓度加大一倍,若反应速率增加到原来的 4 倍,则可确定 $y=2$。

无论是基元反应还是非基元反应,速率方程 $v=kc_{\text{A}}^{a}\cdot c_{\text{B}}^{b}$ 中浓度的指数 a 和 b 分别称为反应物 A 和 B 的级数,两指数之和称为该反应的总**反应级数**(reaction order)。$a+b=1$ 称为一级反应;$a+b=2$ 称为二级反应;$a+b=3$ 称为三级反应,反应级数也可以为零或分数。反应级数是

对宏观化学反应而言的,对指定反应有固定值。不同反应级数对应的速率常数 k 的单位是不同的,当时间单位为秒时,零级反应 k 的单位为 $mol \cdot L^{-1} \cdot s^{-1}$,一级反应为 s^{-1},二级反应为 $L \cdot mol^{-1} \cdot s^{-1}$,三级反应为 $L^2 \cdot mol^{-2} \cdot s^{-1}$。

例 5-10 对反应 $2H_2+2NO \longrightarrow 2H_2O+N_2$ 在一定的温度下测得下列数据

实验编号	$c(H_2)/(mol \cdot L^{-1})$	$c(NO)/(mol \cdot L^{-1})$	$v/(mol \cdot L^{-1} \cdot s^{-1})$
①	1.0×10^{-3}	6.0×10^{-3}	3.19×10^{-3}
②	2.0×10^{-3}	6.0×10^{-3}	6.36×10^{-3}
③	6.0×10^{-3}	1.0×10^{-3}	0.48×10^{-3}
④	6.0×10^{-3}	2.0×10^{-3}	1.92×10^{-3}

试求:(1) 反应级数和速率方程;

(2) 速率常数 k。

解 (1) 设 x 和 y 分别为 H_2 和 NO 的反应级数,则该反应的速率方程为

$$v=kc^x(H_2)\cdot c^y(NO)$$

把四组数据分别代入

① $3.19\times10^{-3}\ mol \cdot L^{-1} \cdot s^{-1}=k\ (1.0\times10^{-3}\ mol \cdot L^{-1})^x(6.0\times10^{-3}\ mol \cdot L^{-1})^y$

② $6.36\times10^{-3}\ mol \cdot L^{-1} \cdot s^{-1}=k\ (2.0\times10^{-3}\ mol \cdot L^{-1})^x(6.0\times10^{-3}\ mol \cdot L^{-1})^y$

③ $0.48\times10^{-3}\ mol \cdot L^{-1} \cdot s^{-1}=k\ (6.0\times10^{-3}\ mol \cdot L^{-1})^x(1.0\times10^{-3}\ mol \cdot L^{-1})^y$

④ $1.92\times10^{-3}\ mol \cdot L^{-1} \cdot s^{-1}=k\ (6.0\times10^{-3}\ mol \cdot L^{-1})^x(2.0\times10^{-3}\ mol \cdot L^{-1})^y$

组②除以组①得 $\dfrac{6.36\times10^{-3}}{3.19\times10^{-3}}=\left(\dfrac{2.00\times10^{-3}}{1.00\times10^{-3}}\right)^x$, $2=2^x$,所以 $x=1$,

组④除以组③得 $\dfrac{1.92\times10^{-3}}{0.48\times10^{-3}}=\left(\dfrac{2.00\times10^{-3}}{1.00\times10^{-3}}\right)^y$, $4=2^y$,所以 $y=2$,

该反应对 H_2 来说是一级,对 NO 来说是二级,总反应级数是三级。其速率方程为

$$v=kc(H_2)\cdot c^2(NO)$$

(2) 将表中任意一组数据代入速率方程,可求得 k 值。取第一组数据:

$$k=\frac{3.19\times10^{-3}\ mol \cdot L^{-1} \cdot s^{-1}}{1.00\times10^{-3}\ mol \cdot L^{-1}\times(6.00\times10^{-3}mol \cdot L^{-1})^2}=8.86\times10^4\ L^2 \cdot mol^{-2} \cdot s^{-1}$$

5.5 反应物浓度与反应时间的关系

反应物和生成物的浓度与反应时间之间的关系是人们所关心的重要问题。反应物的浓度与反应时间的关系对于级数不同的反应是不一样的,下面将分别进行讨论。

5.5.1 零级反应

零级反应的特点是反应速率与反应物浓度无关。在固体表面上进行的催化反应很多都是零级反应。例如，氨在铁催化剂表面上的分解就是零级反应。

零级反应可以表示为 A ⟶ 产物，则

$$v=-\frac{dc_A}{dt}=kc_A^0=k$$

重排后，得
$$dc_A=-k\,dt$$

积分得
$$\int_{c_0}^{c}dc_A=-k\int_0^t dt$$

即
$$c-c_0=-kt$$

或写成
$$c=c_0-kt \tag{5-9}$$

式中，c_0 为反应物 A 的起始浓度；c 为 A 在 t 时刻的浓度。以 c 对 t 作图，得一直线，从直线的斜率和截距可以求得速率常数 k 和起始浓度 c_0。

反应物消耗一半所需的时间在动力学中称为**半衰期**(half life)，用 $t_{\frac{1}{2}}$ 表示。将 $c=\frac{c_0}{2}$ 代入式(5-9)，可得零级反应的半衰期为

$$t_{\frac{1}{2}}=\frac{c_0}{2k} \tag{5-10}$$

半衰期是十分重要的动力学概念，零级反应的半衰期与反应物起始浓度有关。反应物起始浓度越大，半衰期越长。

5.5.2 一级反应

一级反应可以表示为 A ⟶ 产物，则

$$v=-\frac{dc_A}{dt}=kc_A$$

重排后，得
$$\frac{dc_A}{c_A}=-k\,dt$$

积分得
$$\int_{c_0}^{c}\frac{dc_A}{c_A}=-k\int_0^t dt$$

即
$$\ln\frac{c}{c_0}=-kt$$

或写成
$$\ln c=\ln c_0-kt \tag{5-11}$$

以 $\ln c$ 对 t 作图，得一直线，从直线的斜率和截距可求得速率常数 k 和起始浓度 c_0。将 $c=\frac{c_0}{2}$ 代入式(5-11)，可得一级反应的半衰期为

$$t_{\frac{1}{2}}=\frac{\ln 2}{k}=\frac{0.693}{k} \tag{5-12}$$

一级反应的半衰期与反应物起始浓度无关，这是一级反应的重要特征。

一级反应在化学中非常常见，重排反应、分解反应、放射性衰变反应都是一级反应。在大气中，不断发生着^{14}N受到高能辐射作用转化为碳的放射性同位素^{14}C的核反应。活的生物体内^{14}N和^{14}C的比值与大气中这两种同位素的比值是相同的，但动植物死亡后，由于^{14}C按下式衰变：$^{14}C = {}^{14}N + e^-$，比值$^{14}C/^{12}C$便不断下降。该核反应的半衰期为5730年。1955年，美国化学家利比(Libby W F)提出，测定死去的动植物残骸内的$^{14}C/^{12}C$值，可以推算它们死亡的年代。这就是被广泛用于考古学的^{14}C断代术，利比也因此于1960年获得诺贝尔化学奖。

5.5.3 二级反应

二级反应有如下两种类型：

(1) $A+B \longrightarrow P$

(2) $2A \longrightarrow P$

在反应(1)中，如果控制起始浓度$c_A=c_B$，则其速率方程为

$$v=-\frac{dc_A}{dt}=kc_A^2$$

重排后，得

$$-\frac{dc_A}{c_A^2}=k\,dt$$

积分得

$$\int_{c_0}^{c}-\frac{dc_A}{c_A^2}=k\int_0^t dt$$

即

$$\frac{1}{c}-\frac{1}{c_0}=kt$$

或写成

$$\frac{1}{c}=\frac{1}{c_0}+kt \tag{5-13}$$

以$\frac{1}{c}$对t作图，得一直线，从直线的斜率和截距可以求得速率常数k和起始浓度c_0。该类二级反应的半衰期为

$$t_{\frac{1}{2}}=\frac{1}{kc_0} \tag{5-14}$$

二级反应的半衰期与反应物起始浓度有关，起始浓度越大，半衰期越短。

二级反应的另一种反应类型，即$2A \longrightarrow P$，其速率方程为

$$v=-\frac{1}{2}\frac{dc_A}{dt}=kc_A^2$$

积分处理后所得的结果为

$$\frac{1}{c}=\frac{1}{c_0}+2kt \tag{5-15}$$

反应的半衰期为

$$t_{\frac{1}{2}}=\frac{1}{2kc_0} \tag{5-16}$$

因此，化学反应的级数不同，反应物浓度与时间的关系就不同，半衰期也不同。现将以上内容归纳于表 5-1。

表 5-1 不同反应级数时，反应物浓度与时间的关系和半衰期

反应级数	反应式	速率方程	反应物浓度与时间的关系	半衰期
零级反应	$A \longrightarrow P$	$-\frac{dc_A}{dt}=k$	$c=c_0-kt$	$t_{\frac{1}{2}}=\frac{c_0}{2k}$
一级反应	$A \longrightarrow P$	$-\frac{dc_A}{dt}=kc_A$	$\ln c=\ln c_0-kt$	$t_{\frac{1}{2}}=\frac{0.693}{k}$
二级反应	$A+B \longrightarrow P$	$-\frac{dc_A}{dt}=kc_A^2$	$\frac{1}{c}=\frac{1}{c_0}+kt$	$t_{\frac{1}{2}}=\frac{1}{kc_0}$
	$2A \longrightarrow P$	$-\frac{1}{2}\frac{dc_A}{dt}=kc_A^2$	$\frac{1}{c}=\frac{1}{c_0}+2kt$	$t_{\frac{1}{2}}=\frac{1}{2kc_0}$

例 5-11 蔗糖的水解反应是典型的一级反应，某温度下其速率常数 k 为 $5.32\times10^{-3}\ \text{min}^{-1}$。起始浓度为 $0.50\ \text{mol}\cdot\text{L}^{-1}$ 的蔗糖发生水解，求

(1) 300 min 时溶液中蔗糖的浓度；

(2) 蔗糖水解掉一半所需要的时间。

解 (1) 由一级反应的速率方程得 $\ln c=\ln c_0-kt$

所以
$$\ln\frac{c}{0.5\ \text{mol}\cdot\text{L}^{-1}}=-5.32\times10^{-3}\ \text{min}^{-1}\times300\ \text{min}$$

解得
$$c=0.10\ \text{mol}\cdot\text{L}^{-1}$$

300 min 时溶液中蔗糖的浓度为 $0.10\ \text{mol}\cdot\text{L}^{-1}$。

(2) $t_{\frac{1}{2}}=\frac{0.693}{k}=\frac{0.693}{5.32\times10^{-3}\ \text{min}^{-1}}=130\ \text{min}$

蔗糖水解掉一半所需要的时间为 130 min。

5.6 温度对反应速率的影响

经验表明，温度升高，化学反应的速率增大，不论是放热反应还是吸热反应都一样。面团在室温下比在冰箱里更容易发酵；室温下，用作医疗的“热袋”里的细铁粉接触空气氧化时只会发热，不会燃烧，而将铁丝放到煤气灯火焰上，铁丝会因与空气里的氧气反应而发光。一般来说，温度每升高 10 K，反应速率增大至原来的 2～4 倍，这是一个很近似的规律。1889 年，瑞典化学家阿伦尼乌斯(Arrhenius S A)总结了大量实验事实，提出反应速率常数与温度的定量关系为

$$k=Ae^{-\frac{E_a}{RT}} \text{或} \ln(k/[k])=-\frac{E_a}{RT}+\ln(A/[A]) \tag{5-17}$$

式中，k 是速率常数，T 是温度(K)，R 是摩尔气体常数，E_a 为反应的**活化能**(activation energy)，A 对于给定反应为一常数，称为**指前因子**。$[A]$和$[k]$代表 A 和 k 的单位，因为 A 和 k 有单位，不能直接取对数，应该分别除以它们的单位。由于该方程是一个指数函数，T 的微小变化将使 k

发生很大变化，尤其是活化能较大时更是如此。

由实验测得某反应在不同温度时的 k 值，并以 $\ln(k/[k])$ 对 $1/T$ 作图，由式(5－17)可知该图应得一直线。直线的斜率为 $-E_a/R$，截距为 $\ln(A/[A])$，因此可用作图的方法求得该反应的活化能 E_a 和指前因子 A。

例 5－12 实验测得反应 $H_2(g)+I_2(g)$══$2HI(g)$ 在不同温度下的速率常数如下：

T/K	576	629	666	700	781
$k/(L\cdot mol^{-1}\cdot s^{-1})$	1.32×10^{-4}	2.52×10^{-3}	1.41×10^{-2}	6.43×10^{-2}	1.34

求此反应的活化能。

解 将计算得到的数据列于下表：

T/K	576	629	666	700	781
$(1/T)\times10^3/K^{-1}$	1.74	1.59	1.50	1.43	1.28
$\ln(k/[k])$	−8.93	−5.98	−4.26	−2.74	0.29

以 $\ln(k/[k])$ 对 $1/T$ 作图，得一直线(图 5－2)，对数据进行线性拟合，得直线的斜率为

$$斜率=-2.01\times10^4\,K$$

$$E_a=(-斜率)\times R=-(-2.01\times10^4)\,K\times8.314\,J\cdot mol^{-1}\cdot K^{-1}=167\,kJ\cdot mol^{-1}$$

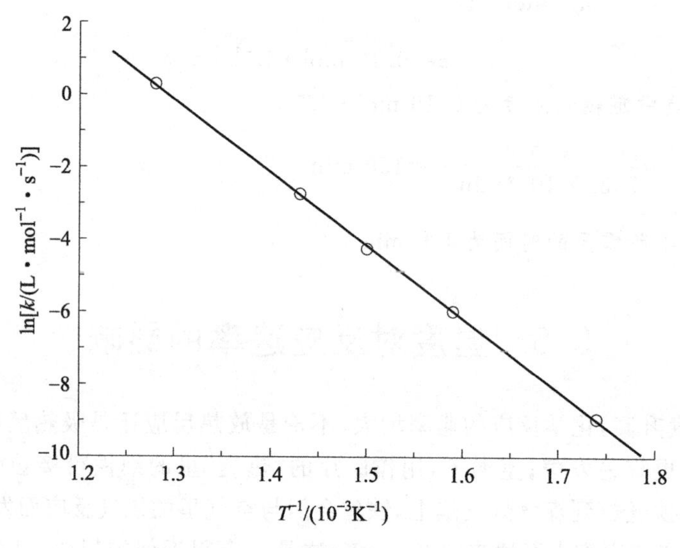

图 5－2 反应速率常数与温度的关系

设反应在温度 T_1 时的速率常数为 k_1，温度 T_2 时的速率常数为 k_2，由阿伦尼乌斯公式可得

(1) $$\ln(k_1/[k])=-\frac{E_a}{RT_1}+\ln(A/[A])$$

(2) $$\ln(k_2/[k])=-\frac{E_a}{RT_2}+\ln(A/[A])$$

两式相减,可得
$$\ln\frac{k_2}{k_1}=\frac{E_a}{R}\left(\frac{1}{T_1}-\frac{1}{T_2}\right)=\frac{E_a}{R}\left(\frac{T_2-T_1}{T_1T_2}\right) \quad (5-18)$$

根据式(5-18),若已知两温度下的速率常数可求算反应的活化能;如果活化能已知,也可由一温度下的速率常数求算另一温度下的速率常数。

例 5-13 对反应 $2NOCl(g)=2NO(g)+Cl_2(g)$,300 K 时的反应速率常数为 2.8×10^{-5} L·mol^{-1}·s^{-1};400 K 时的反应速率常数是 7.0×10^{-1} L·mol^{-1}·s^{-1}。求反应的活化能。

解 由式(5-18)得
$$E_a=\frac{RT_1T_2}{T_2-T_1}\ln\frac{k_2}{k_1}$$

将 $T_1=300$ K,$T_2=400$ K 的两组反应速率常数数据代入上式

$$E_a=\frac{8.314\ \mathrm{J\cdot mol^{-1}\cdot K^{-1}}\times300\ \mathrm{K}\times400\ \mathrm{K}}{(400-300)\mathrm{K}}\ln\frac{7.0\times10^{-1}\ \mathrm{L\cdot mol^{-1}\cdot s^{-1}}}{2.8\times10^{-5}\ \mathrm{L\cdot mol^{-1}\cdot s^{-1}}}=101\ \mathrm{kJ\cdot mol^{-1}}$$

反应的活化能为 101 kJ·mol^{-1}。

活化能是一个重要的动力学参数。化学反应的活化能一般在 40～400 kJ·mol^{-1},$E_a<$ 63 kJ·mol^{-1}的反应在室温下瞬间完成,如强酸和强碱的中和反应。由于 E_a 处于方程的指数项中,对 k 值有显著影响。室温下,E_a 每增加 4 kJ·mol^{-1},k 值降低约 80%。温度升高,k 值增大,一般反应温度每升高 10 ℃,k 值将增大 2～4 倍。对不同反应升高相同温度,E_a 大的反应 k 值增大的倍数多(即具有较大的温度系数)。

5.7 反应速率理论简介

19 世纪末,人们试图从分子微观运动——“分子运动论”的角度解释表观动力学建立的速率方程和阿伦尼乌斯公式,后来发展为两种理论——“碰撞理论”和“过渡态理论”。下面对它们分别进行简述。

5.7.1 碰撞理论

1918 年,路易斯运用分子运动论的成果,提出了反应速率的碰撞理论。该理论认为,反应物分子间的相互碰撞是反应进行的必要条件,反应物分子碰撞频率越高,反应速率越快。但并不是每次碰撞都能引起反应,能引起反应的碰撞是少数,这种能发生化学反应的碰撞称为有效碰撞。有效碰撞的条件是:

(1) 互相碰撞的反应物分子应有合适的碰撞取向。取向合适,才能发生反应。例如下列反应 $CO(g)+NO_2(g)=CO_2(g)+NO(g)$,只有合适的碰撞取向,才能发生氧原子的转移;取向不合适,不能发生氧原子的转移(图 5-3)。

(2) 互相碰撞的反应物分子必须具有足够的能量。只有具有较高能量的分子在取向合适的前提下,能够克服碰撞分子间电子的相互斥力,完成化学键的改组,使反应完成。这种能量足够大,且能发生有效碰撞的分子称为**活化分子**(activated molecule)。

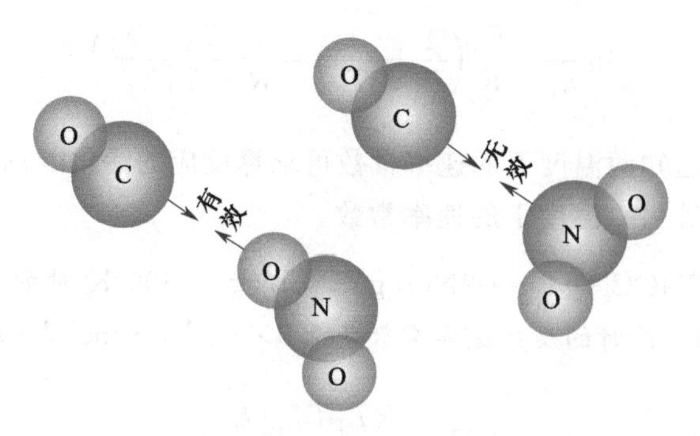

图 5-3 有效碰撞的条件之一是合适的取向

在一定温度下,气体分子具有一定的平均能量 E_m。但是对各个分子而言,其动能并不相同,在某一温度下其能量分布如图 5-4 所示。其中横坐标代表分子的动能 E,纵坐标代表 E 到 $E+\Delta E$ 的单位能量区间内的分子比例。可以看到,大部分分子的动能在 E_m 附近,但也有少数分子的动能比 E_m 低得多或高得多。假设分子达到有效碰撞的最低能量为 E_0,从统计的角度来讲,活化能就是活化分子的平均能量(E_m^*)与反应物分子的平均能量之差,即

$$E_a = E_m^* - E_m$$

在一定温度下,反应的活化能越大,活化分子所占的百分数就越小,反应越慢。反之,活化能越小,活化分子所占的百分数就越大,反应越快。

在一定温度下,反应物浓度变大时,单位体积内活化分子数目增多,从而增加了单位时间内反应物分子发生有效碰撞的频率,导致反应速率增大。温度对反应速率的影响主要表现在温度升高,活化分子所占的百分数增加,因而有效碰撞概率增加。图 5-5 表示温度对分子动能分布的影响。当温度升高后,T_2 曲线的阴影面积比 T_1 的大得多。因此活化分子所占比例更大,有效碰撞次数更多,反应速率加快。

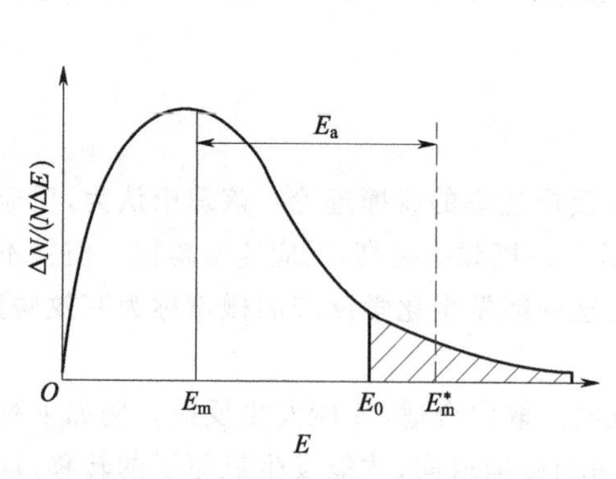

图 5-4 气体分子的能量分布示意图

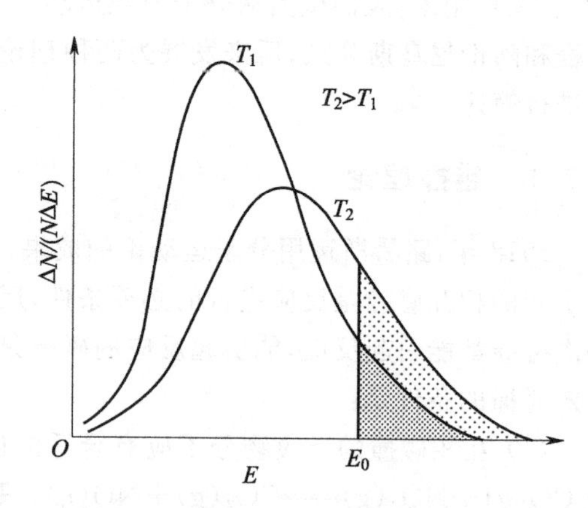

图 5-5 温度对分子动能分布的影响

5.7.2 过渡态理论

过渡态理论是在 20 世纪 30 年代由艾林(Eyring)和佩尔泽(Pelzer)在碰撞理论的基础上将

量子力学应用于化学动力学提出的。过渡态理论认为，化学反应并不是通过反应物分子的简单碰撞就能完成的，而是要经过一个反应物分子以一定构型存在的高能量的过渡态，处于过渡态的分子叫作**活化络合物**。活化络合物是一种高能量不稳定的反应物原子组合体，它能较快地分解为新的能量较低的较稳定的生成物。例如，对于反应 $CO(g)+NO_2(g)=\!=\!=CO_2(g)+NO(g)$，当具有较高能量的 CO 分子和 NO_2 分子在合适的取向上相互碰撞时，CO 和 NO_2 的价电子云可以互相穿透，形成活化络合物，此时，体系的能量最大，在活化络合物中，原有的 N…O 键部分地破裂，新的 C…O 键部分地形成。

$$NO_2+CO \longrightarrow \left[\begin{matrix} \;\;O \\ \;/ \\ N\cdots O\cdots C-O \end{matrix}\right] \longrightarrow NO+CO_2$$

过渡态理论认为，活化能是反应物分子平均能量与处在过渡态的活化络合物分子平均能量之差，因此，不管是放热反应还是吸热反应，反应物经过过渡态变成生成物，都必须越过一个高能量的过渡态，好比从一个谷地到另一个谷地必须爬山一样，如图 5－6 所示。

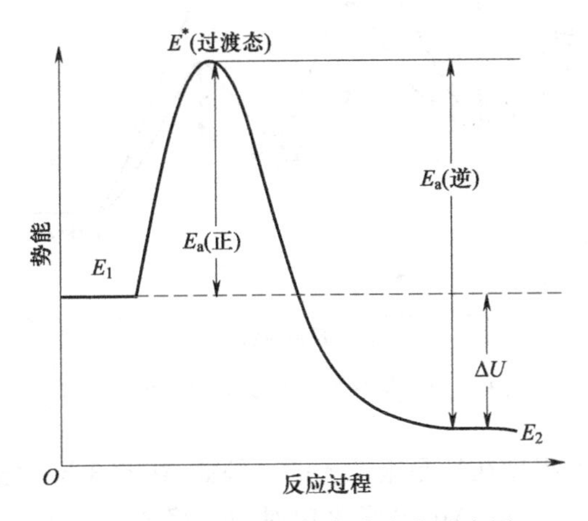

图 5－6　反应过程中势能变化示意图

在图 5－6 中，E_1 表示反应物分子的平均势能，E_2 表示生成物分子的平均势能，E^* 表示过渡态分子的平均势能。在反应物分子和生成物分子之间有一个势能垒。要使反应发生，必须使反应物分子"爬上"这个势能垒。E^* 越大，反应越困难，反应速率越小。过渡态理论把 E^* 与 E_1 之间的能量差称为正反应的活化能 E_a，E^* 与 E_2 之差称为逆反应的活化能 E'_a，而 E_1 与 E_2 之差为反应的焓变 ΔH（严格地说为 ΔU），即 $\Delta H=E_2-E_1=E_a-E'_a$，反应热 ΔH 等于正反应活化能 E_a 与逆反应活化能 E'_a 之差。这样，就把动力学参数活化能与热力学参数反应焓变联系起来了。

5.8 催化剂对反应速率的影响

催化剂是一种能改变化学反应速率，而本身质量和化学组成在反应前后均不改变的物质。其中能加快反应速率的催化剂称为正催化剂，减慢反应速率的催化剂称为负催化剂，一般所说的催化剂都是指正催化剂。从催化剂的状态，可以把催化剂分为均相催化剂和异相催化剂（多相催化剂)两大类。

过渡态理论认为,催化剂加快反应速率的原因是改变了反应的途径,对大多数反应而言,主要是通过改变活化络合物而降低活化能。例如,反应 $A+B \longrightarrow AB$ 的活化能为 E_a,加入的催化剂 Z 改变了反应的途径,使之分为两步:

(1) $A+Z \longrightarrow AZ$　　　　活化能为 E_1

(2) $AZ+B \longrightarrow AB+Z$　　　　活化能为 E_2

由于 E_1,E_2 均远小于 E_a(图 5-7),因此反应速率大大加快。

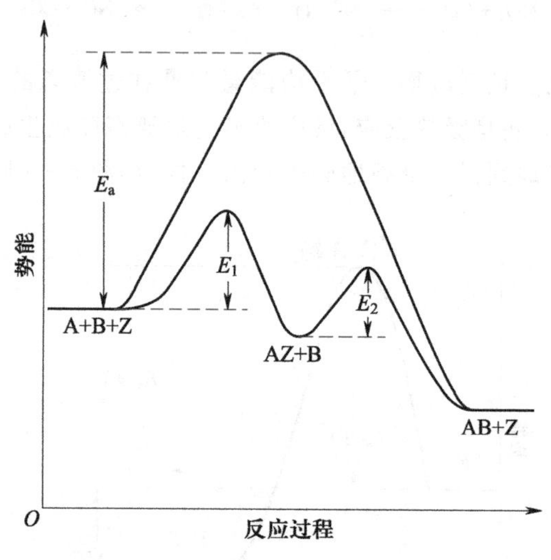

图 5-7　催化剂改变反应途径示意图

催化剂加快反应速率的程度往往是很惊人的。例如,在 503 K 时分解 HI 气体,若无催化剂存在,E_a 为 184.1 kJ·mol^{-1};以 Au 作催化剂时,E_a 降至 104.6 kJ·mol^{-1}。由于 E_a 降低 80 kJ·mol^{-1},反应速率增大 1 亿多倍。催化剂在加速正反应的同时,也以同样的倍数加速逆反应。所以催化剂只能加速化学平衡的到达,不能改变化学平衡的位置,即反应的 $\Delta_r G$ 不会变化。对于 $\Delta_r G>0$ 不能自发进行的反应,使用任何催化剂都是徒劳的。

催化剂已经广泛用于化学实验室和工业生产。80%以上的化工生产使用催化剂。没有催化剂,就没有现代化工业。催化剂对人们生活的环境也有巨大影响。目前证明,臭氧空洞主要是由于人类活动释放到大气中的某些烃类以及烃类衍生物起到了催化臭氧分解的作用(例 5-14)。汽车尾气是城市大气质量变差的元凶。为降低汽车尾气中的有害物质,目前主要采取的措施是在汽车排放尾气的排气管内装上以金属铂为主要组分的固体催化剂,这致使汽车成为铂的最大用户。

酶催化反应广泛地存在于生物体内,蛋白质、脂肪和糖类的合成和分解均属于此类反应。酶是生物体内反应的催化剂,其本身是一种蛋白质。酶催化反应具有高度的选择性,一种酶只能催化一种反应,而对于其他反应不具有活性,如脲酶只能将尿素转化为氨和二氧化碳。

例 5-14　大气上层的 O_3 被分解的一些反应及其活化能为:

(1) $O_3(g)+O(g) = 2O_2(g)$　　　　$E_{a_1}=14.0$ kJ·mol^{-1}

(2) 如果大气上层存在 CCl_2F_2，光照下它可以分解产生 Cl，Cl 可以催化 O_3 分解：

$O_3(g)+Cl(g) = ClO(g)+O_2(g)$

$ClO(g)+O(g) = Cl(g)+O_2(g)$

总反应 $O_3(g)+O(g) = 2O_2(g)$ $\qquad E_{a_2}=2.1\ kJ\cdot mol^{-1}$

大气上层富含 O_3 的平流层温度约 230 K。试问，与无 Cl 相比，Cl 在此处对 O_3 层的破坏增大多少倍？假设指前因子 A 不变。

解 设无 Cl 时速率常数为 k_1，有 Cl 后速率常数为 k_2，则

(1) $\ln(k_1/[k])=-\dfrac{E_{a_1}}{RT}+\ln(A/[A])$

(2) $\ln(k_2/[k])=-\dfrac{E_{a_2}}{RT}+\ln(A/[A])$

(2) −(1)得 $\ln\dfrac{k_2}{k_1}=\dfrac{E_{a_1}-E_{a_2}}{RT}=\dfrac{(14.0-2.1)\times10^3\ J\cdot mol^{-1}}{8.314\ J\cdot mol^{-1}\cdot K^{-1}\times230\ K}=6.22$

所以 $\dfrac{k_2}{k_1}=504$

Cl 对 O_3 层的破坏增大 504 倍。

习题

1. 写出下列反应的标准平衡常数的表达式。

(1) $2SO_2(g)+O_2(g) \rightleftharpoons 2SO_3(g)$

(2) $HCN(aq) \rightleftharpoons H^+(aq)+CN^-(aq)$

(3) $NH_4Cl(s) \rightleftharpoons NH_3(g)+HCl(g)$

(4) $ZnS(s)+2H^+(aq) \rightleftharpoons Zn^{2+}(aq)+H_2S(g)$

2. 673 K 时，将 0.025 mol $COCl_2(g)$充入 1.0 L 容器中，当建立下列平衡时

$$COCl_2(g) \rightleftharpoons CO(g)+Cl_2(g)$$

有 16% $COCl_2$ 解离，求此时的 $K^\ominus$。

3. 反应 $H_2(g)+I_2(g) \rightleftharpoons 2HI(g)$在 628 K 时的 $K^\ominus=54.4$。现于某一容器内充入 H_2 和 I_2 各 0.200 mol，并在该温度下达到平衡，求 I_2 的平衡转化率。

4. 273 K 时，水的饱和蒸气压为 611 Pa，该温度下反应 $SrCl_2\cdot6H_2O(s) \rightleftharpoons SrCl_2\cdot2H_2O(s)+4H_2O(g)$的标准平衡常数 $K^\ominus$为 6.89×10^{-12}，试计算说明 273 K 饱和蒸气压下实际发生的过程是 $SrCl_2\cdot6H_2O$ 失水风化，还是 $SrCl_2\cdot2H_2O$ 吸水潮解。

5. 已知反应 $2NaHCO_3(s) \rightleftharpoons Na_2CO_3(s)+CO_2(g)+H_2O(g)$ 在 125 ℃时 $K^\ominus=0.25$。现于 1.00 L 烧瓶中盛放 10.0 g $NaHCO_3$，加热至 125 ℃达到平衡。试计算此时：

(1) CO_2 和 H_2O 的分压；

(2) 烧瓶中 $NaHCO_3$ 和 Na_2CO_3 的质量；

(3) 如果在平衡时要使 $NaHCO_3$ 全部分解，容器的体积至少多大？

6. 已知在 298 K 时，

$2N_2(g)+O_2(g) \rightleftharpoons 2N_2O(g)$ $K_1^{\ominus}=4.8\times10^{-37}$

$N_2(g)+2O_2(g) \rightleftharpoons 2NO_2(g)$ $K_2^{\ominus}=8.8\times10^{-19}$

求 $2N_2O(g)+3O_2(g) \rightleftharpoons 4NO_2(g)$ 的 $K^{\ominus}$。

7. 在一定温度和压力下，一定量的 $PCl_5(g)$有 50%解离为 $PCl_3(g)$和 $Cl_2(g)$，此时达到平衡，总体积为 1 L。试判断下列条件下，$PCl_5(g)$的解离百分数是增大、减小还是不变？

(1) 减压使总体积变为 2 L；

(2) 保持压力不变，加入氮气使体积增至 2 L；

(3) 保持体积不变，加入氮气使压力增加 1 倍；

(4) 保持压力不变，加入氯气使体积变为 2 L。

8. 对于化学反应 $Ag_2S(s)+H_2(g) \rightleftharpoons 2Ag(s)+H_2S(g)$；$\Delta H^{\ominus}=12.53\ kJ\cdot mol^{-1}$，下列说法正确的是________。

(1) 增大压力平衡向左移动； (2) 减小 Ag(s)的量平衡向右移动；

(3) 升高温度平衡向右移动； (4) 升高温度平衡向左移动。

9. 对于可逆反应 $C(s)+H_2O(g) \rightleftharpoons CO(g)+H_2(g)$；$\Delta H^{\ominus}>0$，有利于提高反应转化率的条件是________。

(1) 高温低压； (2) 高温高压； (3) 低温高压； (4) 低温低压。

10. 已知反应 $N_2(g)+3H_2(g) \rightleftharpoons 2NH_3(g)$，在 500 K 时 $K^{\ominus}=0.16$。试判断该温度下，在 10 L 密闭容器的平衡体系中充入 N_2，H_2 和 NH_3 各 0.10 mol 时反应的方向。

11. 250 ℃时五氯化磷按下式分解：$PCl_5(g) \rightleftharpoons PCl_3(g)+Cl_2(g)$。在 5.00 L 密闭容器中，放入 1.80 mol PCl_5，反应达到平衡时有 1.30 mol PCl_5 分解，试计算：

(1) PCl_5 的分解率；

(2) 该温度下的标准平衡常数；

(3) 若此时再向容器中添加 1.30 mol PCl_5，当再次达到平衡时，又有多少 PCl_5 分解？

12. 反应 $N_2O_4(g) \rightleftharpoons 2NO_2(g)$在 317 K 时 $K^{\ominus}=1.00$。分别计算总压力为 400 kPa 和 1000 kPa 时 N_2O_4 的解离百分数，并解释计算结果。

13. 已知反应 $CO(g)+H_2O(g) \rightleftharpoons CO_2(g)+H_2(g)$在 749 K 时 $K^{\ominus}=6.5$，若需 90%的 CO 转化为 CO_2，CO 和 H_2O 要以怎么样的摩尔比相混合？

14. 已知反应 $3H_2(g)+N_2(g) \rightleftharpoons 2NH_3(g)$在 200 ℃时的标准平衡常数 $K_1^{\ominus}$ 为 0.64，400 ℃时的标准平衡常数 $K_2^{\ominus}$ 为 6.0×10^{-4}，据此求该反应的标准摩尔反应热 $\Delta_r H_m^{\ominus}$ 和 $NH_3(g)$的标准摩尔生成热 $\Delta_f H_m^{\ominus}$。

15. 已知反应 $2SO_3(g) \rightleftharpoons 2SO_2(g)+O_2(g)$在 700 K 时 $K^{\ominus}=1.5\times10^{-5}$。某一封闭反应系统中，$SO_2$ 的起始分压为 10 kPa，O_2 为 55 kPa，求平衡时各气体分压。

16. 在某温度下，测得下列反应的$\frac{dc(Br_2)}{dt}=4.0\times10^{-5}\ mol\cdot L^{-1}\cdot s^{-1}$，

$$4HBr(g)+O_2(g) \rightleftharpoons 2H_2O(g)+2Br_2(g)$$

求：(1) 此时的$\frac{dc(O_2)}{dt}$和$\frac{dc(HBr)}{dt}$；

(2) 此时的反应速率 v。

17. 若已知某温度下氢氟酸的解离反应 $HF(aq) \rightleftharpoons H^+(aq)+F^-(aq)$的标准平衡常数为 7.08×10^{-4}，又已知基元反应 $H^+(aq)+F^-(aq) \rightleftharpoons HF(aq)$的速率常数为 $1.00\times10^{11}\ L\cdot mol^{-1}\cdot s^{-1}$，试求氢氟酸解离反应的速率常数。

18. 在 298 K 时，对化学反应 $H_2O_2(aq)+2H^+(aq)+2I^-(aq) \longrightarrow 2H_2O(l)+I_2(s)$，测定的实验数据见下表：

序号	$c(H_2O_2)$ /(mol·L^{-1})	$c(H^+)$ /(mol·L^{-1})	$c(I^-)$ /(mol·L^{-1})	反应速率 v/(mol·L^{-1}·min^{-1})
1	1.0×10^{-2}	0.10	1.0×10^{-2}	1.8×10^{-6}
2	3.0×10^{-2}	0.10	1.0×10^{-2}	5.3×10^{-6}
3	3.0×10^{-2}	0.10	2.0×10^{-2}	1.1×10^{-5}
4	3.0×10^{-2}	0.20	2.0×10^{-2}	1.1×10^{-5}

(1) 确定该反应的反应级数，并写出速率方程；

(2) 计算该反应的速率常数。

19. 反应 $H_2(g)+Br_2(g) = 2HBr(g)$ 在反应初期的反应机理为

(1) $Br_2 = 2Br$ (快)；

(2) $Br+H_2 = HBr+H$ (慢)；

(3) $H+Br_2 = HBr+Br$ (快)。

试写出该反应在反应初期的速率方程式。

20. 元素放射性衰变是一级反应，^{14}C 的半衰期为 5730 a(a 代表年)。今有考古学者从古墓中取出的纺织品，经取样分析其 ^{14}C 含量为动植物活体的 85%。试估算该纺织品距今多少年。

21. 某水剂药物的水解反应为一级反应，配成溶液 30 d(d 代表天)后分析测定，发现其有效成分只有原来的 62.5%。问：

(1) 该水解反应的速率常数为多少？

(2) 若以药物有效成分保持 80%以上为有效期，则该药物的有效期为多长？

(3) 药物水解掉一半需多少天？

22. 乙醛的气相分解反应为 $CH_3CHO \longrightarrow CH_4+CO$ (s)。在定容条件下反应时系统压力将增加。在 518 ℃时测量反应过程中不同时刻器皿内的总压力 p，得下列数据：

t/s	0	73	242	480	840	1440
p/kPa	48.4	55.6	66.25	74.25	80.9	86.25

证明该反应为二级反应，并求反应的速率常数。

23. 反应 $SiH_4(g) = Si(s)+2H_2(g)$ 在不同温度下的速率常数为：

T/K	773	873	973	1073
k/s^{-1}	0.048	2.3	49	590

试用作图法求该反应的活化能。

24. 在 19 世纪末，荷兰科学家范托夫发现室温(25 ℃)下对于很多反应来说，温度升高 10 ℃，反应速率增大到原来的 2～4 倍。试问遵循此规则的反应活化能在什么范围？升高温度对活化能高的反应还是活化能低的反应速率影响更大些？

25. H_2O_2 分解成 H_2O 和 O_2 的反应 $E_a=700$ kJ·mol^{-1}。如果在 20 ℃时加入催化剂，E_a 可降低为 420 kJ·mol^{-1}，假设指前因子 A 保持不变，H_2O_2 起始浓度也相同，问无催化剂时 H_2O_2 需加热至多高温度才使其反应速率与加催化剂时相同？

26. $CO(CH_2COOH)_2$ 在水溶液中分解的活化能 $E_a=97.61$ kJ·mol^{-1}。测得 283 K 时的速率常数 $k=1.08\times10^{-4}$ s^{-1}，试求 303 K 时的速率常数。

27. 在 301 K 时鲜牛奶大约 4.0 h 变酸，但在 278 K 的冰箱中可保鲜 48 h。假定反应速率与变酸时间成反比，求牛奶变酸反应的活化能。

28. 已知基元反应 $2A \longrightarrow B$ 的反应热为 $\Delta_r H^\ominus$，活化能为 E_a，而 $B \longrightarrow 2A$ 的活化能为 E'_a。问：

(1) E_a 和 E'_a 有什么关系？

(2) 加催化剂，E_a 和 E'_a 各有何变化？

(3) 增加 A 的起始浓度，E_a 和 E'_a 各有何变化？

29. 下列说法是否正确？说明理由。

(1) 某反应的速率常数的单位为 $L \cdot mol^{-1} \cdot s^{-1}$，该反应是一级反应；

(2) 反应级数越大的反应，其反应速率也越大；

(3) 活化能大的反应受温度的影响大；

(4) 反应速率常数是温度的函数，也是浓度的函数；

(5) 任何反应随着反应时间增加，由于反应物不断消耗，反应速率总是逐渐减小的。

30. 升高温度可以加快化学反应速率，其主要原因是__________。

(1) 促使化学平衡发生移动； (2) 降低了反应活化能；

(3) 增加了分子碰撞频率； (4) 增加了活化分子百分数。

习题参考答案

第六章 酸碱平衡·酸碱滴定分析

6.1 酸和碱的概念

人们对于酸碱的认识经历了由浅入深、由表及里、由现象到本质的过程。最初人们把有酸味，能使石蕊变红的一类物质称为酸；而把有涩味，能使石蕊变蓝的一类物质称为碱。1884 年，阿伦尼乌斯提出了酸碱的电离学说，即在水中解离出的正离子全是 H^+ 的化合物为酸；解离出的负离子全是 OH^- 的化合物为碱。此理论使人们对于酸碱的认识上升到理性阶段，至今还被广泛应用。20 世纪 20 年代，布朗斯特(Brönsted J N)和劳里(Lowry T M)的质子理论和路易斯的电子理论进一步深化了人们对于酸碱的认识。

6.1.1 酸碱质子理论

1. 酸碱的定义

1923 年，丹麦化学家布朗斯特和英国化学家劳里各自独立地提出了**酸碱质子理论**(Brönsted-Lowry theory of acids and bases)。该理论认为：凡能释放 H^+ 的分子或离子为酸，凡能接受 H^+ 的分子或离子为碱。酸和碱的关系可用如下简式表示：

$$\text{酸} \rightleftharpoons \text{碱} + H^+$$

例如：

$$H_2CO_3 \rightleftharpoons HCO_3^- + H^+$$

$$HCO_3^- \rightleftharpoons CO_3^{2-} + H^+$$

$$NH_4^+ \rightleftharpoons NH_3 + H^+$$

$$[Al(H_2O)_6]^{3+} \rightleftharpoons [Al(OH)(H_2O)_5]^{2+} + H^+$$

由上面酸碱的实例可知：(1) 酸和碱可以是中性分子、正离子或负离子。(2) 有些物质既可释放 H^+ 又可接受 H^+(如 HCO_3^-，放出 H^+ 变成 CO_3^{2-}，接受 H^+ 变成 H_2CO_3)，所以 HCO_3^- 既可作为酸也可作为碱，称之为**两性物质**。HSO_4^-，HPO_4^{2-} 和 H_2O 等都是两性物质。(3) 酸(如 NH_4^+)释放出 H^+ 后变成碱(NH_3)，碱(如 NH_3)结合 H^+ 后变成酸(NH_4^+)，NH_4^+ - NH_3 称为**共轭酸碱对**(conjugated acid-base pair)。上式中 $[Al(H_2O)_6]^{3+}$ - $[Al(OH)(H_2O)_5]^{2+}$，H_2CO_3 - HCO_3^- 皆为共轭酸碱对，它们之间通过一个质子相互联系。

由于质子 H^+ 的半径只有氢原子的十万分之一，所以其电荷密度非常高。游离质子在水溶液中是不能单独存在的，它必然要转移到另一能接受质子的物质上去，故实际上的酸碱反应是两个共轭酸碱对之间的质子转移反应。例如：

$$
\begin{array}{lllll}
 & 酸_1 + 碱_2 & \rightleftharpoons & 酸_2 + 碱_1 \\
(1) & H_3O^+ + OH^- & \rightleftharpoons & H_2O + H_2O \\
(2) & HAc + H_2O & \rightleftharpoons & H_3O^+ + Ac^- \\
(3) & H_2O + Ac^- & \rightleftharpoons & HAc + OH^-
\end{array}
$$

$酸_1$是$碱_1$的共轭酸，$碱_2$是$酸_2$的共轭碱。例如，反应(1)中 H_3O^+（$酸_1$）释放一个 H^+ 变成 H_2O（$碱_1$），OH^-（$碱_2$）结合一个 H^+ 变成 H_2O（$酸_2$）。从阿伦尼乌斯理论来看，反应(1)，反应(2)和反应(3)依次是中和反应、解离反应和盐类水解反应。质子理论不仅扩大了酸碱范围，而且把中和、解离、水解等反应都统一为质子传递的酸碱反应。在质子理论中没有"盐"的概念，阿伦尼乌斯理论里的盐在质子理论中为离子酸或离子碱。

2. 酸碱的强度

1909 年，丹麦生理学家索伦森(Sørensen)提出用 pH 表示水溶液的酸度：

$$pH = -\lg[H^+] \tag{6-1}$$

同理，$pOH = -\lg[OH^-]$。水会发生自偶解离，其标准平衡常数 $K_w^\ominus$ 称为水的离子积常数，在 25 ℃时 $K_w^\ominus = [H_3O^+][OH^-] = 1.0 \times 10^{-14}$。

$$H_2O + H_2O \rightleftharpoons H_3O^+ + OH^-$$

因此室温下 pH＝7 为中性溶液，pH＞7 为碱性溶液，pH＜7 为酸性溶液。

作为弱电解质的弱酸和弱碱在水溶液中只有一部分分子和水分子发生质子转移，使得溶液呈现酸性或碱性。弱酸或弱碱在水溶液中表现出来的相对强度可用**解离常数**(dissociation constant)来表示。例如，HAc 在水溶液中的质子转移反应为

$$HAc + H_2O \rightleftharpoons H_3O^+ + Ac^-$$

其标准平衡常数称为**标准解离常数**，用符号 $K_a^\ominus$ 表示，因此

$$K_a^\ominus = \frac{\{[H_3O^+]/c^\ominus\} \cdot \{[Ac^-]/c^\ominus\}}{[HAc]/c^\ominus}$$

水为纯溶剂，$a(H_2O) = 1$，所以不列入标准解离常数的表达式中。式中方括号表示平衡浓度，$c^\ominus = 1\ mol \cdot L^{-1}$，在计算中只起到消去浓度单位的作用，因此也可以忽略不计，这样就可以得到更为简洁的表达式

$$K_a^\ominus = \frac{[H_3O^+][Ac^-]}{[HAc]} \tag{6-2}$$

以后凡涉及水溶液中的解离平衡，其 $K^\ominus$ 表达式中 $c^\ominus$ 均按此处理方式略去。

作为弱碱，如氨水在水溶液中也只有一部分氨分子和水分子发生质子转移，使得溶液呈现碱性。

$$NH_3 + H_2O \rightleftharpoons NH_4^+ + OH^-$$

其标准解离常数用符号 $K_b^\ominus$ 表示，因此

$$K_b^\ominus = \frac{[NH_4^+][OH^-]}{[NH_3]} \tag{6-3}$$

附录九列举了一些弱酸的 $K_a^\ominus$ 值和弱碱的 $K_b^\ominus$ 值。酸性越强，$K_a^\ominus$ 值越大，其共轭碱就越弱；反之，酸性越弱，$K_a^\ominus$ 值越小，其共轭碱就越强。酸碱反应总是由较强的酸和较强的碱向生成较弱的酸和较弱的碱方向进行。酸性：$H_3O^+ > HAc$，碱性：$Ac^- > H_2O$，所以 HAc 在水中只有小部分发生解离，为弱酸；同样地，酸性：$HAc > H_2O$，碱性：$OH^- > Ac^-$，表现为 Ac^- 在水中也只有小部分与 H^+ 结合，为弱碱。Ac^- 在水溶液中的质子转移反应为

$$Ac^- + H_2O \rightleftharpoons HAc + OH^-$$

其标准解离常数 $K_b^\ominus$ 的表达式为

$$K_b^\ominus = \frac{[HAc][OH^-]}{[Ac^-]} \tag{6-4}$$

将式(6-2)和式(6-4)相乘，则得

$$K_a^\ominus \cdot K_b^\ominus = \frac{[H_3O^+][Ac^-]}{[HAc]} \cdot \frac{[HAc][OH^-]}{[Ac^-]} = [H_3O^+][OH^-] = K_w^\ominus$$

因此，共轭酸碱对中弱酸的 $K_a^\ominus$ 与其共轭碱的 $K_b^\ominus$ 存在如下关系：

$$K_a^\ominus \cdot K_b^\ominus = K_w^\ominus \tag{6-5}$$

一般教科书上只列出分子酸的 $K_a^\ominus$ 和分子碱的 $K_b^\ominus$，离子酸和离子碱的 $K_a^\ominus$ 和 $K_b^\ominus$ 可由式(6-5)计算得到。

例 6-1 已知 HF 的 $K_a^\ominus = 6.31 \times 10^{-4}$，$NH_3$ 的 $K_b^\ominus = 1.76 \times 10^{-5}$，求弱碱 F^- 的 $K_b^\ominus$ 和弱酸 NH_4^+ 的 $K_a^\ominus$。

解 利用式(6-5)，可得

$$K_b^\ominus(F^-) = \frac{K_w^\ominus}{K_a^\ominus(HF)} = \frac{1.0 \times 10^{-14}}{6.31 \times 10^{-4}} = 1.58 \times 10^{-11}$$

$$K_a^\ominus(NH_4^+) = \frac{K_w^\ominus}{K_b^\ominus(NH_3)} = \frac{1.0 \times 10^{-14}}{1.76 \times 10^{-5}} = 5.7 \times 10^{-10}$$

6.1.2 酸碱电子理论

1923 年，路易斯提出酸碱电子理论(Lewis electronic theory of acids and bases)。该理论认为：凡能接受外来电子对的分子或离子为酸；凡能提供电子对的分子或离子为碱(这样定义的酸和碱常称为路易斯酸和路易斯碱)。路易斯酸碱反应的实质是形成配位键产生酸碱配合物。例如，反应 $Cu^{2+} + 4NH_3 = [Cu(NH_3)_4]^{2+}$ 中，Cu^{2+} 为路易斯酸，NH_3 为路易斯碱，NH_3 提供一对孤对电子给 Cu^{2+}，生成 $[Cu(NH_3)_4]^{2+}$ 配离子。反应 $H^+ + OH^- = H_2O$ 中，H^+ 为路易斯酸，OH^- 为路易斯碱，OH^- 提供一对孤对电子给 H^+，生成 H_2O 分子。因此质子理论在这里只是电子理论的一种特例(由 H^+ 来接受 OH^- 的电子对)。能作为路易斯酸碱的种类远大于质子理论，故酸碱电子理论又被称为**广义酸碱理论**(theory of generalized acids and bases)。

对路易斯酸 Fe^{3+} 来说，碱性强弱次序是 $F^- > Cl^- > Br^- > I^-$；但对同样是路易斯酸的 Ag^+ 来说，碱性强弱次序却是 $I^- > Br^- > Cl^- > F^-$。为了说明这种现象，皮尔逊(Pearson R G)等人

提出了**软硬酸碱理论**。硬酸具有半径小、正电荷高、变形性低的特点,对外层电子"抓得紧";软酸则正好相反,电荷低、半径大、易变形,对外层电子"抓得松"。硬碱的特征是不易变形、电负性高、难氧化的电子给予体;软碱则为易变形、电负性低、易氧化的电子给予体。附录十列出了一些硬软酸碱的分类。除软硬酸碱外还有一类酸碱,其性质居于硬软之间,称为交界酸碱。可以看到,8电子构型的金属离子基本都是硬酸,18或(18+2)电子构型的金属离子多为软酸。而9～17电子构型的金属离子大多属于交界酸。硬碱中除F^-外,多是以O为配位原子的电子给予体,软碱中主要是以C,S为配位原子的电子给予体和I^-等离子。"硬"和"软"能够比较形象地形容酸碱抓电子的松紧程度,是酸碱授受电子难易的关键,软硬酸碱反应的规律是"硬亲硬,软亲软",即硬酸更倾向和硬碱结合,软酸更倾向和软碱结合。例如,硬酸Fe^{3+}和硬碱F^-可形成稳定的$[FeF_6]^{3-}$配离子,而软酸Hg^{2+}和软碱I^-也能形成稳定的$[HgI_4]^{2-}$配离子。软硬酸碱理论在化学上的应用如下。

1. 沉淀的生成和溶解

在定性分析中常利用AgX的沉淀与溶解来检验Cl^-,Br^-,I^-的存在。AgCl可溶于氨水,AgBr可溶于$S_2O_3^{2-}$,而AgI可溶于CN^-,这是因为与软酸Ag^+反应的碱的软度次序为$Cl^- < NH_3 < Br^- < S_2O_3^{2-} < I^- < CN^-$。

2. 掩蔽剂的选择

在分析化学中,利用化学反应来检测某离子的存在或测定某离子的含量时,常常碰到有其他离子干扰的情况,此时可使用加入掩蔽剂的方法使之与干扰离子反应从而消除干扰。例如,利用Co^{2+}与SCN^-的配位反应来检验Co^{2+}时,硬酸Fe^{3+}有干扰,可以加入掩蔽剂NaF使Fe^{3+}转化成无色的$[FeF_6]^{3-}$消除干扰。当用EDTA与Ca^{2+},Mg^{2+}的配位反应来测定溶液中Ca^{2+},Mg^{2+}含量时,溶液中含有Ag^+,Hg^{2+}等软酸金属离子,则可选用含硫的螯合剂作掩蔽剂,如二巯基丙醇。

3. 异性双齿配体的配位性能

SCN^-中S原子和N原子上都有孤对电子,都可能与中心原子形成配位键,S亲软酸而N亲硬酸。Fe^{3+}是硬酸,将与SCN^-中硬端的N原子结合成$[Fe(NCS)_6]^{3-}$;Hg^{2+}是软酸,将与SCN^-中软端的S原子结合成$[Hg(SCN)_4]^{2-}$。

6.2 酸碱溶液中氢离子浓度的计算

溶液中氢离子浓度的大小对很多化学反应都有重要影响。本节从精确的数量关系出发,根据具体条件取舍,使氢离子浓度的大小成为易于计算的简化形式。具体计算的主要依据是质子条件式和解离平衡。

6.2.1 质子条件式

根据质子理论,酸碱反应的实质是质子的传递。当反应达到平衡时,得到质子后的产物所获得质子的总物质的量与反应物失去质子的总物质的量相等,这一原则叫作质子条件,它的数学表达式称为**质子条件式**,以PBE表示。通过质子条件式可以得到溶液中H^+浓度的准确表达式,所以它是处理酸碱平衡问题的重要关系式。

在确定质子条件式时,首先要选择适当的物质作为**参考水准**(或**零水准**),以它作为考虑质子转移的起点。通常选择投料物质中参与质子传递的物质和溶剂水作为参考水准。把得到和失去质子后形成的物种分别写在参考水准的两边，根据质子转移数相等的数量关系写出质子条件式。

例如，在一元弱酸 HA 的水溶液中，投料物质中参与质子转移反应的物质是 HA 和 H_2O，因此选它们作为参考水准，其质子转移反应为

$$HA \xrightarrow{-H^+} A^-$$

$$H_3O^+ \xleftarrow{+H^+} H_2O \xrightarrow{-H^+} OH^-$$

式中，H_3O^+（常简化为 H^+）是溶剂 H_2O 获得质子后的产物，把它写在参考水准的左边，而 A^- 和 OH^- 为 HA 和 H_2O 失去质子后的产物，写在参考水准的右边，根据质子得失数目相等，可写出质子条件式为

$$[H^+]=[OH^-]+[A^-]$$

在书写质子条件式时，要注意平衡物种前的系数。例如，H_3PO_4 溶液以 H_3PO_4 和 H_2O 为参考水准，其质子转移反应为

$$H_3PO_4 \xrightarrow{-H^+} H_2PO_4^-$$

$$H_3PO_4 \xrightarrow{-2H^+} HPO_4^{2-}$$

$$H_3PO_4 \xrightarrow{-3H^+} PO_4^{3-}$$

$$H_3O^+ \xleftarrow{+H^+} H_2O \xrightarrow{-H^+} OH^-$$

其质子条件式为$[H^+]=[OH^-]+[H_2PO_4^-]+2[HPO_4^{2-}]+3[PO_4^{3-}]$

例 6-2 写出 NaH_2PO_4 溶液的质子条件式。

解 选 $H_2PO_4^-$ 和 H_2O 为参考水准，溶液中质子转移反应为

$$H_3PO_4 \xleftarrow{+H^+} H_2PO_4^- \xrightarrow{-H^+} HPO_4^{2-}$$

$$H_2PO_4^- \xrightarrow{-2H^+} PO_4^{3-}$$

$$H_3O^+ \xleftarrow{+H^+} H_2O \xrightarrow{-H^+} OH^-$$

其质子条件式为$[H^+]+[H_3PO_4]=[OH^-]+2[PO_4^{3-}]+[HPO_4^{2-}]$

6.2.2 一元弱酸、弱碱体系

一元弱酸 HA 的解离平衡式为 $HA(aq)+H_2O(l) \rightleftharpoons H_3O^+(aq)+A^-(aq)$，通常可简写为 $HA \rightleftharpoons H^+ + A^-$，其标准解离常数 $K_a^\ominus$ 的表达式为

$$K_a^\ominus=\frac{[H^+][A^-]}{[HA]}$$

若弱酸的起始浓度为 c，其质子条件式为$[H^+]=[OH^-]+[A^-]$，即

$$[H^+]=\frac{K_w^\ominus}{[H^+]}+\frac{K_a^\ominus \cdot [HA]}{[H^+]}$$

$$[H^+]=\sqrt{K_w^\ominus+K_a^\ominus\cdot[HA]} \quad (精确式) \tag{6-6}$$

当 $K_a^\ominus\cdot[HA]\geqslant 20K_w^\ominus$ 时，可忽略 $K_w^\ominus$，即忽略水解离提供的 H^+。此时式(6-6)简化为

$$[H^+]=\sqrt{K_a^\ominus\cdot[HA]}=\sqrt{K_a^\ominus(c-[H^+])} \quad (近似式) \tag{6-7}$$

其展开式为一元二次方程：

$$[H^+]^2+K_a^\ominus[H^+]-K_a^\ominus c=0$$

$$[H^+]=\frac{-K_a^\ominus+\sqrt{(K_a^\ominus)^2+4K_a^\ominus c}}{2} \tag{6-8}$$

式(6-8)是计算一元弱酸溶液中$[H^+]$的近似式（忽略了水本身解离对 H^+ 的贡献）。如果 $[H^+]\ll c$，即 HA 的解离度很小，则 $c-[H^+]\approx c$，式(6-7)可进一步简化为

$$[H^+]=\sqrt{K_a^\ominus c} \quad (最简式) \tag{6-9}$$

式(6-9)是计算一元弱酸溶液中$[H^+]$的最简式。一般认为，在 $c/K_a^\ominus\geqslant 500$，且 $K_a^\ominus c\geqslant 20K_w^\ominus$ 时，才能用最简式计算 H^+ 浓度。如果 $c/K_a^\ominus<500$，且 $K_a^\ominus c\geqslant 20K_w^\ominus$，使用式(6-8)。

对于一元弱碱，如 $NH_3\cdot H_2O$，解离平衡简式为

$$NH_3\cdot H_2O \rightleftharpoons NH_4^+ + OH^-$$

$$K_b^\ominus=\frac{[NH_4^+][OH^-]}{[NH_3\cdot H_2O]}$$

同理，当 $K_b^\ominus\cdot c\geqslant 20K_w^\ominus$，$c/K_b^\ominus\geqslant 500$ 时，

$$[OH^-]=\sqrt{K_b^\ominus c} \tag{6-10}$$

当 $c/K_b^\ominus<500$ 时，应用近似式计算：

$$[OH^-]=\frac{-K_b^\ominus+\sqrt{(K_b^\ominus)^2+4K_b^\ominus c}}{2} \tag{6-11}$$

弱酸或弱碱在水中的解离程度可用**解离度**(degree of dissociation)α 表示。α 为已解离的浓度与总浓度之比。例如，在满足最简式的条件下，总浓度为 c 的弱酸 HA 的解离度 α 可表示为

$$\alpha=\frac{[H^+]}{c}=\frac{\sqrt{K_a^\ominus c}}{c}=\sqrt{\frac{K_a^\ominus}{c}} \tag{6-12}$$

同理，对于弱碱，如 $NH_3\cdot H_2O$，其解离度 α 为

$$\alpha=\frac{[OH^-]}{c}=\frac{\sqrt{K_b^\ominus c}}{c}=\sqrt{\frac{K_b^\ominus}{c}} \tag{6-13}$$

可见弱酸或弱碱的浓度越小，解离度越大。

例 6-3 计算 0.10 mol·L^{-1} HAc 溶液的$[H^+]$和 α。

解 $K_a^\ominus\cdot c\geqslant 20K_w^\ominus$，且 $c/K_a^\ominus=0.10/(1.75\times10^{-5})=5714>500$，则应用最简式计算：

$$[H^+]=\sqrt{K_a^\ominus c}=\sqrt{1.75\times10^{-5}\times0.10}\ mol\cdot L^{-1}=1.3\times10^{-3}\ mol\cdot L^{-1}$$

$$\alpha=\frac{[H^+]}{c}=\frac{1.3\times10^{-3}\ mol\cdot L^{-1}}{0.10\ mol\cdot L^{-1}}=1.3\%$$

例 6-4 计算 0.10 $mol\cdot L^{-1}$ NH_4Cl 溶液的 pH。

解 NH_4Cl 为强电解质，在水溶液中全部解离为 NH_4^+ 和 Cl^-。其中 Cl^- 不参与水溶液中酸碱平衡，决定溶液酸碱度的是 NH_4^+。按酸碱质子理论，NH_4^+ 是酸，故

$$K_a^\ominus=\frac{K_w^\ominus}{K_b^\ominus(NH_3)}=\frac{1.0\times10^{-14}}{1.76\times10^{-5}}=5.7\times10^{-10}$$

因为 $K_a^\ominus\cdot c\geqslant 20K_w^\ominus$，且 $c/K_a^\ominus=0.10/(5.7\times10^{-10})\geqslant 500$

所以 $[H^+]=\sqrt{K_a^\ominus c}=\sqrt{5.7\times10^{-10}\times0.10}\ mol\cdot L^{-1}=7.5\times10^{-6}\ mol\cdot L^{-1}$

$$pH=-\lg(7.5\times10^{-6})=5.12$$

6.2.3 多元弱酸、弱碱体系

如 H_2CO_3，H_2S 和 H_3PO_4 等能解离出多个氢离子的酸叫作多元酸。多元酸在水中是分步解离的。例如：

$$H_2CO_3 \rightleftharpoons HCO_3^- + H^+ \qquad K_{a_1}^\ominus=\frac{[H^+][HCO_3^-]}{[H_2CO_3]}=4.45\times10^{-7}$$

$$HCO_3^- \rightleftharpoons CO_3^{2-} + H^+ \qquad K_{a_2}^\ominus=\frac{[H^+][CO_3^{2-}]}{[HCO_3^-]}=4.69\times10^{-11}$$

$K_{a_1}^\ominus$ 和 $K_{a_2}^\ominus$ 分别称为 H_2CO_3 的一级和二级标准解离常数。一般情况下，无机多元酸 $K_{a_1}^\ominus \gg K_{a_2}^\ominus \gg K_{a_3}^\ominus \gg\cdots$ 多元弱酸在水中解离时，第二步解离远比第一步困难，第三步又远比第二步困难，而且第一步解离出来的 H^+ 对下面几步解离产生同离子效应，抑制下面几步的解离。所以，计算多元弱酸溶液中 $[H^+]$ 时，通常只需考虑第一级解离平衡。计算酸根浓度，如二元弱酸 H_2A 中 $[A^{2-}]$，当然还应考虑第二级解离平衡。计算二元弱酸 H_2A 溶液中 $[A^{2-}]$ 时，也可以直接应用如下公式：

$$K_{a_1}^\ominus\cdot K_{a_2}^\ominus=\frac{[H^+]^2[A^{2-}]}{[H_2A]} \tag{6-14}$$

根据多重平衡规则，反应 $H_2A \rightleftharpoons A^{2-}+2H^+$ 可以看成(1) $H_2A \rightleftharpoons HA^- + H^+$ 和(2) $HA^- \rightleftharpoons A^{2-}+H^+$ 的加和，所以其平衡常数可以看成两级解离常数的积。在二元弱酸溶液中如果已经知道 $[H^+]$，用式(6-14)计算 $[A^{2-}]$ 往往比较方便。

例 6-5 求 0.010 $mol\cdot L^{-1}$ H_2S 溶液中 $[H^+]$，$[HS^-]$ 和 $[S^{2-}]$。

解 H_2S 在水中分两步解离：

$$H_2S \rightleftharpoons H^+ + HS^- \qquad K_{a_1}^\ominus=\frac{[H^+][HS^-]}{[H_2S]}=1.07\times10^{-7}$$

$$HS^- \rightleftharpoons H^+ + S^{2-} \qquad K_{a_2}^\ominus=\frac{[H^+][S^{2-}]}{[HS^-]}=1.26\times10^{-13}$$

因为 $K_{a_1}^{\ominus} \gg K_{a_2}^{\ominus}$，溶液中的 H^+ 主要来自第一步解离，又 $K_{a_1}^{\ominus} \cdot c \geqslant 20K_w^{\ominus}$，$c/K_{a_1}^{\ominus} = 0.010/(1.07\times 10^{-7}) > 500$，所以

$$[H^+]=[HS^-]=\sqrt{K_{a1}^{\ominus} c}=\sqrt{1.07\times10^{-7}\times0.010}\ \text{mol}\cdot\text{L}^{-1}=3.3\times10^{-5}\ \text{mol}\cdot\text{L}^{-1}$$

$[S^{2-}]$则需要从第二级解离平衡中求算：

$$[S^{2-}]=K_{a_2}^{\ominus}\cdot\frac{[HS^-]}{[H^+]}=K_{a_2}^{\ominus}=1.26\times10^{-13}\ \text{mol}\cdot\text{L}^{-1}$$

例 6-6 在 $0.010\ \text{mol}\cdot\text{L}^{-1}\ H_2S$ 溶液中加入几滴浓盐酸，使盐酸浓度达到 $0.010\ \text{mol}\cdot\text{L}^{-1}$，求溶液中 S^{2-} 的浓度。

解 盐酸完全解离，使体系中$[H^+]=0.010\ \text{mol}\cdot\text{L}^{-1}$，在这样的酸性条件下，已解离的 H_2S 以及 H_2S 解离出的 H^+ 可忽略不计。设平衡时$[S^{2-}]$为 $x\ \text{mol}\cdot\text{L}^{-1}$，则

$$H_2S \rightleftharpoons 2H^+ + S^{2-}$$

平衡浓度/$(\text{mol}\cdot\text{L}^{-1})$　　0.010　　0.010　　x

$$K_a^{\ominus}=K_{a_1}^{\ominus}K_{a_2}^{\ominus}=\frac{[H^+]^2[S^{2-}]}{[H_2S]}=\frac{0.010^2\cdot x}{0.010}=1.3\times10^{-20}$$

$$x=1.3\times10^{-18}$$

即溶液中 S^{2-} 的浓度为 $1.3\times10^{-18}\ \text{mol}\cdot\text{L}^{-1}$。

由以上讨论可见，多元弱酸、弱碱溶液的解离平衡比一元弱酸、弱碱复杂。处理这类溶液的平衡时应注意以下几点：

(1) 多元弱酸 $K_{a_1}^{\ominus} \gg K_{a_2}^{\ominus} \gg K_{a_3}^{\ominus}$，计算溶液中$[H^+]$时，通常可做一元弱酸处理。正如例 6-5 中所示，H_2S 第一步解离比第二步解离贡献大得多，故 $K_{a_1}^{\ominus}$ 和 $K_{a_2}^{\ominus}$ 关系式中的 H^+ 都可以看作来自 H_2S 的第一步解离。

(2) 单一的二元弱酸溶液中，$[A^{2-}]=K_{a_2}^{\ominus}$，$[A^{2-}]$与原始二元酸起始浓度无关。但是正如例 6-6中所示，如果在 H_2A 溶液中还含有其他酸或碱，因$[H^+]\neq[HA^-]$，则$[A^{2-}]\neq K_{a_2}^{\ominus}$。

(3) 离子形式的弱酸、弱碱，其$K_a^{\ominus}$，$K_b^{\ominus}$ 值一般不能直接查到，可通过共轭酸碱对公式 $K_a^{\ominus}\cdot K_b^{\ominus}=K_w^{\ominus}$ 计算。但要特别注意 $K_a^{\ominus}$ 和 $K_b^{\ominus}$ 应对应哪一级。例如，对 H_2CO_3/HCO_3^- 来说，$K_a^{\ominus}$ 为 H_2CO_3 的 $K_{a_1}^{\ominus}$，$K_b^{\ominus}$ 为 HCO_3^- 作碱用时的解离常数，即 CO_3^{2-} 的 $K_{b_2}^{\ominus}$；对 HCO_3^-/CO_3^{2-} 来说，$K_a^{\ominus}$ 为 HCO_3^- 作酸用时的解离常数，即 H_2CO_3 的 $K_{a_2}^{\ominus}$，$K_b^{\ominus}$ 为 CO_3^{2-} 的 $K_{b_1}^{\ominus}$。故对二元酸及其对应的共轭碱来说，$K_{a_1}^{\ominus}\cdot K_{b_2}^{\ominus}=K_w^{\ominus}$，$K_{a_2}^{\ominus}\cdot K_{b_1}^{\ominus}=K_w^{\ominus}$。

6.2.4 两性物质体系

既可给出质子又可接受质子的物质称为两性物质。酸式盐、弱酸弱碱盐和氨基酸等都是两性物质。以浓度为 c 的酸式盐 NaHA 为例，溶液的质子条件式为

$$[H^+]+[H_2A] \xlongequal{\quad} [A^{2-}]+[OH^-]$$

利用平衡关系：
$$[H^+]+\frac{[H^+][HA^-]}{K_{a_1}^{\ominus}}=\frac{K_{a_2}^{\ominus}\cdot[HA^-]}{[H^+]}+\frac{K_w^{\ominus}}{[H^+]}$$

经整理得
$$[H^+]=\sqrt{\frac{K_{a_2}^{\ominus}\cdot[HA^-]+K_w^{\ominus}}{1+[HA^-]/K_{a_1}^{\ominus}}}\quad(\text{精确式})\qquad(6-15)$$

若 $K_{a_1}^{\ominus}$ 与 $K_{a_2}^{\ominus}$ 相差较大，可认为 $[HA^-]\approx c$。又若 $K_{a_2}^{\ominus}c\geqslant 20K_w^{\ominus}$，可略去 $K_w^{\ominus}$ 项，上式可简化为

$$[H^+]=\sqrt{\frac{K_{a_2}^{\ominus}\cdot c}{1+c/K_{a_1}^{\ominus}}}\quad（近似式）\tag{6-16}$$

如果 $c/K_{a_1}^{\ominus}\geqslant 20$，可忽略分母中的"1"，则进一步简化为

$$[H^+]=\sqrt{K_{a_1}^{\ominus}K_{a_2}^{\ominus}}\quad（最简式）\tag{6-17}$$

推广至一般情况：

$$[H^+]=\sqrt{K_a^{\ominus}K_a^{\ominus\prime}}\tag{6-18}$$

式中，$K_a^{\ominus}$ 为两性物质作酸时的酸解离常数[相当于式(6-17)中的 $K_{a_2}^{\ominus}$]；$K_a^{\ominus\prime}$ 为两性物质作碱用时其共轭酸的酸解离常数[相当于式(6-17)中的 $K_{a_1}^{\ominus}$]。

例 6-7　计算 0.050 $mol\cdot L^{-1}$ NaH_2PO_4 溶液的 pH。

解　H_3PO_4 的 $K_{a_1}^{\ominus}=7.11\times10^{-3}$，$K_{a_2}^{\ominus}=6.34\times10^{-8}$，$K_{a_3}^{\ominus}=4.79\times10^{-13}$

对 NaH_2PO_4 溶液，$[H^+]=\sqrt{\dfrac{K_{a_2}^{\ominus}\cdot c+K_w^{\ominus}}{1+c/K_{a_1}^{\ominus}}}$

由于 $K_{a_2}^{\ominus}c=0.050\times6.34\times10^{-8}=3.2\times10^{-9}>20K_w^{\ominus}$，故 $K_w^{\ominus}$ 可略去，而 $c/K_{a_1}^{\ominus}=0.050/(7.11\times10^{-3})=7.0<20$，不可略去"1"项，因此

$$[H^+]=\sqrt{\frac{K_{a_2}^{\ominus}\cdot c}{1+c/K_{a_1}^{\ominus}}}=\sqrt{\frac{0.050\times6.34\times10^{-8}}{1+0.050/(7.11\times10^{-3})}}\ mol\cdot L^{-1}=2.0\times10^{-5}\ mol\cdot L^{-1}$$

即 pH=4.70

例 6-8　估算 0.10 $mol\cdot L^{-1}$ NH_4F 溶液中的 $[H^+]$。

解　在 NH_4F 中

$$NH_4^+ 为酸，K_a^{\ominus}=\frac{K_w^{\ominus}}{K_b^{\ominus}(NH_3)}$$

$$F^- 为碱，K_a^{\ominus\prime}=K_a^{\ominus}(HF)$$

所以 $[H^+]=\sqrt{K_a^{\ominus}\cdot K_a^{\ominus\prime}}=\sqrt{\dfrac{K_w^{\ominus}}{K_b^{\ominus}(NH_3)}\cdot K_a^{\ominus}(HF)}$

$$=\sqrt{\frac{1.0\times10^{-14}}{1.76\times10^{-5}}\times6.31\times10^{-4}}\ mol\cdot L^{-1}=6.0\times10^{-7}\ mol\cdot L^{-1}$$

6.2.5　同离子效应和盐效应

解离平衡是化学平衡的一种，当相关离子浓度改变时，旧的平衡就遭到破坏，并且在新的条件下又建立起新的平衡。

例如，在 HAc 溶液中加入一些 NaAc 并溶解，由于 NaAc 是强电解质，它在溶液中全部解离，溶液中 Ac^- 浓度大大增加，促使 HAc 的解离平衡向左移动，从而降低了 HAc 的解离度。这

种在弱电解质溶液中加入含有相同离子的强电解质，使弱电解质解离度降低的效应称为**同离子效应**(common ion effect)。

例 6-9 如果在 1.0 L 0.10 mol·L^{-1}HAc 溶液中加入 0.10 mol NaAc 固体并溶解，求该 HAc 溶液的[H$^+$]和解离度 α。

解 1.0 L 0.10 mol·L^{-1}HAc 溶液中加入 0.10 mol NaAc 固体

	HAc ⇌	H^+ +	Ac^-
起始浓度/(mol·L^{-1})	0.10	0	0.10
平衡浓度/(mol·L^{-1})	$0.10-x$	x	$0.10+x$

HAc 的解离度原本就小，又受到加入 NaAc 后同离子效应的影响，$x \ll 0.10$，所以

$$0.10-x\approx 0.10,\quad 0.10+x\approx 0.10$$

$$K_a^{\ominus}=\frac{[H^+][Ac^-]}{[HAc]}=\frac{x\times 0.10}{0.10}=x$$

所以

$$[H^+]=x=1.8\times 10^{-5}\ \text{mol}\cdot\text{L}^{-1}$$

$$\alpha=\frac{[H^+]}{c}=\frac{1.8\times 10^{-5}}{0.10}=1.8\times 10^{-4}$$

对照例 6-3，在 HAc 溶液中加入 NaAc 后，[H$^+$]和 α 都降低为原来的 1/72，可见同离子效应强烈地影响弱电解质的解离平衡。

如果在弱电解质溶液中，加入不含相同离子的强电解质，会使弱电解质的解离度稍稍增大，这种效应称为**盐效应**(salt effect)。实验证明，在 1 L 0.10 mol·L^{-1} HAc 溶液中加入 0.10 mol NaCl，会使 HAc 的解离度由原来的 0.013 上升至 0.017。其实在 HAc 溶液中加入 NaAc，既有同离子效应又有盐效应。因同离子效应比盐效应大得多，故一般在计算中只考虑前者而忽略后者。

6.3 强电解质溶液

现代结构理论和测试手段都证明，像 NaCl 这样的强电解质在水中是全部解离的，其解离度 α 应等于 1，但是人们用凝固点降低实验测得，0.100 mol·kg^{-1} NaCl 的凝固点为 −0.349 ℃，根据稀溶液的依数性可算得溶液中质点的总浓度：

$$b=\frac{\Delta T_f}{K_f}=\frac{0.349\ \text{K}}{1.86\ \text{K}\cdot\text{kg}\cdot\text{mol}^{-1}}=0.188\ \text{mol}\cdot\text{kg}^{-1}$$

如果溶液中 NaCl 全部解离，溶液质点的总浓度应该为 0.200 mol·kg^{-1}。1923 年，德拜(Debye P)和休克尔(Hückel E)提出的强电解质溶液理论初步解释了这个矛盾现象。该理论认为强电解质在水溶液中是完全解离的，因为离子浓度较大，离子间平均距离较小，正离子周围的负离子数目大于正离子数目；负离子周围正相反，正离子数目大于负离子数目。在每一离子周围形成了一个带相反电荷的“离子氛”(ion atmosphere)。由于离子氛的存在，离子受到了牵制，行动并不

是完全自由的。因此实际测得的离子数目小于强电解质全部解离时应有的离子数目。

电解质溶液中离子实际表现出来的“浓度”称为**活度**(activity)。严格说,活度 a 与浓度 c 之间的关系为

$$a=\gamma\cdot(c/c^{\ominus}) \tag{6-19}$$

式中,c 为摩尔浓度;$c^{\ominus}$为 1 mol·L^{-1};γ 为**活度系数**(activity coefficient),其大小直接反映溶液中离子的自由程度。离子浓度越大,离子所带的电荷越高,离子间的相互牵制作用就越大,γ 就越小。当溶液很稀时,离子间相互作用很小,γ 接近 1,这时活度和浓度在数值上几乎相等。

溶液中离子的浓度越大,离子的电荷数目越高,离子之间的相互作用就越强,为此人们提出了**离子强度**(ionic strength)I 的概念,用来衡量一种溶液对其中离子的影响。离子强度的定义为

$$I=\frac{1}{2}\sum_i b_i z_i^2 \tag{6-20}$$

式中,z_i 代表溶液中 i 离子的电荷数;b_i 代表溶液中 i 离子的质量摩尔浓度,在溶液浓度较小时也可用摩尔浓度 c 代替。

例 6-10 计算 0.20 mol·L^{-1}盐酸和 0.20 mol·L^{-1} $MgCl_2$ 溶液等体积混合后溶液的离子强度。

解 等体积混合后 $b_{H^+}=0.10$ mol·kg^{-1},$b_{Mg^{2+}}=0.10$ mol·kg^{-1},$b_{Cl^-}=0.30$ mol·kg^{-1}

$$\begin{aligned}I&=\frac{1}{2}\sum_i b_i z_i^2\\&=\frac{1}{2}[(0.10)\times1^2+(0.10)\times2^2+(0.30)\times1^2]\text{mol}\cdot\text{kg}^{-1}\\&=0.40\ \text{mol}\cdot\text{kg}^{-1}\end{aligned}$$

一般而言,溶液的离子强度越大,活度系数就越小。在电解质溶液的各类平衡计算中,严格来说都应该用活度,但是很多计算中,离子的浓度一般较低,利用浓度代替活度计算是合理的。

上节讨论的盐效应,可以用活度和活度系数的概念进行解释。HAc 解离平衡关系式中严格来说应该使用活度表示,即

$$HAc \rightleftharpoons H^+ + Ac^-$$

$$K_a^{\ominus}=\frac{a(H^+)\cdot a(Ac^-)}{a(HAc)}=\frac{\gamma_+[H^+]\cdot\gamma_-[Ac^-]}{[HAc]}$$

加入 NaCl 后,离子强度 I 值的升高造成 γ_+ 和 γ_- 值下降,因为 $K_a^{\ominus}$ 值不变,要使上述等式成立,只有再继续解离出部分离子,才能实现平衡,因此引起解离度 α 上升。

6.4 缓冲溶液

很多化学反应需要在一定的 pH 条件下进行,为此,人们研究出一种可以控制 pH 的溶液,即**缓冲溶液**(buffer solution);它能抵抗少量强酸、强碱或加水稀释带来的影响而保持体系 pH

基本不变。缓冲溶液一般都是由弱酸及其共轭碱组成的混合溶液。例如，HAc－NaAc，NH_4Cl－NH_3 及 NaH_2PO_4－Na_2HPO_4 等都可以配制成缓冲溶液。如果弱酸以 HA 表示，其共轭碱以 A^- 表示，它们在溶液中存在如下平衡：

$$HA \rightleftharpoons H^+ + A^-$$

因为

$$K_a^\ominus = \frac{[H^+]\cdot[A^-]}{[HA]}$$

所以

$$[H^+] = K_a^\ominus \cdot \frac{[HA]}{[A^-]}$$

在缓冲溶液中，HA 和 A^- 的起始浓度都是比较大的。当加入少量强酸时，由于 H^+ 浓度增加，上述平衡向生成 HA 的方向移动。在这一过程中 $[A^-]$ 略有减小，$[HA]$ 略有增加，其 $\frac{[HA]}{[A^-]}$ 值变化不大，因此 $[H^+]$ 也变化很小。在这里，A^- 称为缓冲溶液的抗酸成分。当缓冲溶液中加入少量强碱时，溶液中的 H^+ 与加入的碱结合，平衡向生成 A^- 的方向移动。在这一过程中 $[A^-]$ 略有增加，$[HA]$ 略有减小，其 $\frac{[HA]}{[A^-]}$ 值变化不大，因此 $[H^+]$ 也变化很小。在这里，HA 称为缓冲溶液的抗碱成分。缓冲溶液加水稀释时保持溶液 $[H^+]$ 不变，就在于稀释时 $[HA]$ 和 $[A^-]$ 基本都按同样倍数降低，其 $\frac{[HA]}{[A^-]}$ 值显然不变，因此 $[H^+]$ 也不变。

若以 $c(HA)$ 和 $c(A^-)$ 分别代表组成缓冲溶液的弱酸 HA 及其共轭碱 A^- 的起始浓度，弱酸 HA 的解离度本来就不大，加上同离子效应，解离度变得更小，故 $[H^+]$ 极小，则

$$[HA] = c(HA) - [H^+] \approx c(HA)$$
$$[A^-] = c(A^-) + [H^+] \approx c(A^-)$$

将上式代入其平衡表达式，得

$$[H^+] = K_a^\ominus \cdot \frac{c(HA)}{c(A^-)} \qquad (6-21)$$

等式两边同时取负对数，即

$$pH = pK_a^\ominus - \lg\frac{c(HA)}{c(A^-)} \qquad (6-22)$$

若以 V 代表缓冲溶液的体积，$c(HA)\cdot V = n(HA)$，$c(A^-)\cdot V = n(A^-)$，将此式代入式(6－22)，可得

$$pH = pK_a^\ominus - \lg\frac{n(HA)}{n(A^-)} \qquad (6-23)$$

式(6－21)，式(6－22)和式(6－23)都是计算缓冲溶液酸度的基本公式。

例 6－11 一缓冲溶液由 0.10 $mol\cdot L^{-1}$ HCN 溶液和 0.10 $mol\cdot L^{-1}$ NaCN 溶液组成。试计算：(1) 该缓冲溶液的 pH；(2) 在 1.0 L 该缓冲溶液中分别加入 10 mL 1.0 $mol\cdot L^{-1}$ HCl 溶液和 10 mL 1.0 $mol\cdot L^{-1}$ NaOH 溶液后溶液的 pH。

解 (1) $HCN-CN^-$组成的缓冲对中，HCN为弱酸，CN^-为其共轭碱，又有HCN的$K_a^\ominus$为6.17×10^{-10}。将此代入式(6-22)，得

$$pH=pK_a^\ominus-\lg\frac{c(HCN)}{c(CN^-)}=-\lg(6.17\times10^{-10})-\lg\frac{0.10}{0.10}=9.21$$

(2) 加入10 mL 1.0 mol·L^{-1} HCl溶液后，溶液的体积改变会引起浓度的变化，改用式(6-23)计算较为方便。因加入HCl溶液后，HCl可全部与CN^-反应生成HCN，所以反应后CN^-和HCN的物质的量分别为

$$n(HCN)=1.0\ L\times0.10\ mol\cdot L^{-1}+0.010\ L\times1.0\ mol\cdot L^{-1}=0.11\ mol$$

$$n(CN^-)=1.0\ L\times0.10\ mol\cdot L^{-1}-0.010\ L\times1.0\ mol\cdot L^{-1}=0.09\ mol$$

$$pH=pK_a^\ominus-\lg\frac{n(HCN)}{n(CN^-)}=9.21-\lg\frac{0.11}{0.09}=9.12$$

同理，加入10 mL 1.0 mol·L^{-1}NaOH溶液后

$$pH=9.21-\lg\frac{1.0\times0.10-0.010\times1.0}{1.0\times0.10+0.010\times1.0}=9.30$$

若将10 mL 1.0 mol·L^{-1}HCl溶液和10 mL 1.0 mol·L^{-1}NaOH溶液分别加入1.0 L纯水中，pH将分别由7变成2和12，pH变化5个单位。相比之下可以清楚地看到缓冲溶液对外来少量强酸和强碱的抵抗作用。

为了获得最大的缓冲容量，选择的缓冲对中弱酸的$pK_a^\ominus$应和所要配制溶液的pH尽量接近。一般来说，$c(HA)/c(A^-)$之值在0.1～10时最好，这时缓冲溶液的缓冲范围为$pH=pK_a^\ominus\pm1$。例如，要配制pH=5的缓冲溶液，可以选择HAc-NaAc缓冲对(HAc的$pK_a^\ominus=4.76$)；要配制pH=9的缓冲溶液，可选择NH_4Cl-NH_3缓冲对(NH_4^+的$pK_a^\ominus=9.24$)。一些常用缓冲溶液pH范围见附录十一。

例6-12 用氨水和固体NH_4Cl为原料，配制pH为9.00的缓冲溶液时应如何控制NH_4Cl和氨水的摩尔浓度比例？

解 本题的缓冲对是$NH_4^+-NH_3$，其中弱酸NH_4^+的$K_a^\ominus$为

$$K_a^\ominus=\frac{K_w^\ominus}{K_b^\ominus(NH_3)}=\frac{1.0\times10^{-14}}{1.76\times10^{-5}}=5.7\times10^{-10}$$

$$pK_a^\ominus=-\lg(5.7\times10^{-10})=9.24$$

将此代入式(6-22)得

$$9.00=9.24-\lg\frac{c(NH_4^+)}{c(NH_3)}$$

$$\frac{c(NH_4^+)}{c(NH_3)}=1.7$$

配制时，需要控制NH_4Cl和氨水的摩尔浓度比例为1.7∶1。

缓冲溶液在很多场合，如工农业生产、生物医学、化学化工等领域都有重要应用。例如，土壤

中含有多种缓冲对，外加酸性或碱性的肥料、生物质腐烂等情况都不至于引起土壤酸度的剧烈变化，从而保证了植物的正常生长。动物体内的 pH 也十分稳定，人体血液的 pH 维持在 7.40 附近，过分偏离就会导致病态(酸中毒或碱中毒)。当人体新陈代谢过程中产生的酸(如磷酸、乳酸等)进入血液时，HCO_3^- 便与其结合生成 H_2CO_3，后者被血液带至肺部并以 CO_2 的形式排出体外；当来源于食物的碱性物质(如柠檬酸钠、磷酸氢二钠、碳酸氢钠等)进入血液时，血液中的 H^+ 便与其结合，H^+ 的消耗由 H_2CO_3 来补充。血液中$[H_2CO_3]/[HCO_3^-]$的值基本不变，从而维持血液 pH 的基本稳定。在用碱分离 Al^{3+} 和 Mg^{2+} 时，如果$[OH^-]$过高，$Al(OH)_3$ 沉淀不完全[部分生成 $Al(OH)_4^-$]，而 Mg^{2+} 也有少量沉淀；如果$[OH^-]$过低，$Al(OH)_3$ 沉淀不完全。若用 $NH_4^+-NH_3$ 缓冲溶液来维持 pH 在 9 左右，则可保证 $Al(OH)_3$ 沉淀完全而 Mg^{2+} 不沉淀。

6.5 酸碱滴定分析

6.5.1 滴定分析法概论

滴定分析法也称容量分析法。在滴定分析中，一般先将试样制备成溶液，用已知准确浓度的溶液(标准溶液)通过滴定管逐滴加入待测试液中，这一操作过程称为**滴定**(titration)。当滴入滴定剂的物质的量与被滴定物的物质的量正好符合滴定反应式中的化学计量关系时，称反应达到了**化学计量点**(stoichiometric point)或理论终点。化学计量点是否到达一般是通过加入指示剂颜色的变化来判断，根据指示剂颜色变化而停止滴定的那一点称为**滴定终点**(titration end point)。滴定终点与化学计量点在概念上是不同的，实际上往往也是不一致的，由此产生的误差称为**终点误差**。

滴定分析法是定量分析中很重要的一种方法。其特点是适用于常量组分(含量>1%)的测定；准确度较高，相对误差一般为± 0.2%；仪器简单、操作简便、快速；应用范围较广。因此滴定分析法在科学实验中具有重要的实用价值。

滴定分析法是以化学反应为基础的分析方法，根据滴定反应的不同类型可以分为酸碱滴定法、配位滴定法、氧化还原滴定法和沉淀滴定法。

1. 滴定分析法对化学反应的要求

可用于滴定分析的化学反应必须符合如下条件。

(1) 反应必须按照一定方向定量完成，所谓“定量”即反应完全程度达 99.9%以上；

(2) 反应速率快，或有简便方法(如加热、加催化剂等)使之加快；

(3) 有合适的确定终点的方法，常用的就是加入合适的指示剂；

(4) 试剂中共存的物质不干扰测定，或者虽有干扰但有消除干扰的方法。

2. 滴定的方式

(1) 直接滴定法 只要滴定剂与被测物的反应符合上述对化学反应的要求，就可以用直接滴定法滴定被测物。直接滴定法操作简便、准确度高，分析结果的计算也比较简单，如用 NaOH 溶液滴定 HCl 溶液就可以直接滴定。

如果反应不完全符合上述要求，就需要采用下列其他方式进行滴定。

(2) 返滴定法　返滴定法也叫回滴法或剩余滴定法，一般用于反应速率较慢或无合适指示剂的情况。返滴定法的过程是：先往待测溶液中加入过量的已知浓度的滴定剂，待反应完全后，再用另一标准溶液滴定剩余的滴定剂。例如，欲在酸性溶液中用 $AgNO_3$ 滴定 Br^- 时，缺乏合适的指示剂。可先于试液中加入一定量的过量 $AgNO_3$ 标准溶液使 Br^- 沉淀完全，再用 NH_4SCN 标准溶液返滴定剩余的 Ag^+，用 Fe^{3+} 作指示剂可以得到明显的滴定终点。

(3) 置换滴定法　有些物质之间的反应不能按化学计量关系定量进行，就可以置换出与该物质有确定化学计量关系的另一物质，然后用标准溶液滴定另一物质以求得原物质的含量。例如，$K_2Cr_2O_7$ 和 $Na_2S_2O_3$ 的反应没有确定的化学计量关系，不能直接滴定。但是可以在酸性的 $K_2Cr_2O_7$ 溶液中加入过量的 KI，利用 $K_2Cr_2O_7$ 与 KI 反应定量地生成 I_2，然后再用 $Na_2S_2O_3$ 标准溶液滴定被 $K_2Cr_2O_7$ 置换出来的 I_2，进而求出 $K_2Cr_2O_7$ 的含量。

(4) 间接滴定法　当被测物不能直接与滴定剂发生化学反应时，可以通过其他反应，以间接的方式求出被测物含量。例如，Ca^{2+} 不能与 $KMnO_4$ 发生氧化还原反应，可以先使 Ca^{2+} 与 $C_2O_4^{2-}$ 定量沉淀为 CaC_2O_4，然后用盐酸溶解 CaC_2O_4 生成 $H_2C_2O_4$，再以 $KMnO_4$ 标准溶液滴定生成的 $H_2C_2O_4$，利用 $H_2C_2O_4$ 与 $KMnO_4$ 的化学计量关系求出 $C_2O_4^{2-}$ 的含量，进而间接求出 Ca^{2+} 的含量。

3. 基准物质

能用来直接配制或标定标准溶液的物质称为**基准物质**(primary standard substance)。基准物质必须满足如下条件：

(1) 纯度高，杂质的质量分数低于 0.02%；

(2) 组成(包括结晶水在内)与化学式相符；

(3) 性质稳定，在空气中不易被氧化，不吸收大气中的 H_2O 和 CO_2，不易失去结晶水等；

(4) 最好有较大的摩尔质量，以减小称量的相对误差。

市售的基准试剂是按照对基准物质的要求进行生产的，可以直接作基准物质使用。常见的分析纯试剂虽然纯度很高，但通常达不到基准物质的要求，不能直接作为基准物质使用。常用基准物质的干燥条件和应用范围列于表 6-1。

表 6-1　常用基准物质的干燥条件和应用范围

基准物质		干燥条件	应用范围
名称	化学式		
无水碳酸钠	Na_2CO_3	270～300 ℃	酸
硼砂	$Na_2B_4O_7 \cdot 10H_2O$	置于盛有 NaCl、蔗糖饱和溶液的密闭容器中	酸
邻苯二甲酸氢钾	$KHC_8H_4O_4$	110～120 ℃	碱
二水合草酸	$H_2C_2O_4 \cdot 2H_2O$	室温空气干燥	碱，$KMnO_4$
三氧化二砷	As_2O_3	室温干燥器中保存	氧化剂
草酸钠	$Na_2C_2O_4$	130 ℃	氧化剂

续表

基准物质		干燥条件	应用范围
名称	化学式		
重铬酸钾	$K_2Cr_2O_7$	140～150 ℃	还原剂
溴酸钾	$KBrO_3$	130 ℃	还原剂
碘酸钾	KIO_3	130 ℃	还原剂
铜	Cu	室温干燥器中保存	EDTA
碳酸钙	$CaCO_3$	110 ℃	EDTA
锌	Zn	室温干燥器中保存	EDTA
氧化锌	ZnO	900～1000 ℃	EDTA
氯化钠	NaCl	500～600 ℃	$AgNO_3$

4. 标准溶液

标准溶液(standard solution)就是已知准确浓度的溶液。一般有两种确定方法，即直接配制法和间接标定法。

(1) 直接配制法　当欲配制的标准溶液的溶质是基准物质时，可以用直接配制法，即用分析天平准确称取所需的基准物质，溶于适量水后，定量地转移至容量瓶中并稀释至刻度，用计算的方法求出该标准溶液的准确浓度。

(2) 间接标定法　当欲配制的标准溶液的试剂不是基准物质时，就不能用直接配制法。间接标定法是先粗配(质量可用托盘天平称取，体积可用量筒量取)成近似所需浓度的溶液，然后用基准物质或另一种已知浓度的标准溶液通过滴定的方法确定待标定溶液的准确浓度。这一过程称为**标定**。

6.5.2 酸碱指示剂

酸碱滴定法是以酸碱反应为基础的滴定分析法，常见的酸、碱大多数都可以利用酸碱滴定法进行测定，通常具有反应完全、速率较快的特点，能够满足滴定分析法的要求。酸碱滴定法一般都是通过酸碱指示剂颜色的变化来显示滴定终点的到达。

1. 酸碱指示剂的作用原理

酸碱指示剂一般是有机弱碱或弱酸，它们的酸式结构和碱式结构具有不同的颜色。当溶液 pH 改变时，指示剂失去质子由酸式转化为碱式，或者获得质子由碱式转化为酸式，从而引起溶液颜色的变化。

如甲基橙是一种有机弱酸，它在水溶液中存在如下解离平衡：

$$(CH_3)_2\overset{+}{N}=C_6H_4=N-\underset{}{\overset{H}{N}}-C_6H_4-SO_3^- \underset{H^+}{\overset{OH^-}{\rightleftharpoons}} (CH_3)_2N-C_6H_4-N=N-C_6H_4-SO_3^-$$

由平衡关系可以看出，当溶液 pH>4.4 时，甲基橙主要以碱式结构(偶氮式)存在，溶液显黄色。当溶液酸度增大时，甲基橙由碱式结构逐渐转化成酸式结构(醌式)，溶液变为红色。

酚酞是一种有机弱碱，在水溶液中有如下平衡：

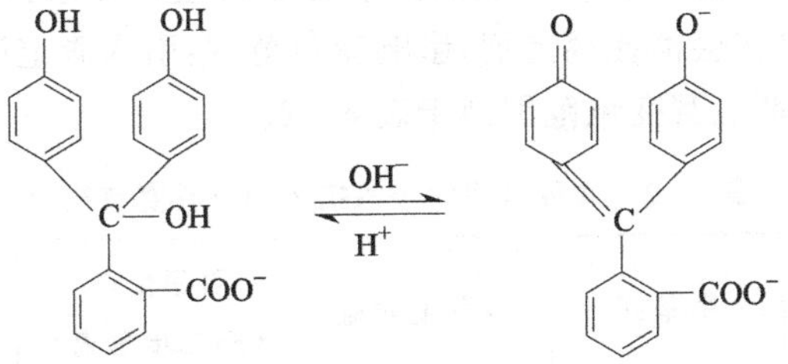

由平衡关系可以看出，在 pH<9.1 的溶液中，酚酞主要以无色的羟式结构存在，在 pH>9.1 的碱性溶液中转化为红色的醌式结构。

2. 指示剂的变色点和变色范围

现以 HIn 和 In^- 分别表示指示剂的酸式和碱式形式，在水溶液中有下列平衡关系：

$$HIn \rightleftharpoons H^+ + In^-$$

$$K^{\ominus}_{HIn} = \frac{[H^+][In^-]}{[HIn]}$$

式中，$K^{\ominus}_{HIn}$为指示剂的解离常数，也称为指示剂常数。上式也可写成

$$\frac{[In^-]}{[HIn]} = \frac{K^{\ominus}_{HIn}}{[H^+]}$$

溶液颜色取决于碱式和酸式的浓度比$[In^-]/[HIn]$，而该比值取决于$K^{\ominus}_{HIn}$和溶液的$[H^+]$。在一定温度下，对某一指示剂来说，$K^{\ominus}_{HIn}$是一个常数。因此，溶液颜色完全由溶液中的$[H^+]$决定。人眼辨别颜色的能力有一定的限度，一般来说，当一种存在形式的浓度是另一种存在形式浓度的 10 倍时，就能辨认出浓度大的存在形式的颜色，而掩盖浓度小的存在形式的颜色。因此，指示剂颜色变化与溶液中的$[H^+]$有如下关系：

(1) $\frac{K^{\ominus}_{HIn}}{[H^+]} = \frac{[In^-]}{[HIn]} \leqslant \frac{1}{10}$，$[H^+] \geqslant 10K^{\ominus}_{HIn}$，$pH \leqslant pK^{\ominus}_{HIn} - 1$(溶液显酸式色)

(2) $\frac{K^{\ominus}_{HIn}}{[H^+]} = \frac{[In^-]}{[HIn]} \geqslant 10$，$[H^+] \leqslant K^{\ominus}_{HIn}/10$，$pH \geqslant pK^{\ominus}_{HIn} + 1$(溶液显碱式色)

(3) $\frac{1}{10} < \frac{K^{\ominus}_{HIn}}{[H^+]} = \frac{[In^-]}{[HIn]} < 10$，$pK^{\ominus}_{HIn} - 1 < pH < pK^{\ominus}_{HIn} + 1$(溶液显混合色)

$pH = pK^{\ominus}_{HIn}$时是变色最灵敏的点，称为**指示剂的变色点**，而在 $pH = pK^{\ominus}_{HIn} \pm 1$ 的范围内能看到指示剂颜色的过渡色，所以称为**指示剂的变色范围**。

从理论上讲，指示剂的变色范围是 $pH = pK^{\ominus}_{HIn} \pm 1$，但实际上靠人眼观察到的指示剂变色范围与理论值是有区别的，这是因为人眼对各种颜色的敏感度不同，加上两种颜色相互掩盖，影响观察，所以实际变色范围和理论变色范围往往有差别。例如，甲基橙 $pK^{\ominus}_{HIn} = 3.4$，理论计算变色

范围是2.4～4.4，而实际变色范围是3.1～4.4。

指示剂的变色范围越窄越好，这样在化学计量点时，pH的微小改变就可以使指示剂由一种颜色变为另一种颜色，变色敏锐，有利于提高测定结果的准确度。酸碱滴定中选择的指示剂的$pK^{\ominus}_{HIn}$值应尽可能接近化学计量点的pH，从而减小终点误差。使用指示剂时应注意指示剂的用量不宜过多，因为指示剂过多会消耗滴定剂，影响变色范围，引入滴定误差。

几种常用的酸碱指示剂及其变色范围列于表6-2。

表6-2 几种常用的酸碱指示剂及其变色范围

指示剂		甲基橙	甲基红	溴百里酚蓝	百里酚蓝（第二步解离）	酚酞	百里酚酞
变色范围pH		3.1～4.4	4.4～6.2	6.0～7.6	8.0～9.6	8.0～9.8	9.4～10.6
颜色	酸色	红	红	黄	黄	无	无
	碱色	黄	黄	蓝	蓝	红	蓝
$pK^{\ominus}_{HIn}$		3.4	5.0	7.3	8.9	9.1	10.0

6.5.3 酸碱滴定的滴定曲线及指示剂的选择

酸碱滴定中的标准溶液一般都是强酸或强碱，如HCl和NaOH等。根据被滴物的组成和性质，可以分为强酸、强碱的滴定，一元弱酸、弱碱的滴定和多元弱酸、弱碱的滴定等多种滴定类型。下面分别讨论这些类型的滴定曲线和指示剂的选择。

1. 强碱(酸)滴定强酸(碱)

现以0.1000 $mol\cdot L^{-1}$ NaOH溶液滴定20.00 mL 0.1000 $mol\cdot L^{-1}$ HCl溶液为例，研究滴定过程中pH的变化情况。

(1) 滴定开始前　溶液pH取决于HCl的原始浓度：

$$[H^+]=0.1000\ mol\cdot L^{-1}\quad pH=1.00$$

(2) 滴定开始至化学计量点前　溶液由剩余的HCl和产物NaCl组成，其pH取决于剩余的HCl的量。例如：

当滴入NaOH溶液为18.00 mL时，溶液中有90%的HCl被中和，此时

$$[H^+]=0.1000\ mol\cdot L^{-1}\times\frac{20.00\ mL-18.00\ mL}{20.00\ mL+18.00\ mL}=5.26\times10^{-3}\ mol\cdot L^{-1}$$
$$pH=2.28$$

当加入19.98 mL NaOH溶液时，溶液中$[H^+]$为

$$[H^+]=0.1000\ mol\cdot L^{-1}\times\frac{20.00\ mL-19.98\ mL}{20.00\ mL+19.98\ mL}=5.00\times10^{-5}\ mol\cdot L^{-1}$$
$$pH=4.30$$

(3) 化学计量点时　酸碱全部反应，溶液组成为NaCl，此时H^+来自水的自偶解离：

$$[H^+]=[OH^-]=1.00\times10^{-7}\ mol\cdot L^{-1}\qquad pH=7.00$$

(4) 化学计量点后　溶液组成为 NaCl 和过量的 NaOH，其 pH 取决于过量的 NaOH 的浓度。

当滴入 20.02 mL NaOH 溶液时，溶液中[OH^-]为

$$[OH^-]=0.1000\ mol\cdot L^{-1}\times\frac{20.02\ mL-20.00\ mL}{20.02\ mL+20.00\ mL}=5.00\times10^{-5}\ mol\cdot L^{-1}$$

$$[H^+]=\frac{K_W^\ominus}{[OH^-]}=\frac{1.00\times10^{-14}}{5.00\times10^{-5}}=2.00\times10^{-10}\ mol\cdot L^{-1}$$

$$pH=9.70$$

用上述方法可以逐一计算出滴定过程中溶液的 pH，计算结果列于表 6-3。以 NaOH 溶液体积(或 HCl 被滴定百分数)为横坐标，以对应溶液的 pH 为纵坐标作图，就得到强碱滴定强酸的曲线，称为**酸碱滴定曲线**，如图 6-1 所示。

表 6-3　0.1000 mol·L^{-1} NaOH 溶液滴定 20.00 mL 0.1000 mol·L^{-1} HCl 溶液的 pH 变化

NaOH 溶液体积/mL	0.00	18.00	19.98	20.00	20.02	22.00
HCl 被滴定百分数	0.00	0.900	0.999	1.000	1.001	1.100
溶液的[H^+]/(mol·L^{-1})	1.00×10^{-1}	5.26×10^{-3}	5.00×10^{-5}	1.00×10^{-7}	2.00×10^{-10}	2.10×10^{-12}
溶液的 pH	1.00	2.28	4.30	7.00	9.70	11.68

表 6-3 和图 6-1 表明，在滴定开始时，溶液中存在大量 HCl，加入少量 NaOH 对溶液的 pH 改变不大，曲线比较平坦。随着滴定的进行，曲线逐渐向上倾斜。当加入 NaOH 溶液的体积为 19.98 mL，距离化学计量点仅差 0.02 mL 时，溶液 pH 为 4.30。此时再加入 1 滴(约 0.04 mL) NaOH 溶液，即溶液过量 0.02 mL，这将使溶液的 pH 发生极大的变化，由 4.30 急剧增加到 9.70，增大了 5.40 个 pH 单位，溶液由酸性变为碱性。化学计量点前后由 1 滴滴定剂所引起的溶液 pH 的急剧变化，称为**滴定突跃**，突跃过程所对应 pH 的范围称为**滴定突跃范围**。

滴定突跃范围是选择指示剂的依据，最理想的指示剂应该恰好在化学计量点时变色，但是这样的指示剂很难找到，实际上凡是在滴定突跃范围内变色的指示剂都可以用来指示滴定终点。在上面的滴定中，滴定突跃范围为 pH=4.30～9.70，因此选用指示剂酚酞(滴至淡红色)、甲基红(滴至橙色)、甲基橙(滴至黄色)均可。

如果以 0.1000 mol·L^{-1} HCl 溶液滴定 0.1000 mol·L^{-1} NaOH 溶液，其滴定突跃范围为 pH=9.70～4.30。指示剂酚酞(滴至无色)、甲基红(滴至橙色)均适用。若用甲基橙为指示剂滴定至橙色(pH=4.0)，滴定终点误差将大于+0.2%。

滴定突跃范围的大小还与酸碱溶液的浓度有关，如图 6-2 所示。溶液浓度越大，突跃范围越大；溶液浓度越小，突跃范围越小。因此对于 0.01000 mol·L^{-1} NaOH 溶液滴定 0.01000 mol·L^{-1} HCl 溶液，由于突跃范围为 pH=5.30～8.70，甲基橙就不再适用了。

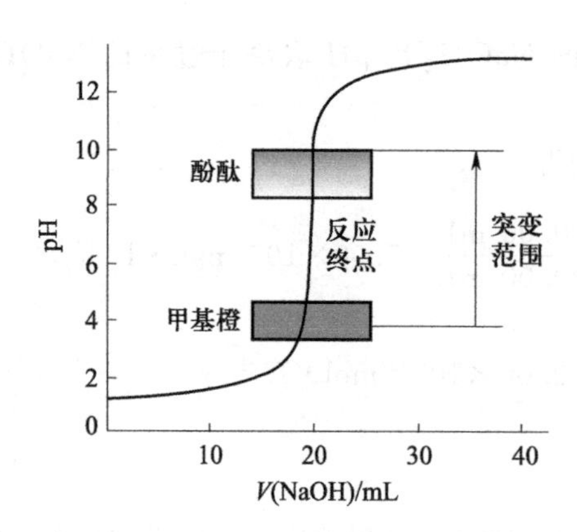

图 6-1 0.1000 mol·L^{-1}NaOH 溶液滴定 0.1000 mol·L^{-1}HCl 溶液的滴定曲线

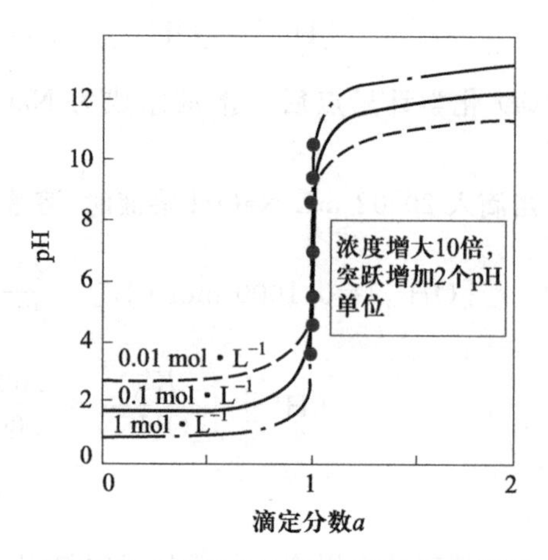

图 6-2 不同浓度 NaOH 溶液滴定不同浓度 HCl 溶液时的滴定曲线

2. 强碱(酸)滴定弱酸(碱)

现以 0.1000 mol·L^{-1}NaOH 溶液滴定 20.00 mL 0.1000 mol·L^{-1}HAc 溶液为例，研究滴定过程中 pH 的变化情况。

(1) 滴定开始前　溶液为 0.1000 mol·L^{-1}HAc 溶液，因为 $K_a^\ominus c>20K_w^\ominus$，$c/K_a^\ominus>500$，所以

$$[H^+]=\sqrt{K_a^\ominus c}=\sqrt{1.75\times10^{-5}\times0.1000}\text{ mol}\cdot L^{-1}=1.32\times10^{-3}\text{ mol}\cdot L^{-1},\quad pH=2.88$$

(2) 滴定开始至化学计量点前　溶液为 HAc-Ac$^-$ 缓冲体系，溶液 pH 按缓冲溶液体系计算。当滴入 19.98 mL NaOH 溶液时

$$[HAc]=0.1000\text{ mol}\cdot L^{-1}\times\frac{20.00\text{ mL}-19.98\text{ mL}}{20.00\text{ mL}+19.98\text{ mL}}=5.00\times10^{-5}\text{ mol}\cdot L^{-1}$$

$$[Ac^-]=0.1000\text{ mol}\cdot L^{-1}\times\frac{19.98\text{ mL}}{20.00\text{ mL}+19.98\text{ mL}}=5.00\times10^{-2}\text{ mol}\cdot L^{-1}$$

$$pH=pK_a^\ominus-\lg\frac{c(HAc)}{c(Ac^-)}=4.76-\lg\frac{5.00\times10^{-5}}{5.00\times10^{-2}}=7.76$$

(3) 化学计量点时　滴入 20.00 mL NaOH 溶液，此时 HAc 被完全中和，溶液为 0.05000 mol·L^{-1} NaAc 溶液。Ac$^-$ 为一元弱碱，因为 $K_b^\ominus c>20K_w^\ominus$，$c/K_b^\ominus>500$，则

$$[OH^-]=\sqrt{K_b^\ominus c}=\sqrt{\frac{K_w^\ominus}{K_a^\ominus}c}=\sqrt{\frac{1.0\times10^{-14}}{1.75\times10^{-5}}\times0.05000}\text{ mol}\cdot L^{-1}=5.34\times10^{-6}\text{ mol}\cdot L^{-1}$$

$$pOH=5.27,\ pH=8.73$$

(4) 化学计量点后　溶液的组成为 NaAc 和过量的 NaOH，由于 NaOH 抑制了 Ac$^-$ 的解离，溶液 pH 取决于过量的 NaOH。pH 的计算方法与强碱滴定强酸时相同，如滴入 20.02 mL NaOH 溶液时，pH=9.70。

按上述方法逐一计算出滴定过程中溶液的 pH，计算结果列于表 6-4，并绘制滴定曲线(图 6-3)。

表 6-4 0.1000 mol·L^{-1}NaOH 溶液滴定 20.00 mL 0.1000 mol·L^{-1}HAc 溶液的 pH 变化

NaOH 体积/mL	0.00	18.00	19.98	20.00	20.02	22.00
HAc 被滴定的分数	0.00	0.90	0.999	1.000	1.001	1.100
溶液的[H^+]/(mol·L^{-1})	1.32×10^{-3}	1.95×10^{-6}	1.74×10^{-8}	1.87×10^{-9}	2.00×10^{-10}	2.10×10^{-12}
溶液的 pH	2.88	5.71	7.76	8.73	9.70	11.68

由图 6-3 可知，由于 HAc 是弱酸，滴定前溶液的 pH 比同浓度的 HCl 溶液的 pH 大。滴定开始后，pH 升高较快，这是因为反应生成的 Ac^- 抑制了 HAc 的解离。随着滴定的进行，NaAc 与溶液中剩余的 HAc 组成了缓冲体系，使 pH 变化缓慢，滴定曲线较为平坦。当滴定到接近化学计量点时，剩余的 HAc 浓度很小，缓冲作用变弱，溶液 pH 变化速度又加快。到化学计量点时，滴定产物 Ac^- 是弱碱，溶液呈碱性。滴定突跃范围为 pH＝7.76～9.70，仅 1.94 个 pH 单位。根据滴定突跃范围，可选择在碱性范围内变色的指示剂，如酚酞、百里酚蓝等，而在酸性范围内变色的指示剂如甲基橙、甲基红等不再适用。

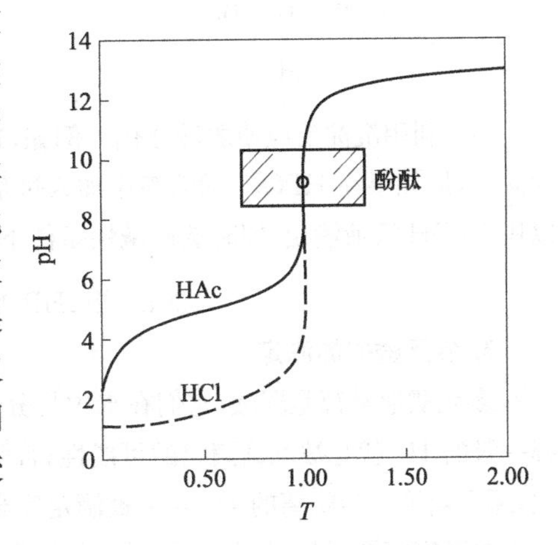

图 6-3 0.1000 mol·L^{-1}NaOH 溶液滴定 0.1000 mol·L^{-1}HAc 溶液的滴定曲线

表 6-5 为强碱滴定弱酸的滴定突跃范围随弱酸的浓度和强度变化的情况。当弱酸的浓度一定时，$K_a^\ominus$ 越大，即酸性越强时，滴定突跃范围越大；$K_a^\ominus$ 越小，酸性越弱，滴定突跃范围越小。$K_a^\ominus$ 主要影响滴定突跃范围的起点，$K_a^\ominus$ 增大 10 倍，起点减小约 1 个 pH 单位。当 $K_a^\ominus$ 值一定时，弱酸的浓度越大，滴定突跃范围越大；反之则越小。浓度决定了滴定突跃范围的终点，浓度增大 10 倍，终点增加约 1 个 pH 单位。

表 6-5 强碱滴定弱酸的滴定突跃范围随弱酸的浓度和强度($pK_a^\ominus$)的变化

$pK_a^\ominus$	1.0 mol·L^{-1}		1.0×10^{-1} mol·L^{-1}		1.0×10^{-2} mol·L^{-1}	
	滴定突跃范围	ΔpH	滴定突跃范围	ΔpH	滴定突跃范围	ΔpH
5	8.00～11.00	3.00	8.00～10.00	2.00	8.00～9.04	1.04
6	9.00～11.00	2.00	8.96～10.04	1.08	8.79～9.21	0.42
7	9.96～11.02	1.06	9.79～10.21	0.42	8.43～9.57	0.14
8	10.79～11.21	0.42	10.43～10.57	0.14		
9	11.43～11.57	0.14				

在以指示剂确定终点时，人眼对指示剂变色的判断至少有±0.2 个 pH 单位的不确定性。这种由终点观察的不确定性引起的误差称为**终点观察误差**。终点观察误差是不可避免的，为使滴定终点与化学计量点只相差±0.2 个 pH 单位(即滴定突跃范围至少有 0.4 个 pH 单位)，就必须满足 $cK_a^\ominus\geqslant10^{-8}$(见表 6-5)。利用这个限制条件能够判断某一弱酸能否被强碱直接准确滴定。同理，某一元弱碱能否被强酸直接准确滴定的判据是 $cK_b^\ominus\geqslant10^{-8}$。

对于某些极弱的酸，可以采用以下几种酸增强技术使其可以进行准确滴定。

(1) 利用配位反应使弱酸强化　例如，H_3BO_3 是极弱的酸($pK_a^\ominus=9.24$)，不能用 NaOH 直接准确滴定，但 H_3BO_3 可以与甘露醇形成解离常数较大的甘露醇配位酸，它的 $pK_a^\ominus=4.26$，可以用 NaOH 溶液直接滴定，选用酚酞或百里酚酞作指示剂。

$$\begin{array}{c} H \\ | \\ R-C-OH \\ | \\ R-C-OH \\ | \\ H \end{array} + H_3BO_3 \longrightarrow \left[\begin{array}{c} H \qquad\qquad\qquad H \\ | \qquad\qquad\qquad\;\; | \\ R-C-O \diagdown \quad\;\; \diagup O-C-R \\ | \qquad\quad B \quad\qquad | \\ R-C-O \diagup \quad\;\; \diagdown O-C-R \\ | \qquad\qquad\qquad\;\; | \\ H \qquad\qquad\qquad H \end{array}\right] H + 3H_2O$$

(2) 利用沉淀反应使弱酸强化　例如，H_3PO_4 的 $K_{a_3}^\ominus$ 很小(4.79×10^{-13})，通常只能按二元弱酸准确滴定，但如果在 HPO_4^{2-} 的溶液中加入过量的钙盐，生成 $Ca_3(PO_4)_2$ 沉淀，从而定量置换出 H^+，则可以用 NaOH 溶液滴定，同时选用碱性条件下变色的酚酞作指示剂。

$$3Ca^{2+}+2HPO_4^{2-} = Ca_3(PO_4)_2(s)+2H^+$$

3. 多元酸碱的滴定

多元酸通常都是弱酸，它们在水中是分步解离的。多元酸被滴定时哪一步解离满足 $cK_i^\ominus\geqslant10^{-8}$，哪一级的 H^+ 就有被准确滴定的可能性；若两个相邻解离的 H^+ 都能满足要求，但它们的 $K_a^\ominus$ 值相差不大，那么当第一步解离的 H^+ 还未被滴定完全，第二步解离的 H^+ 就开始滴定了，这样就不能形成两个独立的滴定突跃，只能是两个 H^+ 同时被滴定。一般地，两个相邻解离的 $K_a^\ominus$ 值之比大于 10^4 时就可以形成两个独立的滴定突跃，即可以分步被准确滴定。

草酸的 $K_{a_1}^\ominus/K_{a_2}^\ominus=(5.36\times10^{-2})/(5.35\times10^{-5})=1.0\times10^3$，能用 NaOH 溶液滴定，但不能分步滴定，而是一步滴定到草酸根。又如 H_3PO_4 是三元酸，其 $K_{a_1}^\ominus=7.11\times10^{-3}$，$K_{a_2}^\ominus=6.34\times10^{-8}$，$K_{a_3}^\ominus=4.79\times10^{-13}$，$K_{a_1}^\ominus/K_{a_2}^\ominus$ 及 $K_{a_2}^\ominus/K_{a_3}^\ominus$ 的值均接近 10^5，故 H_3PO_4 的第一级和第二级解离的 H^+ 可以分步滴定，而第三级解离的 H^+ 不能直接准确滴定。

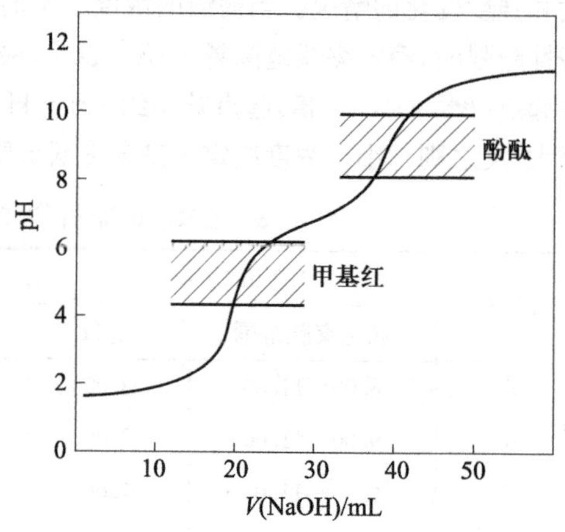

图 6-4　0.1000 mol·L^{-1} NaOH 溶液滴定 0.1000 mol·L^{-1} H_3PO_4 溶液的滴定曲线

H_3PO_4 被 NaOH 溶液滴定的曲线如图 6-4 所示。有关多元酸滴定曲线的计算比较复杂，因此在实际工作中，通常只计算化学计量点的 pH，以便于选择指示剂。现以 0.1000 mol·L^{-1} NaOH 溶液滴定 0.1000 mol·L^{-1} H_3PO_4 溶液为例进行说明。第一化学计量点的产物为 0.05000 mol·L^{-1} NaH_2PO_4 溶液，其 pH 可参考例 6-7 计算得到 $pH_1=4.70$。可选用甲基橙作指示剂，滴定到溶液由红变黄，误差约为 -0.5%。

第二化学计量点的产物为 0.03300 mol·L^{-1} Na_2HPO_4 溶液，溶液 pH 按下式计算：

$$[H^+]_2=\sqrt{\frac{K_{a_3}^\ominus\cdot c+K_w^\ominus}{1+c/K_{a_2}^\ominus}}=\sqrt{\frac{4.79\times10^{-13}\times0.03300+1\times10^{-14}}{1+0.03300/6.34\times10^{-8}}}\ \text{mol}\cdot\text{L}^{-1}=2.24\times10^{-10}\ \text{mol}\cdot\text{L}^{-1}$$

$$pH_2=9.65$$

选用百里酚酞作指示剂，终点由无色变为浅蓝色，滴定误差为+0.2%。

多元碱的滴定情况和多元酸相似，即哪一步解离满足 $cK_b^\ominus \geqslant 10^{-8}$，哪一级的 OH^- 就有被准确滴定的可能性；如果满足 $K_{b_1}^\ominus / K_{b_2}^\ominus \geqslant 10^4$，就可进行分步滴定。

混合酸(碱)的滴定情况与多元酸(碱)相似，设有两种弱酸 HA 和 HB，它们的浓度分别为 c_{HA} 和 c_{HB}，若它们各自的 $cK_a^\ominus$ 足够大，且满足 $(c_{HA}K_{HA}^\ominus)/(c_{HB}K_{HB}^\ominus) \geqslant 10^4$，就可进行分步滴定。

***4. 终点误差**

滴定分析时，实际上滴定终点(ep)与化学计量点(eq)往往是不一致的，由此引起的误差称为**终点误差**(end point error)，以 E_t 表示。

例如，以 0.1000 mol·L^{-1} NaOH 溶液滴定 0.1000 mol·L^{-1} HCl 溶液，若滴定终点在化学计量点之后，此时存在过量的 NaOH，设它的浓度为 c，溶液的质子条件式为

$$[OH^-]=[H^+]+c$$

则过量的 NaOH 浓度为 $c=[OH^-]-[H^+]$，因此

$$E_t=\frac{\text{过量 NaOH 的物质的量}}{\text{化学计量点应加入 NaOH 的物质的量}}\times 100\%$$

$$=\frac{([OH^-]_{ep}-[H^+]_{ep})V_{ep}}{c_{HCl,eq}V_{eq}}\times 100\%$$

$$=\frac{[OH^-]_{ep}-[H^+]_{ep}}{c_{HCl,eq}}\times 100\%$$

如果用酚酞作指示剂，滴定至溶液变红时，溶液 pH 为 9.0，则终点误差为

$$E_t=\frac{(10^{-5}-10^{-9})\ \text{mol}\cdot\text{L}^{-1}}{0.05\ \text{mol}\cdot\text{L}^{-1}}\times 100\%=+0.02\%$$

若滴定终点在化学计量点之前，此时有部分 HCl 未被中和，溶液的质子条件式为

$$[H^+]=[OH^-]+c(HCl)$$

此时，未被中和的 HCl 的浓度为

$$c(HCl)=[H^+]-[OH^-]$$

$$E_t=-\frac{\text{未被中和的 HCl 的物质的量}}{\text{化学计量点时 HCl 的物质的量}}\times 100\%$$

$$=\frac{-([H^+]_{ep}-[OH^-]_{ep})V_{ep}}{c_{HCl,eq}V_{eq}}\times 100\%$$

$$=\frac{[OH^-]_{ep}-[H^+]_{ep}}{c_{HCl,eq}}\times 100\%$$

如果用甲基橙作指示剂，滴定至溶液变黄时，pH 为 4.4，则终点误差为

$$E_t=\frac{(10^{-9.6}-10^{-4.4})\ \text{mol}\cdot\text{L}^{-1}}{0.05\ \text{mol}\cdot\text{L}^{-1}}\times 100\%=-0.08\%$$

6.5.4 酸碱滴定法的应用

1. 酸碱标准溶液的配制和标定

(1) 盐酸标准溶液 盐酸标准溶液的浓度一般为 $0.1\sim1\ mol\cdot L^{-1}$。HCl 易挥发,不能直接配制标准溶液,通常是先配制成大致浓度的溶液,然后用基准物质进行标定。标定酸的基准物质常用无水碳酸钠和硼砂。

无水碳酸钠(Na_2CO_3)纯度高,价格便宜,缺点是有强烈吸湿性,因此使用前需在 270～300 ℃的高温电炉内灼烧约 1 h,然后密封于瓶中,保存在干燥器中备用。

Na_2CO_3 是二元弱碱,$K_{b_1}^{\ominus}=2.1\times10^{-4}$,$K_{b_2}^{\ominus}=2.3\times10^{-8}$。用 HCl 溶液滴定 Na_2CO_3 溶液,当滴定到第一化学计量点时,溶液 pH 约为 8.3,可用酚酞作指示剂,但突跃不太明显,准确度不高。当滴定到第二化学计量点时,溶液 pH 约为 3.9,可选用甲基橙作指示剂,滴定至指示剂变红时,煮沸溶液,除去 CO_2,冷却至室温,再继续用 HCl 溶液滴定至橙红色即为终点。

硼砂($Na_2B_4O_7\cdot10H_2O$)作为基准物质的主要优点是摩尔质量大($381.4\ g\cdot mol^{-1}$),称量误差小且稳定。其缺点是在空气中易风化失去部分结晶水,因此需保存在相对湿度为 60%(蔗糖和食盐的饱和溶液)的恒湿容器中。

硼砂水溶液实际上是 H_3BO_3 和 $B(OH)_4^-$ 的混合溶液,而且二者浓度相等。H_3BO_3 是很弱的酸($K_a^{\ominus}=5.8\times10^{-10}$),而 $B(OH)_4^-$ 具有较强的碱性($K_b^{\ominus}=1.7\times10^{-5}$)。用 HCl 溶液滴定硼砂溶液的反应为

$$B_4O_7^{2-}+2H^++5H_2O=\!=\!=4H_3BO_3$$

在化学计量点时,浓度为 $0.1\ mol\cdot L^{-1}$ H_3BO_3 溶液的 pH 为 5.1。因此,可选用甲基红作指示剂。

(2) 氢氧化钠标准溶液 NaOH 容易吸收空气中的水分和二氧化碳,因此不能用直接法配制标准溶液,也是先配制成大致浓度的溶液,然后用基准物质进行标定。常用来标定 NaOH 溶液的基准物质有草酸和邻苯二甲酸氢钾等。

草酸($H_2C_2O_4\cdot2H_2O$)的优点是容易提纯,也相当稳定。它是二元弱酸,$K_{a_1}^{\ominus}=5.36\times10^{-2}$,$K_{a_2}^{\ominus}=5.35\times10^{-5}$,而 $K_{a_1}^{\ominus}/K_{a_2}^{\ominus}<10^4$,因此只能一次滴定到 $C_2O_4^{2-}$。用 NaOH 溶液滴定 $H_2C_2O_4$ 溶液,化学计量点时溶液显弱碱性,可用酚酞作指示剂。

邻苯二甲酸氢钾($KHC_8H_4O_4$)性质稳定,不含结晶水,易保存,且摩尔质量较大($204.2\ g\cdot mol^{-1}$),是标定碱液的良好基准物质。它与 NaOH 溶液的反应为

$$C_6H_4(COOH)(COO^-) + OH^- =\!=\!= C_6H_4(COO^-)_2 + H_2O$$

由于它的 $K_{a_2}^{\ominus}=3.9\times10^{-6}$,滴定至终点的邻苯二甲酸钠呈弱碱性,因此滴定时用酚酞作指示剂。

2. 酸碱滴定法应用示例

(1) 氮的测定 用酸碱滴定法可以测定肥料、土壤、蛋白质和生物碱等有机化合物中氮的含量。通常将试样加以适当处理,令各种氮的化合物分解并转化为 NH_4^+,然后进行测定。常用的

方法有蒸馏法和甲醛法。

① 蒸馏法:将含有 NH_4^+ 的试样溶液置于蒸馏瓶中,加过量的浓 NaOH 溶液使 NH_4^+ 转化为 NH_3 并定量蒸馏出来,用已知浓度和体积的过量 HCl(或 H_2SO_4)标准溶液吸收 NH_3。然后用标准 NaOH 溶液返滴定剩余的酸,采用甲基红指示滴定终点。计算式为

$$w(\mathrm{N})=\frac{[c(\mathrm{HCl})V(\mathrm{HCl})-c(\mathrm{NaOH})V(\mathrm{NaOH})]M(\mathrm{N})}{m}$$

式中,m 为试样质量。

蒸馏出来的 NH_3 也以可用过量但不需计量的 H_3BO_3 溶液吸收:

$$NH_3+H_2O+H_3BO_3 = NH_4^+ + B(OH)_4^-$$

再用 HCl 标准溶液滴定生成的 $B(OH)_4^-$,同样选用甲基红作指示剂。

$$B(OH)_4^- + H^+ = H_2O+H_3BO_3$$

此法的优点是只用一种标准溶液(HCl)滴定,H_3BO_3 在整个过程中不被滴定,其浓度和体积不需要很准确,只需保证过量即可。

对于有机含氮化合物,可用浓 H_2SO_4 溶液消化以破坏有机物,另外为了缩短时间,可以加入 $CuSO_4$ 作催化剂,并加入 K_2SO_4 以提高溶液沸点。试样消化分解完全后,有机物中的氮转化为 $(NH_4)_2SO_4$,按上述蒸馏法测定,则称为凯式(Kjeldahl)定氮法。

② 甲醛法:利用甲醛与 NH_4^+ 作用,定量置换出酸并生成质子化的六亚甲基四胺 $(CH_2)_6N_4H^+$,由于它的酸性不太弱($pK_a^\ominus=5.15$),可用 NaOH 标准溶液滴定并采用酚酞作指示剂,有关反应式为

$$4NH_4^+ + 6HCHO = (CH_2)_6N_4H^+ + 3H^+ + 6H_2O$$
$$(CH_2)_6N_4H^+ + 3H^+ + 4OH^- = (CH_2)_6N_4 + 4H_2O$$

甲醛试剂中常含有游离的甲酸,使用时应预先中和除去。

(2) 混合碱的测定　混合碱一般指 NaOH 和 Na_2CO_3 或 Na_2CO_3 和 $NaHCO_3$ 的混合物。例如,烧碱中 NaOH 和 Na_2CO_3 含量的测定通常有两种方法。

① 双指示剂法:准确称取质量为 m 的试样溶解后,先以酚酞为指示剂,用 HCl 标准溶液滴定至粉红色消失,用去 HCl 溶液的体积为 V_1,这时 NaOH 全部被中和,而 Na_2CO_3 则只被滴定到 $NaHCO_3$。然后加入甲基橙作指示剂,用 HCl 标准溶液继续滴定到溶液由黄色变为橙红色,这时 $NaHCO_3$ 被滴定到 H_2CO_3,用去 HCl 溶液体积为 V_2。由于 Na_2CO_3 被滴定到 $NaHCO_3$ 和 $NaHCO_3$ 被滴定 H_2CO_3 所消耗的 HCl 溶液的体积是相等的,所以

$$w(\mathrm{Na_2CO_3})=\frac{c(\mathrm{HCl})V_2M(\mathrm{Na_2CO_3})}{m}$$

$$w(\mathrm{NaOH})=\frac{c(\mathrm{HCl})(V_1-V_2)M(\mathrm{NaOH})}{m}$$

② 氯化钡加入法:准确称取质量为 m 的试样,溶解后稀释至一定体积,然后平均分成 n 份。准确吸取两份等体积试液分别做如下测定:第一份试液以甲基橙作指示剂,用 HCl 标准溶液滴

定其总碱度，即 NaOH 和 Na_2CO_3 被完全中和，消耗 HCl 溶液体积为 V_1。第二份试液中先加入 $BaCl_2$，使 Na_2CO_3 生成 $BaCO_3$ 沉淀，然后在沉淀存在的情况下以酚酞为指示剂，用 HCl 标准溶液滴定，消耗 HCl 溶液体积为 V_2。因为 V_2 是中和 NaOH 所消耗的 HCl 溶液体积，而 Na_2CO_3 所消耗的 HCl 溶液体积是 (V_1-V_2)，则

$$w(\mathrm{NaOH})=\frac{c(\mathrm{HCl})V_2M(\mathrm{NaOH})}{m/n}$$

$$w(\mathrm{Na_2CO_3})=\frac{\frac{1}{2}c(\mathrm{HCl})(V_1-V_2)M(\mathrm{Na_2CO_3})}{m/n}$$

以上两种方法中，双指示剂法比较简便，但由于 Na_2CO_3 被滴定到 $NaHCO_3$ 这一步终点不够明显，误差较大；而氯化钡加入法虽多几步操作，但较准确。

习题

1. 指出下列碱的共轭酸：PO_4^{3-}，S^{2-}，$H_2PO_4^-$，HCO_3^-，NH_3；指出下列酸的共轭碱：NH_4^+，HClO，HNO_2，HCN，H_2CO_3。

2. 氨基钠遇水可发生如下反应：$NaNH_2(s)+H_2O(l)$ ══ $Na^+(aq)+OH^-(aq)+NH_3(aq)$
试比较 NH_2^- 和 OH^- 的碱性强弱。

3. 试求 0.010 $mol\cdot L^{-1}$ HAc 溶液的 $[H^+]$ 及解离度。

4. 已知 0.050$mol\cdot L^{-1}$ HClO 溶液的解离度为 7.6×10^{-4}，求 HClO 的解离常数和该溶液的 $[H^+]$。

5. 奶油腐坏后的分解产物之一为丁酸（C_3H_7COOH），带有难闻的气味，工业上被用于制作各种丁酸酯。今有一含有 0.20 mol 丁酸的溶液 0.40 L，pH 为 2.50。求丁酸的 $K_a^{\ominus}$。

6. 每片维生素 C 含抗坏血酸（$H_2C_6H_6O_6$）500 mg。今将一片维生素 C 完全溶于水并稀释至 200 mL，试计算溶液的 pH（抗坏血酸 $K_{a_1}^{\ominus}=7.9\times10^{-5}$，$K_{a_2}^{\ominus}=1.6\times10^{-12}$）。

7. 对于下列溶液：0.1 $mol\cdot L^{-1}$ HCl，0.01 $mol\cdot L^{-1}$ HCl，0.1 $mol\cdot L^{-1}$ HF，0.01 $mol\cdot L^{-1}$ HF，问：

(1) 哪一种溶液的 $[H^+]$ 最高？

(2) 哪一种溶液的 $[H^+]$ 最低？

(3) 哪一种溶液的解离度最低？

(4) 哪两种溶液具有相似的解离度？

8. 用 0.1 $mol\cdot L^{-1}$ NaOH 溶液中和 pH 为 2 的 HCl 溶液和 HAc 溶液各 20 mL，所消耗 NaOH 溶液体积是否相同？为什么？若用此 NaOH 溶液中和 0.1 $mol\cdot L^{-1}$ HCl 溶液和 HAc 溶液各 20 mL，所消耗 NaOH 溶液的体积是否相同？为什么？

9. 已知 0.30 $mol\cdot L^{-1}$ NaA 溶液的 pH 为 9.50，试计算弱酸 HA 的 $K_a^{\ominus}$。

10. 已知 0.10 $mol\cdot L^{-1}$ HA 溶液的 pH 为 3.00，求算 0.10 $mol\cdot L^{-1}$ NaA 溶液的 pH。

11. 试计算 0.10 $mol\cdot L^{-1}$ $H_2C_2O_4$ 溶液的 $[H^+]$，$[HC_2O_4^-]$ 和 $[C_2O_4^{2-}]$。

12. 按照质子理论，HCO_3^- 既可作为酸又可作为碱，试求其 $K_a^{\ominus}$ 和 $K_b^{\ominus}$。

13. 求下列盐溶液的 pH。

(1) 0.20 $mol\cdot L^{-1}$ NaAc；

(2) 0.20 $mol\cdot L^{-1}$ NH_4Cl；

(3) 0.20 $mol\cdot L^{-1}$ Na_2CO_3；

(4) 0.20 mol·L^{-1} NH_4Ac。

14. 一种 NaAc 溶液的 pH 为 8.52,求 1.0 L 此溶液中含无水 NaAc 的质量。

15. 将 0.20 mol NaOH 和 0.20 mol NH_4NO_3 配成 1.0 L 混合溶液,求此混合溶液的 pH。

16. 在 1.0 L 0.10 mol·L^{-1}氨水中加入 10.7 g NH_4Cl 后,溶液的[H^+]是多少(加入 NH_4Cl 后溶液体积变化可以忽略不计)?

17. 试求 0.010 mol·L^{-1} H_2SO_4 溶液中各离子的浓度。

18. 欲配制 1.0 L pH=4.50 的缓冲溶液,其中乙酸和乙酸钠的总浓度为 1.0 mol·L^{-1}。求算需要用固体 $NaAc·3H_2O$ 的质量和浓盐酸(12 mol·L^{-1})的体积。

19. 欲配制 pH 为 9.50 的缓冲溶液,问需要多少 NH_4Cl 固体溶解在 500 mL 0.20 mol·L^{-1}氨水中?

20. 今有三种酸:$(CH_3)_2AsO_2H$,$ClCH_2COOH$,CH_3COOH,它们的标准解离常数分别为 6.4×10^{-7},1.4×10^{-5},1.75×10^{-5}。试问:

(1) 欲配制 pH 为 6.50 的缓冲溶液,用哪种酸最好?

(2) 配制 1.00 L 缓冲溶液需要多少克这种酸和 NaOH? 要求酸和它的共轭碱总浓度为 1.00 mol·L^{-1}。

21. 欲配制 pH=9.0 的缓冲溶液,应选择以下哪些试剂进行配制?

甲酸、乙酸、硼酸、盐酸、氢氧化钠、碳酸钠

22. 某 HA-A 缓冲溶液,已知 HA ($pK_a^\ominus$=5.30)的浓度为 0.25 mol·L^{-1}。在 100 mL 此缓冲溶液中加入 0.20 g NaOH 后,pH 变成 5.60。求该缓冲溶液原来的 pH。

23. 100 mL 0.20 mol·L^{-1} HCl 溶液和 100 mL 0.50 mol·L^{-1} NaAc 溶液混合,计算:

(1) 混合后溶液的 pH;

(2) 在混合溶液中加入 10 mL 0.50 mol·L^{-1} NaOH 后,溶液的 pH;

(3) 在混合溶液中加入 10 mL 0.50 mol·L^{-1} HCl 后,溶液的 pH。

24. 写出下列物质水溶液的质子条件式。

(1) Na_2CO_3　　(2) NH_4Cl　　(3) HAc　　(4) NaH_2PO_4

25. 计算下列水溶液的 pH。

(1) 0.10 mol·L^{-1} H_3PO_4;

(2) 50 mL 0.10 mol·L^{-1} H_3PO_4+25 mL 0.10 mol·L^{-1} NaOH;

(3) 50 mL 0.10 mol·L^{-1} H_3PO_4+50 mL 0.10 mol·L^{-1} NaOH;

(4) 50 mL 0.10 mol·L^{-1} H_3PO_4+75 mL 0.10 mol·L^{-1} NaOH。

26. 基准物质硼砂 $Na_2B_4O_7·10H_2O$ 应在何条件下保存? 若将基准物质硼砂保存于干燥器中,用以标定 HCl 溶液的浓度时,结果是偏低还是偏高? 写出标定 HCl 溶液浓度的计算公式。

27. 用 0.20 mol·L^{-1} HCl 溶液滴定 0.20 mol·L^{-1}一元弱碱 B^- (HB 的 $pK_a^\ominus$=8.0),计算化学计量点的 pH,以及滴定突跃范围。

28. 讨论下列酸或碱(浓度均为 0.10 mol·L^{-1})能否用酸碱滴定法直接滴定,使用什么标准溶液和指示剂?

(1) NH_4Cl　　(2) HF　　(3) HCN

(4) H_3BO_3　　(5) 硼砂　　(6) 草酸

29. 称取混合碱试样 0.3075 g,用 0.1037 mol·L^{-1} HCl 标准溶液滴定至酚酞终点,耗去盐酸 35.84 mL,再滴定至溴甲酚绿终点,又消耗盐酸 11.96 mL,试判断该混合碱的组成并计算其质量分数(已知溴甲酚绿的变色范围为 pH=3.8～5.4)。

30. 已知某试样可能含有 Na_3PO_4,Na_2HPO_4,NaH_2PO_4 和惰性物质。称取该试样 1.0000 g,用水溶解。试样溶液以甲基橙作指示剂,用 0.2500 mol·L^{-1} HCl 溶液滴定,消耗 HCl 溶液 32.00 mL。含同样质量的试样溶液以百里酚酞作指示剂,需上述 HCl 溶液 12.00 mL。求试样组成和质量分数。

31. 粗铵盐 1.000 g,加过量的 KOH 溶液,产生的氨经蒸馏吸收在 50.00 mL 0.4236 mol·L^{-1} HCl 溶液中,过量的酸用 0.2018 mol·L^{-1} NaOH 溶液滴定,用去 7.60 mL。问在滴定中应使用什么指示剂?计算该试样中 NH_3 的质量分数。

32. 试设计下列混合液的分析方法:

(1) HCl 和 NH_4Cl;　(2) 硼酸和硼砂;

(3) Na_2CO_3 和 $NaHCO_3$;　(4) NaOH 和 Na_3PO_4。

习题参考答案

第七章 配位化合物·配位滴定分析

1798 年,法国化学家塔赫特(Tassaert)观察到钴盐在氯化铵和氨水中形成了 $CoCl_3 \cdot 6NH_3$,其中 NH_3 和一个 Co^{3+} 牢固结合,形成$[Co(NH_3)_6]^{3+}$,而整个化合物为$[Co(NH_3)_6]Cl_3$。这种以具有接受电子对的空轨道的原子或离子(统称为中心原子)和一定数目可以给出电子对的离子或分子的配体,按一定的组成和空间构型形成的化合物,叫作**配位化合物**,简称**配合物**。自 1893 年瑞士化学家维尔纳(Werner A)创立了配位学说以后,配合物得到了迅猛的发展,在工业、农业、医药和国防等领域都得到了广泛的应用。

7.1 配位化合物的组成和命名

7.1.1 配位化合物的组成

配位化合物的主要特征是用中括号标示的部分,称为**配位单元**,配位单元又称为**内界**,$[Co(NH_3)_6]Cl_3$ 中内界部分$[Co(NH_3)_6]^{3+}$和三个 Cl^- 是以离子键相连接的,Cl^- 称为**外界**。位于配位单元中心的原子或离子称为**中心原子**。对中心原子而言,最常见的是金属离子,如 Fe^{3+}、Co^{3+} 和 Cu^{2+} 等,非金属元素的高价态的离子也可以作为中心原子,如 B 和 Si 可形成$[BF_4]^-$、$[SiF_6]^{2-}$等配离子。

配位单元中与中心原子配位的分子或离子称为**配体**。对配体而言,它以一定的数目和中心原子相结合,在配体中直接和中心原子相连的原子叫作**配位原子**。一个中心原子所结合的配位原子的总数称为该中心原子的**配位数**。如$[Cu(NH_3)_4]^{2+}$中 Cu^{2+} 的配位数为 4,配体 NH_3 只有一个配位原子,称为**单齿配体**;又如$[Cu(en)_2]^{2+}$(en 为乙二胺的简写)中 Cu^{2+} 的配位数也为 4,因为每个乙二胺有两个配位原子,是**多齿配体**。由多齿配体形成的配合物常含有环状结构,这种配合物称为**螯合物**。常见的配位数为 2,4,6,8,以 4,6 最为常见。

7.1.2 配位化合物的命名

配位化合物的命名,显然离不开配体的名称。一些常见配体的名称需要熟练记忆,如 F^- 氟,Cl^- 氯,Br^- 溴,Cl^- 碘,CN^- 氰,OH^- 羟基,CO 羰基,NO_2^- 硝基(氮配位),ONO^- 亚硝酸根(氧配位),SCN^- 硫氰酸根(硫配位),NCS^- 异硫氰酸根(氮配位)等。

配位化合物的命名符合无机化合物的一般命名规则:先阴离子后阳离子,如果配位单元为阴离子,则在内外界之间加"酸"字。配位单元的命名方法为阴离子配体或中性分子配体合中心原子(用罗马数字标明可变的中心原子氧化数),配体个数用倍数词头二、三、四等数字表示。例如:

$K_2[SiF_6]$　　六氟合硅(Ⅳ)酸钾

$Ni(CO)_4$　　四羰基合镍(0)

$[Cu(NH_3)_4]SO_4$　　硫酸四氨合铜(Ⅱ)

不同配体名称之间以圆点分开。对于较复杂的有机配体名称，配体要加括号以免混淆。不同的配体顺序如下。

(1) 先无机配体，后有机配体：

$[PtCl_2(Ph_3P)_2]$　　二氯·二(三苯基膦)合铂(Ⅱ)

$[Co(en)_3]Cl_3$　　三氯化三(乙二胺)合钴(Ⅲ)

(2) 先阴离子配体，后中性分子配体：

$K[PtCl_3(NH_3)]$　　三氯·氨合铂(Ⅱ)酸钾

$[Co(ONO)(NH_3)_5]SO_4$　　硫酸亚硝酸根·五氨合钴(Ⅲ)

(3) 同类配体中，先后顺序按照配位原子的英文字母顺序排列：

$[Co(NH_3)_5(H_2O)]Cl_3$　　三氯化五氨·水合钴(Ⅲ)(配体个数"一"常省略)

7.2 配位化合物的化学键理论

目前，用来解释配位化合物的结构和成键行为的理论主要有价键理论和晶体场理论，下面分别进行简要介绍。

7.2.1 价键理论

1. 配位化合物的构型

这里配位化合物的构型指的是配位单元的构型。根据杂化轨道理论，不同的杂化类型具有不同的几何构型。在配位化合物中，中心原子内层的 d 轨道也可以参与杂化，所以可以有 dsp^2(平面正方形)和 d^2sp^3(正八面体)两种新的杂化方式及其几何构型。现将配位化合物中原子轨道杂化和配位化合物分子几何构型及其实例在表 7－1 中列出。

表 7－1　配位化合物中原子轨道杂化和配位化合物分子几何构型及其实例

配位数	杂化轨道类型	几何构型	实例
2	sp	直线形	$[Ag(NH_3)_2]^+$
3	sp^2	平面三角形	$[Cu(CN)_3]^{2-}$
4	sp^3	正四面体	$[Zn(NH_3)_4]^{2+}$
4	dsp^2	平面正方形	$[Ni(CN)_4]^{2-}$
6	sp^3d^2	正八面体	$[Fe(H_2O)_6]^{2+}$
6	d^2sp^3	正八面体	$[Fe(CN)_6]^{4-}$

2. 中心原子价层轨道的杂化

在配位化合物中，配位键是配体提供给中心原子电子对而形成的 σ 配键。以 $[Zn(NH_3)_4]^{2+}$ 为例，Zn^{2+} 的电子排布式为 $[Ar]3d^{10}$，它的 4s 和 4p 轨道是空的。在中心原子和配体形成配位化合物时，配体 NH_3 上的孤对电子进入中心原子的 4s 和 4p 空轨道，以配位键的形式使二者结合起来（下图中箭头表示中心原子的电子，圆点表示配体的电子）。

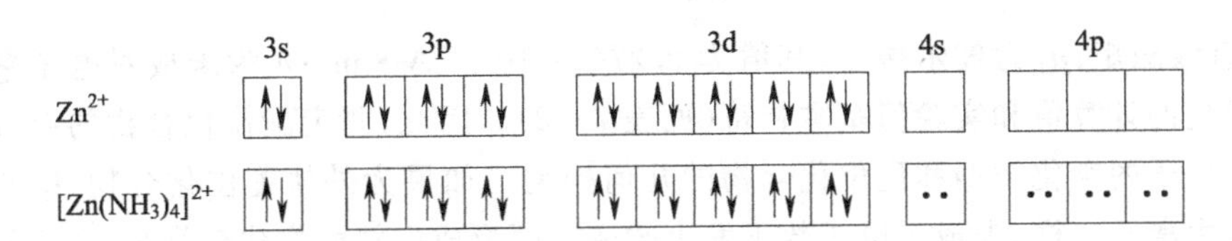

Zn^{2+} 是以 sp^3 杂化轨道和四个氨分子相结合的，因此 $[Zn(NH_3)_4]^{2+}$ 的几何构型为正四面体。

若中心原子的 d 轨道中有未充满电子，如 Fe^{2+}，则形成配位化合物时的情况就比较复杂。Fe^{2+} 的 3d 能级上有 6 个电子，d 电子排布服从洪德定则，即一个 d 轨道中成对，其余四个 d 轨道中成单并且自旋平行。在形成 $[Fe(H_2O)_6]^{2+}$ 时，中心原子的 3d 电子层不受配体影响。H_2O 中配位原子氧的孤对电子进入 Fe^{2+} 的 4s，4p 和 4d 空轨道，形成 sp^3d^2 杂化，因此 $[Fe(H_2O)_6]^{2+}$ 的几何构型为正八面体。

这种中心原子仍保持自由离子状态的电子结构，而配体的孤对电子仅进入外层空轨道形成 sp，sp^2，sp^3 或 sp^3d^2 等外层杂化轨道的配离子，称为**外轨配离子**，如 $[Zn(NH_3)_4]^{2+}$，$[Fe(H_2O)_6]^{2+}$ 等，它们的配位化合物称为**外轨配位化合物**（outer orbital coordination compound）。

在形成 $[Fe(CN)_6]^{4-}$ 配离子时，配体 CN^- 对中心原子 d 电子的作用特别强，能将 Fe^{2+} 的电子"挤压"到只占 3 个轨道并均自旋成对，使 2 个 d 轨道空出来。6 个 CN^- 中配位原子碳的孤对电子进入了 Fe^{2+} 的 3d，4s 和 4p 空轨道形成的 d^2sp^3 杂化，几何构型为正八面体，单电子数为零。像 dsp^2，d^2sp^3 等内层杂化轨道的形成，是由于中心原子的 d 电子结构改变，未成对的电子重新配对，从而在内层腾出空轨道来。用这种键型结合的配离子称为**内轨配离子**，如 $[Fe(CN)_6]^{4-}$，$[Ni(CN)_4]^{2-}$ 等，对应的配位化合物称为**内轨配位化合物**（inner orbital coordination compound）。

以上关于 $[Fe(H_2O)_6]^{2+}$ 和 $[Fe(CN)_6]^{4-}$ 配离子键型结构的叙述可以示意如下：

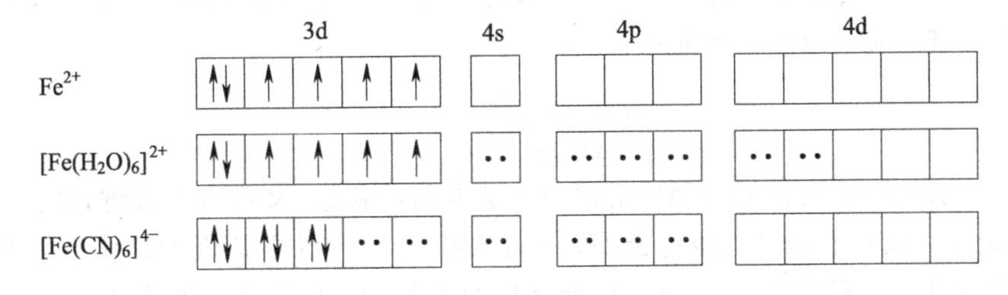

$[Ni(CN)_4]^{2-}$ 形成时，中心原子的 d 电子也重新配对，腾空了一个 3d 轨道参与杂化，形成 dsp^2 杂化，因此 $[Ni(CN)_4]^{2-}$ 的几何构型为平面正方形，单电子数为零。

实验证明：中心原子与电负性很大的原子配位时，易形成外轨配位化合物；而与电负性较小的原子配位时，则多生成内轨配位化合物。如配体 F^-，H_2O 常形成外轨配位化合物；而 CN^-，CO，NO_2^- 等生成内轨配位化合物；NH_3，Cl^- 等有时形成外轨配位化合物，有时形成内轨配位化合物。

3. 配位化合物的磁性

一般可用磁性实验来确定配位化合物是内轨配位化合物还是外轨配位化合物。因为物质的

有效磁矩与成单电子数之间有如下近似关系

$$\mu/\mu_B \approx \sqrt{n(n+2)}$$

式中，μ 为有效磁矩；μ_B为玻尔磁子，其值为 9.274×10^{-24} A·m^2；n 为未成对电子数。利用这个关系式得到的计算值和实验值基本相符(见表 7-2)。因此，测定配位化合物的有效磁矩就可以推断中心原子的杂化类型和配位化合物的几何构型。如果为外轨配位化合物，中心原子的电子结构和自由离子一样，未成对电子数不发生改变。而形成内轨配位化合物时，中心原子的电子结构大多会发生变化，未成对电子的数目也因此发生改变。例如，$[Fe(H_2O)_6]^{3+}$的实测磁矩为 $5.9\mu_B$，可知 $n=5$。而$[Fe(CN)_6]^{3-}$的实测磁矩为 $1.7\mu_B$，可知 $n=1$。

表 7-2 若干自由金属离子的有效磁矩

金属离子	d 电子数	未成对电子数	μ（计算）/μ_B	μ（实验）/μ_B
K^+，Ca^{2+}	0	0	0.00	0.00
Ti^{3+}	1	1	1.73	1.77～1.79
Ti^{2+}	2	2	2.83	2.76～2.85
Cr^{3+}	3	3	3.88	3.68～4.00
Mn^{3+}	4	4	4.90	4.80～5.06
Mn^{2+}，Fe^{3+}	5	5	5.92	5.2～5.6
Fe^{2+}	6	4	4.90	5.0～5.5

4. 配位化合物中的 d-pπ 配键

当配体给出电子对与中心原子形成 σ 键时，如果中心原子的某些 d 轨道(如 d_{xy}，d_{yz}，d_{xz})有孤对电子，而配体有空的 p 分子轨道(如 CO，CN^- 中有空的 π^* 反键轨道) 或空的 p 或 d 原子轨道，而两者的对称性又匹配时，则中心原子的孤对 d 电子也可以反过来给予配体，形成 d-pπ 配键，也叫反馈 π 键。它可以用下图简示：

$$\mathrm{M} \xleftarrow[\text{反馈}\pi\text{键}]{\sigma} \mathrm{L}$$

d-pπ 配键的形成，既可消除金属中心原子上负电荷的积累，又可双重成键，从而增加了配位化合物的稳定性。氰根和羰基配位化合物大多非常稳定，一个主要原因就是体系中有 d-pπ 配键的存在。实验证明在$[Ni(CO)_4]$中 Ni—C 键键长为 182 pm，小于共价半径之和(198 pm)，这说明镍和羰基之间不止一个单键，有一定的双键成分。

7.2.2 晶体场理论

晶体场理论把配体看成带负电荷的点电荷，重点考虑配体静电场对金属 d 轨道能量的影响，也就是中心原子的 d 电子在配体作用下的分裂效应。

1. 简并态 d 轨道的分裂

晶体场理论认为，中心原子与配体的结合主要依靠静电引力。未受外电场影响的中心原子的五个 d 轨道能量相等(简并态),在配体负电场的作用下,d 轨道能量升高。若配体引起的电场是球形对称的,d 轨道仍然为简并态;如果配体场为非球形对称电场,d 轨道就会发生分裂,有的能量升高,有的能量降低(图 7-1)。

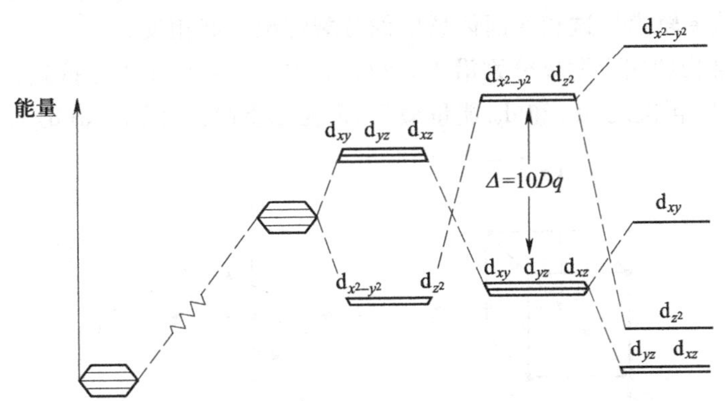

图 7-1 在不同构型的配位化合物中,中心原子 d 轨道的分裂

在正八面体配位化合物中,六个配体所形成的晶体场叫作正八面体场。设中心原子在坐标原点(见图 7-2,以小黑方块■表示),当六个配体(以黑圆点●表示)分别沿 $\pm x$、$\pm y$、$\pm z$ 方向朝金属中心靠近时,d_{z^2} 和 $d_{x^2-y^2}$ 轨道与配体处于迎头相碰状态。这些轨道上的电子受到配体静电场的排斥作用较大,因而能量比正八面体场的平均能量高。而 d_{xy},d_{xz},d_{yz} 三个轨道正好插在配体空隙中间,因而能量比正八面体场的平均能量低。这样五个简并态 d 轨道分裂成两组:一组是能量较高的 d_{z^2} 和 $d_{x^2-y^2}$ 轨道,称为 d_γ 或 e_g 轨道;另一组是能量较低的 d_{xy},d_{xz},d_{yz} 轨道,称为 d_ε 或 t_{2g} 轨道。

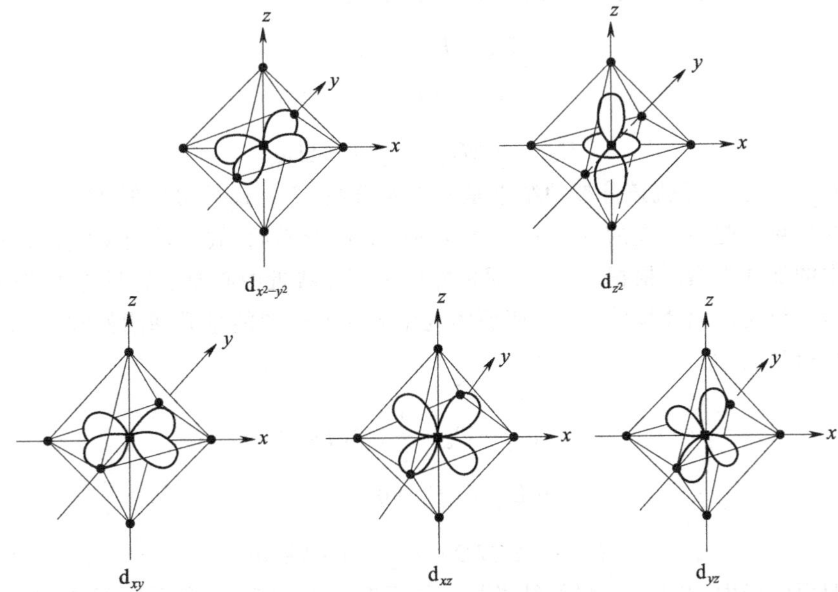

图 7-2 正八面体场对 5 个 d 轨道的作用示意图

在正四面体配位化合物中，四个配体靠近金属中心时，它们和中心原子的 d_{xy}，d_{xz} 和 d_{yz} 轨道靠得较近，而与 d_{z^2} 和 $d_{x^2-y^2}$ 轨道离得较远[图 7-3(a)]。因此，中心原子的 d_{xy}，d_{xz} 和 d_{yz} 轨道能量比正四面体场的平均能量高，称为 d_ε 或 t_2 轨道。而 d_{z^2} 和 $d_{x^2-y^2}$ 轨道的能量比正四面体场的平均能量低，称为 d_γ 或 e 轨道。这和八面体场中的分裂情况正好相反。

平面正方形配合物的四个配体分别沿 $\pm x$ 和 $\pm y$ 的方向朝金属中心接近。$d_{x^2-y^2}$ 迎头相碰，能量最高，d_{xy} 次之，d_{z^2} 再次之，d_{xz} 和 d_{yz} 能量最低，仍为二重简并[图 7-3(b)]。

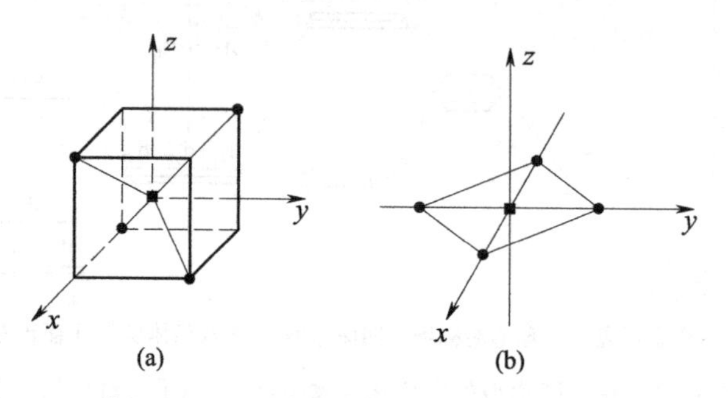

图 7-3 正四面体场(a)和平面正方形场(b)对金属离子 d 轨道的作用示意图

2. 晶体场分裂能

晶体场分裂的程度可用**分裂能** Δ 来表示（八面体场为 Δ_o，四面体场为 Δ_t），Δ 表示高能级和低能级之差。这个数值可由配离子的吸收光谱计算出来，因为配合物的紫外-可见吸收光谱是 d 电子在分裂后能级间跃迁的结果。

正八面体只有一个参数，e_g 和 t_{2g} 的能量差 $\Delta_o = 10Dq$。量子力学原理指出，在外场作用下，d 轨道在分裂后的总能量仍与球形场的总能量一致，可规定其为零。e_g 两个轨道最多容纳四个电子，t_{2g} 三个轨道最多容纳六个电子，因此有下列方程组：

$$\begin{cases} E_{e_g} - E_{t_{2g}} = 10Dq \\ 4E_{e_g} + 6E_{t_{2g}} = 0 \end{cases}$$

解得
$$E_{e_g} = +6Dq, E_{t_{2g}} = -4Dq$$

可见在八面体场中，d 轨道分裂的结果是 e_g 能量升高 $6Dq$，t_{2g} 能量降低 $4Dq$。

四面体配位场中配体进攻的方向和八面体场中的位置不同，故 d 轨道受到配体的排斥作用不像八面体中的那样强烈。根据计算，在同种配体和配体接近中心原子的距离相同时，四面体场中 d 轨道分裂能仅是八面体场的 4/9。四面体场中 e 和 t_2 轨道能量升降刚好和八面体场中的相反，故有下列方程组：

$$\begin{cases} E_{t_2} - E_e = \dfrac{4}{9} \times 10Dq \\ 6E_{t_2} + 4E_e = 0 \end{cases}$$

解得
$$E_e = -2.67Dq, E_{t_2} = +1.78Dq$$

可见在四面体场中，d 轨道分裂的结果是 t_2 能量升高 $1.78Dq$，e 能量降低 $2.67Dq$。

晶体场分裂能的大小与下列因素有关。

(1) 晶体场的对称性　对于相同的中心原子和相同的配体，平面正方形的晶体场分裂能最大，然后是八面体，而四面体的分裂能最小。

(2) 配体的晶体场分裂能力　配位原子的电负性越小，给电子能力越强，配体的配位能力也就越强，晶体场分裂能也就越大。根据正常价态的金属离子八面体配位化合物的光谱数据可知，配体的分裂能力按下列次序(光谱化学序列)依次增加：

$I^- < Br^- < Cl^- < SCN^- < F^- < OH^- < HCOO^- < C_2O_4^{2-} < H_2O < EDTA < NH_3 < en < NO_2^-$(硝基)$< CN^-$

(3) 中心原子价态　配体相同时，晶体场分裂能取决于中心原子的价态。中心原子的价态越高，则晶体场分裂能值越大。配体相同时，价态为+3 的金属离子约比价态为+2 的金属离子的 Δ_o值大 40%。

(4) 中心原子所在的周期　对于相同的配体，同族、同价态的中心原子所在的周期越大，晶体场分裂能值越大。一般第二过渡系列约比第一过渡系列大 30%；第三过渡系列约比第二过渡系列大 30%。

3. 配位化合物中 d 电子的排布和晶体场稳定化能

自由金属离子的 5 个 d 轨道是简并的。按照洪德定则，电子进入 d 轨道要占据不同的空轨道且自旋平行。如果要迫使两个电子处于同一轨道而自旋相反，库伦斥力就增加，要消耗一定的**成对能**(pairing energy，用 P 表示)。在八面体场中，d 轨道分裂成 t_{2g}和 e_g两组，电子的排布受晶体场分裂能 Δ_o和成对能 P 两个因素的影响：Δ_o的存在使得电子优先排满能量较低的轨道；而 P 的存在使电子尽量占据空轨道且自旋平行。在$[Fe(H_2O)_6]^{2+}$中，$\Delta_o(10400\ cm^{-1}) < P(15000\ cm^{-1})$，$H_2O$ 为弱场配体，d 电子排布为$(t_{2g})^4(e_g)^2$，和自由金属离子相同，成单电子数为 4，属于**高自旋配位化合物**(high spin coordination compound)。而在$[Fe(CN)_6]^{4-}$中，$\Delta_o(33000\ cm^{-1}) > P(15000\ cm^{-1})$，$CN^-$为强场配体，d 电子排布为$(t_{2g})^6(e_g)^0$，成单电子数为 0，属于**低自旋配位化合物**(low spin coordination compound)。

所以，如果晶体场排斥作用较弱，$\Delta_o < P$，配位化合物为高自旋；如果晶体场排斥作用强，$\Delta_o > P$，配位化合物为低自旋。其中 F^- 的配位化合物总是 $\Delta_o < P$，为高自旋。所有的水合金属离子，除$[Co(H_2O)_6]^{3+}$外，皆为 $\Delta_o < P$，故为高自旋。由反馈 π 键的配体(如 CN^-)组成的配位化合物，$\Delta_o > P$，都是低自旋。

由于晶体场的作用，d 电子进入分裂轨道后比在未分裂轨道时总能量降低的值，称为**晶体场稳定化能**(crystal field stabilization energy，CFSE)。这种能量越大，配位化合物越稳定。例如，Fe^{3+}的 5 个 d 电子在正八面体弱场(高自旋)的电子排布是 3 个电子在 t_{2g}，2 个电子在 e_g。故稳定化能 $CFSE=(-4Dq)\times3+(6Dq)\times2=0Dq$。而在强场(低自旋)中，5 个电子全部排在 t_{2g}，$CFSE=(-4Dq)\times5=-20Dq$。负号表示分裂后总能量减少，配位化合物稳定。通过类似计算，八面体晶体场中过渡金属离子的稳定化能列于表 7-3。可见，$d^4 \sim d^7$ 电子构型的金属离子在八面体场中的晶体场稳定化能有高低自旋之分。另外需要注意 CFSE 的严格计算，还需要考虑额外的成对能。以强场中的 d^4 构型为例，因为和自由离子相比，有一对额外的电子成对，所以 CFSE 严格计算应该为$-16Dq+P$。

表 7-3 八面体晶体场中过渡金属离子的稳定化能 单位：$-Dq$

d^n	d^1	d^2	d^3	d^4	d^5	d^6	d^7	d^8	d^9	d^{10}
强场	4	8	12	16	20	24	18	12	6	0
弱场	4	8	12	6	0	4	8	12	6	0

第一过渡系列元素 M^{2+} 的水合能 $-\Delta_h H$ 对 M^{2+} 的 d 电子数作图，可以得到一条双峰曲线(图 7-4)。根据静电理论计算，从 Ca^{2+} 到 Zn^{2+}，随着核电荷数的增加，离子半径依次变小，放出的水合能的绝对值将逐渐增加，应该得到一条平缓上升的直线。考虑到 H_2O 为弱场配体，水合生成高自旋的$[M(H_2O)_6]^{2+}$配离子，若将 $-\Delta_h H$ 的数值分别加上弱场中 CFSE 的值加以矫正(表 7-3)，基本就与双峰曲线相符$[Ca^{2+}(d^0), Mn^{2+}(d^5), Zn^{2+}(d^{10})$晶体场稳定化能为零，因此水合能基本落在直线上]，这一事实证明了晶体场理论的正确性和 CFSE 的存在。

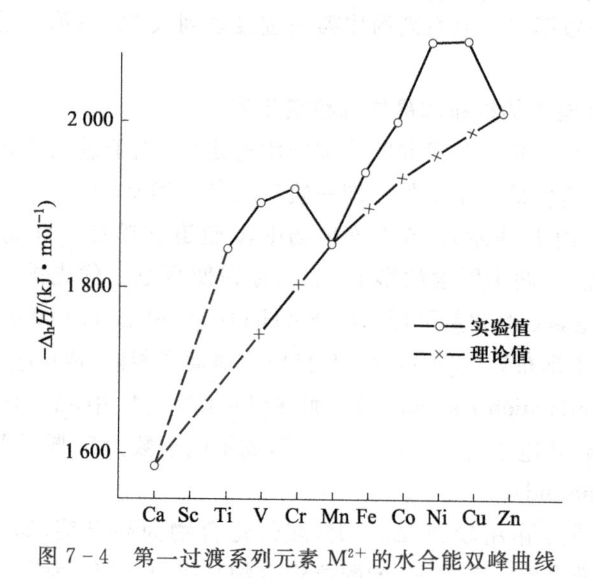

图 7-4 第一过渡系列元素 M^{2+} 的水合能双峰曲线

7.3 配位解离平衡

7.3.1 配位解离平衡和平衡常数

配位化合物的内外界之间在水中全部解离，而配位化合物内界只有部分解离，即存在配位解离平衡。例如，向硝酸银溶液中加入过量的氨水，则有如下平衡：

$$Ag^+ + 2NH_3 \rightleftharpoons [Ag(NH_3)_2]^+$$

$$K^{\ominus}_{稳} = \frac{[Ag(NH_3)_2^+]}{[Ag^+][NH_3]^2} = 1.12 \times 10^7$$

$K^{\ominus}_{稳}$ 称为$[Ag(NH_3)_2]^+$的**标准稳定常数**。$K^{\ominus}_{稳}$ 越大，表示形成配离子的倾向越大，此配位化合物越稳定。

附录十二所列的标准稳定常数都是用实验方法求得的。在用标准稳定常数比较配离子的稳定性时，只有相同类型的配离子才能直接比较，如$[Ag(CN)_2]^-$的标准稳定常数大于$[Ag(NH_3)_2]^+$的标准稳定常数，故稳定性$[Ag(CN)_2]^- > [Ag(NH_3)_2]^+$。

例 7-1 将 0.10 $mol \cdot L^{-1}$ $CuSO_4$溶液与 6.0 $mol \cdot L^{-1}$氨水等体积混合，计算平衡后溶液中Cu^{2+}和$[Cu(NH_3)_4]^{2+}$的浓度。

解 溶液等体积混合，浓度减少一半，$CuSO_4$初始浓度为 0.05 $mol \cdot L^{-1}$，而氨浓度为 3.0 $mol \cdot L^{-1}$。设平衡后$[Cu^{2+}] = x$ $mol \cdot L^{-1}$，则$[Cu(NH_3)_4^{2+}] = (0.05 - x)$ $mol \cdot L^{-1}$，$[NH_3] = (3.0 - 4 \times 0.05 + 4x) mol \cdot L^{-1} = (2.80 + 4x)$ $mol \cdot L^{-1}$

$$Cu^{2+} + 4NH_3 \rightleftharpoons [Cu(NH_3)_4]^{2+}$$

平衡浓度/($mol \cdot L^{-1}$) $\quad x \quad 2.80+4x \quad 0.05-x$

$$K^{\ominus}_{稳} = \frac{[Cu(NH_3)_4^{2+}]}{[Cu^{2+}][NH_3]^4} = 2.09 \times 10^{13}$$

所以，

$$[Cu^{2+}] = \frac{[Cu(NH_3)_4^{2+}]}{[NH_3]^4 \times K^{\ominus}_{稳}} = \frac{0.05 - x}{(2.80 + 4x)^4 \times 2.09 \times 10^{13}} mol \cdot L^{-1}$$

$$= \frac{0.05}{(2.80)^4 \times 2.09 \times 10^{13}} \ mol \cdot L^{-1} = 3.9 \times 10^{-17} \ mol \cdot L^{-1}$$

(因$K^{\ominus}_{稳}$很大，$0.05 - x \approx 0.05$，$2.80 + 4x \approx 2.80$)

而$[Cu(NH_3)_4^{2+}] = 0.05$ $mol \cdot L^{-1}$

7.3.2 配位解离平衡的移动

配位平衡和其他平衡一样，是建立在一定条件下的动态平衡。若在某一个配位解离平衡的体系中加入某种化学试剂（如酸、碱、沉淀剂或氧化还原剂等），会导致该平衡的移动。

向$FeCl_3$溶液中加入$K_2C_2O_4$溶液，生成绿色的$K_3[Fe(C_2O_4)_3]$，若再加入盐酸，溶液变黄，说明$[Fe(C_2O_4)_3]^{3-}$的平衡遭到破坏：$[Fe(C_2O_4)_3]^{3-} + 6H^+ \rightleftharpoons Fe^{3+} + 3H_2C_2O_4$，生成了弱电解质草酸($H_2C_2O_4$)。

又如，向$CuSO_4$溶液中加入适量氨水，有淡蓝色沉淀生成；氨水过量则沉淀溶解生成深蓝色的配位化合物$[Cu(NH_3)_4]SO_4$：

$$2CuSO_4 + 2NH_3 \cdot H_2O = Cu(OH)_2 \cdot CuSO_4 \downarrow + (NH_4)_2SO_4$$

$$Cu(OH)_2 \cdot CuSO_4 + (NH_4)_2SO_4 + 6NH_3 \cdot H_2O = 2[Cu(NH_3)_4]SO_4 + 8H_2O$$

AgCl 沉淀可以溶解于一般浓度的氨水中，这是因为发生了如下的转化：

$$AgCl + 2NH_3 \rightleftharpoons [Ag(NH_3)_2]^+ + Cl^-$$

然后再加入 KBr，则又有淡黄色的 AgBr 沉淀产生，即$[Ag(NH_3)_2]^+$转化为 AgBr：

$$[Ag(NH_3)_2]^+ + Br^- \rightleftharpoons AgBr \downarrow + 2NH_3$$

向红色的$[Fe(NCS)_n]^{3-n}$($n = 1 \sim 6$)溶液中滴加NH_4F溶液，红色逐渐褪去，溶液最终变为无色，说明发生了配体的取代反应：$[Fe(NCS)_n]^{3-n} + 6F^- \rightleftharpoons [FeF_6]^{3-} + nNCS^-$。能够发生上述反应，说明$Fe^{3+}$与$F^-$生成的配合物稳定性大于$Fe^{3+}$与$NCS^-$生成的配合物稳定性。

7.4 配位滴定分析

7.4.1 配位滴定法概述

配位滴定法是以配位反应为基础的滴定分析方法。目前,配位滴定法已成功应用于合金、矿物岩石、无机材料、工业产品等领域的分析。能够满足滴定分析的配位滴定剂主要是一类含有$-N(CH_2COOH)_2$基团的有机化合物,称为氨羧络合剂,其中使用最广泛的是乙二胺四乙酸(简称 EDTA)。

EDTA 是一种四元酸,其结构式为

$$\begin{matrix} HOOCCH_2 \diagdown & & & & & \overset{H^+}{} \diagup CH_2COO^- \\ & N - CH_2 - CH_2 - N & \\ ^-OOCCH_2 \diagup \underset{H^+}{} & & & & & \diagdown CH_2COOH \end{matrix}$$

EDTA 常用H_4Y表示。它在水中的溶解度较小,22 ℃时每 100 mL 水中仅溶解 0.02 g,易溶于 NaOH 溶液或氨水中形成相应的盐。在配位滴定中,通常使用的是它的二钠盐,也简称 EDTA,可以用$Na_2H_2Y \cdot 2H_2O$表示,它在 22 ℃时每 100 mL 水中的溶解度为 11.1 g(约 0.3 mol·L^{-1}),饱和水溶液的 pH 约为 4.5。

H_4Y的两个羧酸根可以再接受两个质子,形成H_6Y^{2+},相当于六元酸的形式。它在水溶液中有六级解离常数:

$$K_{a_1}^{\ominus}=10^{-0.9} \qquad K_{a_2}^{\ominus}=10^{-1.6} \qquad K_{a_3}^{\ominus}=10^{-2.07}$$

$$K_{a_4}^{\ominus}=10^{-2.75} \qquad K_{a_5}^{\ominus}=10^{-6.24} \qquad K_{a_6}^{\ominus}=10^{-10.34}$$

在水溶液中,EDTA 总是以H_6Y^{2+},H_5Y^+,H_4Y,H_3Y^-,H_2Y^{2-},HY^{3-},Y^{4-}七种型体同时存在。当溶液 pH 不同时,各型体的分布情况也不同。在$pH<1$的强酸溶液中,EDTA 主要以H_6Y^{2+}型体存在;在$pH=2.75\sim6.24$时,主要以H_2Y^{2-}型体存在;仅在$pH>10.34$时才主要以Y^{4-}型体存在。

EDTA 配合物还具有一些其他特性,如形成的配位化合物的配位比大多为 1∶1;多数配位化合物的稳定常数较高;配位化合物通常带有电荷,因此水溶性好,有利于滴定。配位化合物的颜色特征为:无色的金属离子与 EDTA 形成的配位化合物仍为无色,如ZnY^{2-},AlY^-,CaY^{2-}和MgY^{2-}等。有色的金属离子与 EDTA 形成的配位化合物的颜色更深,如CuY^{2-}为深蓝色,NiY^{2-}为蓝色,MnY^{2-}为紫红色等。

7.4.2 配位反应的副反应系数和条件稳定常数

配位滴定中所涉及的化学平衡比较复杂。除了被测金属离子 M 与滴定剂 EDTA 之间的主反应外,还存在其他副反应,总的平衡关系如图 7-5 所示。

这些副反应的发生都将影响主反应进行的程度。引入副反应系数(α),就可以定量地表示副反应进行的程度。下面分别讨论 Y,M 和 MY 的**副反应系数**(side reaction coefficient)。

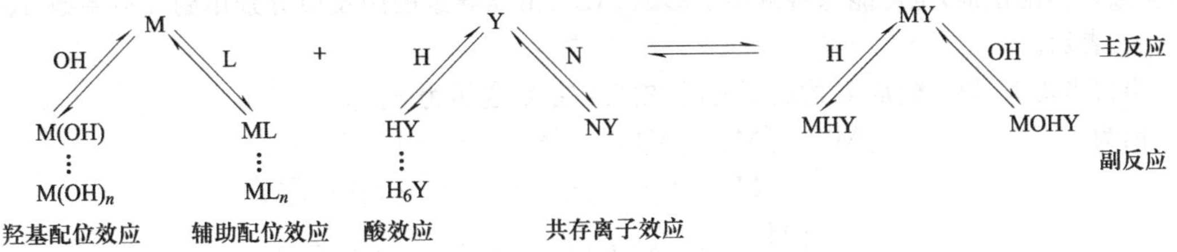

$$\begin{array}{ccccccc} & M & & + & & Y & & \rightleftharpoons & & MY & & \text{主反应} \\ OH\swarrow & & \searrow L & & H\swarrow & & \searrow N & & H\swarrow & & \searrow OH & \\ M(OH) & & ML & & HY & & NY & & MHY & & MOHY & \\ \vdots & & \vdots & & \vdots & & & & & & & \text{副反应} \\ M(OH)_n & & ML_n & & H_6Y & & & & & & & \end{array}$$

羟基配位效应　辅助配位效应　酸效应　共存离子效应

图 7-5　配位滴定中总的平衡关系示意图

1. 滴定剂 Y 的副反应系数 α_Y

α_Y的定义为 $\alpha_Y=[Y']/[Y]$，它表示未与 M 配位的滴定剂的各物种的总浓度$[Y']$是游离滴定剂平衡浓度$[Y]$的多少倍，α_Y值越大，表示滴定剂 Y 发生的副反应越严重。当$[Y']=[Y]$时，$\alpha_Y=1$，表示滴定剂不发生副反应。通常情况下，副反应是存在的，因此 α_Y总是大于 1。滴定剂 Y 与溶液中 H^+ 和其他干扰的金属离子发生副反应，分别用 $\alpha_{Y(H)}$ 和 $\alpha_{Y(N)}$ 表示。

滴定剂 Y 可接受质子形成其共轭酸，该酸可以看作氢配位化合物。溶液中 H^+ 与 Y 发生的副反应使滴定剂与 M 离子配位能力下降，这种现象称为**酸效应**。酸效应的大小用酸效应系数 $\alpha_{Y(H)}$ 表示：

$$\alpha_{Y(H)}=\frac{[Y']}{[Y]}=\frac{[Y]+[HY]+[H_2Y]+[H_3Y]+[H_4Y]+[H_5Y]+[H_6Y]}{[Y]}$$
$$=1+\beta_1^H[H^+]+\beta_2^H[H^+]^2+\beta_3^H[H^+]^3+\beta_4^H[H^+]^4+\beta_5^H[H^+]^5+\beta_6^H[H^+]^6 \tag{7-1}$$

式中，β_n^H为 Y 的**累积质子化常数**。

由式(7-1)可见，$\alpha_{Y(H)}$是$[H^+]$的函数。若溶液中仅有 H^+ 与 Y 发生副反应，则 $\alpha_Y=\alpha_{Y(H)}$，酸度越高，$\alpha_{Y(H)}$值越大，酸效应越严重。配位滴定中 $\alpha_{Y(H)}$是常用的重要数值。为应用方便，常将不同 pH 时 EDTA 的 $\lg\alpha_{Y(H)}$值计算出来列成表(见表 7-4)。由表可见，溶液酸度对 EDTA 的 $\lg\alpha_{Y(H)}$值影响极大。pH=1 时，$\lg\alpha_{Y(H)}=18.3$，此时 EDTA 与 H^+ 的副反应很严重。溶液中$[Y]$仅是总浓度的 $1/10^{18.3}$。$\alpha_{Y(H)}$随溶液酸度的降低而减小。当 pH>12 时，$\alpha_{Y(H)}\approx 1$，此时可认为 EDTA 不与 H^+ 发生副反应。

表 7-4　EDTA 的 $\lg\alpha_{Y(H)}$

pH	0	1	2	3	4	5	6	7	8	9	10	11
$\lg\alpha_{Y(H)}$	24.0	18.3	13.8	10.8	8.6	6.6	4.8	3.4	2.3	1.4	0.5	0.1

若溶液中含有与 M 共存的 N 离子，它也能与 EDTA 生成 NY 配位化合物，则 $\alpha_Y=\alpha_{Y(H)}+\alpha_{Y(N)}-1$，而 $\alpha_{Y(N)}=\dfrac{[Y]+[NY]}{[Y]}=1+[N]K_{NY}$。

2. 金属离子的副反应系数 α_M

α_M的定义是 $\alpha_M=[M']/[M]$，它表示未与滴定剂 Y 配位的金属离子的各种物种总浓度$[M']$是游离金属离子浓度$[M]$的多少倍。α_M值越大，副反应越严重。在 pH 较大的溶液中，由于某些金属离子的水解导致羟基配位化合物 $M(OH)_n$的形成或为消除干扰而加入的掩蔽剂 L

(大多数也是配位剂)也可能与待测离子形成 ML_n,由此导致的副反应分别用副反应系数 $\alpha_{M(OH)}$ 和 $\alpha_{M(L)}$ 表示。

当仅考虑 M 与掩蔽剂 L 的副反应时,副反应系数表示为 $\alpha_{M(L)}$。

因为

$$[M'] = [M] + [ML_1] + [ML_2] + \cdots + [ML_n]$$
$$= [M]\{1 + \beta_1[L] + \beta_2[L]^2 + \cdots + \beta_n[L]^n\}$$

则

$$\alpha_{M(L)} = \frac{[M']}{[M]} = 1 + \beta_1[L] + \beta_2[L]^2 + \cdots + \beta_n[L]^n \tag{7-2}$$

实际情况往往是金属离子同时发生多种副反应,因此 $\alpha_M \approx \alpha_{M(OH)} + \alpha_{M(L_1)} + \cdots + \alpha_{M(L_n)}$。其中一些金属离子在不同 pH 时的 $\lg\alpha_{M(OH)}$ 值列于附录十四。

例 7-2 计算 pH=10.0,$[NH_3]$=0.1 mol·L^{-1} 时的 $\lg\alpha_{Zn}$ 值。

解 $[Zn(NH_3)_4]^{2+}$ 的 $\lg\beta_1 \sim \lg\beta_4$ 分别为 2.27,4.61,7.01 和 9.06,按式(7-2)得

$$\alpha_{Zn(NH_3)} = 1 + \beta_1[NH_3] + \beta_2[NH_3]^2 + \beta_3[NH_3]^3 + \beta_4[NH_3]^4$$
$$= 1 + 10^{2.27-1.0} + 10^{4.61-2.0} + 10^{7.01-3.0} + 10^{9.06-4.0} = 10^{5.10}$$

查附录十四,pH=10.0 时,$\lg\alpha_{Zn(OH)} = 2.4$,则

$$\alpha_{Zn} = \alpha_{Zn(NH_3)} + \alpha_{Zn(OH)} = 10^{5.10} + 10^{2.4} \approx 10^{5.10}$$

所以 $\lg\alpha_{Zn} = 5.10$

3. 配位化合物的副反应系数 α_{MY}

在酸度较高的情况下,MY 会与 H^+ 发生副反应,形成酸式配位化合物 MHY;碱度较高时,会有碱式配位化合物 MOHY 形成。一般地,酸式和碱式配位化合物大多不太稳定,因此计算时可忽略不计。

4. 配位化合物的条件稳定常数

在配位滴定中,由于各种副反应的存在,配位化合物 MY 的标准稳定常数 K_{MY} 值的大小就不能真实反映主反应的进行程度,因为此时未参与主反应的金属离子不仅有 M,还有 ML,ML_2,…,M(OH),…,应当用这些物种的浓度总和[M′]表示。同时未参与主反应的滴定剂也应当用[Y′]表示,且 $[M'] = \alpha_M \cdot [M]$,$[Y'] = \alpha_Y \cdot [Y]$。

因此配位化合物 MY 的稳定性表示为

$$K'_{MY} = \frac{[MY']}{[M'][Y']} = \frac{[MY]}{\alpha_M[M]\alpha_Y[Y]} = \frac{K_{MY}}{\alpha_M\alpha_Y}$$

在一定条件下,α_M,α_Y 和 K_{MY} 均为定值,因此在一定条件下 K'_{MY} 是常数,称为**条件稳定常数**(conditional stability constant)。上式用对数形式表示为

$$\lg K'_{MY} = \lg K_{MY} - \lg\alpha_M - \lg\alpha_Y \tag{7-3}$$

条件稳定常数是用副反应系数校正后的配位化合物 MY 的实际稳定常数。只有没有副反应发生的时候,K'_{MY} 才等于 K_{MY}。

例 7-3 计算 pH=2.0,6.0 和 9.0 时的 $\lg K'_{AlY}$ 值

解 已知 $\lg K_{AlY} = 16.1$

pH=2.0,查表:$\lg\alpha_{Y(H)} = 13.8$,$\lg\alpha_{Al(OH)} = 0$

所以 $\lg K'_{AlY}=\lg K_{AlY}-\lg a_{Al(OH)}-\lg a_{Y(H)}=16.1-0-13.8=2.3$

pH=6.0，查表：$\lg a_{Y(H)}=4.8$，$\lg a_{Al(OH)}=1.3$

所以 $\lg K'_{AlY}=\lg K_{AlY}-\lg a_{Al(OH)}-\lg a_{Y(H)}=16.1-1.3-4.8=10.0$

pH=9.0，查表：$\lg a_{Y(H)}=1.4$，$\lg a_{Al(OH)}=13.3$

所以 $\lg K'_{AlY}=\lg K_{AlY}-\lg a_{Al(OH)}-\lg a_{Y(H)}=16.1-13.3-1.4=1.4$

由上例计算可见，$\lg K_{AlY}$值虽然很高（附录十三），但若在 pH=2.0 时滴定，由于 Y 与 H^+ 的副反应严重，AlY 的实际稳定性降低很多。在 pH=6.0 时滴定，由于 Y 的酸效应减小，所以 AlY 更加稳定，表明在该条件下，Al^{3+} 与 Y 的配位反应进行得比较完全。而在 pH=9.0 时滴定，由于 Al 与 OH^- 的副反应严重，AlY 的实际稳定性也降低很多。

7.4.3 配位滴定的基本原理

配位滴定对配位反应最基本的要求是必须定量、完全，且符合化学计量关系以及有指示滴定终点的适宜方法。要求反应定量、完全，即配位化合物的条件稳定常数要大。因此必须了解滴定反应对 K'_{MY} 的要求以及确定配位滴定的实验条件。

1. 滴定曲线

在配位滴定中，随着滴定剂 EDTA 的加入，溶液中被滴定的金属离子浓度逐渐减小，在化学计量点附近时，pM（即 $-\lg[M]$）值急剧变化。以滴定分数或 EDTA 加入的体积为横坐标，pM 值为纵坐标作图，可以得到 pM - EDTA 滴定曲线。通常仅计算化学计量点时的 pM 值，以此作为选择指示剂的依据。

条件稳定常数 $K'_{MY}=\dfrac{[MY]}{[M'][Y']}$，化学计量点时 $[M']=[Y']$，若该配合物 MY 较稳定，$c(MY)=c(M)-[M']\approx c(M)$。代入上式，整理即得

$$[M'](\text{计量点})=\sqrt{\frac{c(M,\text{计量点})}{K'_{MY}}}$$

取对数形式：

$$pM'(\text{计量点})=1/2[\lg K'_{MY}+pc(M,\text{计量点})] \tag{7-4}$$

这就是化学计量点时 pM′值的计算公式。式中，c(M，计量点）表示化学计量点时金属离子的分析浓度。若滴定剂与被滴定金属离子的初始分析浓度相等，c(M，计量点）即为金属离子初始浓度的一半。

例 7-4 用 2×10^{-2} mol·L^{-1} EDTA 滴定相同浓度的 Zn^{2+}。用 NH_3-NH_4Cl 缓冲溶液控制溶液 pH 为 9.0，并使得计量点时$[NH_3]$为 0.1 mol·L^{-1}。计算滴定至化学计量点时 pZn′和 pZn 值。

解 化学计量点时，pH 为 9.0，$[NH_3]=0.1$ mol·L^{-1}，由例 7-2 可知 $a_{Zn(NH_3)}=10^{5.10}$

查表可知，pH 为 9.0 时，$\lg K_{ZnY}=16.5$，$\lg a_{Y(H)}=1.4$，$\lg a_{Zn(OH)}=0.2$

$$a_{Zn}=a_{Zn(NH_3)}+a_{Zn(OH)}=10^{5.10}+10^{0.2}\approx10^{5.10},\quad a_Y=10^{1.4}$$

$$\lg K'_{ZnY}=\lg K_{ZnY}-\lg a_{Zn}-\lg a_Y=16.5-5.1-1.4=10.0$$

$c(Zn,\text{计量点})=10^{-2}$ mol·L^{-1}，按式（7-4）可得

$$pZn'(计量点)=1/2[\lg K'_{MY}+pc(M,计量点)]=(1/2)\times(10.0+2.0)=6.0$$

因为 $\alpha_{Zn}=\frac{[Zn']}{[Zn]}$

故 $pZn=pZn'+\lg\alpha_{Zn}=6.0+5.1=11.1$

由于配位反应进行得很完全，化学计量点时未与 EDTA 配位的 Zn^{2+} 总浓度 $[Zn']$ 仅为 10^{-6} mol·L^{-1}，而游离的 Zn^{2+} 则更低，只有 $10^{-11.1}$ mol·L^{-1}。

滴定突跃的大小是决定配位滴定准确度的重要依据。影响滴定突跃的主要因素是 MY 的条件稳定常数 K'_{MY} 和被测金属离子的浓度 c(M)。

在浓度一定的条件下，K'_{MY} 值越大，滴定突跃越大。如图 7-6 所示，条件稳定常数改变影响的是滴定曲线后段。当金属离子浓度一定时，溶液 pH 的改变会使 K'_{MY} 值改变，滴定突跃的大小取决于溶液的 pH。适当降低溶液酸度，使 $\lg\alpha_{Y(H)}$ 值减小以增大 $\lg K'_{MY}$ 值，可以加大滴定突跃。

在条件稳定常数 K'_{MY} 一定的情况下，被测金属离子浓度 c(M)越大，滴定曲线的起点越低，滴定突跃越大，如图 7-7 所示。注意浓度改变仅影响配位滴定曲线的前段。当金属离子浓度 c(M)和条件稳定常数 K'_{MY} 都改变时，滴定突跃的大小就取决于 $\lg c(M)K'_{MY}$ 的值，显然，$\lg c(M)K'_{MY}$ 值越大，滴定突跃就越大，反应进行得越完全。

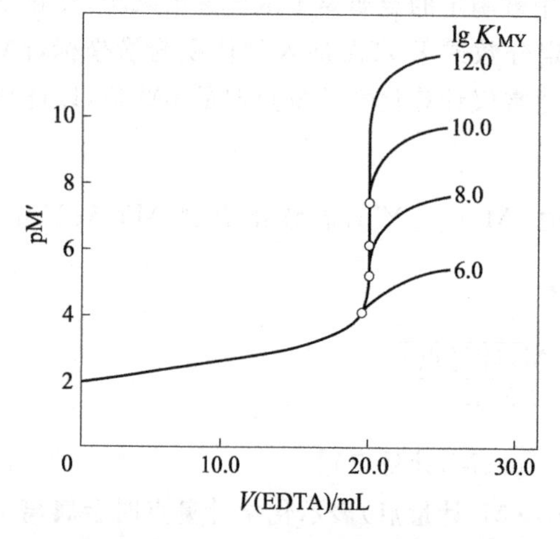

图 7-6 用 0.01000 mol·L^{-1}EDTA 滴定 0.01000 mol·L^{-1}金属离子 M 的滴定曲线（$\lg K'_{MY}$ 分别为 6.0，8.0，10.0，12.0）

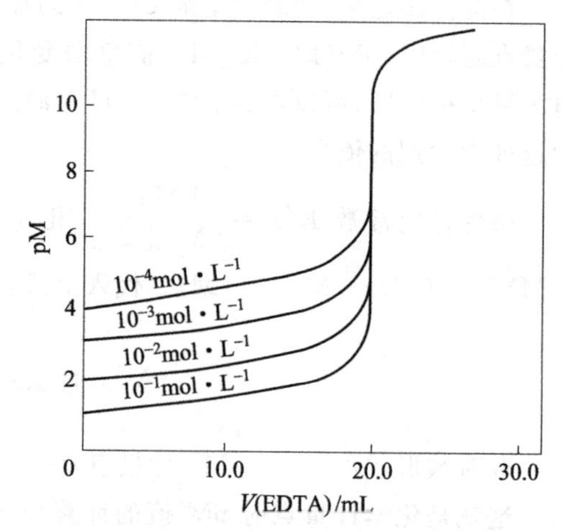

图 7-7 当 $\lg K'_{MY}=12.0$，$c(M)=c(Y)$ 时，不同浓度的 EDTA 滴定曲线

2. 配位滴定的指示剂

配位滴定法中最常见的是使用**金属指示剂**指示终点。金属指示剂是一些有机染料，能与金属离子形成与游离指示剂颜色不同的有色配位化合物。例如，铬黑 T 的结构如下：

$$\text{}^{-}O_3S-(\text{萘环},O^-,NO_2)-N{=}N-(\text{萘环},OH)$$

当用 EDTA 滴定 Mg^{2+} 时，开始溶液中部分 Mg^{2+} 与指示剂反应生成 MgIn 而呈现红色。随着 EDTA 的加入，EDTA 与 Mg^{2+} 逐渐反应，到化学计量点附近时，Mg^{2+} 的浓度降至很低，继续加入的 EDTA 就夺取了 MgIn 中的 Mg^{2+} 而游离出指示剂，使溶液由红色转变为蓝色，显示了滴定终点的到达，反应式如下。

$$\mathrm{MgIn}\ (\text{红色}) + \mathrm{HY} \rightleftharpoons \mathrm{MgY} + \mathrm{HIn}\ (\text{蓝色})$$

作为金属指示剂应具备如下条件：

(1) 金属指示剂配位化合物与指示剂本身的颜色有明显的差异。金属指示剂多为有机弱酸，颜色会随 pH 而变化，因此必须控制合适的 pH 范围。例如，铬黑 T 在水溶液中有如下平衡：

$$\underset{pH<6.3}{H_2In^-\ (\text{紫红})} \rightleftharpoons \underset{pH=6.3\sim11.6}{HIn^{2-}\ (\text{蓝})} \rightleftharpoons \underset{pH>11.6}{In^{3-}\ (\text{橙色})}$$

而铬黑 T 与金属离子形成的配位化合物为红色，因此使用铬黑 T 指示剂的合适 pH 范围为 6.3～11.6。

(2) MIn 的稳定性应略低于 MY 的稳定性。否则 EDTA 不能夺取 MIn 中的 M，在终点时就看不到溶液颜色的变化，这种现象称为**指示剂的封闭**。如 Al^{3+} 对二甲酚橙有封闭现象，可以采取返滴法测定 Al^{3+} 的含量。

(3) 指示剂与金属离子的反应要迅速、灵敏且有良好的变色可逆性。另外 MIn 应易溶于水，若溶解度小，会使 EDTA 与 MIn 的交换反应进行缓慢，从而使滴定终点拖长，这种现象称为**指示剂的僵化**。出现僵化现象时可以适当加些与水互溶的有机溶剂以增加 MIn 的溶解度，或采用加热的方法加以避免。

常用的金属指示剂有铬黑 T，二甲酚橙，PAN，酸性铬蓝 K，钙指示剂和磺基水杨酸等。它们的性质和应用条件列于表 7-5。其中在碱性条件下常使用铬黑 T 作为指示剂，而在酸性条件下常使用二甲酚橙指示滴定终点。

表 7-5 常用的金属指示剂的性质和应用条件

指示剂	使用 pH 范围	颜色变化		直接滴定离子
		In	MIn	
铬黑 T(EBT)	7～10	蓝	红	pH10：Ca^{2+}，Mg^{2+}，Zn^{2+}，Cd^{2+}，Pb^{2+}，Mn^{2+}
二甲酚橙(XO)	<6	黄	红	pH<1：ZrO^{2+} pH 1～3：Bi^{3+}，Th^{4+} pH 5～6：Zn^{2+}，Cd^{2+}，Pb^{2+}，Hg^{2+}
PAN	2～12	黄	红	pH2～3：Bi^{3+}，Th^{4+} pH4～5：Cu^{2+}，Ni^{2+}
酸性铬蓝 K	8～13	蓝	红	pH10：Zn^{2+}，Mg^{2+} pH13：Ca^{2+}
钙指示剂	10～13	蓝	红	pH12～13：Ca^{2+}
磺基水杨酸		无色	紫红	pH1.5～2.5：Fe^{3+}

***3. 终点误差**

在配位滴定中，只要滴定终点与化学计量点的 pM 值不同，就存在终点误差。EDTA 滴定金属离子 M 的终点误差公式为

$$E_t=\frac{[Y'(终点)]-[M'(终点)]}{c(M,化学计量点)}\times 100\%$$

由 $\Delta pM'=pM'(终点)-pM'(化学计量点)$，$\Delta pY'=pY'(终点)-pY'(化学计量点)$

$$[M'(终点)]=[M'(化学计量点)]\times 10^{-\Delta pM'}$$

$$[Y'(终点)]=[Y'(化学计量点)]\times 10^{-\Delta pY'}=c(M,化学计量点)\times 10^{\Delta pM'}$$

代入上式后得到计算配位滴定终点误差的公式：

$$E_t=\frac{(10^{\Delta pM}-10^{-\Delta pM})}{\{K'_{MY}c(M,化学计量点)\}^{1/2}}\times 100\% \qquad (7-5)$$

当 ΔpM 一定时，$K'_{MY}c(M,化学计量点)$ 越大，E_t 越小；而 $K'_{MY}c(M,化学计量点)$ 一定时，ΔpM 值越小，E_t 越小。

配位滴定所需要的条件取决于所要求的允许误差和检测终点的准确度。若允许误差为 ±0.1%，而配位滴定目测终点的 ΔpM 值一般会有 ±0.2 的误差，则要求用 $\lg K'_{MY}c(M,化学计量点)\geqslant 6.0$ 作为判断能否用配位滴定法准确滴定被测金属离子的条件。例如，当 $c(M,化学计量点)$ 为 $0.01\ mol\cdot L^{-1}$ 时，则要求 $\lg K'_{MY}\geqslant 8.0$。

4. 配位滴定中酸度的控制

配位滴定中对酸度的要求是同时满足以下三点：$\lg K'_{MY}c(M,化学计量点)\geqslant 6.0$，金属离子不发生水解以及符合滴定终点时指示剂颜色变化的条件。

不同金属离子的 EDTA 配合物的 K_{MY} 值不同，而代表 MY 实际稳定性的 K'_{MY} 又与溶液酸度有关。若 $c(M,化学计量点)=0.01\ mol\cdot L^{-1}$，为满足 $\lg K'_{MY}c(M,化学计量点)\geqslant 6.0$，则 $\lg K'_{MY}\geqslant 8.0$，即 $\lg K'_{MY}=\lg K_{MY}-\lg a_{Y(H)}\geqslant 8.0$

则
$$\lg a_{Y(H)}=\lg K_{MY}-8.0 \qquad (7-6)$$

由式(7-6)计算出 $\lg a_{Y(H)}$，再由 $pH-\lg a_{Y(H)}$ 表，即可得到滴定该 M 离子的最高允许酸度或最低 pH。

以 $pH-\lg a_{Y(H)}$ 作图所得到的曲线称为**酸效应曲线**，如图 7-8 所示。若以不同 $\lg K_{MY}$ 的值对相应的准确滴定 M 离子的最低 pH 作图，即在图 7-8 的横坐标上，将 $\lg a_{Y(H)}$ 值加上 8，就可将 $pH-\lg a_{Y(H)}$ 曲线转变为 $pH-\lg K_{MY}$ 曲线，此曲线仍称为酸效应曲线。从曲线上可直接查得 EDTA 滴定各金属离子的最高允许酸度。对稳定性高的 MY，如 BiY^- ($\lg K_{BiY}=27.9$)，可在高酸度 pH=0.7 的条件下滴定；而对稳定性差的 MY，如 MgY^{2-} ($\lg K_{MgY}=8.7$)，则必须在弱碱性 pH=10 的条件下滴定。

随着 pH 的增大，$a_{M(OH)}$ 增大，这同样会降低 EDTA 配合物的稳定性。金属离子被滴定的最高 pH，通常可粗略地由一定浓度的金属离子形成氢氧化物沉淀的 pH 估算。

另外，EDTA 滴定过程中会不断地释放出 H^+，即 $M+H_2Y \rightleftharpoons MY+2H^+$，使溶液酸度增高，$\lg a_{Y(H)}$ 增大，而 $\lg K'_{MY}$ 值变小，从而影响滴定反应的完全程度。因此，配位滴定中常加入缓冲

溶液来控制溶液的酸度。通常在弱酸性(pH=5～6)溶液中滴定,可选用 HAc-NaAc 缓冲体系或六次甲基四胺缓冲液;而在弱碱性(pH=8～10)溶液中滴定,可选用 NH_3-NH_4Cl 缓冲体系。

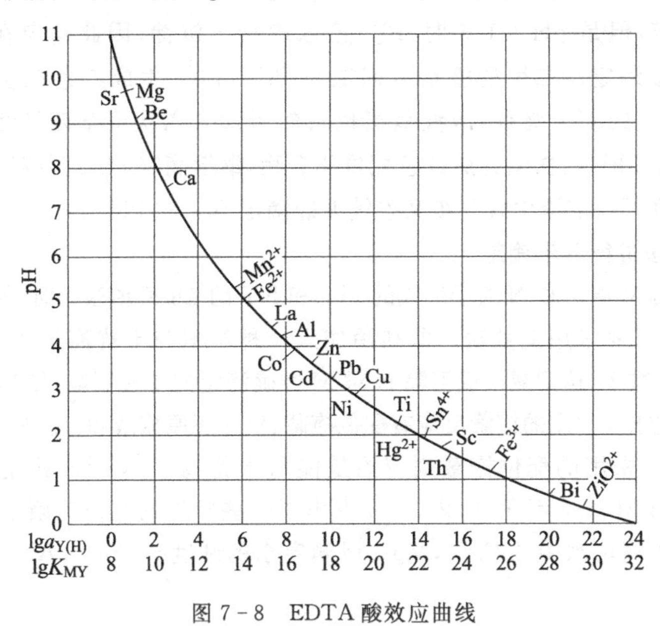

图 7-8 EDTA 酸效应曲线

7.4.4 混合离子的选择滴定

若溶液中同时含有 M,N 离子,则二者都能和 EDTA 生成配合物。若 $K_{MY}>K_{NY}$,则用 EDTA 滴定时,M 离子先被滴定。假设能准确滴定 M 离子,在 MY 的化学计量点时[NY]应当很小,故[N]=c(N)-[NY]=c(N),则 $a_{Y(N)}=1+c(N)K_{NY}$。因此 $a_{Y(N)}$ 仅取决于[N]和 K_{NY}。当酸度较高时,N 不发生水解,$a_{Y(N)}$ 为定值。Y 的总副反应系数 $a_Y=a_{Y(N)}+a_{Y(H)}$,当溶液酸度较高时,$a_{Y(H)}\gg a_{Y(N)}$,$K'_{MY}=K_{MY}/a_{Y(H)}$,即仅考虑 Y 的酸效应,而 N 的影响可以忽略。与单独滴定 M 的情况相同,K'_{MY}随溶液酸度减小而增大。当溶液酸度较低时,$a_{Y(N)}\gg a_{Y(H)}$,此时 $a_Y\approx a_{Y(N)}$,$K'_{MY}=K_{MY}/a_{Y(N)}=K_{MY}/[c(N)K_{NY}]$。将此式两边乘以 c(M),并取对数得:

$$\lg[K'_{MY}c(M)]=\lg K_{MY}-\lg K_{NY}+\lg[c(M)/c(N)]=\Delta\lg K+\lg[c(M)/c(N)] \quad (7-7)$$

显然,当 MY 和 NY 的稳定常数相差($\Delta\lg K$)越大,被测的 M 离子浓度[c(M)]越大,干扰离子 N 的浓度[c(N)]越小,$\lg K'_{MY}c(M)$值越大,即在 N 离子存在的条件下,准确滴定 M 离子的可能性越大。

当 $c(M)=c(N)$,$\Delta pM=\pm0.2$,$E_t=\pm0.1\%$,由 $\lg K'_{MY}c(M)=6.0$ 得 $\Delta\lg[K]=\lg[K'_{MY}c(M)]=6.0$。因此,通常以 $\Delta\lg K\geqslant6.0$ 作为判断能否准确分步滴定 M 离子和 N 离子的条件。

如果不能满足 $\Delta\lg K\geqslant6.0$ 的条件,N 离子就会干扰 M 离子被准确滴定,则需要改变滴定条件以消除 N 的干扰。分步滴定混合离子的方法如下。

1. 用控制溶液酸度的方法进行分步滴定

能满足式(7-7)中 $\Delta\lg K\geqslant6.0$ 的共存离子,就可以采用控制酸度的方法进行分步滴定。例如，浓度为10^{-2} mol·L^{-1}的Bi^{3+}，Pb^{2+}混合液，查表知$\lg K_{BiY}=27.9$，$\lg K_{PbY}=18.0$，故$\Delta\lg K=27.9-18.0=9.9>6.0$，因此滴定$Bi^{3+}$时$Pb^{2+}$不干扰。从图7-8的酸效应曲线查得，滴定$Bi^{3+}$的最小pH约为0.7，但是pH>1.5时，$Bi^{3+}$已水解析出沉淀，因此确定在pH=1.0时滴定$Bi^{3+}$，此时$Pb^{2+}$不被滴定。二甲酚橙指示剂能与$Bi^{3+}$，$Pb^{2+}$生成红色配位化合物，它可以在pH=1.0时指示$Bi^{3+}$的滴定终点（溶液呈黄色）；然后加入六次甲基四铵缓冲溶液，调节溶液pH=5～6，指示剂和Pb^{2+}再次结合成红色配位化合物，继续滴定Pb^{2+}到溶液呈黄色。因此通过控制溶液酸度可以在同一溶液中既分步又连续准确滴定Bi^{3+}和Pb^{2+}。

2. 用掩蔽的方法进行分步滴定

当溶液中共存的M离子和N离子形成的MY和NY的$\Delta\lg K$值很小时，就不能用控制酸度的方法进行分步滴定，而要采用掩蔽法。即利用加入一种试剂与干扰离子N起反应以大大降低$c(N)$，从而使$a_{Y(N)}$值减小，达到减小或消除N对M准确滴定的干扰影响，使其满足$\lg[K'_{MY}c(M)]$增大至选择滴定的要求。常用的掩蔽反应有配位掩蔽、氧化还原掩蔽和沉淀掩蔽。

（1）配位掩蔽　采用的配位掩蔽剂应该是能与干扰离子N形成稳定、易溶的无色或浅色配位化合物，而与M离子不配位，表7-6列出了一些常见的配位掩蔽剂及其使用的pH范围。例如，用EDTA滴定水中的Ca^{2+}，Mg^{2+}以测定水的硬度时，Fe^{3+}，Al^{3+}的干扰可以用三乙醇胺掩蔽。

表7-6　常见的配位掩蔽剂

名称	使用pH范围	被掩蔽的离子
NH_4F	4～6 ≈10	Al^{3+}，Sn^{4+}，Zr^{4+}，TiO^{2+}， Mg^{2+}，Ca^{2+}，Sr^{2+}，Ba^{2+}等
KCN	>8	Co^{2+}，Ni^{2+}，Cu^{2+}，Zn^{2+}，Fe^{2+}，Hg^{2+}，Ag^{+}等
三乙醇胺	≈10	Al^{3+}，Fe^{3+}，Sn^{4+}，TiO^{2+}
邻二氮菲	5～6	Co^{2+}，Ni^{2+}，Cu^{2+}，Zn^{2+}，Cd^{2+}，Hg^{2+}
酒石酸	1～2 6～8	Sn^{4+}，Mn^{2+}，Fe^{3+}、 Fe^{3+}，Al^{3+}，Sn^{4+}，Mg^{2+}，Ca^{2+}等

（2）氧化还原掩蔽　在混合液中，加入一种氧化剂或还原剂，使它与干扰离子发生氧化还原反应，以改变干扰离子的氧化数，达到消除干扰的目的。如在含Bi^{3+}，Fe^{3+}的混合液中滴定Bi^{3+}，此时Fe^{3+}有干扰，因为$\lg K_{BiY}=27.9$，$\lg K_{Fe(III)Y}=25.1$。可采用抗坏血酸或羟胺，将Fe^{3+}还原至Fe^{2+}，因为$\lg K_{Fe(II)Y}=14.3$，此时在滴定Bi^{3+}的pH条件下就消除了Fe^{3+}的干扰。

常用的还原剂有抗坏血酸、羟胺、联胺和硫脲等。

（3）沉淀掩蔽　加入能与干扰离子生成沉淀的沉淀剂并在沉淀存在下直接滴定。如在含Ca^{2+}，Mg^{2+}的混合液中，加入NaOH使溶液pH>12，此时Mg^{2+}形成$Mg(OH)_2$沉淀，然后使用钙指示剂，就可以用EDTA滴定Ca^{2+}，而Mg^{2+}不再干扰。

常用的沉淀掩蔽剂有NH_4F（在pH≈10时可掩蔽Ca^{2+}，Mg^{2+}，Sr^{2+}，Ba^{2+}和稀土元素等）、硫酸盐、硫化钠等。

7.4.5 配位滴定的方式和应用示例

1. EDTA 标准溶液的配制和标定

常用的 EDTA 标准溶液的浓度为 0.01～0.05 $mol \cdot L^{-1}$，采用 EDTA 二钠盐（$Na_2H_2Y \cdot 2H_2O$）配制。由于水和其他试剂中常含有金属离子，因此 EDTA 标准溶液应配制后加以标定。

标定 EDTA 溶液的基准物质有纯金属锌、铜、铋以及纯 ZnO，$CaCO_3$，$MgSO_4 \cdot 7H_2O$ 等。

2. EDTA 滴定方式和应用示例

(1) 直接滴定法　若被测金属离子与 EDTA 的配位反应能满足滴定分析对化学反应的要求，就可以用 EDTA 进行直接滴定。

例如，用 EDTA 测定水的总硬度。测定水的总硬度，实际上就是测定水中钙、镁离子的总量，并将其折算成 $CaCO_3$ 的质量以计算硬度。具体方法是取一定体积的水样，用 NH_3-NH_4Cl 缓冲液控制 pH≈10，以铬黑 T 为指示剂，用 EDTA 标准溶液滴定至溶液由酒红色变为纯蓝色。

(2) 返滴定法　当金属离子与 EDTA 反应缓慢，或在滴定 pH 条件下水解副反应严重，或无适当的指示剂时，不能用直接滴定法，可采用返滴定法。即在一定条件下，向试液中加入已知过量的 EDTA 标准溶液，然后用另一种金属离子的标准溶液滴定剩余的 EDTA，由两种标准溶液的浓度和用量求得被测物质的含量。EDTA 测定 Al^{3+} 就属于这种情况，具体方法是用 1∶1 的 HCl 溶解铝样后调节 pH 约 3.5（防止 Al^{3+} 水解），准确加入过量的 EDTA 标准溶液，煮沸 2～3 min（加速 Al^{3+} 与 EDTA 的反应）。冷却至室温，调节 pH＝5.0～6.0，以二甲酚橙为指示剂，用锌标准溶液滴定至溶液由黄色转变为淡紫红色。

(3) 置换滴定法　Ag^+ 和 EDTA 形成的配位化合物的稳定性不高（$\lg K_{AgY}=7.3$），不能用 EDTA 直接滴定。可以在 Ag^+ 溶液中加入过量的 $Ni(CN)_4^{2-}$ 发生如下反应：

$$2Ag^+ + Ni(CN)_4^{2-} \longrightarrow Ni^{2+} + 2Ag(CN)_2^-$$

在 pH＝10 的氨性缓冲溶液中，用紫脲酸铵作指示剂，游离出来的 Ni^{2+} 可以用 EDTA 直接滴定，从而测得 Ag^+ 的含量。

(4) 间接滴定法　有些非金属离子（如 SO_4^{2-}，PO_4^{3-}）不与 EDTA 反应，有些金属离子（如 Li^+，Na^+，K^+）与 EDTA 形成的配位化合物稳定常数小不能直接滴定，可以利用间接滴定法测定它们的含量。例如，欲测 PO_4^{3-} 的含量，可以将 PO_4^{3-} 定量沉淀为 $MgNH_4PO_4 \cdot 6H_2O$，然后将沉淀滤出，溶解于 HCl 中，调节 pH 后，用 EDTA 标准溶液滴定溶液中的 Mg^{2+}，即间接测得 PO_4^{3-} 的含量。又如 K^+ 的测定，可以将 K^+ 沉淀为 $K_2NaCo(NO_2)_6 \cdot 6H_2O$，将沉淀过滤溶解后，用 EDTA 滴定其中的 Co^{2+}，就可以间接求出 K^+ 含量。

习题

1. 命名下列配位化合物。

(1) $K_4[Fe(CN)_6]$　　(2) $[Co(NH_3)_4(H_2O)_2]Cl_3$

(3) $K[FeCl_2(C_2O_4)(en)]$　　(4) $[Ni(CO)_4]$

2. 根据下列配位化合物的名称写出化学式。

(1) 氯化二氯·四氨合钴(Ⅲ)　　(2) 四氯合铂(Ⅱ)酸六氨合铂(Ⅱ)

(3) 六氰合铁(Ⅲ)酸钾　　(4) 氯·水·草酸根·乙二胺合铬(Ⅲ)

3. $AgNO_3$能从$Pt(NH_3)_6Cl_4$溶液中将所有的氯沉淀为AgCl,但在$Pt(NH_3)_3Cl_4$中仅能沉淀出1/4的氯,试根据这些事实写出这两个配位化合物的结构式。

4. CN^-与(1)Ag^+,(2)Ni^{2+},(3) Fe^{3+},(4)Zn^{2+}形成配离子,试根据价键理论讨论其杂化类型、几何构型和磁性。

5. 试用价键理论说明下列配离子的键型(内轨型或外轨型)、几何构型和磁性大小。

(1) $[Ni(NH_3)_6]^{2+}$　　(2) $[Fe(CN)_6]^{4-}$

6. 有两个组成相同但颜色不同的配位化合物,化学式均为$Co(NH_3)_5(SO_4)Br$。向红色配位化合物中加入$AgNO_3$后生成黄色沉淀,但加入$BaCl_2$后并不生成沉淀;向紫色配位化合物中加入$BaCl_2$后生成白色沉淀,但加入$AgNO_3$后并不生成沉淀。试写出它们的结构式和名称,并简述推理过程。

7. 已知下列配位化合物的磁矩,根据配位化合物价键理论给出中心的轨道杂化类型、中心的价层电子排布和配位单元的几何构型。

(1) $[Co(NH_3)_6]^{2+}$, $\mu=3.9$ B.M.;　　(2) $[Pt(CN)_4]^{2-}$, $\mu=0$ B.M.;

(3) $[Mn(SCN)_6]^{4-}$, $\mu=5.9$ B.M.;　　(4) $[Fe(CN)_6]^{3-}$, $\mu=1.8$ B.M.。

8. 根据Fe^{2+}的电子成对能P,$[Fe(H_2O)_6]^{2+}$和$[Fe(CN)_6]^{4-}$的分裂能Δ,判断:

(1) 这两个配离子是高自旋还是低自旋?

(2) 写出每个配离子中e_g和t_{2g}轨道的电子排布。

9. 试从Mn^{3+}的P值(23800 cm^{-1})和高自旋配合物$[Mn(H_2O)_6]^{3+}$的Δ_o值(21000 cm^{-1}),估计$[Mn(CN)_6]^{3-}$和$[Mn(C_2O_4)_3]^{3-}$是高自旋还是低自旋配合物。

10. Cr^{2+},Cr^{3+},Mn^{2+},Fe^{2+}和Co^{2+}在强八面体晶体场和弱八面体晶体场中各有多少未成对电子?并写出e_g和t_{2g}轨道的电子数目。

11. 何谓晶体场分裂能?晶体场分裂能的大小和什么因素有关?

12. d^n($n=1\sim10$)离子中哪些有高低自旋之分?哪些没有?

13. 计算下列反应的标准平衡常数。

(1) $[Fe(C_2O_4)_3]^{3-}+6CN^- \rightleftharpoons [Fe(CN)_6]^{3-}+3C_2O_4^{2-}$

(2) $[Ag(NH_3)_2]^+ +2S_2O_3^{2-} \rightleftharpoons [Ag(S_2O_3)_2]^{3-}+2NH_3$

14. 将浓度为0.20 mol·L^{-1}的$AgNO_3$溶液与浓度为2.0 mol·L^{-1}的氨水等体积混合,问平衡时溶液中Ag^+,$[Ag(NH_3)_2]^+$和NH_3的浓度分别是多少?

15. 以下说法是否正确?简述理由。

(1) 配位化合物中配体的数目称为配位数;

(2) 配位化合物的中心原子的氧化数不可能为零,更不可能为负值;

(3) 羰基化合物中的配体CO是用氧原子和中心原子结合的,因为氧的电负性比碳大;

(4) 根据晶体场理论,Ni^{2+}六配位八面体配位化合物按磁矩的大小可分为高自旋和低自旋两种;

(5) 晶体场稳定化能为零的配位化合物是不稳定的。

16. 填空

(1) Bi^{3+}和Fe^{2+}(浓度均为10^{-2} mol·L^{-1})能否通过控制酸度进行分步滴定__________。

(2) pH=6.0时能否用EDTA准确滴定Mn^{2+}($c=10^{-2}$ mol·L^{-1})__________;此处的“准确”是什么意思:________________。

17. 将20.00 mL 0.100 mol·L^{-1} $AgNO_3$溶液加到20.00 mL 0.250 mol·L^{-1} NaCN溶液中,所得混合液的pH为11.0。计算溶液中Ag^+,CN^-和$[Ag(CN)_2]^-$平衡浓度。

18. 计算pH=5.0时的$\lg K'_{ZnY}$。

19. 以0.02 mol·L^{-1} EDTA溶液滴定同浓度的含Pb^{2+}试剂,且含酒石酸分析浓度为0.2 mol·L^{-1},溶液

pH 为 10.0，问化学计量点时的 $\lg K'_{PbY}$ 和 $c(Pb^{2+})$（酒石酸铅配位化合物的 $\lg K_{稳}=3.8$）。

20. 配位滴定中，使用二甲酚橙和铬黑 T 为指示剂的酸度范围分别是多少？

21. 某合金中镍的测定方法如下：称取试样 0.5124 g 于烧杯中，加入王水，待试样溶解完全后注入 250 mL 容量瓶中，加水稀释至刻度后摇匀。用移液管移取 50.00 mL 试液于烧杯中，用丁二酮肟溶液沉淀镍，分离沉淀后，用热盐酸溶解丁二酮肟镍于烧杯中，加入 0.05378 mol·L^{-1} EDTA 30.00 mL，加入少量水调节 pH≈3，加热溶液后冷却至室温，再加入六次甲基四胺缓冲液及二甲酚橙指示剂，用 0.02594 mol·L^{-1} Zn^{2+} 标准溶液返滴定至紫红色终点，消耗其体积 14.58 mL，计算试样中镍的百分含量。

22. 吸取含 Bi^{3+}，Pb^{2+}，Cd^{2+} 的试液 25.00 mL，以二甲酚橙作指示剂，在 pH=1.0 时用 0.02015 mol·L^{-1} EDTA 溶液滴定，消耗 20.28 mL。然后调节 pH 至 5.5，继续用该 EDTA 溶液滴定，又消耗 30.16 mL。再加入邻二氮菲，用 0.02002 mol·L^{-1} Pb^{2+} 标准溶液滴定，消耗 Pb^{2+} 标准溶液 10.15 mL。计算溶液中 Bi^{3+}，Pb^{2+}，Cd^{2+} 的浓度。

习题参考答案

第八章 沉淀-溶解平衡·重量分析法及沉淀滴定分析

本章研究的对象是难溶的强电解质，难溶意味着溶液的浓度很低，强电解质表明溶液中存在的是离子。沉淀-溶解平衡就是难溶强电解质固体和溶解后生成的离子之间的平衡。重量分析法和沉淀滴定分析中都涉及沉淀-溶解平衡。

8.1 难溶强电解质的沉淀-溶解平衡

8.1.1 沉淀-溶解平衡与溶度积常数

物质的溶解度有大有小，严格地讲，绝对不溶解于水的物质是不存在的，习惯上把溶解度小于 0.01 g/100 g 水的物质叫作**难溶物质**。例如，硫酸钡是一种难溶于水的强电解质。在一定温度下将硫酸钡置于水中，在水分子的作用下，$BaSO_4$ 晶体表面上的 Ba^{2+} 与 SO_4^{2-} 会脱离 $BaSO_4$ 晶体固相表面，成为水合离子进入溶液相(图 8-1)，这一过程称为溶解。随着溶解过程的进行，溶液相中 Ba^{2+}，SO_4^{2-} 的浓度随之增大。由于溶液相中 Ba^{2+}，SO_4^{2-} 的热运动和晶体表面正、负离子对它们的吸引，溶液相中的 Ba^{2+} 和 SO_4^{2-} 可能会重新沉积在 $BaSO_4$ 晶体表面上(图 8-1)，这一过程称为沉淀(或称结晶过程)。当溶解速率与沉淀速率相等时，就达到了平衡，这种平衡称为沉淀-溶解平衡。

$BaSO_4 \rightleftharpoons Ba^{2+} + SO_4^{2-}$，$K_{sp}^{\ominus} = [Ba^{2+}][SO_4^{2-}]$

对于一般的沉淀-溶解平衡：

$$M_nA_m \rightleftharpoons nM^{m+} + mA^{n-}$$

$$K_{sp}^{\ominus} = [M^{m+}]^n [A^{n-}]^m \qquad (8-1)$$

在式(8-1)中标准平衡常数用 $K_{sp}^{\ominus}$ 表示，称为沉淀-溶解平衡的**溶度积常数**，简称**溶度积**(solubility product)。一些难溶强电解质的溶度积列于附录十五。应该指出，式(8-1)只适用于稀溶液，对浓度较大的电解质溶液，由于正离子与负离子间的相互作用比较强烈，平衡常数表达式中各离子的浓度项应该用活度来表示，即

$$K_{sp}^{\ominus} = a_{M^{m+}}^n \cdot a_{A^{n-}}^m \qquad (8-2)$$

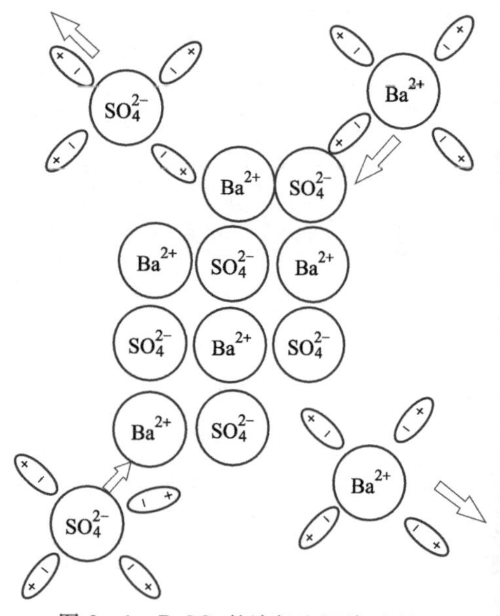

图 8-1 $BaSO_4$ 的溶解和沉淀过程

若溶液中离子强度较小，离子的活度系数近似等于1，活度可近似用浓度来代替。

难溶强电解质在水中的溶解度，可根据平衡常数表达式进行计算。

例 8-1 求 25 ℃时 Ag_2CrO_4 在水中的溶解度 $s(mol \cdot L^{-1})$（忽略离子强度的影响）。

解 $Ag_2CrO_4 \rightleftharpoons 2Ag^+ + CrO_4^{2-}$，设平衡时 $[CrO_4^{2-}]=s$，则 $[Ag^+]=2s$

$$K_{sp}^{\ominus}=[Ag^+]^2[CrO_4^{2-}]=(2s)^2 \cdot s=4s^3$$

所以 $s=\sqrt[3]{\dfrac{K_{sp}^{\ominus}}{4}}=\sqrt[3]{\dfrac{1.12\times10^{-12}}{4}}\ mol \cdot L^{-1}=6.5\times10^{-5}\ mol \cdot L^{-1}$

对于一般的沉淀-溶解平衡（忽略离子强度的影响）：

$$M_nA_m \rightleftharpoons nM^{m+} + mA^{n-}$$

平衡时 $$K_{sp}^{\ominus}=[M^{m+}]^n\ [A^{n-}]^m=(ns)^n\ (ms)^m=n^n m^m s^{n+m}$$

所以 $$s=\sqrt[n+m]{\frac{K_{sp}^{\ominus}}{n^n m^m}}\ (mol \cdot L^{-1}) \tag{8-3}$$

必须指出，$K_{sp}^{\ominus}$ 与溶解度之间这种简单的换算关系对有些难溶强电解质来说并不适用，因为进行这样的换算必须具备如下两个条件：

(1) 难溶强电解质的离子在溶液中不发生任何副反应。有些离子在水溶液中会发生水解、配位等反应。例如，$CaCO_3$ 溶解产生的 CO_3^{2-} 会发生水解反应：$CO_3^{2-} + H_2O \rightleftharpoons HCO_3^- + OH^-$，从而使得 $CaCO_3$ 的实际溶解度大于由 $K_{sp}^{\ominus}$ 计算得到的溶解度。

(2) 难溶强电解质要一步完全解离。有些难溶强电解质，如 HgS，溶于水的部分主要以分子形式溶解，然后这些分子再部分解离为离子：$HgS(s) \rightleftharpoons HgS(aq) \rightleftharpoons Hg^{2+} + S^{2-}$。也有些难溶强电解质，如 $Fe(OH)_3$，在水中是分步解离的。这些情况都会使它们的实际溶解度变大。

8.1.2 溶度积规则

在第五章中讨论了通过活度商 Q 和标准平衡常数 $K^{\ominus}$ 来判断反应进行的方向，这一规则同样适用于难溶强电解质的沉淀-溶解平衡。只不过在这里 Q 为离子浓度幂的乘积（称为**离子积**），而 $K^{\ominus}$ 为溶度积 $K_{sp}^{\ominus}$。因此：

$Q<K_{sp}^{\ominus}$ 不饱和溶液，若已有沉淀存在，沉淀将会溶解；

$Q=K_{sp}^{\ominus}$ 饱和溶液，达到平衡状态；

$Q>K_{sp}^{\ominus}$ 过饱和溶液，将有沉淀析出。

以上规则称为**溶度积规则**，它可以用来判断沉淀的生成和溶解。

8.1.3 沉淀的生成与溶解

1. 沉淀的生成

根据溶度积规则，要从溶液中沉淀出某一离子时，需加入一种沉淀剂，使其离子积 Q 大于溶度积 $K_{sp}^{\ominus}$，该离子便会从溶液中沉淀下来。

在定性分析中，溶液中残留离子的浓度不超过 $10^{-5}\ mol \cdot L^{-1}$ 时可认为沉淀完全；在定量分析中，溶液中残留离子的浓度不超过 $10^{-6}\ mol \cdot L^{-1}$ 时可认为沉淀完全。离子从溶液中沉淀出来的完全程度主要取决于生成难溶盐的 $K_{sp}^{\ominus}$ 值。此外，沉淀剂的加入量也会影响沉淀的完全程度。下面通过计算来说明这一影响。

例 8-2 计算在 0.010 mol·L^{-1}NaCl 溶液中 AgCl 固体的溶解度。

解 设在 0.010 mol·L^{-1}NaCl 溶液中 AgCl 的溶解度为 x mol·L^{-1}

$$Ag^{+}(aq)+Cl^{-}(aq) \rightleftharpoons AgCl(s)$$

起始浓度/(mol·L^{-1}) 0 0.010

平衡浓度/(mol·L^{-1}) x $0.010+x$

$$K_{sp}^{\ominus}=[Ag^{+}][Cl^{-}]=x\cdot(0.010+x)$$

因为 $x \ll 0.010, 0.010+x \approx 0.010$

所以 $x=\dfrac{K_{sp}^{\ominus}}{0.010}=\dfrac{1.77\times10^{-10}}{0.010}=1.77\times10^{-8}$ mol·L^{-1}

由例 8-2 可见，在 0.010 mol·L^{-1}NaCl 溶液中，AgCl 的溶解度为 1.77×10^{-8} mol·L^{-1}，这仅是 AgCl 在纯水中的溶解度（1.3×10^{-5} mol·L^{-1}）的约千分之一。在难溶电解质饱和溶液中加入含有相同离子的易溶电解质，显著降低难溶电解质溶解度的效应称为**同离子效应**（common ion effect）。

根据同离子效应，为了使溶液中某一离子尽可能地沉淀出来，沉淀剂必须过量，但也不是沉淀剂越多越好，太多的沉淀剂往往会导致其他副反应，反而会增大沉淀的溶解度。表 8-1 是实验测得 AgCl 在不同浓度 NaCl 溶液中的实际溶解度。从表中可见，当 Cl^{-} 浓度较大时，AgCl 的溶解度反而随 Cl^{-} 浓度增加而增大，其原因是过多的 Cl^{-} 会形成$[AgCl_2]^{-}$等配离子，使平衡向沉淀溶解的方向移动。一般来说，沉淀剂过量 20%～50%为宜。

表 8-1 AgCl 在不同浓度 NaCl 溶液中的实际溶解度

NaCl 浓度/(mol·L^{-1})	0	0.0039	0.036	0.35	0.50
AgCl 溶解度/(mg·L^{-1})	2.0	0.10	0.27	2.4	4.0

2. 沉淀的溶解

根据溶度积规则，只要设法降低溶液中的离子浓度，使 $Q<K_{sp}^{\ominus}$，沉淀就会溶解。降低离子浓度常见的方法有：

(1) 生成弱电解质 许多难溶的弱酸盐（如碳酸盐、草酸盐、磷酸盐、硫化物等）可溶于强酸就在于强酸中的 H^{+} 与弱酸根结合生成难解离的弱酸，从而降低了溶液中弱酸根离子的浓度，促使沉淀溶解。$Mg(OH)_2$ 可溶于 NH_4Cl，也是由于 NH_4^{+} 可与 OH^{-} 结合生成弱电解质 $NH_3\cdot H_2O$。

例 8-3 10 mL 0.10 mol·L^{-1} $MgSO_4$ 溶液与等体积 0.10 mol·L^{-1} 氨水混合，混合后是否有 $Mg(OH)_2$ 沉淀生成？若有沉淀生成，欲使生成的沉淀全部溶解，需加入多少克 NH_4Cl？已知：$K_{sp}^{\ominus}[Mg(OH)_2]=5.61\times10^{-12}$，$K_{b}^{\ominus}(NH_3)=1.76\times10^{-5}$。

解 混合后，尚未出现沉淀的一瞬间 $c(Mg^{2+})=0.050$ mol·L^{-1}，$c(NH_3)=0.050$ mol·L^{-1}

$$c(OH^{-})=\sqrt{K_{b}^{\ominus}c(NH_3)}=\sqrt{1.76\times10^{-5}\times0.05}\ \text{mol}\cdot\text{L}^{-1}=9.4\times10^{-4}\ \text{mol}\cdot\text{L}^{-1}$$

所以 $$Q=[Mg^{2+}][OH^{-}]^{2}=0.05\times(9.4\times10^{-4})^{2}=4.4\times10^{-8}>K_{sp}^{\ominus}[Mg(OH)_2]$$

所以混合后有 $Mg(OH)_2$ 沉淀生成。若要使生成的沉淀全部溶解，则要求 $Q \leqslant K_{sp}^{\ominus}$，即

$$[Mg^{2+}][OH^-]^2 \leqslant K_{sp}^{\ominus}$$

$$[OH^-] \leqslant \sqrt{\frac{K_{sp}^{\ominus}}{[Mg^{2+}]}} = \sqrt{\frac{5.61 \times 10^{-12}}{0.05}}\ \mathrm{mol \cdot L^{-1}} = 1.1 \times 10^{-5}\ \mathrm{mol \cdot L^{-1}}$$

为使溶液中 $[OH^-] \leqslant 1.1 \times 10^{-5}\ \mathrm{mol \cdot L^{-1}}$，可加入 NH_4Cl，设加入 NH_4Cl 后 $c(NH_4^+) = x\ \mathrm{mol \cdot L^{-1}}$，根据平衡

$$NH_3 + H_2O \rightleftharpoons NH_4^+ + OH^-$$

	NH_3+H_2O	NH_4^+	OH^-
起始浓度/($\mathrm{mol \cdot L^{-1}}$)	0.050	x	0
平衡浓度/($\mathrm{mol \cdot L^{-1}}$)	$0.05-1.1\times10^{-5}\approx0.05$	$x+1.1\times10^{-5}\approx x$	1.1×10^{-5}

$$K_b^{\ominus} = \frac{[NH_4^+][OH^-]}{[NH_3]} = \frac{x \times 1.1 \times 10^{-5}}{0.050}$$

$$x = K_b^{\ominus} \times \frac{0.050}{1.1 \times 10^{-5}} = \frac{1.76 \times 10^{-5} \times 0.050}{1.1 \times 10^{-5}}\ \mathrm{mol \cdot L^{-1}} = 8.0 \times 10^{-2}\ \mathrm{mol \cdot L^{-1}}$$

所以 $m(NH_4Cl) = c(NH_4^+) \cdot V \cdot M(NH_4Cl) = 8.0 \times 10^{-2}\ \mathrm{mol \cdot L^{-1}} \times 0.020\ \mathrm{L} \times 53.49\ \mathrm{g \cdot mol^{-1}}$

$= 8.6 \times 10^{-2}\ \mathrm{g}$

因此应至少加入 8.6×10^{-2} g NH_4Cl 才能将所生成的 $Mg(OH)_2$ 全部溶解。

(2) 通过氧化还原反应　CuS 虽然不溶于盐酸，但可溶于硝酸，硝酸的作用就在于通过氧化还原反应大大降低溶液中的 S^{2-} 浓度，从而使得 $Q < K_{sp}^{\ominus}$。S^{2-} 与硝酸的反应式为

$$3S^{2-} + 8H^+ + 2NO_3^- \rightleftharpoons 3S + 2NO(g) + 4H_2O$$

(3) 生成配合物　AgCl 不溶于硝酸，但可溶于氨水。氨水的作用是形成 $[Ag(NH_3)_2]^+$，从而降低溶液中的 Ag^+ 浓度。但是对于溶解度更小的 AgI，则不能用氨水溶解，相关计算参见例8-4。

例 8-4　欲使 0.10 mol AgI 完全溶解，至少需要 1.0 L 浓度为多少的氨水？已知，$K_{sp}^{\ominus}(AgI) = 8.52 \times 10^{-17}$；$K_{稳}^{\ominus}\{[Ag(NH_3)_2]^+\} = 1.12 \times 10^7$。

解　体系中存在以下平衡：

$$AgI \rightleftharpoons Ag^+ + I^-$$

$$Ag^+ + 2NH_3 \rightleftharpoons [Ag(NH_3)_2]^+$$

根据多重平衡规则可得沉淀溶解的总反应式，设 0.10 mol AgI 被 1 L 氨水全部溶解：

$$AgI + 2NH_3 \rightleftharpoons [Ag(NH_3)_2]^+ + I^-$$

平衡浓度/($\mathrm{mol \cdot L^{-1}}$)　　0.10　　0.10

$$\frac{[Ag(NH_3)_2{}^+][I^-]}{[NH_3]^2} = K_{sp}^{\ominus} K_{稳}^{\ominus} = 8.52 \times 10^{-17} \times 1.12 \times 10^7 = 9.54 \times 10^{-10}$$

所以

$$\frac{0.10 \times 0.10}{[NH_3]^2} = 9.54 \times 10^{-10}$$

$$[NH_3] = \sqrt{\frac{0.10 \times 0.10}{9.54 \times 10^{-10}}}\ \mathrm{mol \cdot L^{-1}} = 3.2 \times 10^3\ \mathrm{mol \cdot L^{-1}}$$

由于氨水的饱和浓度为 31.1 mol・L^{-1}，不可能达到 3.2×10^{3} mol・L^{-1} 这样高的浓度，因此用 1 L 氨水不可能溶解 0.10 mol AgI。

8.1.4 沉淀的转化

由于 $CaSO_4$ 是难溶的强酸盐，不能用强酸溶解，可以考虑将 $CaSO_4$ 转化为 $CaCO_3$ 沉淀，则 $CaCO_3$ 可以用强酸溶解。这种将一种沉淀转化为另一种沉淀的过程称为**沉淀的转化**。

将 $CaSO_4$ 置于 Na_2CO_3 溶液中，根据多重平衡规则，可得沉淀转化的总反应：

$$CaSO_4 + CO_3^{2-} \rightleftharpoons CaCO_3 + SO_4^{2-}$$

$$K^{\ominus}=\frac{[SO_4^{2-}]}{[CO_3^{2-}]}=\frac{K_{sp}^{\ominus}(CaSO_4)}{K_{sp}^{\ominus}(CaCO_3)}=\frac{4.93\times10^{-5}}{2.8\times10^{-9}}=1.76\times10^{4}$$

由于 $K^{\ominus}$ 值较大，该转化反应能进行得比较完全。

例 8-5 用 1.0 mL 浓度为多少的 Na_2CO_3 溶液能将 0.10 mmol $CaSO_4$ 沉淀转化为 $CaCO_3$ 沉淀？

解 沉淀转化后，$[SO_4^{2-}]=0.10$ mol・L^{-1}，设平衡时 $[CO_3^{2-}]=x$ mol・L^{-1}，则

$$CaSO_4 + CO_3^{2-} \rightleftharpoons CaCO_3 + SO_4^{2-}$$

平衡浓度/(mol・L^{-1})　　　　x　　　　　　0.10

$$\frac{[SO_4^{2-}]}{[CO_3^{2-}]}=\frac{0.10}{x}=1.76\times10^{4}$$

$$x=\frac{0.10}{1.76\times10^{4}}\ \text{mol}\cdot\text{L}^{-1}=5.7\times10^{-6}\ \text{mol}\cdot\text{L}^{-1}$$

所以　　$c(Na_2CO_3)=5.7\times10^{-6}$ mol・L^{-1} + 0.10 mol・L^{-1} ≈ 0.10 mol・L^{-1}

因此取 1.0 mL 0.10 mol・L^{-1} Na_2CO_3 溶液能将 0.10 mmol $CaSO_4$ 沉淀转化为 $CaCO_3$ 沉淀。

例 8-6 用 1.0 mL 浓度为多少的 Na_2CO_3 溶液能将 0.10 mmol $BaSO_4$ 沉淀转化为 $BaCO_3$ 沉淀？已知，$K_{sp}^{\ominus}(BaSO_4)=1.08\times10^{-10}$，$K_{sp}^{\ominus}(BaCO_3)=2.58\times10^{-9}$。

解 设平衡时 $[CO_3^{2-}]=x$ mol・L^{-1}，则

$$BaSO_4 + CO_3^{2-} \rightleftharpoons BaCO_3 + SO_4^{2-}$$

平衡浓度/(mol・L^{-1})　　　　x　　　　　　0.10

$$K^{\ominus}=\frac{[SO_4^{2-}]}{[CO_3^{2-}]}=\frac{K_{sp}^{\ominus}(BaSO_4)}{K_{sp}^{\ominus}(BaCO_3)}=\frac{1.08\times10^{-10}}{2.58\times10^{-9}}=4.19\times10^{-2}=\frac{0.10}{x}$$

解得

$$x=\frac{0.10}{4.19\times10^{-2}}\ \text{mol}\cdot\text{L}^{-1}=2.4\ \text{mol}\cdot\text{L}^{-1}$$

所以　　$c(Na_2CO_3)=2.4$ mol・L^{-1} + 0.10 mol・L^{-1} = 2.5 mol・L^{-1}

Na_2CO_3 的饱和溶解度仅为 1.97 mol・L^{-1}(20 ℃)，因此不能将 0.10 mmol $BaSO_4$ 完全转化为 $BaCO_3$。若想使 $BaSO_4$ 全部转化为 $BaCO_3$，需要经过多次转化才能完成。

从以上例题可以看出，溶解度较大的沉淀容易转化为溶解度较小的沉淀。例如，在砖红色

Ag_2CrO_4沉淀($K^{\ominus}_{sp}=1.12\times10^{-12}$)中加入KCl溶液,$Ag_2CrO_4$沉淀会转化为白色AgCl沉淀($K^{\ominus}_{sp}=1.77\times10^{-10}$)。虽然$K^{\ominus}_{sp}(Ag_2CrO_4)$小于$K^{\ominus}_{sp}(AgCl)$,但$Ag_2CrO_4$的溶解度($6.5\times10^{-5}$ mol·L^{-1})大于AgCl的溶解度(1.3×10^{-5} mol·L^{-1}),所以此转化也可以进行。

8.1.5 分步沉淀

1. 分步沉淀

利用难溶物质溶解度的差异使几种离子在不同条件下生成沉淀,从而使之分离的方法叫作**分步沉淀**。

例 8-7 向浓度均为0.010 mol·L^{-1}的Cl^-和I^-混合液中逐滴加入$AgNO_3$溶液。问:(1) 哪一种离子先沉淀?(2) 第二种离子产生沉淀时,第一种离子是否沉淀完全($c<10^{-6}$ mol·L^{-1})?

解 (1) AgCl和AgI生成沉淀时对溶液中Ag^+浓度的要求分别是

$$[Ag^+]=\frac{K^{\ominus}_{sp}(AgCl)}{[Cl^-]}=\frac{1.77\times10^{-10}}{0.010}\ \text{mol·L}^{-1}=1.77\times10^{-8}\ \text{mol·L}^{-1}$$

$$[Ag^+]=\frac{K^{\ominus}_{sp}(AgI)}{[I^-]}=\frac{8.52\times10^{-17}}{0.010}\ \text{mol·L}^{-1}=8.52\times10^{-15}\ \text{mol·L}^{-1}$$

当逐滴加入$AgNO_3$时溶液中的$[Ag^+]$由小变大,当$[Ag^+]$达到8.52×10^{-15} mol·L^{-1}时,便有AgI沉淀生成,因此AgI先沉淀出来。

(2) 当产生AgCl沉淀时,要求$[Ag^+]=1.77\times10^{-8}$ mol·L^{-1}

此时,$[I^-]=\dfrac{K^{\ominus}_{sp}(AgI)}{[Ag^+]}=\dfrac{8.52\times10^{-17}}{1.77\times10^{-8}}\ \text{mol·L}^{-1}=4.81\times10^{-9}\ \text{mol·L}^{-1}<10^{-6}\ \text{mol·L}^{-1}$

所以当AgCl开始沉淀时,I^-已沉淀完全,因此可通过滴加$AgNO_3$溶液对Cl^-和I^-进行分步沉淀。

分步沉淀在科学实验和化工生产中有着广泛的应用。例如,利用金属硫化物和金属氢氧化物的分步沉淀可对金属离子混合溶液中的金属离子进行分离。

2. 金属硫化物的分步沉淀

很多金属离子的硫化物是难溶化合物,且溶度积相差很大,因此可以利用分步沉淀进行分离。根据溶度积原理,不同金属离子产生硫化物沉淀时,对溶液中$[S^{2-}]$的要求是不同的,而$[S^{2-}]$又与溶液中的$[H^+]$保持一定的平衡关系,因此有可能通过控制溶液中的$[H^+]$来控制金属离子的分步沉淀。

例 8-8 向浓度均为0.10 mol·L^{-1}的Zn^{2+},Mn^{2+}混合液中不断通入H_2S气体(H_2S饱和溶液浓度为0.10 mol·L^{-1})。问溶液的pH应控制在什么范围可以达到Zn^{2+},Mn^{2+}分离?

解 因为$K^{\ominus}_{sp}(ZnS)=1.6\times10^{-24}$,$K^{\ominus}_{sp}(MnS)=2.5\times10^{-13}$,显然ZnS应先沉淀,ZnS沉淀完全时,要求$[Zn^{2+}]\leqslant10^{-6}$ mol·L^{-1},因此

$$[S^{2-}]=\frac{K^{\ominus}_{sp}(ZnS)}{[Zn^{2+}]}=\frac{1.6\times10^{-24}}{10^{-6.0}}\ \text{mol·L}^{-1}=1.6\times10^{-18}\ \text{mol·L}^{-1}$$

又

$$\frac{[S^{2-}][H^+]^2}{[H_2S]}=K^{\ominus}_{a_1}K^{\ominus}_{a_2}$$

$$[H^+]=\sqrt{\frac{K_{a_1}^{\ominus}K_{a_2}^{\ominus}[H_2S]}{[S^{2-}]}}=\sqrt{\frac{1.07\times10^{-7}\times1.26\times10^{-13}\times0.10}{1.6\times10^{-18}}}\ mol\cdot L^{-1}=2.9\times10^{-2}\ mol\cdot L^{-1}$$

为保证 Zn^{2+} 沉淀完全，要求 $[H^+]\leqslant2.9\times10^{-2}\ mol\cdot L^{-1}$，即要求 $pH\geqslant1.54$。

当 MnS 刚开始沉淀时，$[Mn^{2+}]=0.10\ mol\cdot L^{-1}$，因此

$$[S^{2-}]=\frac{K_{sp}^{\ominus}(MnS)}{[Mn^{2+}]}=\frac{2.5\times10^{-13}}{0.10}\ mol\cdot L^{-1}=2.5\times10^{-12}\ mol\cdot L^{-1}$$

$$[H^+]=\sqrt{\frac{K_{a_1}^{\ominus}K_{a_2}^{\ominus}[H_2S]}{[S^{2-}]}}=\sqrt{\frac{1.07\times10^{-7}\times1.26\times10^{-13}\times0.10}{2.5\times10^{-12}}}\ mol\cdot L^{-1}=2.3\times10^{-5}\ mol\cdot L^{-1}$$

即要使 MnS 不产生沉淀，要求 $[H^+]\geqslant2.3\times10^{-5}\ mol\cdot L^{-1}$，即要求 $pH\leqslant4.63$。

控制酸度范围为 $1.54<pH<4.63$ 可以达到 Zn^{2+}，Mn^{2+} 的分离（即 Zn^{2+} 沉淀完全，而 Mn^{2+} 保留在溶液中）。

3. 金属氢氧化物的分步沉淀

例 8-9 用生成 $Fe(OH)_3$ 的方法除去 $0.010\ mol\cdot L^{-1}\ Mg^{2+}$ 溶液中的 Fe^{3+}。问沉淀时应控制酸度在什么范围？已知 $K_{sp}^{\ominus}[Fe(OH)_3]=2.79\times10^{-39}$，$K_{sp}^{\ominus}[Mg(OH)_2]=5.61\times10^{-12}$。

解 $Fe(OH)_3$ 的溶解度远小于 $Mg(OH)_2$ 的溶解度，所以 $Fe(OH)_3$ 应先沉淀。$Fe(OH)_3$ 沉淀完全时：

$$[OH^-]=\sqrt[3]{\frac{K_{sp}^{\ominus}}{[Fe^{3+}]}}=\sqrt[3]{\frac{2.79\times10^{-39}}{1.0\times10^{-6}}}\ mol\cdot L^{-1}=1.41\times10^{-11}\ mol\cdot L^{-1}$$

$$[H^+]=\frac{K_w^{\ominus}}{[OH^-]}=\frac{1\times10^{-14}}{1.41\times10^{-11}}\ mol\cdot L^{-1}=7.09\times10^{-4}\ mol\cdot L^{-1}$$

$$pH=-lg[H^+]=3.15$$

$Mg(OH)_2$ 开始沉淀时：

$$[OH^-]=\sqrt{\frac{K_{sp}^{\ominus}}{[Mg^{2+}]}}=\sqrt{\frac{5.61\times10^{-12}}{0.010}}\ mol\cdot L^{-1}=2.37\times10^{-5}\ mol\cdot L^{-1}$$

$$[H^+]=\frac{K_w^{\ominus}}{[OH^-]}=\frac{1\times10^{-14}}{2.37\times10^{-5}}\ mol\cdot L^{-1}=4.22\times10^{-10}\ mol\cdot L^{-1}$$

$$pH=-lg[H^+]=9.37$$

因此沉淀 $Fe(OH)_3$ 而保留 Mg^{2+} 的酸度范围是 $3.15<pH<9.37$。

8.2 重量分析法

8.2.1 概述

1. 重量分析法的分类

重量分析法是通过称量物质的质量来确定被测组分含量的一种分析方法。该方法最大的优点是准确度高，一般相对误差为±0.1%。根据不同的分离方法可以将重量分析法分为三类。

(1) 挥发法(又称汽化重量法) 采用直接(或经反应后)加热的方法使被测组分汽化逸出，通过称量计算气体逸出前后试样的质量变化，求得挥发组分的质量；或者将汽化逸出的组分用吸收剂吸收，通过称量并计算吸收剂吸收前后的质量变化，求得挥发组分的质量。例如，试样中SiO_2含量的测定，可以称量试样质量后用氢氟酸加热处理(SiO_2转化为SiF_4后汽化逸出)，反应后再称量剩余残渣的质量，由两次称量质量之差即可求得SiO_2含量。

(2) 电重量法 通过电解的方法，将试样中的待测金属离子还原沉积到电解池的阴极上，通过称量计算电解前后该阴极的质量变化，求得被测金属离子的含量。

(3) 沉淀重量法 将经过准确称量的试样进行化学处理制成试液，在一定条件下加入沉淀剂使待测组分生成沉淀(称为沉淀形式)，沉淀经过滤、洗涤与母液分离，然后通过干燥或灼烧，使沉淀形式转化为称量形式。对称量形式进行准确称量后，根据试样和沉淀的质量确定被测组分的含量，这种方法叫作沉淀重量法。例如，磷矿石中 P 或 P_2O_5含量的测定，实际分析方法如下：

准确称取磷矿石试样⟶制成$(NH_4)_2HPO_4$试液⟶生成$Mg(NH_4)PO_4 \cdot 6H_2O$沉淀⟶过滤，洗涤，1100 ℃灼烧⟶转化成$Mg_2P_2O_7$⟶称量$m(Mg_2P_2O_7)$⟶计算 P 或P_2O_5的含量

2. 沉淀重量法对沉淀形式、称量形式的要求

作为定量分析方法，沉淀重量法同样应该满足“准确”和“快速”的要求。因此，沉淀重量法对沉淀形式和称量形式有一定的要求。

对沉淀形式的要求：

(1) 沉淀形式的溶解度必须足够小，即要求沉淀反应必须定量完成。由沉淀过程及洗涤引起的沉淀溶解损失的量不超过 0.2 mg。

(2) 为了获得准确的分析结果，沉淀形式必须足够纯净，不应含有杂质。

(3) 为了加快分析速度，沉淀形式要易于过滤和洗涤。

对称量形式的要求：

(1) 称量形式必须具有确定的化学组成，并与化学式相符；

(2) 称量形式要稳定，不受空气中CO_2，H_2O等的影响；

(3) 称量形式最好有较大的摩尔质量，以减小称量的相对误差，提高分析的准确度。

8.2.2 沉淀的完全程度和影响沉淀溶解度的因素

在重量分析中，为满足定量分析的要求必须考虑影响沉淀溶解度的各种因素，包括盐效应、同离子效应、酸效应和配位效应等。

1. 盐效应

当体系达到沉淀-溶解平衡后，严格地讲，$K_{sp}^{\ominus}$应该是构晶离子活度幂的乘积。

$$M_nA_m \rightleftharpoons nM^{m+} + mA^{n-}$$

$$K_{sp}^{\ominus} = a^n(M^{m+})a^m[A^{n-}] = (\gamma_{M^{m+}}[M^{m+}])^n\ (\gamma_{A^{n-}}[A^{n-}])^m$$

任何影响溶液离子强度的因素均会影响沉淀的溶解度。增大溶液中盐的浓度会使溶液的离子强度增大，从而使离子的活度系数减小，沉淀的溶解度增大，这就是**盐效应**。

2. 同离子效应

当沉淀在水中达到沉淀-溶解平衡后，若向溶液中加入与构晶离子相同的离子，就会使平衡

向生成沉淀的方向移动,从而使沉淀的溶解度降低,这就是**同离子效应**。详见例 8-2。

3. 酸效应

当沉淀为难溶弱酸盐时,溶液的酸度会影响沉淀的溶解度。弱酸根离子可以质子化生成相应的弱酸,从而增大其溶解度。这种弱酸根离子质子化的副反应对于难溶弱酸盐沉淀的溶解度影响很大。

4. 配位效应

溶液中某种配体若能与沉淀的构晶离子形成配合物,那么配位反应的存在会使沉淀的溶解度增大,这种效应叫作**配位效应**。

同时考虑 Cl^- 对 AgCl 的同离子效应与配位效应,计算 AgCl 的溶解度,并绘制溶解度曲线,如图 8-2所示。图中画"○"的点是实验值。

由图可见 AgCl 沉淀的溶解度是溶液中 $[Cl^-]$的函数。Cl^- 浓度对 AgCl 沉淀的溶解度有两方面的影响:(1) 同离子效应,Cl^- 浓度增大,AgCl 溶解度降低;(2) 配位效应,Cl^- 浓度增大,AgCl 溶解度升高。因此,随着 Cl^- 浓度的增大,AgCl 沉淀的溶解度必有一最小值。由图可见当 pCl=2.5 时,AgCl 沉淀的溶解度最小。

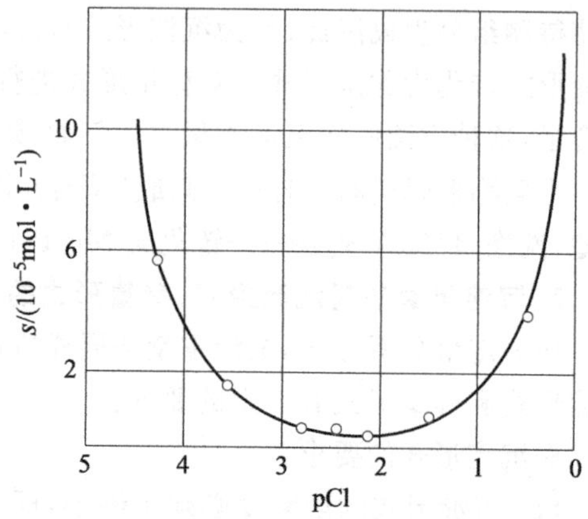

图 8-2 AgCl 沉淀的溶解度与 pCl 的关系

8.2.3 影响沉淀纯度的因素

在沉淀重量法中,沉淀夹带杂质往往会影响定量分析的准确度,因此应控制沉淀条件,尽量避免或减少杂质的混入。在沉淀过程中,杂质一般是通过共沉淀和后沉淀两种方式被引进的。

1. 共沉淀

在一定条件下,某些物质本身并不能单独形成沉淀而析出,但它可以随同其他沉淀物的析出而析出,这种现象叫作**共沉淀**(coprecipitation)。共沉淀主要有以下三种类型。

(1) 表面吸附共沉淀 **表面吸附共沉淀**是由于晶体表面吸附作用引起的共沉淀,如图 8-3 所示,向含有 NaAc 的 NaCl 溶液中滴加 $AgNO_3$使之形成 AgCl 沉淀。加入过量的 $AgNO_3$后,溶液中的 Cl^- 基本被沉淀完全,溶液中存在较大量的 Na^+,Ac^-,Ag^+,NO_3^- 及微量的 OH^-,H^+。这些离子都有被 AgCl 吸附的可能,但这种吸附是有选择性的,选择吸附的规则是:优先吸附构晶离子,如果没有过量的构晶离子,则优先吸附与构晶离子形成溶解度最小化合物的离子。此例中,AgCl 沉淀优先吸附 Ag^+,所吸附的 Ag^+ 在晶体表面形成一个吸附层。由于吸附层带有正电荷,必然会再吸附溶液中的负离子(Ac^-,NO_3^-),由于 AgAc 的溶解度远小于 $AgNO_3$的溶解度,所以 Ac^- 作为抗衡离子分布在吸附层附近,因此 AgAc 就是 AgCl 沉淀表面吸附的杂质。若上例中用 Cl^- 沉淀 Ag^+ 且 Cl^- 过量,因为吸附层由 Cl^- 组成,则 AgCl 沉淀表面吸附的杂质应该是氯化物。

表面吸附的杂质可以通过洗涤沉淀的方法去除。

(2) 包藏共沉淀 在滴加沉淀剂的过程中,如果沉淀的晶体生长速率过快,表面吸附的杂质来不及离开沉淀表面而被随后长在沉淀表面的构晶离子所覆盖,从而被包夹在沉淀之中,这种现

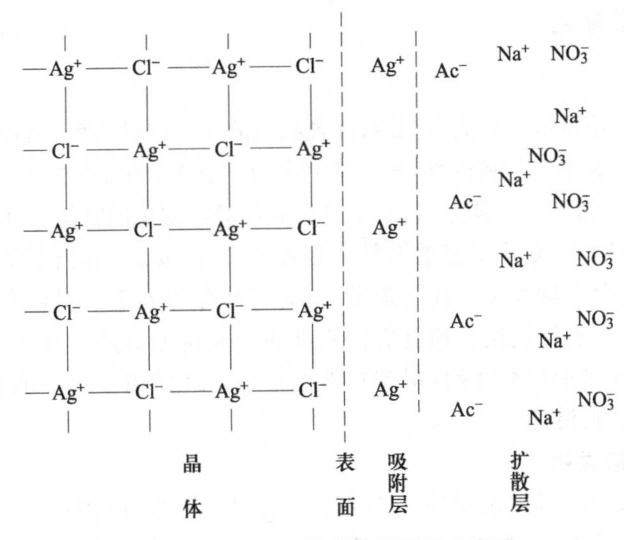

图 8-3 AgCl 沉淀的表面吸附示意图

象叫作**包藏共沉淀**。包藏共沉淀实质上还是由于表面吸附所引起的，所以被包藏的杂质符合吸附规则。例如，沉淀 $BaSO_4$ 时若把 Ba^{2+} 溶液逐滴加入 SO_4^{2-} 溶液中，沉淀是在 SO_4^{2-} 过量的情况下逐步生成的，因此 SO_4^{2-} 首先被吸附到吸附层，溶液中的杂质阳离子有可能进入扩散层，也就有可能被包藏在沉淀之中。反之，若把 SO_4^{2-} 溶液逐滴加入 Ba^{2+} 溶液中，沉淀是在 Ba^{2+} 过量的情况下逐步生成的，因此 Ba^{2+} 首先被吸附到吸附层，溶液中的杂质阴离子有可能进入扩散层，也就有可能被包藏在沉淀之中。

因此，可根据试液中所含杂质的情况，适当改变操作步骤，以减少主要杂质离子被包藏的可能性。包藏共沉淀不能通过洗涤沉淀的方式除去，可通过陈化或重结晶的方法除去。

(3) 混晶共沉淀　在沉淀被测离子时，若杂质离子与被测离子的离子电荷相同、半径相近、晶体结构相似，则杂质离子可以混进沉淀的晶体内部取代构晶离子的结晶点位，形成**混晶共沉淀**，如 $BaSO_4$-$PbSO_4$，AgCl-AgBr 等。能否生成混晶共沉淀及混晶共沉淀所占的比例与其平衡常数有关，只要条件具备就必然会生成混晶共沉淀。混晶共沉淀不能通过洗涤、陈化，甚至再沉淀等手段去除。若想避免混晶共沉淀的生成，只能事先把杂质离子分离出去。

2. 后沉淀

一种单独存在时难以析出沉淀的组分，当体系中有其他组分沉淀时，会在所生成的沉淀表面上被诱导沉淀出来，这种现象叫作**后沉淀**(post precipitation)。后沉淀的量随沉淀与母液共置时间的增长而增多。例如，在 Ca^{2+}，Mg^{2+} 共存的混合溶液中加入 $C_2O_4^{2-}$，由于 CaC_2O_4 沉淀的生成，表面吸附了大量的 $C_2O_4^{2-}$，MgC_2O_4 就可能在 CaC_2O_4 沉淀的表面上沉淀出来，而且随着 CaC_2O_4 与母液共置时间的增长，MgC_2O_4 后沉淀的量加大。但在相同的条件下，当 Mg^{2+} 单独存在时，Mg^{2+} 和 $C_2O_4^{2-}$ 不产生沉淀。减少后沉淀的主要办法是缩短沉淀与母液共置的时间。在沉淀金属硫化物时也有类似的现象发生，如在沉淀 CuS 时，ZnS 会沉淀在 CuS 的表面上。后沉淀有弊有利，在分析化学中可以利用后沉淀将某一痕量组分富集于某一沉淀之上。

8.2.4 沉淀的形成过程

1. 沉淀的类型

沉淀按照颗粒的大小可以分为晶形沉淀、凝乳状沉淀和无定形沉淀。晶形沉淀的颗粒最大，直径在 0.1～1 μm 之间。在晶形沉淀内部，离子排列是有规律的，因此晶形沉淀结构紧密，对杂质的吸附也较少，沉淀后易于沉降在容器底部，便于过滤和洗涤。常见的沉淀中 $Mg(NH_4)PO_4 \cdot 6H_2O$ 和 $BaSO_4$ 属于晶形沉淀。无定形沉淀的颗粒直径小于 0.02 μm。其内部离子的排列是无序的，结构疏松，体积庞大并含大量水分及其他杂质，过滤时易穿透滤纸或者堵塞滤纸空隙，过滤速率很慢，且不易洗涤。常见的氢氧化铁和氢氧化铝都属于无定形沉淀。凝乳状沉淀颗粒的大小和性质介于晶形沉淀和无定形沉淀之间，属于过渡状态，AgCl 就属于这一沉淀。凝乳状沉淀和无定形沉淀可统称为非晶形沉淀。

2. 沉淀形成的一般过程

根据化学平衡的原理，当被沉淀离子与沉淀剂混合后，若反应物的活度商 Q 大于溶度积 $K_{sp}^{\ominus}$，反应会向沉淀生成的方向进行。沉淀的形成一般按以下过程进行：

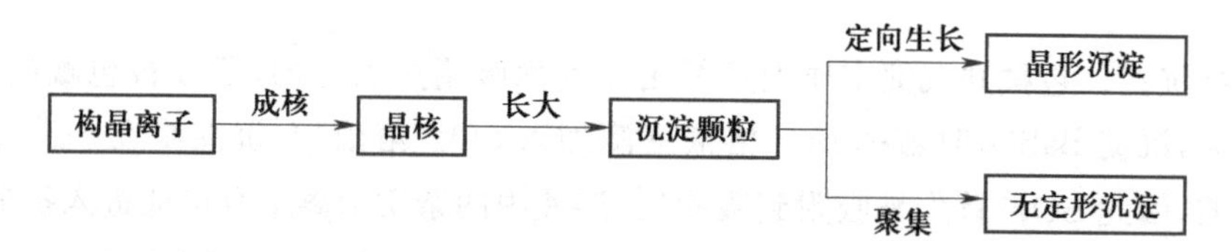

成核过程可以分为均相成核和异相成核。

（1）均相成核　过饱和溶液中构晶离子由于静电相互作用聚集起来形成的离子群体（晶核），称为均相成核，通常由 4～8 个构晶离子组成。

溶液的过饱和程度直接影响着晶核的生长速率和沉淀颗粒的大小。冯·韦曼（von Weimarn）通过对 $BaSO_4$ 沉淀的研究提出，沉淀的分散度与溶液的相对过饱和度成正比，即

$$\text{沉淀的分散度} = K\,\frac{Q-s}{s}$$

式中，Q 为加入沉淀剂瞬间沉淀物质的总浓度；s 为晶核的溶解度；$Q-s$ 为过饱和度；$(Q-s)/s$ 为相对过饱和度；K 为常数，与沉淀的性质、温度及介质等因素有关。冯·韦曼公式表明，溶液相对过饱和度越大，沉淀的分散度越大，颗粒越小。

（2）异相成核　溶液中的外来悬浮物质（如灰尘）和容器玻璃壁上的杂质可以起到晶种的作用，导致构晶离子在其上面成核。一般情况下，1 mm^3 溶液中约有 2000 个固体微粒，即便使用蒸气处理过的玻璃容器，1 mm^3 溶液中也可能含有 100 个固体微粒。此外，玻璃器皿壁上也有许多 5～10 nm长的“玻璃晶核”，因此异相成核作用总是存在的。通过异相成核作用所形成的晶核数目取决于外来固体微粒的数目。

晶核的形成来自均相成核与异相成核两方面的贡献。例如，沉淀 $BaSO_4$ 时溶液中晶核数量与溶液浓度的关系曲线（图 8-4）即可说明这一情况。

由图 8-4 可见，当 Ba^{2+} 和 SO_4^{2-} 的浓度大约在 10^{-2} mol·L^{-1} 以下时，溶液中晶核的数量与浓度无关，说明异相成核起主导作用，此时溶液中的 Ba^{2+} 和 SO_4^{2-} 基本上不形成新的 $BaSO_4$ 晶

核,溶液中 $BaSO_4$ 晶核的数量取决于溶液中其他固体微粒的数量,在此浓度范围内增加 Ba^{2+} 和 SO_4^{2-} 的浓度,构晶离子将快速长大到晶核上去。当构晶离子浓度大于 10^{-2} mol·L^{-1}时,随着浓度的增加,溶液中晶核的数量快速增加,这说明溶液中 $BaSO_4$ 晶核的形成除了来自异相成核作用外,还存在均相成核作用。

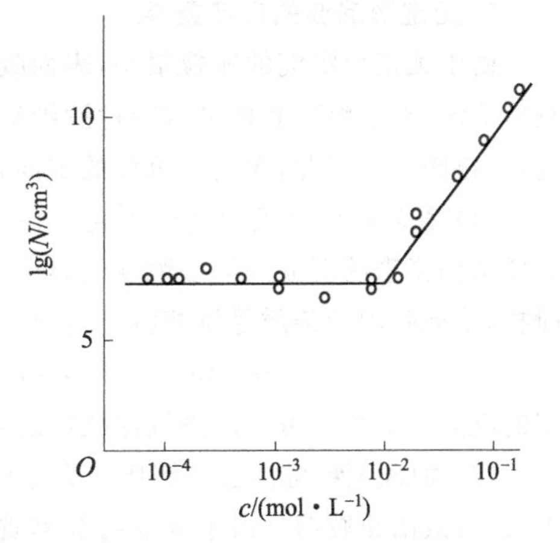

图 8-4 沉淀 $BaSO_4$ 时溶液中晶核数量与溶液浓度的关系

沉淀重量法通常要求沉淀的颗粒大、晶形好,因此沉淀应在相对过饱和度较小的情况下进行,在此情况下,异相成核起主导作用,溶液中晶核数量相对较少,有利于得到颗粒较大的晶形沉淀。

在沉淀微粒(微晶)生成沉淀的过程中存在两种可能的趋势:(1) 沉淀微粒发生无序聚集形成不规则的无定形沉淀;(2) 溶液中构晶离子定向排列到沉淀微粒的表面上成长为晶形沉淀。显然,沉淀最终形成无定形沉淀还是晶形沉淀取决于聚集速率与定向速率之间的竞争。

聚集速率与溶液过饱和度有关,过饱和度越大,均相成核起的作用越大,因此晶核越多,沉淀微粒越多,聚集速率越大,越容易形成无定形沉淀。

定向速率与沉淀性质有关,强极性的无机盐类一般具有较大的定向速率,如 $BaSO_4$,$Mg(NH_4)PO_4$,CaC_2O_4 等容易形成晶形沉淀。一些高价金属离子的氢氧化物(水合氧化物)如 $Al_2O_3 \cdot nH_2O$,$Fe_2O_3 \cdot nH_2O$ 等,金属硫化物如 Ag_2S 等,其定向速率小,聚集速率相对较大,聚集过程起主导作用,容易形成疏松带水的无定形沉淀。

8.2.5 沉淀条件的选择

1. 晶形沉淀的沉淀条件

为了获得容易过滤和洗涤的大颗粒晶形沉淀,晶形沉淀的沉淀条件是:

(1) 在较稀的溶液中进行沉淀　在稀溶液中进行沉淀可减弱均相成核作用,减少晶核数量,降低聚集速率,获得沉淀颗粒相对较大的晶形沉淀,使沉淀易于过滤洗涤。

(2) 滴加沉淀剂的速率要慢,并不断搅拌溶液,防止沉淀剂在溶液中局部过浓,避免大量晶核的产生。

(3) 在热溶液中进行沉淀　温度较高时,沉淀的溶解度增大,可以降低沉淀时的相对过饱和度,减弱均相成核作用,获得颗粒较大的晶形沉淀。同时,因为表面吸附是放热过程,升高温度可以减少杂质的表面吸附,也有利于减少包藏共沉淀。但应指出,在获得沉淀以后,应使温度降至室温后再进行过滤和洗涤,以避免因溶解度增大而造成的沉淀损失。

(4) 沉淀完成后进行"陈化",就是将沉淀与母液共置一段时间。新生成的沉淀颗粒相对较小,由于小晶粒沉淀的溶解度大于大晶粒沉淀的溶解度,放置过程中小晶粒会不断溶解,大晶粒不断长大。陈化可减小沉淀的比表面积,从而减少表面吸附共沉淀;同时,陈化也可以减少包藏共沉淀,因为小晶粒在沉淀溶解过程中可以将包藏其中的杂质释放出来。一般在室温下进行陈化需8~10 h,在加热条件下可缩短到1~2 h。

2. 无定形沉淀的沉淀条件

由于无定形沉淀的颗粒很小，表面吸附了大量的构晶离子，甚至可以形成具有一定稳定性的胶体溶液，在过滤时胶体可以穿过滤纸造成损失。可见无定形沉淀的关键在于增加沉淀的紧密度，防止胶溶。因此，无定形沉淀的沉淀条件是：

(1) 在较浓的溶液中进行沉淀　在较浓的溶液中进行沉淀可以降低沉淀的含水量，有利于形成结构紧密的沉淀。但是浓度大时杂质吸附严重，因此沉淀后应立即加入较多的热水并充分搅拌，使被吸附的杂质尽量溶解于溶液之中。

(2) 在热溶液中进行沉淀　在热溶液中，离子的水化程度小，有利于得到含水量少，结构紧密的沉淀。加热还可以促进沉淀微粒的聚集，防止胶溶，降低沉淀对杂质的吸附。

(3) 加入大量可挥发电解质　大量电解质的存在可以降低胶体表面的ξ电势，使胶体聚沉下来，有效防止胶溶。由于外加的电解质是可挥发的，所以尽管沉淀对其吸附较多，但在高温灼烧时，可挥发的电解质挥发除去，对沉淀质量没有影响。一般使用的可挥发电解质有NH_4NO_3，NH_4Cl，HNO_3等。

(4) 沉淀后趁热过滤，不陈化　对无定形沉淀，若放置时间过长，沉淀逐渐聚集，吸附的杂质被包藏其中而不易洗去，因此需要趁热过滤并加快过滤、洗涤的速率。

3. 均相沉淀法

为了获得晶粒较大的晶形沉淀，尽管在较稀的溶液中进行沉淀并在滴加沉淀剂时不断搅拌溶液，但仍难以避免沉淀剂局部过浓的情况。使用均相沉淀法可以有效避免沉淀剂局部过浓的现象。所谓均相沉淀法是指在形成沉淀时，通过某种化学反应，缓慢地产生沉淀剂离子，这样产生的沉淀剂离子与被沉淀离子在整个溶液中是完全均匀的。由于沉淀剂离子缓慢、均匀地释放到溶液中，因此可以有效地抑制均相成核作用并使构晶离子有足够的时间定向生长到晶面之上，形成结构紧密、纯净、颗粒大的晶体。

例如，用均相沉淀法沉淀$BaSO_4$，在Ba^{2+}溶液中加入硫酸二甲酯，将溶液混匀，硫酸二甲酯在水溶液中缓慢水解产生SO_4^{2-}：

$$(CH_3)_2SO_4+2H_2O \xlongequal{} 2CH_3OH+SO_4^{2-}+2H^+$$

由于SO_4^{2-}是缓慢产生并均匀地分布于溶液中，因此构晶离子SO_4^{2-}和Ba^{2+}可以定向生长到$BaSO_4$的晶面上，生成颗粒大、晶形好的$BaSO_4$沉淀。

又如，均相沉淀CaC_2O_4，在含Ca^{2+}的酸性溶液中加入$H_2C_2O_4$(由于酸效应，此时不能产生CaC_2O_4沉淀)，加入尿素溶液并混合均匀，加热溶液至90 ℃，使尿素缓慢水解产生NH_3：

$$CO(NH_2)_2+H_2O \xlongequal{\triangle} 2NH_3+CO_2\uparrow$$

尿素水解所生成的NH_3降低了溶液的酸度，使溶液均匀地产生$C_2O_4^{2-}$，从而使CaC_2O_4结晶出来。

均相沉淀法可以增大晶形沉淀的沉淀颗粒并减少包藏共沉淀和表面吸附共沉淀，甚至可以使某些在通常条件下不能形成晶形沉淀的物质形成晶型沉淀，例如，利用尿素水解均相沉淀Fe^{3+}，Al^{3+}可以得到具有结晶性质的$Fe_2O_3\cdot nH_2O$，$Al_2O_3\cdot nH_2O$。

8.2.6 有机沉淀剂

目前,有机沉淀剂被广泛应用于重量分析法中。和无机沉淀剂相比,有机沉淀剂有以下特点:

(1) 沉淀在水中的溶解度一般比较小,沉淀定量完全,准确度高;

(2) 有机沉淀剂沉淀无机离子,其专一性和选择性高;

(3) 有机沉淀物组成恒定,可以不必通过高温灼烧除去有机组分,在较低温度下烘干即可获得称量形式,便于操作;

(4) 有机沉淀物的摩尔质量较大,可减少称量的相对误差;

(5) 有机沉淀物通常为中性物质,吸附杂质少,且沉淀颗粒大,易于过滤和洗涤。

常见使用有机沉淀剂的例子有丁二酮肟测定 Ni^{2+},8-羟基喹啉测定 Al^{3+} 和四苯硼酸钠测定 K^+ 等。

8.2.7 沉淀的过滤、洗涤、烘干或灼烧

对沉淀的过滤,可按沉淀的性质选用疏密程度不同的快、中、慢速滤纸。对于需要灼烧的沉淀,常用无灰滤纸(每张滤纸灰分不大于 0.2 mg)。沉淀的过滤和洗涤均采用倾泻法。洗涤沉淀是为了除去吸附于沉淀表面的杂质和母液,特别要除去在烘干或灼烧时不易挥发的杂质。同时,要尽量减少因洗涤而带来的沉淀溶解损失,以及避免形成胶体。对于溶解度很小,又不易胶溶的沉淀,可以直接使用蒸馏水作洗涤剂;但对于容易胶溶的无定形沉淀,必须使用高温下易挥发或分解的电解质溶液作洗涤剂,如 AgCl 沉淀可以用稀硝酸作洗涤剂。

经洗涤后的沉淀可以用电烘箱或红外灯干燥。有些沉淀因组成不定,烘干后不能直接称量,需要用灼烧的方法将沉淀形式定量地转化为称量形式。

沉淀经干燥或灼烧后,冷却,称量直至恒重。最后通过沉淀的质量,计算得出分析结果。

8.3 沉淀滴定分析

沉淀滴定法是以沉淀反应为基础的滴定分析方法,因此所应用的沉淀反应必须满足滴定分析对化学反应的最基本要求。目前应用较广泛的是 Ag^+ 与卤素离子、类卤素离子生成难溶银盐的沉淀反应,即

$$Ag^+ + X^- = AgX\downarrow \quad (X^- = Cl^-, Br^-, I^-, SCN^-)$$

以此类反应进行滴定分析的方法又称为**银量法**。银量法与其他滴定分析方法类似,在滴定过程中,溶液中的 $[Ag^+]$或 pAg,$[X^-]$或 pX 在化学计量点附近发生突跃(图 8-5),并且滴定突跃与被滴物的浓度 c、沉淀反应的平衡常数 $K_{sp}^{\ominus}$ 有关,浓度越大、$K_{sp}^{\ominus}$ 越小,则突跃范围越大。

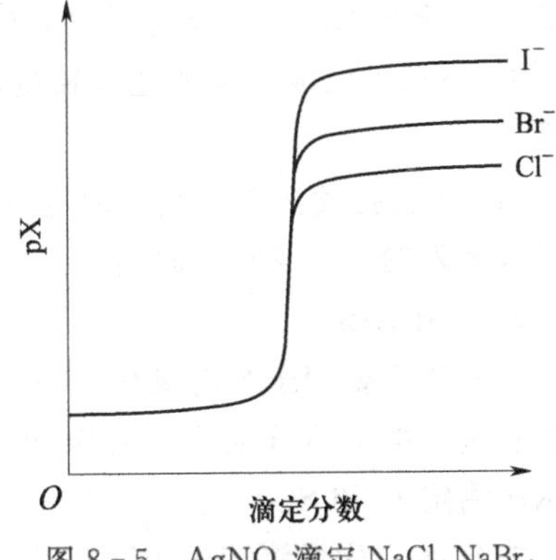

图 8-5 $AgNO_3$ 滴定 NaCl,NaBr,NaI 的滴定曲线

根据所使用的指示剂不同,银量法分为莫尔法、福尔哈德法和法扬斯法。

8.3.1 莫尔法(使用铬酸钾作指示剂)

在中性或弱碱性介质中以 K_2CrO_4 为指示剂,用 $AgNO_3$ 标准溶液直接滴定 Cl^- 或 Br^- 的方法叫作莫尔法。滴定过程中根据分步沉淀的原理,滴加的 Ag^+ 首先与 Cl^-(或 Br^-)生成 AgCl(或 AgBr)沉淀,在化学计量点以后稍加过量的 Ag^+ 与 CrO_4^{2-} 生成砖红色的 Ag_2CrO_4 沉淀,从而指示终点的到达。

滴定反应:

$Ag^+ + Cl^- \longequal AgCl\downarrow$ (白色)　　　　$K_{sp}^{\ominus}=1.77\times10^{-10}$

终点反应:

$2Ag^+ + CrO_4^{2-} \longequal Ag_2CrO_4\downarrow$ (砖红色)　　$K_{sp}^{\ominus}=1.12\times10^{-12}$

1. 莫尔法的滴定条件

(1) 指示剂 K_2CrO_4 的用量　因为莫尔法是通过生成砖红色 Ag_2CrO_4 沉淀来判断滴定终点的,所以指示剂的用量十分重要,如果 K_2CrO_4 用量太大,终点会过早到达,并且 K_2CrO_4 自身的黄色会影响终点颜色的观察。如果 K_2CrO_4 用量太少,终点会推迟。根据溶度积原理,化学计量点时:

$$[Ag^+]=\sqrt{K_{sp}^{\ominus}(AgCl)}=\sqrt{1.77\times10^{-10}}\ mol\cdot L^{-1}=1.33\times10^{-5}\ mol\cdot L^{-1}$$

若要求终点与化学计量点相吻合,则

$$[CrO_4^{2-}]=\frac{K_{sp}^{\ominus}(Ag_2CrO_4)}{[Ag^+]^2}=\frac{1.12\times10^{-12}}{(1.33\times10^{-5})^2}\ mol\cdot L^{-1}=6.33\times10^{-3}\ mol\cdot L^{-1}$$

实验证明,终点时控制溶液中 CrO_4^{2-} 的浓度为 $5.0\times10^{-3}\ mol\cdot L^{-1}$ 较为适宜。

(2) 酸度条件　为使终点反应灵敏,必须提供足够量的 CrO_4^{2-},由于 H_2CrO_4 的 $pK_{a_2}^{\ominus}=6.50$,pH>6.50 时,H_2CrO_4 主要以 CrO_4^{2-} 型体存在于溶液中。又因为碱度过大时滴加的 Ag^+ 会与 OH^- 生成 Ag_2O 沉淀,因此莫尔法的酸度条件是 $6.5<pH<10.5$。若试液显强酸性,应先用 $Na_2B_4O_7\cdot10H_2O$ 或 $NaHCO_3$ 中和;若试液呈强碱性,应先用稀 HNO_3 溶液中和,然后再进行滴定。

(3) 滴定方式　莫尔法只能用 $AgNO_3$ 直接滴定 Cl^-,而不能用 Cl^- 直接滴定 Ag^+,否则溶液中的 Ag^+ 会与 CrO_4^{2-} 首先生成 Ag_2CrO_4 沉淀,化学计量点时由于 Ag_2CrO_4 与 AgCl 溶解度相差并不大,再加上沉淀转化的速率较慢,Ag_2CrO_4 不能立刻转化为 AgCl,所以终点颜色的变化过迟出现。

(4) 充分摇动溶液　滴定时为减少在化学计量点前 AgCl 沉淀对 Cl^- 的吸附,应充分摇动溶液使被吸附的 Cl^- 及时释放出来。

2. 应用范围

莫尔法主要用于测定氯化物中的 Cl^- 和溴化物中的 Br^-。当 Cl^- 和 Br^- 共存时,测得的是它们的总量。由于 AgI 对 I^-,AgSCN 对 SCN^- 强烈的吸附性质,会使终点过早出现,故不适宜用莫尔法测定 I^- 和 SCN^-。

能与 Ag^+ 生成沉淀的 PO_4^{3-},AsO_4^{3-},S^{2-},CO_3^{2-},$C_2O_4^{2-}$ 等阴离子,能与 CrO_4^{2-} 生成沉淀的 Ba^{2+},Pb^{2+},Hg^{2+} 等阳离子,在中性、弱酸性介质中发生水解的 Fe^{3+},Al^{3+} 等离子均会干扰测定,

滴定前应预先除去。因此，莫尔法的选择性不高。

8.3.2 福尔哈德法（使用铁铵矾作指示剂）

铁铵矾又名硫酸铁铵，分子式为 $NH_4Fe(SO_4)_2 \cdot 12H_2O$。在酸性溶液中用 NH_4SCN（或 KSCN）标准溶液滴定 Ag^+，通过铁铵矾中的 Fe^{3+} 与 SCN^- 生成红色配位化合物指示滴定终点的方法叫作福尔哈德法。福尔哈德法分为直接滴定法和返滴定法。

1. 直接滴定法

在 HNO_3 介质中以铁铵矾作指示剂，用 NH_4SCN（或 KSCN）标准溶液直接滴定 Ag^+，生成白色 AgSCN 沉淀，化学计量点后稍加过量的 SCN^- 与 Fe^{3+} 生成红色配位化合物，用以指示终点的到达。

滴定反应：

$SCN^- + Ag^+ \longrightarrow AgSCN\downarrow$（白色）　　$K^{\ominus}_{sp} = 1.03 \times 10^{-12}$

终点反应：

$SCN^- + Fe^{3+} \longrightarrow [Fe(SCN)]^{2+}$（红色）　　$K^{\ominus}_{稳} = 8.91 \times 10^{2}$

2. 返滴定法

测定对象为卤离子（X^-）时，在 HNO_3 介质中定量加入过量的 $AgNO_3$ 标准溶液，使溶液中的卤离子全部生成 AgX 沉淀。然后以铁铵矾为指示剂，用 NH_4SCN（或 KSCN）标准溶液返滴定溶液中剩余的 Ag^+。化学计量点后，稍过量的 SCN^- 与 Fe^{3+} 形成红色配位化合物指示终点的到达。显然，返滴定法与直接滴定法的不同之处在于，返滴定法是在有 AgX 沉淀的存在下用 SCN^- 滴定 Ag^+ 的。若溶液中存在的是 AgBr 或 AgI 沉淀，AgBr 或 AgI 不会影响滴定的进行；但若存在的是 AgCl 沉淀，由于 AgSCN 的溶解度小于 AgCl 的溶解度，在终点时 $[Fe(SCN)]^{2+}$ 会与 AgCl 反应生成溶解度较小的 AgSCN，使 $[Fe(SCN)]^{2+}$ 的红色褪色，即溶液中存在以下反应：

$$[Fe(SCN)]^{2+} + AgCl \longrightarrow AgSCN + Fe^{3+} + Cl^-$$

这势必会给滴定分析带来误差。因此，用福尔哈德返滴定法测 Cl^- 时，应将所生成的 AgCl 预先过滤分离再进行返滴定。但这样做会使分析步骤过于烦琐，常用的比较简便的方法是在进行返滴定前先加入少量硝基苯或二氯乙烷，用力摇荡使 AgCl 沉淀进入有机层，从而避免 AgCl 与 SCN^- 的接触。

3. 福尔哈德法的滴定条件

（1）酸度条件　福尔哈德法使用 Fe^{3+} 作指示剂，为防止 Fe^{3+} 水解，酸度不应过低。又由于 HSCN 的 $pK^{\ominus}_a = 0.86$，为保证滴定剂基本以 SCN^- 型体存在，酸度亦不能过高，通常选择在 $0.1 \sim 1.0\ mol \cdot L^{-1}$ HNO_3 介质中滴定。

（2）滴定时充分摇动溶液　AgSCN 沉淀对 Ag^+ 有较强的吸附作用，滴定时特别是靠近滴定终点时应充分摇动溶液，使被吸附的 Ag^+ 能及时被释放出来。

4. 干扰

福尔哈德法在酸性介质中进行，可以避免 PO_4^{3-}，AsO_4^{3-}，S^{2-}，CO_3^{2-}，$C_2O_4^{2-}$ 等阴离子的干扰，但能与 SCN^- 生成沉淀的 Cu^{2+}，Hg^{2+} 等阳离子会干扰滴定。一些能氧化 SCN^- 的强氧化剂也会干扰滴定。此外，返滴定法测 I^- 时，为避免指示剂 Fe^{3+} 氧化 I^-，指示剂应在生成 AgI 沉淀以后加入。

8.3.3 法扬斯法(使用吸附指示剂)

1. 指示剂的变色原理

吸附指示剂是一类有色的有机弱酸(此处用 HFI 表示)。在法扬斯法中常用的吸附指示剂有荧光黄、二氯荧光黄、曙红、甲基紫等。这类指示剂有一重要的性质,即指示剂阴离子 FI^- 可被胶状沉淀中带正电荷的胶粒所吸附。由于吸附作用,指示剂阴离子 FI^- 发生结构上的变化,这导致了颜色的变化。利用指示剂的这种性质指示滴定终点的银量法叫作法扬斯法。

例如,用 $AgNO_3$ 标准溶液滴定 Cl^-,用荧光黄($pK_a^\ominus=7.0$)作指示剂,为了使指示剂主要以阴离子 FI^- 的型体存在,滴定需在 pH>7.0 的条件下进行。

化学计量点前:溶液中 Cl^- 过量,Cl^- 被 AgCl 胶核优先吸附,胶粒 $(AgCl)_m Cl^-$ 带负电荷,由于静电排斥作用,FI^- 不能被胶粒吸附,FI^- 自由地存在于溶液之中,FI^- 显黄绿色。

化学计量点后:溶液中 Ag^+ 过量,Ag^+ 被 AgCl 胶核优先吸附,胶粒 $(AgCl)_m Ag^+$ 带正电荷,由于静电吸引作用,FI^- 作为抗衡离子被吸附到胶团的扩散层,形成 $(AgCl)_m Ag^+ \cdot FI^-$,被吸附的 FI^- 由于结构上的变化显粉红色,因此可指示滴定终点的到达。

2. 指示剂的选择

基于指示剂的变色原理,沉淀的胶核对指示剂的吸附能力应略小于对被测离子的吸附能力,否则指示剂将在化学计量点前变色。但也不能太小,否则指示剂不能及时地被吸附而导致终点延迟出现。以下给出 AgX 对卤离子和几种常用吸附指示剂吸附能力的大小次序:$I^->SCN^->Br^->$曙红$>Cl^->$荧光黄(或二氯荧光黄),因此,滴定 Cl^- 应选荧光黄,不能选曙红。

3. 溶液酸度的控制

溶液的酸度条件要根据所选择指示剂来考虑。法扬斯法要求指示剂在滴定过程中以阴离子 FI^- 的型体存在,所以滴定时溶液的酸度应控制在 pH $>pK_a^\ominus$(HFI),该区域是指示剂阴离子的优势区域,所以溶液的最高酸度即最低 pH 为 $pK_a^\ominus$(HFI);溶液的最低酸度即最高 pH 一般不超过 10.0,所以在法扬斯法中溶液的酸度为 $pK_a^\ominus(\text{HFI})<\text{pH}<10.0$。

4. 其他条件的控制

在法扬斯法中,指示剂的吸附与解吸发生在胶粒的表面上,所以应控制滴定条件使沉淀呈胶体状态。因此,溶液中不要引进大量电解质,甚至为了防止胶体的凝聚还要加入一些胶体保护剂(如糊精)。

其次,滴定时要避免强光照射,因为卤化银会发生光化学反应,光照可使 $AgNO_3$ 中的 Ag^+ 还原为 Ag,沉淀变为灰黑色,影响终点的观察。

8.3.4 银量法中标准溶液的配制与标定

银量法中常见的标准溶液是 $AgNO_3$ 溶液和 NH_4SCN 溶液。

$AgNO_3$ 标准溶液可以直接用干燥的基准物 $AgNO_3$ 来配制。一般采用标定法,配制 $AgNO_3$ 溶液的蒸馏水中应不含 Cl^-。$AgNO_3$ 溶液见光易分解,应保存于棕色瓶中。常用基准物 NaCl 标定 $AgNO_3$ 溶液。NaCl 易吸潮,使用前将它置于瓷坩埚中,加热至 500~600 ℃干燥,然后放入干燥器中冷却备用。标定时采取与测定相同的方法,可消除方法的系统误差,一般用莫尔法进行标定。

市售 NH_4SCN 不符合基准物要求，不能直接称量配制。常用已标定好的 $AgNO_3$ 溶液按福尔哈德法的直接滴定法进行标定。

习题

1. 根据下列物质在 25 ℃时的溶解度求溶度积。

(1) Ag_2CrO_4 在纯水中的溶解度为 2.17×10^{-2} g·L^{-1}；

(2) $BaCrO_4$ 在纯水中的溶解度为 1.08×10^{-5} mol·L^{-1}。

2. 取 0.010 mol·L^{-1} $BaCl_2$ 溶液 20 mL，稀释至 980 mL，剧烈搅拌下加入 0.020 mol·L^{-1} H_2SO_4 溶液 20 mL，通过计算判断有无 $BaSO_4$ 沉淀析出。

3. 某溶液中 Cr^{3+} 的浓度为 0.10 mol·L^{-1}，试计算开始生成 $Cr(OH)_3$ 沉淀时的 pH。

4. 试求 AgCl 饱和溶液中的[Ag^+]；若加入盐酸，使溶液中 pH=3.00，再求溶液中的[Ag^+]。

5. 将 0.10 L 0.20 mol·L^{-1} K_2CrO_4 溶液加入 0.15 L 0.25 mol·L^{-1} $BaBr_2$ 溶液中，求混合液中 K^+，CrO_4^{2-}，Ba^{2+} 和 Br^- 的浓度。

6. 将 10.0 mL 0.0020 mol·L^{-1} $MnSO_4$ 溶液与等体积 0.20 mol·L^{-1} $NH_3\cdot H_2O$ 溶液相混合，混合后是否有沉淀出现？若要使沉淀不出现，需加入多少克 NH_4Cl 固体？

7. 向 0.50 mol·L^{-1} $FeCl_2$ 溶液中通 H_2S 气体至饱和（H_2S 饱和溶液的浓度为 0.10 mol·L^{-1}），若控制不析出 FeS 沉淀，试求溶液 pH 的范围。

8. 通过计算说明，向浓度均为 0.0010 mol·L^{-1} 的 Cl^-，Br^- 混合溶液中滴加 $AgNO_3$ 溶液，哪种化合物先沉淀出来？当第二种离子开始沉淀时，第一种离子的浓度为多少？

9. 有一 Mn^{2+} 和 Fe^{3+} 的混合溶液，两者浓度均为 0.10 mol·L^{-1}，欲用控制酸度的方法使两者分离，试求应控制 pH 的范围（设离子沉淀完全的浓度≤1.0×10^{-6} mol·L^{-1}）。

10. 有 0.10 mol $BaSO_4$ 沉淀，每次用 1.0 L 1.0 mol·L^{-1} Na_2CO_3 溶液来处理，欲使 $BaSO_4$ 沉淀中的 SO_4^{2-} 全部转移到溶液中去，需要反复处理多少次？

11. 计算下列反应的 $K^{\ominus}$，并讨论反应进行的方向。

(1) $Cd^{2+}+H_2S+2H_2O \rightleftharpoons CdS+2H_3O^+$

(2) $2AgI+S^{2-} \rightleftharpoons Ag_2S+2I^-$

(3) $PbS+2HAc \rightleftharpoons Pb^{2+}+2Ac^-+H_2S$

12. 欲将 14.3 mg AgCl 溶于 1.0 mL 氨水中，问此氨水的总浓度至少为多少？

13. 溶液中 $FeCl_2$ 和 $CuCl_2$ 的浓度均为 0.10 mol·L^{-1}，向其中通入 H_2S 气体至饱和（H_2S 饱和溶液浓度为 0.10 mol·L^{-1}）。试通过计算判断沉淀生成情况属于下列哪一种？

(1) 先生成 CuS 沉淀，后生成 FeS 沉淀；

(2) 先生成 FeS 沉淀，后生成 CuS 沉淀；

(3) 只生成 CuS 沉淀，不生成 FeS 沉淀；

(4) 只生成 FeS 沉淀，不生成 CuS 沉淀。

14. 下列说法是否正确？说明理由。

(1) 凡是盐都是强电解质；

(2) $BaSO_4$，AgCl 难溶于水，水溶液导电性质不显著，故为弱电解质；

(3) 氨水稀释一倍，溶液中[OH^-]就减小为原来的 1/2；

(4) 溶度积大的沉淀都容易转化为溶度积小的沉淀；

(5) 两种难溶盐比较，$K_{sp}^{\ominus}$ 较大者其溶解度也较大。

15. 重量分析法测定某试样中的铝含量，是用 8 -羟基喹啉作沉淀剂，生成 $Al(C_9H_6ON)_3$。今称取 1.0210 g 含铝试样制备得 1.8820 g 沉淀，计算试样中铝的百分含量。

16. 植物试样中磷的定量测定方法是：先处理试样，使磷转化为 PO_4^{3-}，然后将其沉淀为磷钼酸铵 $(NH_4)_3PO_4 \cdot 12MoO_3$，并称其质量。如果由 0.2711 g 试样沉淀得到 1.1682 g 沉淀，计算试样中 P 和 P_2O_5 的质量分数。

17. 测定一肥料试样中钾的含量时，称取肥料试样 219.8 mg，经过反应最后得到 $K[B(C_6H_5)_4]$沉淀 428.8 mg，求试样中钾的百分含量。

18. 将 40.00 mL 0.1020 mol·L^{-1} $AgNO_3$溶液加入 25.00 mL $BaCl_2$试液中，在返滴定时用去 15.00 mL 0.09800 mol·L^{-1} NH_4SCN溶液，试计算 250 mL 试液中含 $BaCl_2$多少克？

19. 称取某含砷农药 0.2000 g，溶于硝酸后转化为 H_3AsO_4，调至中性，加入 $AgNO_3$使其沉淀为 Ag_3AsO_4。沉淀经过滤、洗涤后再溶解于稀 HNO_3溶液中，以铁铵矾作指示剂，消耗 33.85 mL 0.1180 mol·L^{-1} NH_4SCN 滴定溶液。求农药中 As_2O_3的百分含量。

20. 称取含有 NaCl 和 NaBr 的试样 0.3760 g，溶解后，消耗 21.11 mL 0.1043 mol·L^{-1} $AgNO_3$滴定溶液；另取同样质量的试样，溶解后，加过量 $AgNO_3$溶液，得到的沉淀经过滤、洗涤、干燥后称量为 0.4020 g。计算试样中 NaCl 和 NaBr 的质量分数。

21. 某试样中含有 $KBrO_3$，KBr 和惰性物质，称取 1.000 g 试样溶解后配制于 100 mL 容量瓶中。吸取 25.00 mL 溶液，于 H_2SO_4溶液介质中用 Na_2SO_3将 BrO_3^- 还原至 Br^-，然后调至中性，用莫尔法测定 Br^-，消耗 0.1010 mol·L^{-1} $AgNO_3$溶液 10.51 mL。另吸取 25.00 mL 溶液，用 H_2SO_4溶液酸化后加热除去 Br_2，再调至中性，滴定过剩 Br^- 时用去上述 $AgNO_3$溶液 3.25 mL。计算试样中 $KBrO_3$和 KBr 的百分含量。

22. 用移液管吸取 10.00 mL 生理盐水，加入 1 mL K_2CrO_4指示剂，用 0.1045 mol·L^{-1} $AgNO_3$标准溶液滴定至终点，消耗 14.58 mL。计算此生理盐水中 NaCl 的含量(g/100 mL 水)。

23. 在沉淀滴定法中，判断以下测定结果是偏高，偏低，还是无影响？为什么？

(1) 在 pH=4.0 时以莫尔法测定 Cl^-；

(2) 在 pH=11.0 时以莫尔法测定 Cl^-；

(3) 福尔哈德法测定 Cl^-，未加硝基苯；

(4) 福尔哈德法测定 Br^-，未加硝基苯；

(5) 法扬斯法测定 Cl^-，选曙红为指示剂；

(6) 用莫尔法测定 NaCl，Na_2SO_4混合液中的 NaCl。

24. 为了使终点颜色变化明显，使用吸附指示剂时应注意哪些问题？

习题参考答案

第九章 氧化还原反应·氧化还原滴定分析

氧化还原反应是一类极其重要的化学反应。实验室制取氧气的反应、燃烧煤炭和天然气获取生产和生活中的能源的反应都属于氧化还原反应。氧化还原反应在科学实验、生产和生活中均具有重要的实际意义。

9.1 氧化还原反应

9.1.1 氧化数

氧化还原反应是一类涉及电子转移或电子偏移的化学反应。例如：

$$Zn(s)+Cu^{2+}(aq) \longrightarrow Zn^{2+}(aq)+Cu(s) \quad (1)$$

$$H_2(g)+Cl_2(g) \longrightarrow 2HCl(g) \quad (2)$$

在反应(1)中，Zn 失去电子成为带两个正电荷的 Zn^{2+}，带两个正电荷的 Cu^{2+} 得到电子成为不带电荷的 Cu，反应中电子的转移是彻底的。反应(2)中 HCl 分子的 H 与 Cl 是以共价键的方式相结合，H 与 Cl 之间的电子转移是不彻底的，共用电子对仅偏向电负性大的 Cl 原子。为了描述在化合物中氧化状态的情况，化学中提出了**氧化数**的概念。所谓氧化数是指某元素原子的“形式电荷”数，它是通过把化学键中的电子指定给电负性大的原子而求得的。确定氧化数的规则如下。

(1) 单质　元素的氧化数为零；

(2) 单原子离子　元素的氧化数等于离子所带的电荷数；

(3) 中性分子中的各元素氧化数的代数和等于零，在多原子离子中，各元素氧化数的代数和等于离子所带的电荷数；

(4) H 在金属氢化物中氧化数为－1，在其他化合物中为＋1；F 在化合物中，因 F 的电负性最大，其氧化数为－1；O 在一般的化合物中氧化数为－2，在 OF_2 中为＋2，在 O_2F_2 中为＋1，在过氧化物(如 H_2O_2，Na_2O_2)中为－1，在超氧化物(如 KO_2)中为 $-\frac{1}{2}$，在臭氧化物(如 KO_3)中为 $-\frac{1}{3}$。

根据氧化数的概念，氧化数降低的过程称为**还原**；氧化数升高的过程称为**氧化**。氧化数升高的物质是**还原剂**；氧化数降低的物质是**氧化剂**。

9.1.2 氧化还原方程式的配平

***1. 氧化数法**

氧化数法就是中学介绍的化合价法，配平步骤如下。

(1) 根据实验事实写出反应物和产物；

(2) 标明元素在反应物和产物中的氧化数，确定氧化数的变化值；

(3) 找出氧化数升高值和降低值的最小公倍数，使升高总值等于降低总值，据此配平相应元素的原子数；

(4) 配平无氧化数变化元素的原子数。

例 9-1 配平 I_2 与 NaOH 反应生成 NaI 和 $NaIO_3$ 的方程式。

解 (1) 写出反应物和产物：$I_2 + NaOH \longrightarrow NaI + NaIO_3$

(2) 确定氧化数的变化值：

+5

$$\overset{0}{I_2} + NaOH = \overset{-1}{NaI} + \overset{+5}{NaIO_3}$$

−1

(3) 最小公倍数为 5，配平 NaI 和 $NaIO_3$：

$$3I_2 + 6NaOH = 5NaI + NaIO_3$$

(4) 配平 O，H 的原子数：

$$3I_2 + 6NaOH = 5NaI + NaIO_3 + 3H_2O$$

2. 离子-电子法

离子-电子法首先把氧化还原反应分解为两个"半反应"，即氧化半反应(失电子)和还原半反应(得电子)，分别配平两个"半反应"，然后根据这两个"半反应"得失电子数相等原则配平整个氧化还原方程式。

例 9-2 配平 MnO_4^- 与 SO_3^{2-} 在酸性介质中的反应方程式。

解 (1) 写出主要反应物和产物：$MnO_4^- + SO_3^{2-} \longrightarrow Mn^{2+} + SO_4^{2-}$

(2) 分解成两个半反应： $MnO_4^- \longrightarrow Mn^{2+}$

$$SO_3^{2-} \longrightarrow SO_4^{2-}$$

(3) 分别配平： $MnO_4^- + 8H^+ + 5e^- \longrightarrow Mn^{2+} + 4H_2O$

$$SO_3^{2-} + H_2O \longrightarrow SO_4^{2-} + 2H^+ + 2e^-$$

注意，在酸性介质中，若半反应方程式一边比另一边多 n 个"O"原子，则要在多"O"原子的一边加 $2n$ 个"H^+"，而在另一边加 n 个"H_2O"。

(4) 两个半反应方程式各乘以适当系数，使两式的得失电子数相等，然后两反应式相加：

$$(MnO_4^- + 8H^+ + 5e^- \longrightarrow Mn^{2+} + 4H_2O) \times 2 + (SO_3^{2-} + H_2O \longrightarrow SO_4^{2-} + 2H^+ + 2e^-) \times 5$$

即 $2MnO_4^- + 16H^+ + 5SO_3^{2-} + 5H_2O \longrightarrow 2Mn^{2+} + 8H_2O + 5SO_4^{2-} + 10H^+$

(5) 化简，消去共同项，可得

$$2MnO_4^- + 6H^+ + 5SO_3^{2-} = 2Mn^{2+} + 5SO_4^{2-} + 3H_2O$$

例 9-3 配平 MnO_4^- 与 SO_3^{2-} 在碱性介质中的反应方程式。

解 (1) 写出主要反应物和产物：$MnO_4^- + SO_3^{2-} \longrightarrow MnO_4^{2-} + SO_4^{2-}$

(2) 分解成两个半反应：

$$MnO_4^- \longrightarrow MnO_4^{2-}$$

$$SO_3^{2-} \longrightarrow SO_4^{2-}$$

(3) 分别配平：

$$MnO_4^- + e^- \longrightarrow MnO_4^{2-}$$

$$SO_3^{2-} + 2OH^- \longrightarrow SO_4^{2-} + H_2O + 2e^-$$

注意，在碱性介质中，若半反应方程式一边比另一边多 n 个"O"原子，则要在多"O"原子的一边加 n 个"H_2O"，而在另一边加 $2n$ 个"OH^-"。

(4) 两个半反应方程式各乘以适当系数，使两式的得失电子数相等，然后两反应式相加：

$$(MnO_4^- + e^- \longrightarrow MnO_4^{2-}) \times 2 + (SO_3^{2-} + 2OH^- \longrightarrow SO_4^{2-} + H_2O + 2e^-) \times 1$$

即

$$2MnO_4^- + SO_3^{2-} + 2OH^- = 2MnO_4^{2-} + SO_4^{2-} + H_2O$$

9.2 电极电势

9.2.1 原电池

原电池是一种把化学能转变成电能的装置。Cu-Zn 原电池的结构如图 9-1 所示：在容器(a)中注入 $ZnSO_4$ 溶液，插入 Zn 棒作电极；在容器(b)中注入 $CuSO_4$ 溶液，插入 Cu 棒作电极，两种溶液用盐桥(通常由饱和氯化钾溶液和琼脂制成)连接起来。如果在外面用一个电流计将两个电极串联起来，电流计指针就会偏转，证明有电流通过。从指针偏转的方向，可以判定电流从 Cu 极流向 Zn 极(电子从 Zn 极流向 Cu 极)。此时 Zn 棒逐渐溶解，Cu 棒上有 Cu 析出。因此，Zn 是负极，发生氧化反应：$Zn \longrightarrow Zn^{2+} + 2e^-$；Cu 是正极，发生还原反应：$Cu^{2+} + 2e^- \longrightarrow Cu$。而铜

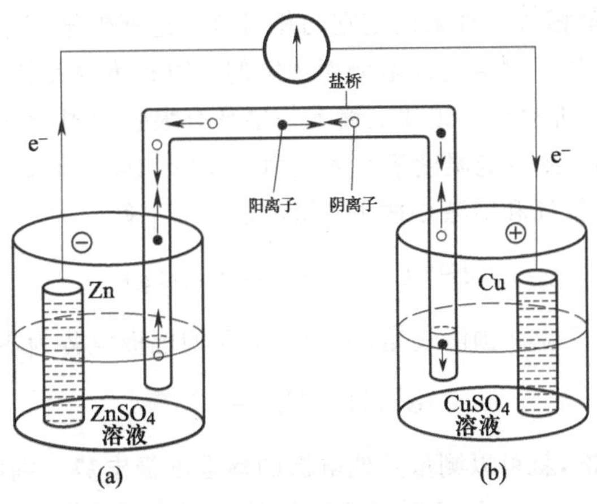

图 9-1 Cu-Zn 原电池结构示意图

锌原电池的总反应为 $Cu^{2+}+Zn \longrightarrow Zn^{2+}+Cu$。盐桥中的阴离子 Cl^- 向锌盐溶液的方向移动，阳离子 K^+ 向铜盐溶液的方向移动，使两个溶液一直保持电中性，电池反应得以继续进行。

为了简明起见，通常采用下列符号表示原电池：

$$(-)\ Zn\,|\,Zn^{2+}(c_1)\,\|\,Cu^{2+}(c_2)\,|\,Cu(+)$$

习惯上把负极写在左边，正极写在右边；用"||"表示盐桥，它连接不同的电解质溶液；"|"表示有两相的界面；c_1 和 c_2 为电解质溶液的浓度。

原电池是由两个半电池组成的。每一个半电池由还原态物质和氧化态物质组成，如 $Zn-Zn^{2+}$，$Cu-Cu^{2+}$，常称之为**电对**，以 Zn^{2+}/Zn 或 Cu^{2+}/Cu（氧化态在上，还原态在下）表示。电对不一定由金属和金属离子组成，同一金属不同氧化态的离子（如 Fe^{3+}/Fe^{2+}，MnO_4^-/Mn^{2+} 等）或非金属与相应的离子（如 H^+/H_2，Cl_2/Cl^-，O_2/OH^- 等）都可以组成电对。

9.2.2 电极电势

金属晶体是由金属原子、金属离子和一定数量的自由电子组成的。当把金属棒插入它的盐溶液中时，金属表面的金属离子受到极性水分子的吸引，有溶解到溶液中形成水合离子的倾向。金属越活泼，盐溶液的浓度越稀，这种倾向越大。同时，溶液中的水合离子有从金属表面获得电子，沉积在金属表面上的倾向。金属越不活泼，溶液越浓，这种倾向越大。因此，在金属及其盐溶液之间存在如下平衡：

$$M(s) \rightleftharpoons M^{z+}+ze^-$$

如果金属溶解的倾向大于沉积的倾向，金属带负电荷，溶液带正电荷，如铜锌原电池中的锌电极[如图 9-2(a)所示]；反之，金属带正电荷，溶液带负电荷，如铜锌原电池中的铜电极[如图 9-2(b)所示]。不论何种情况，金属与其盐溶液间都会形成双电层。由于双电层的存在，金属与其盐溶液之间产生了电势差，这个电势差叫作该金属的**电极电势**(electrode potential)。

电极电势的高低主要取决于金属的本性、金属离子的浓度和溶液的温度。在指定温度（通常为 298 K）下，金属同该金属离子浓度为 $1\ mol\cdot L^{-1}$ 的溶液所产生的电势称为该金属的**标准电极电势**(standard electrode potential)，常用符号 $\varphi^\ominus$ 表示。目前电极电势的绝对值还没有办法测定，但可以人为地规定一个相对标准来确定它的相对值。这就像把海平面的高度定为零，以测定各山峰的地势高低一样。为了测定电极电势而规定的相对标准就是标准氢电极。

标准氢电极如图 9-3 所示。在铂片上镀上一层具有很强吸附 H_2 能力的铂黑，并插到 H^+ 浓度为 $1\ mol\cdot L^{-1}$ 的硫酸中，在指定温度下通入压力为 100 kPa 的干燥纯氢气使铂黑吸附氢气达到饱和。吸附在铂黑上的氢气和溶液中的 H^+ 间存在如下平衡：

$$2H^+(aq)+2e^- \rightleftharpoons H_2(g)$$

这就是氢电极的电极反应。国际规定，标准氢电极的电极电势为零，即

$$\varphi^\ominus(H^+/H_2)=0\ V$$

有了标准氢电极作基准，就可以测量其他电极的标准电极电势。例如，欲测量 Cu 电极的标准电极电势，只要把 Cu 棒插在 $1\ mol\cdot L^{-1}$ $CuSO_4$ 溶液中组成标准铜电极，把它与标准氢电极用盐

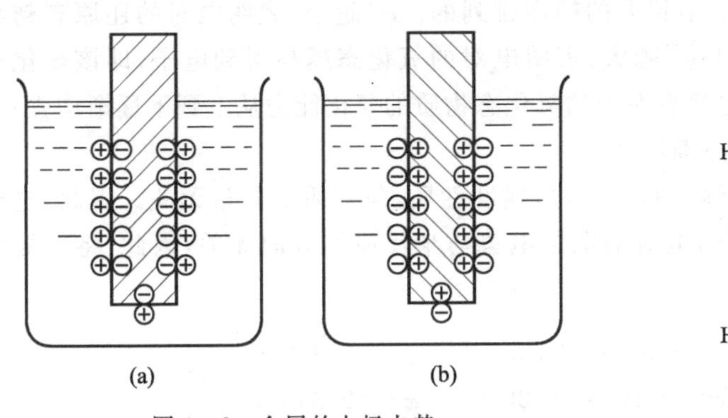

图 9-2 金属的电极电势

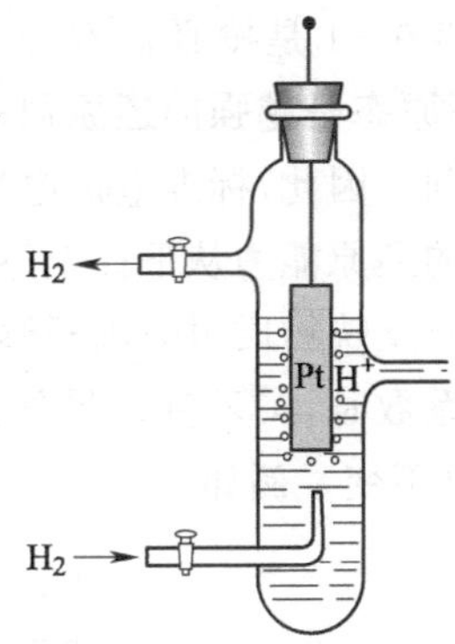

图 9-3 标准氢电极

桥连接起来组成原电池，在 298 K 时用电位计测量该电池的电动势发现，氢电极为负极，铜电极为正极，电池电动势为 0.340 V。铜电极在 298 K 时的标准电极电势 $\varphi^{\ominus}(Cu^{2+}/Cu)$ 可由下式求得：

$$E^{\ominus}=\varphi^{\ominus}_{正}-\varphi^{\ominus}_{负}=\varphi^{\ominus}(Cu^{2+}/Cu)-\varphi^{\ominus}(H^{+}/H_2)$$

$$0.340\ V=\varphi^{\ominus}(Cu^{2+}/Cu)-0\ V$$

所以

$$\varphi^{\ominus}(Cu^{2+}/Cu)=0.340\ V$$

同理可测得其他电极的标准电极电势，详细的标准电极电势见附录十六。

表 9-1 列出了一些常见电对在 298 K 酸性溶液中的标准电极电势，可以看出：

表 9-1 标准电极电势 (298 K)

	电极反应		$\varphi^{\ominus}$/V
	$Li^{+}+e^{-}\rightleftharpoons Li$		−3.045
	$Zn^{2+}+2e^{-}\rightleftharpoons Zn$		−0.7626
弱氧化剂	$Fe^{2+}+2e^{-}\rightleftharpoons Fe$	强还原剂	−0.440
	$Sn^{2+}+2e^{-}\rightleftharpoons Sn$		−0.136
	$Pb^{2+}+2e^{-}\rightleftharpoons Pb$		−0.125
↓	$2H^{+}+2e^{-}\rightleftharpoons H_2$	↑	0.000
	$Sn^{4+}+2e^{-}\rightleftharpoons Sn^{2+}$		0.151
	$Cu^{2+}+2e^{-}\rightleftharpoons Cu$		0.340
	$I_2+2e^{-}\rightleftharpoons 2I^{-}$		0.536
	$Fe^{3+}+e^{-}\rightleftharpoons Fe^{2+}$		0.771
强氧化剂	$Br_2+2e^{-}\rightleftharpoons 2Br^{-}$	弱还原剂	1.087
	$Cr_2O_7^{2-}+14H^{+}+6e^{-}\rightleftharpoons 2Cr^{3+}+7H_2O$		1.332
	$Cl_2+2e^{-}\rightleftharpoons 2Cl^{-}$		1.36
	$MnO_4^{-}+8H^{+}+5e^{-}\rightleftharpoons Mn^{2+}+4H_2O$		1.51
	$F_2+2e^{-}\rightleftharpoons 2F^{-}$		2.87

(1) 表 9-1 是按照 $\varphi^{\ominus}$ 值从小到大的顺序排列的。$\varphi^{\ominus}$ 越小，表明电对的还原态越易给出电子，即该还原态是越强的还原剂；$\varphi^{\ominus}$ 越大，表明电对的氧化态越易得到电子，即该氧化态就是越强的氧化剂。因此，标准电极电势表左边的氧化态物质的氧化能力从上到下逐渐增强；右边的还原态物质的还原能力从下往上逐渐增强。

(2) $\varphi^{\ominus}$ 反映物质得失电子倾向的大小，是强度性质，与物质的数量无关。因此，电极反应式乘以任何系数时，$\varphi^{\ominus}$ 不变。另外，电对的电极电势与半反应的方向无关，因此，将电极反应倒过来写，$\varphi^{\ominus}$ 也不变。例如：

$$Cu^{2+} + 2e^- \rightleftharpoons Cu \qquad \varphi^{\ominus} = 0.340\ V$$

$$2Cu^{2+} + 4e^- \rightleftharpoons 2Cu \qquad \varphi^{\ominus} = 0.340\ V$$

$$Cu \rightleftharpoons Cu^{2+} + 2e^- \qquad \varphi^{\ominus} = 0.340\ V$$

(3) 为了便于查阅，附录十六中把标准电极电势分排成两个表——酸表和碱表，分别表示 $[H^+]$ 和 $[OH^-]$ 为 1 $mol \cdot L^{-1}$ 时的标准电极电势。如果电极反应在酸性溶液中进行，在酸表中查阅；如果电极反应在碱性溶液中进行，则在碱表中查阅。有些电极反应与溶液的酸度无关，如 $I_2 + 2e^- \rightleftharpoons 2I^-$，也列在酸表中。

(4) 表 9-1 和附录十六是在水溶液体系中测定的，因此只适用于水溶液体系，高温、非水溶剂中的反应均不能用这些数据来说明问题。例如，高温下有反应 $Na + KCl = K + NaCl$，该反应的方向不是由电极电势决定的。

9.2.3 能斯特方程

在第四章讨论吉布斯自由能时曾经指出，在等温等压过程中，体系吉布斯自由能的减少等于体系对外所做的最大有用功。对电池反应来说，就是指最大电功，则

$$-\Delta_r G_m = W_{电}$$

式中，$W_{电}$ 等于电池的电动势 E 乘以所通过的电荷量 Q，即 $W_{电} = E \cdot Q$。如果 z mol 电子通过外电路，则其电荷量为

$$Q = zF$$

式中，F 为法拉第常数(96485 $C \cdot mol^{-1}$)，所以：

$$-\Delta_r G_m = W_{电} = E \cdot Q = zFE$$

或

$$\Delta_r G_m = -zFE \qquad (9-1)$$

若反应处于标准态，则得

$$\Delta_r G_m^{\ominus} = -zFE^{\ominus} \qquad (9-2)$$

例 9-4 若把下列反应组装成原电池，求电池的 $E^{\ominus}$ 及反应的 $\Delta_r G_m^{\ominus}$。

$$Cr_2O_7^{2-} + 14H^+ + 6Fe^{2+} \rightleftharpoons 2Cr^{3+} + 6Fe^{3+} + 7H_2O$$

解 正极电极反应：$Cr_2O_7^{2-} + 14H^+ + 6e^- \rightleftharpoons 2Cr^{3+} + 7H_2O \qquad \varphi^{\ominus} = 1.332\ V$

负极电极反应：$Fe^{2+} \rightleftharpoons Fe^{3+} + e^- \qquad \varphi^{\ominus} = 0.771\ V$

所以 $E^{\ominus} = \varphi^{\ominus}_{正} - \varphi^{\ominus}_{负} = 1.332\ V - 0.771\ V = 0.561\ V$

$$\Delta_r G_m^\ominus = -zFE^\ominus = -6\times 96485\ \text{C}\cdot\text{mol}^{-1}\times 0.561\ \text{V} = -325\ \text{kJ}\cdot\text{mol}^{-1}$$

$E^\ominus>0$ 和 $\Delta_r G^\ominus<0$ 均说明该反应在标准态下正向进行。

例 9-5 利用热力学函数数据计算 $\varphi^\ominus(Cl_2/Cl^-)$的值。

解 可以利用式(9-2)求算 $\varphi^\ominus(Cl_2/Cl^-)$，为此，需将电对 Cl_2/Cl^- 与另一电对组成原电池，为计算方便最好选择标准氢电极。则该电池反应式为

$$H_2(g)+Cl_2(g) \rightleftharpoons 2H^+(aq)+2Cl^-(aq)$$

查附录八，得各物质的 $\Delta_f G_m^\ominus$值：

$$H_2(g)+Cl_2(g) \rightleftharpoons 2H^+(aq)+2Cl^-(aq)$$

$\Delta_f G_m^\ominus/(\text{kJ}\cdot\text{mol}^{-1})$ 0 0 0 −131.3

$$\Delta_r G_m^\ominus = 2\times(-131.3\ \text{kJ}\cdot\text{mol}^{-1}) = -262.6\ \text{kJ}\cdot\text{mol}^{-1}$$

$$E^\ominus = \frac{-\Delta_r G_m^\ominus}{zF} = \frac{-(-262.6\times 10^3\ \text{J}\cdot\text{mol}^{-1})}{2\times 96485\ \text{C}\cdot\text{mol}^{-1}} = 1.36\ \text{V}$$

又 $$E^\ominus = \varphi^\ominus_{正} - \varphi^\ominus_{负} = \varphi^\ominus(Cl_2/Cl^-) - \varphi^\ominus(H^+/H_2) = 1.36\ \text{V}$$

所以 $$\varphi^\ominus(Cl_2/Cl^-) = 1.36\ \text{V}$$

可见标准电极电势也可以利用热力学函数求得，并非一定要用测量原电池电动势的方法得到。

式(9-1)和式(9-2)将反应的吉布斯自由能变和电池电动势联系起来，因此它们之间可以进行相互换算。又因为

$$\Delta_r G_m = \Delta_r G_m^\ominus + RT\ln Q$$

将式(9-1)和式(9-2)代入上式，得

$$-zFE = -zFE^\ominus + RT\ln Q$$

$$E = E^\ominus - \frac{RT}{zF}\ln Q \qquad (9-3)$$

式中，R 为摩尔气体常数；F 为法拉第常数；z 为电池反应得失的电子数。将有关常数及 $T=298$ K代入式(9-3)，并把自然对数换成常用对数，即得

$$E = E^\ominus - \frac{0.0592\ \text{V}}{z}\lg Q \qquad (9-4)$$

式(9-4)表明非标准态下电池电动势与标准电动势之间的关系，即电动势的**能斯特方程**。

对于电极反应，标准电极电势是在标准态及温度为 298 K 时测得的。如果浓度改变了，电极电势也就跟着改变。电极电势与浓度间的定量关系可由电极电势的能斯特方程给出。其写法和电池的电动势与标准电动势之间的关系式类似（可以把负极看成标准氢电极，证明从略）。即对电极反应：

$$氧化态 + ze^- \rightleftharpoons 还原态$$

电极电势的能斯特方程为

$$\varphi=\varphi^{\ominus}-\frac{RT}{zF}\ln\frac{a(\text{还原态})}{a(\text{氧化态})} \tag{9-5}$$

当温度为 298 K 时,可得

$$\varphi=\varphi^{\ominus}-\frac{0.0592\ \text{V}}{z}\lg\frac{a(\text{还原态})}{a(\text{氧化态})} \tag{9-6}$$

在第四章讨论范托夫等温方程时已指出:如果是稀溶液,$a=c/c^{\ominus}$;如果是压力较低的气体,$a=p/p^{\ominus}$;如果是纯固体或纯液体,$a=1$。另外,活度的次方应等于该物质在电极反应中化学计量数的绝对值。

例 9-6 列出下列电极反应在 298 K 时非标准态下的电极电势计算式。

(1) $Br_2+2e^- \rightleftharpoons 2Br^-$ $\varphi^{\ominus}=1.087$ V

(2) $MnO_2+4H^++2e^- \rightleftharpoons Mn^{2+}+2H_2O$ $\varphi^{\ominus}=1.23$ V

(3) $O_2+4H^++4e^- \rightleftharpoons 2H_2O$ $\varphi^{\ominus}=1.229$ V

解 代入式(9-6),可得

(1) $\varphi_1=1.087\ \text{V}-\frac{0.0592\ \text{V}}{2}\lg c^2(Br^-)$

(2) $\varphi_2=1.23\ \text{V}-\frac{0.0592\ \text{V}}{2}\lg\frac{c(Mn^{2+})}{c^4(H^+)}$

(3) $\varphi_3=1.229\ \text{V}-\frac{0.0592\ \text{V}}{4}\lg\frac{1}{[p(O_2)/p^{\ominus}]\cdot c^4(H^+)}$

例 9-7 已知电极反应 $MnO_4^-+8H^++5e^- \rightleftharpoons Mn^{2+}+4H_2O$。求 $c(MnO_4^-)=0.10\ \text{mol}\cdot\text{L}^{-1}$,$c(Mn^{2+})=0.010\ \text{mol}\cdot\text{L}^{-1}$,$c(H^+)=0.10\ \text{mol}\cdot\text{L}^{-1}$ 时的 $\varphi(MnO_4^-/Mn^{2+})$。

解 $\varphi(MnO_4^-/Mn^{2+})=\varphi^{\ominus}(MnO_4^-/Mn^{2+})-\frac{0.0592\ \text{V}}{5}\lg\frac{c(Mn^{2+})}{c(MnO_4^-)\cdot c^8(H^+)}$

$$=1.51\ \text{V}-\frac{0.0592\ \text{V}}{5}\lg\frac{0.010}{0.10\times(0.10)^8}=1.51\ \text{V}-0.08\ \text{V}=1.43\ \text{V}$$

由上例计算结果可见,MnO_4^- 的氧化能力随溶液酸度的降低而降低。但是对于没有 H^+(或 OH^-)参与的电极反应(如 $I_2+2e^- \rightleftharpoons 2I^-$),溶液的酸度就不会影响其电极电势。

9.3 电极电势的应用

9.3.1 计算原电池的电动势

应用标准电极电势和能斯特方程,可以算出正负极的电极电势,进而求出原电池的电动势。

例 9-8 计算下列原电池在 298 K 时的电动势,并标明正负极,写出电池反应式。

$$Pt\,|\,Fe^{2+}(0.010\ \text{mol}\cdot\text{L}^{-1}),Fe^{3+}(0.10\ \text{mol}\cdot\text{L}^{-1})\,\|\,H^+(0.10\ \text{mol}\cdot\text{L}^{-1})\,|\,H_2(80\ \text{kPa})\,|\,Pt$$

解 与该原电池有关的电极反应及其标准电极电势为:

$$Fe^{3+}+e^- \rightleftharpoons Fe^{2+}\qquad \varphi^{\ominus}=0.771\ \text{V}$$

$$2H^+ + 2e^- \rightleftharpoons H_2 \qquad \varphi^\ominus = 0.00\ V$$

将各物质相应的浓度代入能斯特方程：

$$\varphi(Fe^{3+}/Fe^{2+}) = \varphi^\ominus(Fe^{3+}/Fe^{2+}) - \frac{0.0592\ V}{1}\lg\frac{c(Fe^{2+})}{c(Fe^{3+})}$$

$$= 0.771\ V - \frac{0.0592\ V}{1}\lg\frac{0.010}{0.10} = 0.830\ V$$

$$\varphi(H^+/H_2) = \varphi^\ominus(H^+/H_2) - \frac{0.0592\ V}{2}\lg\frac{p(H_2)/p^\ominus}{c^2(H^+)}$$

$$= 0.00\ V - \frac{0.0592\ V}{2}\lg\frac{(80/100)}{(0.10)^2} = -0.056\ V$$

由于 $\varphi(Fe^{3+}/Fe^{2+}) > \varphi(H^+/H_2)$，所以电对 Fe^{3+}/Fe^{2+} 为正极，电对 H^+/H_2 为负极，电池电动势为

$$E = \varphi_{正} - \varphi_{负} = 0.830\ V - (-0.056\ V) = 0.886\ V$$

正极发生还原反应： $Fe^{3+} + e^- \rightleftharpoons Fe^{2+}$

负极发生氧化反应： $H_2 \rightleftharpoons 2H^+ + 2e^-$

两电极反应相加，即得电池反应： $2Fe^{3+} + H_2 = 2Fe^{2+} + 2H^+$

电池电动势也可直接利用式(9-4)求得：

$$E = E^\ominus - \frac{0.0592\ V}{z}\lg Q$$

$$= [0.771 - (0.00)]V - \frac{0.0592\ V}{2}\lg\frac{c^2(Fe^{2+})c^2(H^+)}{c^2(Fe^{3+})[p(H_2)/p^\ominus]}$$

$$= 0.771\ V - \frac{0.0592\ V}{2}\lg\frac{(0.010)^2 \times (0.10)^2}{(0.10)^2 \times (80/100)} = 0.886\ V$$

9.3.2 判断氧化还原反应进行的方向

把氧化还原反应组装成原电池，并计算原电池的电动势，如果 $E>0$，说明该氧化还原反应可以正向进行；如果 $E<0$，说明该氧化还原反应按照逆向进行。

通常用电极电势来判断氧化还原的方向更为简便。例如 $\varphi^\ominus(Cu^{2+}/Cu) > \varphi^\ominus(Zn^{2+}/Zn)$，这说明 Cu^{2+} 和 Zn^{2+} 中 Cu^{2+} 是较强的氧化剂，Cu 和 Zn 中 Zn 是较强的还原剂。电极电势高的提供氧化态，电极电势低的提供还原态，这样的氧化还原反应一定是自发进行的。因此反应 $Cu^{2+} + Zn = Cu + Zn^{2+}$ 能自发进行。

上述例子是用 $\varphi^\ominus$ 来判断的，但 $\varphi^\ominus$ 只适用于标准态的反应。实际上大部分的反应条件是非标准态的，因此严格地说，应该用 φ 而不是 $\varphi^\ominus$ 来判断反应的方向。不过，浓度对 φ 的影响不大，因此，当两个标准电极电势差大于 0.2 V 时，可直接用 $\varphi^\ominus$ 来判断；只有当标准电极电势差值小于 0.2 V 时，才需要考虑浓度的影响。还应注意，如果电极反应中还包含 H^+ 或 OH^-，介质的酸碱性对 φ 影响显著，这时，应当用 φ 而不能用 $\varphi^\ominus$ 来判断反应进行的方向。

例 9-9 判断电池反应 $Pb^{2+} + Sn \rightleftharpoons Pb + Sn^{2+}$ 能否在下列条件下自发进行。

(1) $c(Pb^{2+})=c(Sn^{2+})=1.0\ mol\cdot L^{-1}$；

(2) $c(Pb^{2+})=0.10\ mol\cdot L^{-1}$，$c(Sn^{2+})=2.0\ mol\cdot L^{-1}$。

解 (1) $Sn^{2+}+2e^- \rightleftharpoons Sn \qquad \varphi^\ominus=-0.136\ V$

$Pb^{2+}+2e^- \rightleftharpoons Pb \qquad \varphi^\ominus=-0.125\ V$

电极电势高的提供氧化态，即 Pb^{2+}；电极电势低的提供还原态，即 Sn。所以反应 $Pb^{2+}+Sn \rightleftharpoons Pb+Sn^{2+}$ 可自发进行。

(2) $$\varphi(Pb^{2+}/Pb)=-0.125\ V-\frac{0.0592\ V}{2}\lg\frac{1}{0.1}=-0.155\ V$$

$$\varphi(Sn^{2+}/Sn)=-0.136\ V-\frac{0.0592\ V}{2}\lg\frac{1}{2.0}=-0.127\ V$$

电极电势高的提供氧化态，即 Sn^{2+}；电极电势低的提供还原态，即 Pb。反应 $Sn^{2+}+Pb \rightleftharpoons Sn+Pb^{2+}$ 可自发进行，其逆反应 $Pb^{2+}+Sn \rightleftharpoons Pb+Sn^{2+}$ 不能自发进行。

9.3.3 选择氧化剂和还原剂

在化学实验或化工生产中常会遇到这种情况：在一复杂体系中，需要对其中某一组分进行选择性氧化（或还原），而不氧化（或还原）其他组分，这时就需要对各组分有关电对的电极电势进行考察和比较，选择适当的氧化剂（或还原剂）才能达到目的。

例如，在标准态下，哪种氧化剂可以氧化 I^-，而不氧化 Br^- 和 Cl^-？

从电极电势表中查得有关电对的电极电势：

$$I_2+2e^- \rightleftharpoons 2I^- \qquad \varphi^\ominus=0.536\ V$$

$$Br_2+2e^- \rightleftharpoons 2Br^- \qquad \varphi^\ominus=1.087\ V$$

$$Cl_2+2e^- \rightleftharpoons 2Cl^- \qquad \varphi^\ominus=1.36\ V$$

如果要使一氧化剂只能氧化 I^-，而不氧化 Br^- 和 Cl^-，则该氧化剂的电极电势必须在 0.536～1.087 V。电极电势在此范围内常用的氧化剂有 Fe^{3+} [$\varphi^\ominus(Fe^{3+}/Fe^{2+})=0.771\ V$]，$HNO_2$[$\varphi^\ominus(HNO_2/NO)=0.996\ V$]等。实际上在实验室里，$I^-$，$Br^-$ 和 Cl^- 同时存在时，就是选用 $Fe_2(SO_4)_3$ 或 $NaNO_2$ 加酸作为氧化 I^- 的氧化剂。

例 9-10 已知 $\varphi^\ominus(MnO_4^-/Mn^{2+})=1.51\ V$，欲使 Br^- 和 Cl^- 混合液中的 Br^- 被 MnO_4^- 氧化，而 Cl^- 不被氧化，溶液 pH 应控制在什么范围？（假定体系中除 H^+ 外，其余物质均处于标准态。）

解 MnO_4^- 的电极反应为 $\qquad MnO_4^-+8H^++5e^- \rightleftharpoons Mn^{2+}+4H_2O$

所以它的电极电势 φ 与溶液中 H^+ 浓度的关系为

$$\varphi=\varphi^\ominus-\frac{0.0592\ V}{5}\lg\frac{c(Mn^{2+})}{c(MnO_4^-)\cdot c^8(H^+)}=1.51\ V+\frac{0.0592\ V\times 8}{5}\lg c(H^+)$$

MnO_4^- 氧化 Br^-，要求 $\varphi(MnO_4^-/Mn^{2+})>1.087\ V$

即 $$1.51\ V+\frac{0.0592\ V\times 8}{5}\lg c(H^+)>1.087\ V$$

解得 $\qquad \lg c(H^+)>-4.47 \qquad$ 即 $pH<4.47$

MnO_4^- 不氧化 Cl^-，要求 $\varphi(MnO_4^-/Mn^{2+})<1.36\ V$

即 $$1.51\ V+\frac{0.0592\ V\times 8}{5}\lg c(H^+)<1.36\ V$$

解得 $\lg c(H^+)<-1.58$ 即 $pH>1.58$

所以，应控制 pH 在 1.58～4.47。

9.3.4 判断氧化还原反应进行的程度

对于氧化还原反应，其标准平衡常数 $K^\ominus$ 可由相应的原电池标准电动势求得。因为

$$\Delta_r G_m^\ominus=-RT\ln K^\ominus=-2.303RT\lg K^\ominus$$

$$\Delta_r G_m^\ominus=-zFE^\ominus$$

两式合并，得 $$-zFE^\ominus=-2.303RT\lg K^\ominus$$

若反应在 298 K 时进行，并把有关常数代入，可得

$$\lg K^\ominus=\frac{zE^\ominus}{0.0592\ V}$$

例 9-11 对于反应 $Ag^+ + Fe^{2+} \rightleftharpoons Ag + Fe^{3+}$，如果反应开始时 $[Ag^+]=1.0\ mol\cdot L^{-1}$，$[Fe^{2+}]=0.10\ mol\cdot L^{-1}$，求反应达到平衡时 Fe^{3+} 的浓度。

解 对反应 $Ag^+ + Fe^{2+} \rightleftharpoons Ag + Fe^{3+}$

其中 $\varphi^\ominus(Ag^+/Ag)=0.7991\ V$，为正极；$\varphi^\ominus(Fe^{3+}/Fe^{2+})=0.771\ V$，为负极。所以

$$E^\ominus=\varphi_{正}^\ominus-\varphi_{负}^\ominus=0.7991\ V-(0.771\ V)=0.0281\ V$$

$$\lg K^\ominus=\frac{zE^\ominus}{0.0592\ V}=\frac{1\times 0.0281\ V}{0.0592\ V}=0.474$$

$$K^\ominus=2.98$$

设平衡时 $[Fe^{3+}]=x\ mol\cdot L^{-1}$，则 $[Fe^{2+}]=(0.10-x)\ mol\cdot L^{-1}$，$[Ag^+]=(1.0-x)mol\cdot L^{-1}$

$$K^\ominus=\frac{[Fe^{3+}]}{[Fe^{2+}][Ag^+]}=\frac{x}{(0.10-x)(1.0-x)}=2.98$$

解得 $$[Fe^{3+}]=7.3\times 10^{-2}\ mol\cdot L^{-1}$$

9.3.5 测定某些化学常数

沉淀、弱电解质、配位化合物等的形成，会造成溶液中某些离子浓度降低。若将此离子与其相对应的还原态或氧化态组成电对，测定其电极电势，即可方便、准确地计算出溶液中该离子的浓度，从而进一步推算出难溶电解质的溶度积常数、弱酸或弱碱的解离常数、配位化合物的稳定常数等。

例 9-12 向一含 Ag^+ 的溶液中加入过量 KCl 生成 AgCl 沉淀，并使得 $[Cl^-]=0.010\ mol\cdot L^{-1}$。在此溶液中插入银片与溶液组成电极，用此电极与 $Ag^+(0.010\ mol\cdot L^{-1})|Ag$ 电极构成原电池。实验测得该电池电动势 E 为 0.34 V，求 AgCl 的 $K_{sp}^\ominus$。

解 电池符号为 $(-)Ag,AgCl|Cl^-(0.010\ mol\cdot L^{-1})\|Ag^+(0.010\ mol\cdot L^{-1})|Ag(+)$

设负极中与 AgCl 和 Cl^- 处于平衡状态 Ag^+ 的浓度为 x mol・L^{-1}，则

$$0.34\ \text{V}=\varphi_{正}-\varphi_{负}=\left[\varphi^{\ominus}(Ag^+/Ag)-\frac{0.0592\ \text{V}}{1}\lg\frac{1}{0.010}\right]-\left[\varphi^{\ominus}(Ag^+/Ag)-\frac{0.0592\ \text{V}}{1}\lg\frac{1}{x}\right]$$

解得
$$x=1.8\times10^{-8}\ \text{mol}\cdot\text{L}^{-1}$$

所以
$$K_{sp}^{\ominus}=[Ag^+][Cl^-]=1.8\times10^{-8}\times0.010=1.8\times10^{-10}$$

例 9-13 25 ℃时，实验测得由 0.10 mol・L^{-1}弱酸 HA 及 0.10 mol・L^{-1} A^- 组成的氢电极[$p(H_2)=100$ kPa]和标准铅电极(Pb^{2+}/Pb)所组成的原电池中，氢电极为负极，电池的电动势为 0.156 V。试计算 HA 的解离常数 $K_a^{\ominus}$。

解 因为
$$E=\varphi^{\ominus}(Pb^{2+}/Pb)-\varphi(H^+/H_2)$$

所以
$$0.156\ \text{V}=-0.125\ \text{V}-\left(0\ \text{V}-\frac{0.0592\ \text{V}}{2}\lg\frac{1}{[H^+]^2}\right)$$

$$\lg[H^+]=\frac{-0.125\ \text{V}-0.156\ \text{V}}{0.0592\ \text{V}}=-4.75$$

$$[H^+]=1.8\times10^{-5}\ \text{mol}\cdot\text{L}^{-1}$$

$$K_a^{\ominus}=\frac{[H^+][A^-]}{[HA]}=\frac{1.8\times10^{-5}\times0.10}{0.10}=1.8\times10^{-5}$$

9.4 元素电势图及其应用

在特定的 pH 条件下，将元素各种氧化数的存在形式按照氧化数降低的顺序从左向右排成一行，用线段把各种氧化态连接起来，在线段的上面写出其两端的氧化态组成的电对的标准电极电势，便得到该元素的**元素电势图**。该图也称为拉蒂默图，是由拉蒂默(Latimer W M)在其著作中首次提出并应用的。根据溶液酸碱性不同，元素电势图可分为：酸性介质([H^+]=1.0 mol・L^{-1})电势图 $\varphi_A^{\ominus}$(下标 A 代表酸性介质)和碱性介质([OH^-]=1.0 mol・L^{-1})电势图 $\varphi_B^{\ominus}$(下标 B 代表碱性介质)两类。例如，氯元素在酸、碱性介质中的电势图分别为：

酸性介质($\varphi_A^{\ominus}$/V)

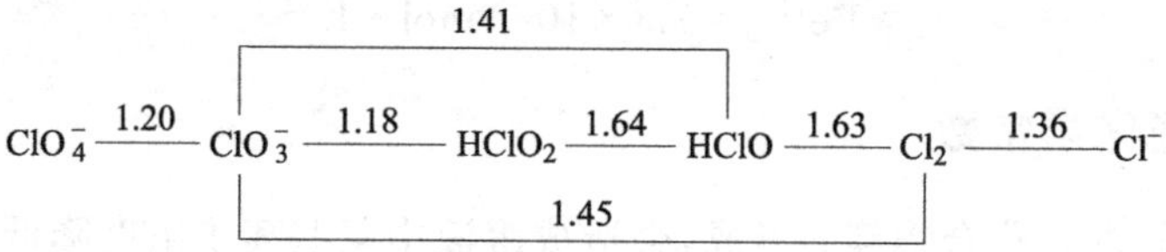

1.41 (ClO_3^-—HClO)

ClO_4^- —1.20— ClO_3^- —1.18— $HClO_2$ —1.64— HClO —1.63— Cl_2 —1.36— Cl^-

1.45 (ClO_3^-—Cl_2)

碱性介质($\varphi_B^{\ominus}$/V)

ClO_4^- —0.36— ClO_3^- —0.33— ClO_2^- —0.66— ClO^- —0.40— Cl_2 —1.36— Cl^-

0.50 (ClO_3^-—ClO^-)　0.89 (ClO^-—Cl^-)

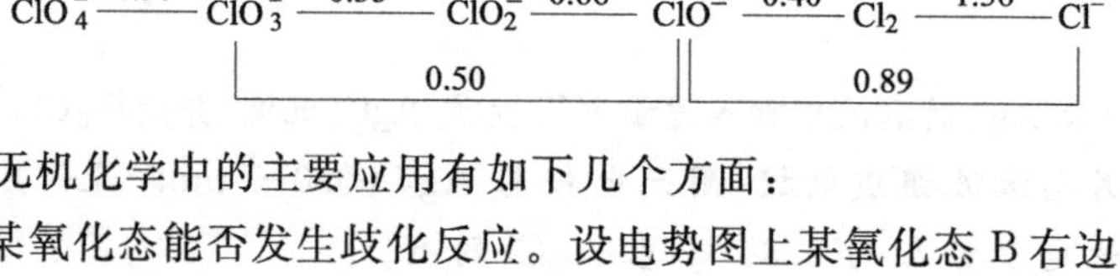

元素电势图在无机化学中的主要应用有如下几个方面：

(1) 判断元素某氧化态能否发生歧化反应。设电势图上某氧化态 B 右边的电极电势为 $\varphi_{右}^{\ominus}$，左边的电极电势为 $\varphi_{左}^{\ominus}$，即

$$A \frac{\varphi^{\ominus}_{左}}{\quad} B \frac{\varphi^{\ominus}_{右}}{\quad} C$$

如果 $\varphi^{\ominus}_{右} > \varphi^{\ominus}_{左}$，则氧化态 B 在水溶液中发生歧化反应：$B \longrightarrow A + C$

如果 $\varphi^{\ominus}_{右} < \varphi^{\ominus}_{左}$，则会发生反歧化反应：$A + C \longrightarrow B$

例如，在碱性介质中，Cl_2 的 $\varphi^{\ominus}_{右}$ 和 $\varphi^{\ominus}_{左}$ 分别为 1.36 V 和 0.40 V，$\varphi^{\ominus}_{右} > \varphi^{\ominus}_{左}$。所以它会发生歧化反应：$Cl_2 + 2OH^- = Cl^- + ClO^- + H_2O$。

为什么 $\varphi^{\ominus}_{右} > \varphi^{\ominus}_{左}$ 就会发生歧化反应？这是因为：

$$2ClO^- + 2H_2O + 2e^- = Cl_2 + 4OH^- \qquad \varphi^{\ominus} = 0.40\ V$$

$$Cl_2 + 2e^- = 2Cl^- \qquad \varphi^{\ominus} = 1.36\ V$$

电极电势高的下式提供氧化态，即 Cl_2，电极电势低的上式提供还原态，即 Cl_2，这样的氧化还原反应一定是自发的，即歧化反应：$Cl_2 + 2OH^- = Cl^- + ClO^- + H_2O$。

(2) 用来从几个已知相邻电对的 $\varphi^{\ominus}$，求算未知电对的 $\varphi^{\ominus}$。例如，从电势图

$$IO_3^- \frac{1.14}{\quad} HIO \frac{1.45}{\quad} I_2$$

求 IO_3^-/I_2 电对的 $\varphi^{\ominus}$。

这三对电对的电极反应及其标准电极电势分别为

$$IO_3^- + 5H^+ + 4e^- = HIO + 2H_2O \qquad \varphi^{\ominus}_1 = 1.14\ V$$

$$HIO + H^+ + e^- = \frac{1}{2}I_2 + H_2O \qquad \varphi^{\ominus}_2 = 1.45\ V$$

$$IO_3^- + 6H^+ + 5e^- = \frac{1}{2}I_2 + 3H_2O \qquad \varphi^{\ominus}_3 = ?$$

将该三对电极分别作为正极与标准氢电极负极组成原电池，这三个电池反应及相应的电动势分别为

① $IO_3^- + H^+ + 2H_2 = HIO + 2H_2O \qquad E^{\ominus}_1 = \varphi^{\ominus}(IO_3^-/HIO) - \varphi^{\ominus}(H^+/H_2) = \varphi^{\ominus}_1$

② $HIO + \frac{1}{2}H_2 = \frac{1}{2}I_2 + H_2O \qquad E^{\ominus}_2 = \varphi^{\ominus}(HIO/I_2) - \varphi^{\ominus}(H^+/H_2) = \varphi^{\ominus}_2$

③ $IO_3^- + H^+ + \frac{5}{2}H_2 = \frac{1}{2}I_2 + 3H_2O \qquad E^{\ominus}_3 = \varphi^{\ominus}(IO_3^-/I_2) - \varphi^{\ominus}(H^+/H_2) = \varphi^{\ominus}_3$

设这三个电池反应的标准吉布斯自由能变分别为 $\Delta_r G^{\ominus}_1$，$\Delta_r G^{\ominus}_2$，$\Delta_r G^{\ominus}_3$，因为反应③＝反应①＋反应②，所以

$$\Delta_r G^{\ominus}_3 = \Delta_r G^{\ominus}_1 + \Delta_r G^{\ominus}_2$$

即

$$-z_3 F E^{\ominus}_3 = -z_1 F E^{\ominus}_1 + (-z_2 F E^{\ominus}_2)$$

$$E^{\ominus}_3 = \frac{z_1 E^{\ominus}_1 + z_2 E^{\ominus}_2}{z_3}$$

所以：

$$\varphi^{\ominus}_3 = \frac{z_1 \varphi^{\ominus}_1 + z_2 \varphi^{\ominus}_2}{z_3}$$

将 $\varphi^{\ominus}_1 = 1.14\ V$，$\varphi^{\ominus}_2 = 1.45\ V$，$z_3 = z_1 + z_2 = 4 + 1$ 代入上式，得

$$\varphi^{\ominus}(IO_3^-/I_2) = \frac{4 \times 1.14\ V + 1 \times 1.45\ V}{4+1} = 1.20\ V$$

若为多个相关电对，可得如下通式：

$$\varphi^{\ominus}=\frac{z_1\varphi_1^{\ominus}+z_2\varphi_2^{\ominus}+z_3\varphi_3^{\ominus}+\cdots}{z_1+z_2+z_3+\cdots}$$

式中，$\varphi_1^{\ominus},\varphi_2^{\ominus},\varphi_3^{\ominus},\cdots$依次代表相邻电对的标准电极电势；$z_1,z_2,z_3\cdots$依次代表相邻电对元素氧化数的变化值（转移的电子数）；$\varphi^{\ominus}$代表线段两端物质组成的电对的标准电极电势。

例 9-14 已知溴在碱性介质中的元素电势图（$\varphi_B^{\ominus}/V$）为：

$$BrO_3^- \xrightarrow{0.54} BrO^- \xrightarrow{0.45} Br_2 \xrightarrow{1.07} Br^-$$

(1) 求 $\varphi^{\ominus}(BrO_3^-/Br^-)$和 $\varphi^{\ominus}(BrO^-/Br^-)$；

(2) 计算 $3Br_2+6OH^- \rightleftharpoons BrO_3^-+5Br^-+3H_2O$ 的 $\Delta_rG_m^{\ominus}$。

解 (1) $\varphi^{\ominus}(BrO_3^-/Br^-)=\dfrac{4\times0.54\ V+1\times0.45\ V+1\times1.07\ V}{4+1+1}=0.61\ V$

$$\varphi^{\ominus}(BrO^-/Br^-)=\frac{1\times0.45\ V+1\times1.07\ V}{1+1}=0.76\ V$$

(2) 因为 $\varphi^{\ominus}(BrO_3^-/Br_2)=\dfrac{4\times0.54\ V+1\times0.45\ V}{4+1}=0.52\ V$

所以该歧化反应 $E^{\ominus}=\varphi^{\ominus}(Br_2/Br^-)-\varphi^{\ominus}(BrO_3^-/Br_2)=1.07\ V-0.52\ V=0.55V$

$$\Delta_rG_m^{\ominus}=-zFE^{\ominus}=-5\times96485\ C\cdot mol^{-1}\times0.55\ V=-265\ kJ\cdot mol^{-1}$$

9.5 氧化还原滴定分析

9.5.1 氧化还原滴定法概述

氧化还原滴定法是以氧化还原反应为基础的滴定分析方法。氧化还原反应机理比较复杂，电子转移往往是分步进行的。有不少氧化还原反应虽然可以进行得相当完全但反应速率很慢；有些由于副反应的发生使反应物间没有明确的化学计量关系。因此，在氧化还原滴定中要注意控制适宜的反应条件（主要是浓度、酸度和温度），加快反应速率，防止副反应的发生以保证主反应定量完成。

对于可逆氧化还原电对的电极电势与还原态和氧化态的活度之间的关系可用能斯特方程表示，即

$$Ox(氧化态)+ze^- \longrightarrow Red(还原态)$$

$$\varphi=\varphi^{\ominus}-\frac{0.0592\ V}{z}\lg\frac{a(Red)}{a(Ox)} \tag{9-7}$$

式中，$a(Red)$和 $a(Ox)$分别为还原态和氧化态的活度；$\varphi^{\ominus}$是电对的标准电极电势，它仅随温度变化。

实际上知道的往往是溶液中氧化剂或还原剂的浓度，而不是活度。当溶液的总离子强度较

大时，用浓度代替活度进行计算，会引起较大的误差。此外，氧化态或还原态与溶液中其他组分发生副反应，如酸效应、沉淀与配位化合物的形成等都会使电极电势发生变化。因此，如果以浓度代替活度，应该引入相应的活度系数 γ_{Ox}，γ_{Red}，考虑到副反应的发生，还必须引入相应的副反应系数 α_{Ox} 和 α_{Red}。此时：

$$a(Red)=[Red]\cdot\gamma_{Red}=\frac{c(Red)\cdot\gamma_{Red}}{\alpha_{Red}}$$

$$a(Ox)=[Ox]\cdot\gamma_{Ox}=\frac{c(Ox)\cdot\gamma_{Ox}}{\alpha_{Ox}}$$

式中，$c(Ox)$ 和 $c(Red)$ 分别表示氧化态和还原态的分析浓度。将以上关系代入式(9-7)，得

$$\varphi=\varphi^{\ominus}-\frac{0.0592\ V}{z}\lg\frac{\gamma_{Red}\alpha_{Ox}}{\gamma_{Ox}\alpha_{Red}}-\frac{0.0592\ V}{z}\lg\frac{c(Red)}{c(Ox)}$$

当 $c(Ox)=c(Red)=1\ mol\cdot L^{-1}$ 时，得

$$\varphi^{\ominus\prime}=\varphi^{\ominus}-\frac{0.0592\ V}{z}\lg\frac{\gamma_{Red}\alpha_{Ox}}{\gamma_{Ox}\alpha_{Red}}$$

$\varphi^{\ominus\prime}$ 称为**条件电极电势**或**条件电位**(conditional potential)，它表示在一定介质条件下，氧化态和还原态的浓度都为 $1\ mol\cdot L^{-1}$ 时的实际电极电势。它在一定条件下为常数，因此称为条件电极电势。它反映了离子强度与各种副反应的影响，代表了在实验条件下电对的实际氧化还原能力，用它来判断反应方向和程度更为准确。各种条件下的 $\varphi^{\ominus\prime}$ 值都是由实验测定的。附录十七列出了一些电对的 $\varphi^{\ominus\prime}$ 值，若没有相同条件的 $\varphi^{\ominus\prime}$ 值，可采用近似条件的 $\varphi^{\ominus\prime}$ 值。

引入条件电极电势后，能斯特方程可表示为

$$\varphi=\varphi^{\ominus\prime}-\frac{0.0592\ V}{z}\lg\frac{c(Red)}{c(Ox)} \tag{9-8}$$

9.5.2 氧化还原滴定法基本原理

1. 滴定曲线

在氧化还原滴定中，氧化剂或还原剂的浓度随着滴定剂的加入而逐渐变化，因而溶液的电势也不断地发生变化。滴定曲线以电极电势为纵坐标，以滴定剂体积或滴定分数为横坐标，通过实验的方法测得，也可以用能斯特方程计算得到。

图 9-4 为用 $0.1000\ mol\cdot L^{-1}\ Ce(SO_4)_2$ 溶液在不同介质条件下滴定 $0.1000\ mol\cdot L^{-1}\ FeSO_4$ 溶液的滴定曲线。滴定反应为

$$Ce^{4+}+Fe^{2+}=\!=\!=Ce^{3+}+Fe^{3+}$$

一般氧化还原反应的通式为

$$z_2Ox_1+z_1Red_2=\!=\!=z_2Red_1+z_1Ox_2$$

对应的两个半反应和条件电极电势分别是：

$$Ox_1+z_1e^-=\!=\!=Red_1\qquad\varphi_1^{\ominus\prime}$$

$$Ox_2 + z_2e^- \rightleftharpoons Red_2 \quad \varphi_2^{\ominus\prime}$$

化学计量点时电极电势计算通式为 $\varphi_{计} = \dfrac{z_1\varphi_1^{\ominus\prime} + z_2\varphi_2^{\ominus\prime}}{z_1 + z_2}$，滴定突跃范围为 $\left(\varphi_2^{\ominus\prime} + \dfrac{3\times0.0592\ \text{V}}{z_2}\right) \sim \left(\varphi_1^{\ominus\prime} - \dfrac{3\times0.0592\ \text{V}}{z_1}\right)$。在 1 mol·L^{-1} H_2SO_4 溶液介质中，用 Ce^{4+} 滴定 Fe^{2+}，化学计量点时溶液的电极电势为 1.06 V，滴定突跃为 0.86～1.26 V。

氧化还原滴定突跃的大小取决于反应中两电对电极电势的差。相差越大，突跃越大。根据滴定突跃的大小可以选择指示剂。若要使滴定突跃明显，可设法降低还原剂电对的电极电势，如加入配位剂，生成稳定的配离子，使电对的浓度比值降低，从而增大突跃，使反应进行得更完全，详见 $K_2Cr_2O_7$ 法应用示例。

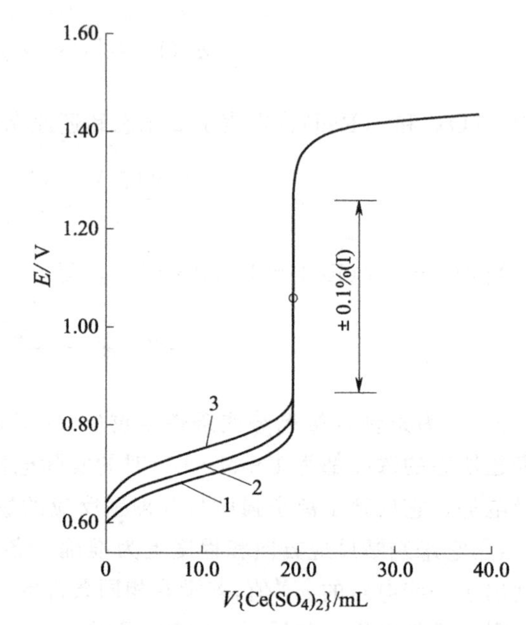

图 9-4 用 0.1000 mol·L^{-1} $Ce(SO_4)_2$ 溶液在不同介质条件下滴定 0.1000 mol·L^{-1} $FeSO_4$ 溶液的滴定曲线（1—1 mol·L^{-1} H_2SO_4 溶液中；2—1 mol·L^{-1} HCl 溶液中；3—1 mol·L^{-1} $HClO_4$ 溶液中）

2. 氧化还原滴定中的指示剂

(1) 自身指示剂　利用滴定剂或被测物质本身的颜色变化来指示滴定终点，无须另加指示剂。例如，用 $KMnO_4$ 溶液滴定 $H_2C_2O_4$ 溶液，滴定至化学计量点后只要稍微过量的 $KMnO_4$（约 2×10^{-6} mol·L^{-1}）就能使溶液呈现浅红色，指示滴定终点到达，过量的 $KMnO_4$ 所产生的误差可以控制得很小。

(2) 特殊指示剂　有些物质本身并不具有氧化还原性质，但它能与滴定剂或被测物发生灵敏的可逆显色反应以指示滴定终点。例如，在碘量法中，可溶性淀粉可以与 I_3^- 生成深蓝色的吸附化合物，反应迅速、特效且灵敏（浓度为 10^{-5} mol·L^{-1} 时即可显蓝色），以蓝色的出现或消失指示滴定终点。

(3) 氧化还原指示剂　这类指示剂具有氧化还原性质，其氧化态和还原态具有不同的颜色。在滴定过程中，因被氧化或还原而发生颜色变化从而指示滴定终点。

氧化还原指示剂的半反应和相应的能斯特方程为

$$In(Ox) + ze^- \rightleftharpoons In(Red) \qquad \varphi_{In} = \varphi_{In}^{\ominus\prime} - \frac{0.0592\ \text{V}}{z}\lg\frac{c[In(Red)]}{c[In(Ox)]}$$

在滴定过程中，随着溶液电极电势的改变，$c[In(Red)]/c[In(Ox)]$ 随之变化，溶液的颜色也发生变化，当 $c[In(Red)]/c[In(Ox)]$ 从 10 减小到 1/10 时，指示剂由还原态颜色转变为氧化态颜色。相应的指示剂变色范围为 $\varphi_{In}^{\ominus\prime} \pm \dfrac{0.0592\ \text{V}}{z}$。

表 9-2 列出的是常见的氧化还原指示剂。在氧化还原滴定中选择这类指示剂的原则是：指

示剂变色点的电极电势应处于滴定体系的电极电势突跃范围内。在 1 mol·L^{-1} H_2SO_4溶液介质中,用 Ce^{4+} 溶液滴定 Fe^{2+} 溶液,突跃范围为 0.86～1.26 V,选用邻二氮菲-亚铁作指示剂最适宜。在 H_2SO_4-H_3PO_4混酸介质中,用 $K_2Cr_2O_7$溶液滴定 Fe^{2+} 溶液,突跃范围为 0.62～0.99 V,通常选用二苯胺磺酸钠作指示剂。

表 9-2 常见的氧化还原指示剂

指示剂	颜色变化		$\varphi^{\ominus\prime}$/V [$c(H^+)$=1 mol·L^{-1}]
	还原态	氧化态	
亚甲基蓝	无色	蓝色	0.53
二苯胺	无色	紫色	0.76
二苯胺磺酸钠	无色	紫红色	0.85
邻苯氨基苯甲酸	无色	紫红色	0.89
邻二氮菲-亚铁	红色	淡蓝色	1.06

9.5.3 氧化还原滴定法的分类及应用示例

根据所用滴定剂的种类不同,氧化还原滴定法可以分为高锰酸钾法、重铬酸钾法、碘量法、铈量法等。这里介绍几种常见的氧化还原滴定法。

1. 高锰酸钾法

(1) 概述　$KMnO_4$ 是一种强氧化剂,在不同酸度条件下,其氧化能力和对应的还原产物不同。

强酸:　$MnO_4^- + 8H^+ + 5e^- \longrightarrow Mn^{2+} + 4H_2O$　　$\varphi^{\ominus}=1.51$ V

中性、弱酸(碱):　$MnO_4^- + 2H_2O + 3e^- \longrightarrow MnO_2 + 4OH^-$　　$\varphi^{\ominus}=0.62$ V

强碱:　$MnO_4^- + e^- \longrightarrow MnO_4^{2-}$　　$\varphi^{\ominus}=0.56$ V

应用时可以根据被测物的性质采用不同的酸度。高锰酸钾法的优点是氧化能力强,可以直接、间接测定多种无机物和有机物;$KMnO_4$ 本身具有鲜艳的紫红色,因此滴定无色或浅色溶液时不需要另加指示剂(自身作指示剂)。缺点是 $KMnO_4$ 标准溶液不够稳定,滴定的选择性较差。

(2) 标准溶液的配制和标定　市售的 $KMnO_4$试剂中常含有少量 MnO_2 和其他杂质,蒸馏水中常有微量的还原性物质等,因此 $KMnO_4$ 标准溶液不能直接配制。其配制方法为:先称取略多于理论量的 $KMnO_4$ 固体,溶解于一定体积的蒸馏水中,加热煮沸,保持近沸状态 1 h,室温下在暗处放置 2～3 d,使还原性物质全部氧化。冷却后用微孔玻璃漏斗过滤除去 $MnO(OH)_2$ 等沉淀。过滤后的 $KMnO_4$ 溶液储存于棕色瓶中,置于暗处,避光保存。

标定 $KMnO_4$溶液的基准物质有很多,如 $Na_2C_2O_4$,$H_2C_2O_4\cdot 2H_2O$,As_2O_3 和 $(NH_4)_2Fe(SO_4)_2\cdot 6H_2O$ 等。其中最常用的是 $Na_2C_2O_4$,它容易提纯、性质稳定、不含结晶水。在酸性溶液中,标定反应为

$$2MnO_4^- + 5C_2O_4^{2-} + 16H^+ \longrightarrow 2Mn^{2+} + 10CO_2 + 8H_2O$$

为使反应较快地定量进行,需注意以下滴定条件。

① 温度：在室温下此反应速率缓慢，需加热至70～80 ℃进行滴定，但高于90 ℃，草酸会发生分解反应：$H_2C_2O_4 \xlongequal{\triangle} CO_2\uparrow + CO\uparrow + H_2O$。因此标定时通常用水浴加热，以便控制反应温度。

② 酸度：酸度过低，MnO_4^-会部分被还原成MnO_2；酸度过高，会促使$H_2C_2O_4$分解。一般滴定开始的最佳酸度为1 mol·L^{-1}。为防止诱导氧化Cl^-的反应发生，不能用盐酸控制酸度，应在稀H_2SO_4介质中进行。

③ 滴定速率：若开始滴定速率太快，则滴入的$KMnO_4$来不及和$C_2O_4^{2-}$反应，而发生自身分解反应：$4MnO_4^- + 12H^+ \xlongequal{\quad} 4Mn^{2+} + 5O_2\uparrow + 6H_2O$。随着滴定的进行，产物$Mn^{2+}$增多，对滴定反应有催化作用，滴定速率可随之加快。也可以在滴定前加入少量Mn^{2+}作催化剂以加速反应。

(3) 应用示例

① 直接法测定H_2O_2：在酸性溶液中可用$KMnO_4$直接滴定H_2O_2，其反应为

$$2MnO_4^- + 5H_2O_2 + 6H^+ \xlongequal{\quad} 2Mn^{2+} + 5O_2\uparrow + 8H_2O$$

碱金属及碱土金属的过氧化物，也可以采用同样的方法测定。

② 间接滴定法测定Ca^{2+}：先用$C_2O_4^{2-}$将Ca^{2+}全部沉淀为CaC_2O_4，沉淀经过滤、洗涤后溶于热的稀H_2SO_4溶液中，释放出与Ca^{2+}等量的$C_2O_4^{2-}$，然后用$KMnO_4$标准溶液滴定$C_2O_4^{2-}$，间接测得Ca^{2+}的含量。

③ 返滴定法测定软锰矿中的MnO_2：在含MnO_2试样中加入过量、计量的$Na_2C_2O_4$或$H_2C_2O_4\cdot 2H_2O$，在酸性介质中发生反应：

$$MnO_2 + C_2O_4^{2-} + 4H^+ \xlongequal{\quad} Mn^{2+} + 2CO_2\uparrow + 2H_2O$$

待反应完全后，用$KMnO_4$标准溶液返滴定剩余的$C_2O_4^{2-}$，可求得MnO_2含量。此法也可用于测定PbO_2的含量。

2. 重铬酸钾法

(1) 概述　$K_2Cr_2O_7$是一种常见的氧化剂，在酸性介质中的半反应为

$$Cr_2O_7^{2-} + 14H^+ + 6e^- \rightleftharpoons 2Cr^{3+} + 7H_2O \qquad \varphi^\ominus = 1.332\ V$$

重铬酸钾法与高锰酸钾法相比有如下优点：$K_2Cr_2O_7$易提纯、较稳定，在140～150 ℃干燥后，可作为基准物质直接配制标准溶液；$K_2Cr_2O_7$标准溶液非常稳定，可以长期保存，使用时不需要重新标定；在室温下，$K_2Cr_2O_7$不与Cl^-反应，故可以在盐酸中作滴定剂。

(2) 应用示例　铁的测定：将含铁试样用热的浓盐酸溶解后，先用$SnCl_2$将大部分Fe^{3+}还原为Fe^{2+}，然后在Na_2WO_4存在下，用$TiCl_3$还原剩余的Fe^{3+}至Fe^{2+}，过量的$TiCl_3$可使Na_2WO_4被还原为钨蓝，使溶液呈现蓝色，以指示Fe^{3+}被还原完毕。然后以Cu^{2+}作催化剂，利用空气氧化或滴加稀$K_2Cr_2O_7$溶液使钨蓝恰好褪色。再于1～2 mol·L^{-1} H_2SO_4-H_3PO_4混酸介质中，以二苯胺磺酸钠为指示剂，用$K_2Cr_2O_7$标准溶液滴定Fe^{2+}。加硫磷混酸的作用一是提供必要的酸度条件；二是H_3PO_4与Fe^{3+}形成稳定的$Fe(HPO_4)_2^-$，降低了Fe^{3+}/Fe^{2+}电对的电极电势，使二苯胺磺酸钠变色点的电极电势落在滴定的电极电势突跃范围内；三是形成无色的$Fe(HPO_4)_2^-$，掩

蔽了 Fe^{3+} 的黄色，有利于终点的观察。

3. 碘量法

(1) 概述　碘量法是利用 I_2 的氧化性及 I^- 的还原性进行滴定的方法。固体碘在水中溶解度小而且易挥发，所以分析化学中通常使用 I_2 和 KI 的混合液。此时 I_2 在溶液中以 I_3^- 的形式存在，其氧化还原半反应为

$$I_3^- + 2e^- \xlongequal{} 3I^- \qquad \varphi^{\ominus} = 0.54\ V$$

为简便起见，有时可以将 I_3^- 简写成 I_2。

由 I_3^-/I^- 电对的标准电极电势值可见，I_3^- 是较弱的氧化剂，而 I^- 则是中等强度的还原剂。用碘标准溶液直接滴定 SO_3^{2-}，As(Ⅲ)，$S_2O_3^{2-}$ 和维生素 C 等强还原剂，这种方法称为**直接碘量法**或**碘滴定法**。而利用 I^- 的还原性，使它与待测的氧化性物质如 $Cr_2O_7^{2-}$，MnO_4^-，BrO_3^- 和 H_2O_2 等反应，定量析出 I_2，再用 $Na_2S_2O_3$ 标准溶液滴定生成的 I_2，以间接地得到这些氧化性物质的含量，这种方法称为**间接碘量法**或**滴定碘法**。其滴定反应为 $I_2 + 2S_2O_3^{2-} \xlongequal{} 2I^- + S_4O_6^{2-}$。

碘量法采用淀粉作指示剂，灵敏度高。当溶液呈现蓝色(直接碘量法)或蓝色消失(间接碘量法)时即为终点。同时 I_3^-/I^- 电对的可逆性好，其电极电势在很宽的 pH 范围内($pH<9$)不受溶液酸度及其他配位剂的影响，且副反应少，因此碘量法应用非常广泛。

碘量法中两个主要误差来源是 I_2 的挥发及在酸性溶液中 I^- 易被空气氧化。为防止 I_2 的挥发，应加入过量的 KI 形成 I_3^-；析出 I_2 的反应应在碘量瓶中进行，且置于暗处；滴定时勿剧烈摇动等。为防止 I^- 被氧化，一般反应后立即滴定，且滴定是在中性或弱酸性溶液中进行，同时反应温度不宜过高。

(2) 标准溶液的配制与标定　碘量法中使用的标准溶液是硫代硫酸钠溶液和碘液。

市售的 $Na_2S_2O_3 \cdot 5H_2O$ 纯度不够高，易风化和潮解，因此 $Na_2S_2O_3$ 溶液不能用直接法配制，配好的溶液也不稳定，易分解。因此配制 $Na_2S_2O_3$ 溶液的方法是称取比计算用量稍多的 $Na_2S_2O_3 \cdot 5H_2O$ 试剂，溶于新煮沸(除去水中的 CO_2 并灭菌)并已冷却的蒸馏水中，加入少量 Na_2CO_3 使溶液呈弱碱性以抑制微生物的生长，于棕色瓶中放置数天后标定其浓度。

标定 $Na_2S_2O_3$ 溶液的基准物有 $K_2Cr_2O_7$，$KBrO_3$ 和 KIO_3 等。$K_2Cr_2O_7$ 最常用，标定实验的主要步骤如下：在酸性溶液中，$K_2Cr_2O_7$ 与过量 KI 反应生成 I_2，在暗处放置 3～5 min 使反应完全，用蒸馏水稀释以降低酸度，在弱酸性条件下用待标定的 $Na_2S_2O_3$ 溶液滴定析出的 I_2，接近终点时溶液呈现稻草黄色(I_3^- 黄色与 Cr^{3+} 绿色)时，加入淀粉指示剂(若滴定前加入，由于碘-淀粉吸附化合物不易与 $Na_2S_2O_3$ 反应，会给滴定带来误差)，继续滴定至蓝色消失即为终点。最后根据化学计量关系计算 $Na_2S_2O_3$ 溶液的浓度。

碘标准溶液虽然可以用纯碘直接配制，但由于 I_2 的挥发性强，准确称量有一定的困难。一般先称取一定量的碘溶于少量 KI 浓溶液中，待溶解后稀释到一定体积。配制好的溶液应保存于棕色磨口瓶中。碘液可以用基准物 As_2O_3 标定，也可用已标定的 $Na_2S_2O_3$ 溶液标定。

(3) 应用示例

① 维生素 C 含量的测定：用 I_2 标准溶液直接测定维生素 C 含量。维生素 C 分子中的二烯醇基可以被氧化成二酮基。维生素 C 在碱性溶液中易被空气氧化，因此滴定宜在 HAc 介质中进行。

$$\overbrace{\mathrm{C(=O)-C(OH)=C(OH)-CH}}^{\mathrm{O}}\mathrm{-CH(OH)-CH_2OH} + \mathrm{I_2} = \overbrace{\mathrm{C(=O)-C(=O)-C(=O)-CH}}^{\mathrm{O}}\mathrm{-CH(OH)-CH_2OH} + 2\mathrm{HI}$$

② Cu^{2+}的测定：在弱酸性溶液中，Cu^{2+}与 KI 反应：

$$2Cu^{2+} + 4I^- = 2CuI(s) + I_2$$

这里I^-既是还原剂，又是沉淀剂，反应生成的I_2可以用$Na_2S_2O_3$标准溶液滴定，进而间接求出Cu^{2+}的含量。为减少 CuI 对I_2的吸附，可在接近终点时(碘-淀粉蓝色很浅时)加入 KSCN 溶液，使 CuI 转化为溶解度更小且对I_2吸附力弱的 CuSCN，释放出原来被 CuI 吸附的I_2，提高测定结果的准确度。如果试样中有Fe^{3+}存在，它也能与I^-作用生成I_2，可以通过加入NH_4F-HF溶液使Fe^{3+}形成$[FeF_6]^{3-}$而掩蔽。

③ 卡尔·费歇尔(Karl Fischer)滴定法测定水：其基本原理是I_2氧化SO_2时需要一定量的H_2O：

$$I_2 + SO_2 + 2H_2O = H_2SO_4 + 2HI$$

加入吡啶(C_5H_5N)以中和生成的H_2SO_4，使反应能定量向右进行。其总反应是

$$C_5H_5N \cdot I_2 + C_5H_5N \cdot SO_2 + C_5H_5N + H_2O = C_5H_5N \cdot SO_3 + 2C_5H_5N \cdot HI$$

而生成的$C_5H_5N \cdot SO_3$也能与H_2O反应，为此需加入甲醇以防止副反应的发生，即

$$C_5H_5N \cdot SO_3 + CH_3OH = C_5H_5NHOSO_2OCH_3$$

因此该方法测定水时，所使用的标准溶液是含有I_2，SO_2，C_5H_5N和CH_3OH的混合液，称为卡尔·费歇尔试剂。试剂呈深棕色，与水作用后呈黄色。滴定时溶液由浅黄色变成红棕色即为终点。卡尔·费歇尔试剂常用标准的纯水-甲醇溶液或稳定的结晶水合物作为基准物质进行标定。卡尔·费歇尔滴定法不仅可以测定水分含量，还可以根据反应中生成或消耗水的量间接测定多种有机物。卡尔·费歇尔滴定法属于非水滴定法，所用器皿必须干燥。

习题

1. 用氧化数法或离子-电子法配平下列氧化还原反应方程式。

(1) $Cr_2O_7^{2-} + SO_3^{2-} + H^+ \longrightarrow Cr^{3+} + SO_4^{2-}$

(2) $ClO_3^- + Fe^{2+} + H^+ \longrightarrow Cl^- + Fe^{3+}$

(3) $Br_2 + OH^- \longrightarrow BrO_3^- + Br^-$

(4) $MnO_4^- + C_2O_4^{2-} + H^+ \longrightarrow Mn^{2+} + CO_2 + H_2O$

2. 写出下列电极反应的能斯特方程。

(1) $Cr_2O_7^{2-} + 14H^+ + 6e^- = 2Cr^{3+} + 7H_2O$

(2) $PbCl_2(s) + 2e^- = Pb(s) + 2Cl^-$

(3) $NO_3^- + 4H^+ + 3e^- = NO + 2H_2O$

(4) $SO_4^{2-} + H_2O + 2e^- = SO_3^{2-} + 2OH^-$

3. 将下列氧化还原反应设计成原电池(用电池符号表示；有关离子的浓度为 $1.0\ mol \cdot L^{-1}$，气体压力为 100 kPa)。

(1) $2Ag^+ + Zn = 2Ag + Zn^{2+}$

(2) $Cr_2O_7^{2-} + 6Fe^{2+} + 14H^+ = 2Cr^{3+} + 6Fe^{3+} + 7H_2O$

(3) $2H^+ + Zn = Zn^{2+} + H_2$

(4) $2AgCl + H_2 = 2Ag + 2H^+ + 2Cl^-$

4. 当溶液中 $c(H^+)$增加时，下列氧化剂的氧化能力是增强、减弱还是不变？

(1) Br_2　　(2) H_2O_2　　(3) Ag^+　　(4) MnO_4^-

5. 计算下列电极在 298 K 时的电极电势。

(1) $Pt | H^+(1.0\times10^{-2}\ mol\cdot L^{-1}), Mn^{2+}(1.0\times10^{-4}\ mol\cdot L^{-1}), MnO_4^-(0.10\ mol\cdot L^{-1})$

(2) $Ag, AgCl(s) | Cl^-(1.0\times10^{-2}\ mol\cdot L^{-1})$ [提示：电极反应为 $AgCl(s) + e^- = Ag(s) + Cl^-$]

(3) $Pt, O_2(10.0\ kPa) | OH^-(1.0\times10^{-2}\ mol\cdot L^{-1})$

6. 写出下列原电池的电极反应式和电池反应式，并计算原电池的电动势(298 K)。

(1) $Fe | Fe^{2+}(1.0\ mol\cdot L^{-1}) || Cl^-(1.0\ mol\cdot L^{-1}) | Cl_2(100\ kPa), Pt$

(2) $Pt | Fe^{2+}(1.0\ mol\cdot L^{-1}), Fe^{3+}(1.0\ mol\cdot L^{-1}) || Ce^{4+}(1.0\ mol\cdot L^{-1}), Ce^{3+}(1.0\ mol\cdot L^{-1}) | Pt$

(3) $Pt, H_2(100\ kPa) | HAc(0.10\ mol\cdot L^{-1}) || Cl^-(0.10\ mol\cdot L^{-1}) | AgCl | Ag$

(4) $Pt, Cl_2(100\ kPa) | Cl^-(6.0\ mol\cdot L^{-1}) || Cr_2O_7^{2-}(1.0\ mol\cdot L^{-1}), Cr^{3+}(1.0\ mol\cdot L^{-1}), H^+(6.0\ mol\cdot L^{-1}) | Pt$

7. 根据标准电极电势，判断下列反应在水溶液中能否进行？

(1) $Zn + Pb^{2+} \longrightarrow Pb + Zn^{2+}$

(2) $Fe^{3+} + Cu \longrightarrow Cu^{2+} + Fe^{2+}$

(3) $I_2 + Fe^{2+} \longrightarrow Fe^{3+} + I^-$

(4) $Zn + OH^- \longrightarrow Zn(OH)_4^{2-} + H_2$

8. 在实验室中通常用下列反应制取氯气：$MnO_2 + 4HCl = MnCl_2 + Cl_2 + 2H_2O$；试通过计算回答：为什么必须使用浓盐酸？

9. 先查出下列电极反应的 $\varphi^\ominus$：

$MnO_4^- + 8H^+ + 5e^- = Mn^{2+} + 4H_2O$

$Ce^{4+} + e^- = Ce^{3+}$

$Fe^{2+} + 2e^- = Fe$

$Ag^+ + e^- = Ag$

假设有关物质都处于标准态，试回答：

(1) 上列物质中，哪一种是最强的还原剂？哪一种是最强的氧化剂？

(2) 上列物质中，哪些可把 Ce^{4+} 还原成 Ce^{3+}？

(3) 上列物质中，哪些可把 Ag 氧化成 Ag^+？

10. 已知 $Fe^{3+} + e^- = Fe^{2+}$，$\varphi^\ominus = 0.771$ V，求半反应 $Fe(OH)_3 + e^- = Fe(OH)_2 + OH^-$ 的 $\varphi^\ominus$。

11. 某原电池由标准银电极和标准氯电极组成。如果分别进行如下操作，试判断电池电动势会如何变化？并说明原因。

(1) 在氯电极一方增大 Cl_2 分压；

(2) 在氯电极溶液中加入一些 KCl；

(3) 在银电极溶液中加入一些 KCl；

(4) 加水稀释，使两电极溶液的体积各增大一倍。

12. 利用电极电势表，计算下列反应在 298 K 时的 $\Delta_r G_m^\ominus$。

(1) $Cl_2 + 2Br^- = 2Cl^- + Br_2$

(2) $I_2 + Sn^{2+} = 2I^- + Sn^{4+}$

(3) $MnO_2+4H^++2Cl^-═══Mn^{2+}+Cl_2+2H_2O$

13. 如果下列反应：

(1) $H_2+\frac{1}{2}O_2═══H_2O \quad \Delta_r G_m^\ominus=-237\ kJ\cdot mol^{-1}$

(2) $C+O_2═══CO_2 \quad \Delta_r G_m^\ominus=-394\ kJ\cdot mol^{-1}$

都可以设计成原电池，试计算它们的标准电动势 $E^\ominus$。

14. 利用电极电势表，计算下列反应在 298 K 时的标准平衡常数。

(1) $Zn+Fe^{2+}═══Zn^{2+}+Fe$

(2) $2Fe^{3+}+2Br^-═══2Fe^{2+}+Br_2$

15. 将过量的铁屑置于 0.050 $mol\cdot L^{-1}Cd^{2+}$ 溶液中，平衡后 Cd^{2+} 的浓度是多少？

16. 一原电池由 Ni 和 1.0 $mol\cdot L^{-1}$ Ni^{2+}，Ag 和 1.0 $mol\cdot L^{-1}$ Ag^+ 组成，当原电池耗尽(即 $E=0$)时，求 Ag^+ 和 Ni^{2+} 的浓度。

17. 已知 $\varphi^\ominus(Cu^{2+}/Cu^+)=0.159\ V$，$\varphi^\ominus(I_2/I^-)=0.536\ V$，CuI 的 $K_{sp}^\ominus=1.27\times10^{-12}$，求：

(1) 氧化还原反应 $2Cu^{2+}+4I^-═══2CuI+I_2$ 在 298 K 时的标准平衡常数；

(2) 若溶液中 Cu^{2+} 的起始浓度为 0.10 $mol\cdot L^{-1}$，I^- 的起始浓度为 1.0 $mol\cdot L^{-1}$，计算达到平衡时留在溶液中 Cu^{2+} 的浓度。

18. 下列原电池的电动势为 0.500 V (298 K)，试计算 HAc 的浓度 c。

$$(-)Pt,H_2(100\ kPa)\,|\,HAc(c\ mol\cdot L^{-1})\,||\,Cu^{2+}(1.0\ mol\cdot L^{-1})\,|\,Cu(+)$$

19. 已知：$PbSO_4+2e^-═══Pb+SO_4^{2-} \quad \varphi^\ominus=-0.356\ V$

$Pb^{2+}+2e^-═══Pb \quad \varphi^\ominus=-0.125\ V$

求 $PbSO_4$ 的溶度积。

20. 下列原电池的电动势为 0.459 V (298 K)，试计算 AgCl 的 $K_{sp}^\ominus$。

$$(-)Pt,H_2(100\ kPa)\,|\,H^+(10^{-3}\ mol\cdot L^{-1})\,||\,Cl^-(0.10\ mol\cdot L^{-1})\,|\,AgCl\,|\,Ag(+)$$

21. 有一原电池 $(-)A\,|\,A^{2+}\,||\,B^{2+}\,|\,B(+)$，当 $[A^{2+}]=[B^{2+}]$ 时，电池的电动势为 0.78 V，若使电池的电动势减半，求此时的 $[A^{2+}]/[B^{2+}]$。

22. 下面是氧的元素电势图。根据此图回答下列问题。

$(\varphi_A^\ominus/V)$ $\quad O_2 \xrightarrow{0.695} H_2O_2 \longrightarrow H_2O$；$O_2$ 至 H_2O：1.23

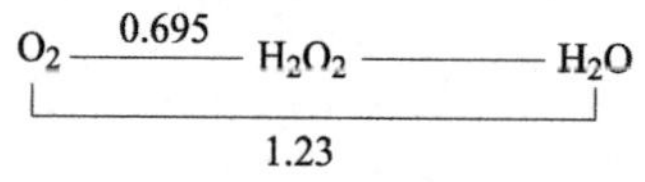

$(\varphi_B^\ominus/V)$ $\quad O_2 \longrightarrow HO_2^- \xrightarrow{0.88} OH^-$；$O_2$ 至 OH^-：0.40

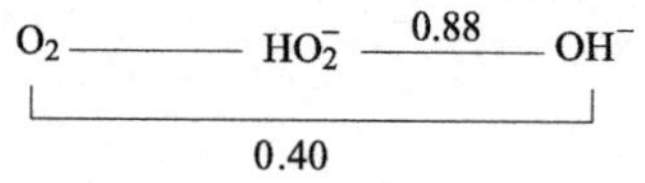

(1) 计算后说明 H_2O_2 在酸性介质中氧化性的强弱，在碱性介质中还原性的强弱；

(2) 计算后说明 H_2O_2 在酸性和碱性介质中是否能发生歧化反应。

23. 已知氯在碱性介质中的元素电势图($\varphi_B^\ominus/V$)为

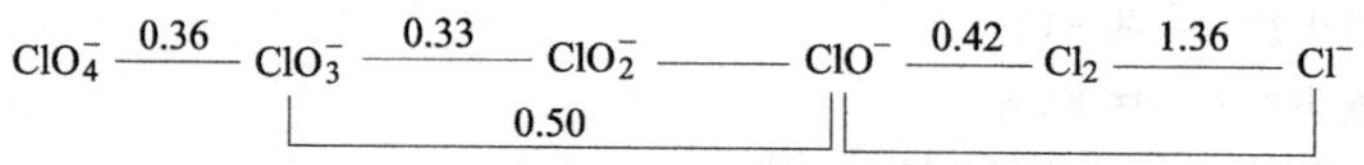

$$ClO_4^- \xrightarrow{0.36} ClO_3^- \xrightarrow{0.33} ClO_2^- \longrightarrow ClO^- \xrightarrow{0.42} Cl_2 \xrightarrow{1.36} Cl^-$$

ClO_3^- 至 ClO^-：0.50；ClO^- 至 Cl^-：（未标数值）

试求：(1) $\varphi^\ominus(ClO_2^-/ClO^-)$ 和 $\varphi^\ominus(ClO^-/Cl^-)$；

(2) $2ClO_2^- \rightleftharpoons ClO_4^-+Cl^-$ 的 $\Delta_r G_m^\ominus(298\ K)$。

24. 根据电极电势解释下列现象：

(1) 金属铁能置换 Cu^{2+}，而三氯化铁溶液又能溶解铜；

(2) H_2S 溶液久置会变浑浊；

(3) Cu^{+}(aq)在水溶液中会歧化为 Cu^{2+}(aq)和铜；

(4) 分别用 $NaNO_3$ 溶液和稀 H_2SO_4 溶液均不能将 Fe^{2+} 氧化，但两者混合后就可以将 Fe^{2+} 氧化；

(5) Ag 不能置换 1 mol·L^{-1} HCl 中的氢，但可以置换 1 mol·L^{-1} HI 中的氢。

25. 用一定体积(mL)的 $KMnO_4$ 溶液恰能氧化一定质量的 $KHC_2O_4 \cdot H_2C_2O_4 \cdot 2H_2O$，同样质量的 $KHC_2O_4 \cdot H_2C_2O_4 \cdot 2H_2O$ 恰能被所需 $KMnO_4$ 溶液体积(mL)一半的 0.2000 mol·L^{-1} NaOH 溶液所中和。试计算 $KMnO_4$ 溶液的浓度。

26. 称取含 PbO 和 PbO_2 的试样 1.393 g，加入 0.2168 mol·L^{-1} 草酸标准溶液 25.00 mL 将试样溶解，此时 PbO_2 还原为 Pb^{2+}，然后用氨水中和，溶液中的 Pb^{2+} 生成 PbC_2O_4 沉淀；过滤，滤液酸化后用浓度为 0.04192 mol·L^{-1} 的 $KMnO_4$ 标准溶液滴定，消耗 $KMnO_4$ 标准溶液 12.51 mL。另将所得 PbC_2O_4 沉淀用酸溶解，也用浓度为 0.04192 mol·L^{-1} 的 $KMnO_4$ 标准溶液滴定，消耗 28.93 mL。计算试样中 PbO 和 PbO_2 的含量(质量分数 w)。

27. 称取含有苯酚的试样 0.5005 g，用 NaOH 溶液溶解后用水准确稀释至 250.00 mL。移取 25.00 mL 试液于碘瓶中，加入 25.00 mL $KBrO_3$ - KBr 标准溶液及 HCl，使苯酚溴化为三溴苯酚。然后加入 KI 溶液，使未反应的 Br_2 还原并定量地析出 I_2，最后用 0.1008 mol·L^{-1} 的 $Na_2S_2O_3$ 标准溶液滴定，用去 15.05 mL。另取 25.00 mL $KBrO_3$ - KBr 标准溶液，加入 HCl 及 KI 溶液，析出的 I_2 用上述 $Na_2S_2O_3$ 标准溶液滴定，用去 40.20 mL。计算试样中苯酚的百分含量。

28. 药典规定测定 $CuSO_4 \cdot 5H_2O$ 含量的方法是：取试样 0.5 g 左右，精确称量，置于碘瓶中加蒸馏水 50 mL。溶解后加入 4 mL HAc，2g KI。用约 0.1 mol·L^{-1} $Na_2S_2O_3$ 标准溶液滴定，近终点时加入 2 mL 淀粉指示剂，继续滴定至蓝色消失。

(1) 写出上述测定反应的主要方程式。

(2) 为什么取样是 0.5 g 左右？

(3) 为什么在近终点时才加入淀粉指示剂？

(4) 写出 $CuSO_4 \cdot 5H_2O$ 含量的计算公式。

29. 含 KI 的试液 25.00 mL，用 10.00 mL 0.05000 mol·L^{-1} KIO_3 溶液处理后，煮沸溶液除去 I_2。冷却后加入过量 KI 使其与剩余的 KIO_3 反应，然后将溶液调至中性。最后用 0.1008 mol·L^{-1} $Na_2S_2O_3$ 溶液滴定，用去 21.14 mL。求 KI 试液的浓度。

30. 软锰矿的主要成分是 MnO_2，称取软锰矿试样粉末 0.2934 g，加入 25.00 mL 浓度为 0.1034 mol·L^{-1} 的 $Na_2C_2O_4$ 标准溶液，加入一定量硫酸，在硫酸介质中加热，待试样完全溶解后，冷却到室温，继续用浓度为 0.01928 mol·L^{-1} 的 $KMnO_4$ 标准溶液滴定剩余的 $Na_2C_2O_4$，消耗 $KMnO_4$ 溶液 15.37 mL。计算软锰矿试样中 MnO_2 的含量(质量分数 w)。

31. 碘量法的主要误差来源是什么？如何控制滴定条件以减少这些误差？

32. 重铬酸钾法测铁矿石中全铁的含量时，加入的硫磷混酸有何作用？

习题参考答案

第十章 误差和数据处理

定量分析的目的是通过一系列的分析步骤获得待测组分的精确含量。但是在测量和数据处理过程中还需要一定的数理统计知识,以便减小误差对分析结果的影响,科学地处理所得数据,正确地表征分析结果。

10.1 有效数字

10.1.1 有效数字及其位数

为了得到准确的分析结果,不仅要认真地进行各种测量,而且要正确地记录和计算。分析结果不仅表示了试样中待测组分的含量,而且还反映测量的准确和精密程度。保留几位有效数字不是任意的,而是根据测量仪器、分析方法来决定。这就涉及有效数字的概念。

有效数字是指实际能测量到的数字,包括全部可靠数字和最后一位可疑数字。有效数字不仅表示数值的大小,而且反映测量仪器的精密程度以及数据的可靠程度。例如,用分析天平称取某试样的质量时记录为 0.3456 g,它表示“0.345”是可靠数字,最后一位“6”是可疑数字(不是臆造的);而该试样若用托盘天平称量,记录其质量的数据为 0.3 g。同样,量取溶液体积时,如果用移液管移取 25 mL 液体,则记录为 25.00 mL;如果用量筒量取,则记录为 25 mL。

有效数字的记位规则:

(1) 非“0”数字都记位　如 21.78 mL 有效数字为 4 位,4.2 g 有效数字为 2 位。

(2) 数据中“0”的作用是不同的　如果作为普通数字使用,它就是有效数字,如滴定管读数 30.60 mL,两个“0”都是有效数字,有效数字为 4 位。只起定位作用的“0”不是有效数字,如 0.01000 $mol \cdot L^{-1}$中,前面的两个“0”不是有效数字,后面的三个“0”都是有效数字。当需要在数字的末位加“0”作定位时,要采用科学计数法表示。例如,质量 3.5 g 以 mg 表示时应写成3.5×10^{3} mg,不能写成 3500 mg。

(3) 遇到的分数、倍数关系并非测量所得,可视为无限多位有效数字。而对 pH,pM,lg$K$ 等对数值,其有效数字的位数仅取决于小数部分的位数,因为其整数部分只对应 10 的多少次方。例如,某溶液 pH=9.70,即$[H^{+}]=2.0\times10^{-10}$ $mol \cdot L^{-1}$,有效数字为 2 位而不是 3 位。

在分析化学中,对于高含量组分(>10%)的测定,一般要求分析结果有四位有效数字;对于中含量组分(1%～10%)的测定,一般三位有效数字即可;而对于微量组分(<1%)的测定,通常只要求两位有效数字。常量分析时,溶液的浓度保留四位有效数字;而进行各种误差计算时,保留 1～2 位有效数字即可。

10.1.2　有效数字的运算规则

1. 修约规则

我国正式公布的国家标准规定，有效数字的修约按“四舍六入五成双”的原则进行。当拟舍弃数字的第一位数≤4 时多余数字都舍弃，拟舍弃数字的第一位数≥6 时则进入；拟舍弃数字的第一位数为 5 时，若“5”后面的数字为“0”或没有数字，则按“5”前面为偶数者舍弃，为奇数者进 1；若“5”后面的数字是不为“0”的任何数，则不论“5”前面的一个数为偶数还是奇数均进 1。如将 1.3500 修约为 2 位有效数字得 1.4；将 1.4500 修约为 2 位有效数字也应得 1.4。

2. 运算规则

(1) 加减运算　计算结果所保留的位数取决于数据中小数点后位数最少的那个数据。

例 10-1　0.0121＋25.64－1.05782＝?

解　0.0121＋25.64－1.05782＝24.59

在上述数据中，25.64 的绝对误差最大(±0.01)，小数点后第二位之后的数字已无必要保留。因此在加减运算中，数据的保留位数取决于数据中绝对误差最大的那个数。

(2) 乘除运算　计算结果所保留的位数以有效数字位数最少的那个数据为标准。

例 10-2　0.0102×47.42÷9.618＝?

解　0.0102×47.42÷9.618＝0.0503

在上述数据中，0.0102 的有效数字位数最少，其相对误差也最大。因此，在乘除运算中，数据的保留位数取决于数据中相对误差最大的那个数。

在计算中如果遇到分数或倍数，如 $n(\mathrm{NaOH})=2n(\mathrm{H_2C_2O_4})$，其中的分数及倍数可视为无限位有效数字。测量数字自身进行开方、平方运算时，结果的有效数字位数应与测量值相同。

10.2　误差的产生及表示方法

定量分析的目的是通过一系列的分析步骤获得待测组分的准确含量。但是在实际测定过程中，由于各种不可控制的偶然因素和其他因素的影响，即使采用最可靠的分析方法，由技术熟练的分析人员操作，也不可能得到绝对准确的结果。也就是说，在测定过程中误差是客观存在的。研究误差的目的就是了解误差产生的原因和规律，采取有效措施减小误差，使分析结果尽可能接近真实值。

10.2.1　绝对误差和相对误差

测量值(x)和真实值(μ)之间的差值称为**绝对误差**，用 E 来表示，即

$$E=x-\mu \tag{10-1}$$

当测量值大于真实值时，绝对误差为正值，反之为负值。

绝对误差在真实值中占有的百分数称为**相对误差**，用 RE 来表示：

$$RE=(x-\mu)/\mu\times100\% \tag{10-2}$$

例如，测定摩尔气体常数实验得到 R 的实验值为 8.247 $J \cdot mol^{-1} \cdot K^{-1}$，则测定结果：

绝对误差 $E = x - \mu = (8.247 - 8.314)\ J \cdot mol^{-1} \cdot K^{-1} = -0.067\ J \cdot mol^{-1} \cdot K^{-1}$

相对误差 $RE = (x-\mu)/\mu \times 100\% = \dfrac{-0.067\ J \cdot mol^{-1} \cdot K^{-1}}{8.314\ J \cdot mol^{-1} \cdot K^{-1}} \times 100\% = -0.81\%$

10.2.2 系统误差和随机误差

误差按其性质一般可分为两类：系统误差和随机误差。

1. 系统误差

系统误差也称**可测误差**，它是由测定过程中某些确定的原因所造成的，对测定结果的影响比较恒定，大小、正负都是可测的。系统误差主要影响分析结果的准确度，对精密度影响不大。其产生的原因有下列几种：

(1) 方法误差　由于分析方法本身的局限性所引起的误差。例如，重量分析中沉淀的溶解损失所产生的误差；滴定分析中因为滴定终点和化学计量点不一致产生的误差；化学反应伴随有副反应等产生的误差都属于方法误差。

(2) 仪器误差　仪器不够精准或性能存在缺陷产生的误差，如天平不等臂长，砝码锈蚀或磨损，滴定管、容量瓶、移液管刻度不准等引起的误差。

(3) 试剂误差　它来源于所用试剂不纯或蒸馏水不纯，试剂中含有待测组分或有干扰的杂质离子等引起的误差。

(4) 操作误差　指在正常情况下，分析人员的主观原因或习惯造成的误差。例如，滴定管读数时经常偏高或偏低、终点颜色辨别偏深或偏浅等引起的误差。如果是由分析人员工作粗心大意或错误操作所引起的误差，如加错试剂、记错数据、溅失溶液等只能称为过失误差或失误，不能算是操作误差。如已发现含有过失误差，就应该把有关数据舍弃，不能作为分析结果报告记录和计算。

系统误差具有三个特点：

(1) 单向性　系统误差的大小和正负都有一定的规律性，使测定结果系统地偏高或偏低；

(2) 重复性　重复测定时，误差会重复出现；

(3) 可测性　系统误差的大小可以测定，也可以通过适当的校正来减小或消除，以达到提高分析结果准确度的目的。

2. 随机误差

随机误差也称偶然误差或不可测误差，是由一些难以控制、无法避免的偶然因素造成的。例如，重复测定时，温度、压力、湿度、仪器工作状态的微小变动；天平和滴定管读数的不确定性等，都可能使测定结果产生波动。随机误差不仅影响测定结果的准确度，而且明显影响分析结果的精密度。随机误差具有以下特点：

(1) 随机性　随机误差的值是随机出现的，或大或小，或正或负；但在无限多次测定中，正负误差出现的概率是相等的；

(2) 不可测性　随机误差是不可避免的，不能用校正的方法减小或消除，但可通过增加测定次数、采用数理统计方法来减小。

10.2.3 准确度和精密度

1. 准确度

准确度(accuracy)表示测量值 x 与真实值 μ 接近的程度，以误差的大小来衡量。误差越小，测量值越接近真实值，准确度越高，反之准确度越低。

例 10-3 某黄铜标样中 Pb 和 Zn 的含量分别为 3.00%和 30.00%，通过实验测定结果分别为 3.03%和 30.03%。试比较两组分测定的准确度。

解 对于 Pb 的测定结果：

绝对误差 $E=x-\mu=3.03\%-3.00\%=0.03\%$

相对误差 $RE=(x-\mu)/\mu\times100\%=\dfrac{0.03\%}{3.00\%}\times100\%=1\%$

对于 Zn 的测定结果：

绝对误差 $E=x-\mu=30.03\%-30.00\%=0.03\%$

相对误差 $RE=(x-\mu)/\mu\times100\%=\dfrac{0.03\%}{30.00\%}\times100\%=0.1\%$

尽管 Pb 和 Zn 测定结果的绝对误差相同，但 Zn 测定结果的相对误差更小，因此 Zn 测定结果的准确度高。相对误差能反映误差在真实值中所占的比例，对于比较测定结果的准确度更为方便。

2. 精密度

精密度(precision)是指在相同的条件下，一组平行测定值之间相互接近的程度，以偏差的大小来衡量。偏差越小，表示数据彼此越接近，测定结果的精密度越高，反之则精密度越低。

在实际分析工作中，通常在相同条件下对试样进行多次测定后，取其平均值。偏差就是单次测定值(x_i)与多次分析结果的平均值($\bar{x}$)之间的差值。偏差有绝对偏差(d)和相对偏差(Rd)。

绝对偏差 $$d=x_i-\bar{x} \tag{10-3}$$

相对偏差 $$Rd=d/\bar{x}\times100\% \tag{10-4}$$

将各单次测量值的绝对偏差的绝对值进行算术平均，就得到平均偏差($\bar{d}$)。

平均偏差 $$\bar{d}=\sum_{i=1}^{n}|d_i|/n \tag{10-5}$$

平均偏差在测量值的平均值中所占的百分数称为相对平均偏差，用 $R\bar{d}$ 表示。

相对平均偏差 $$R\bar{d}=(\bar{d}/\bar{x})\times100\% \tag{10-6}$$

例 10-4 用基准物 Na_2CO_3 标定某 HCl 溶液的准确浓度，4 次测定结果如下。求测定的平均偏差和相对平均偏差。

$c(HCl)/(mol\cdot L^{-1})$	0.2041	0.2049	0.2039	0.2043	平均值 0.2043
解 $d_i=x_i-\bar{x}$	−0.0002	0.0006	−0.0004	0.0000	

平均偏差 $\bar{d}=(|-0.0002|+0.0006+|-0.0004|+0.0000)/4=0.0003$

相对平均偏差 $R\bar{d}=(\bar{d}/\bar{x})\times100\%=0.0003/0.2043\times100\%=0.15\%$

用平均偏差和相对平均偏差表示精密度比较简单，但在一系列的测定结果中，往往小偏差占多数，大偏差占少数，如果按总的测量次数计算平均偏差，所得结果通常会偏小，大的偏差得不到应有的反映。因此在数理统计中常用**标准偏差**(standard deviation)来表示测定结果的精密度。

标准偏差用 s 表示，其定义为

标准偏差
$$s=\sqrt{\frac{d_1^2+d_2^2+\cdots+d_n^2}{n-1}}=\sqrt{\frac{\sum_{i=1}^{n}d_i^2}{n-1}} \tag{10-7}$$

式中，$n-1$ 称为自由度，用 f 表示。

标准偏差在平均值中所占的百分数称为**相对标准偏差**，也常称为**变异系数**(CV)。

$$CV=(s/\bar{x})\times 100\% \tag{10-8}$$

例如，有 A、B 两组测定数据的偏差如下：

A 组 d_i：0.11， −0.73， 0.24， 0.51， −0.14， 0.00， 0.30， −0.29

$\bar{d}_1=0.29$ $s_1=0.39$

B 组 d_i：0.28， 0.26 −0.25， −0.37， 0.32， −0.28， 0.31， −0.27

$\bar{d}_2=0.29$ $s_2=0.32$

两组数据的平均偏差相同，但从标准偏差可以看出 B 组数据精密度更高，因为 A 组数据中出现了两个较大的偏差(−0.73,0.51)，使得测定结果精密度较低。因此标准偏差能更灵敏地反映出数据的离散程度，较好地反映一组数据的精密度。

在实际的分析工作中，精密度是保证准确度的前提和先决条件。精密度低，所得结果不可靠，也就谈不上准确度高。但是精密度高不一定准确度高，因为可能存在系统误差。图 10-1 显示了甲、乙、丙、丁四人测定同一铁标样($w_{Fe}=37.40\%$)时所得的结果。其中甲的分析结果精密度和准确度都高，结果可靠；乙的分析结果虽然精密度很高，但准确度低；丙的精密度和准确度都很低；丁的精密度低，平均值虽然接近真实值，但这是正负误差凑巧相互抵消的结果，因此可靠性差，也不可取。

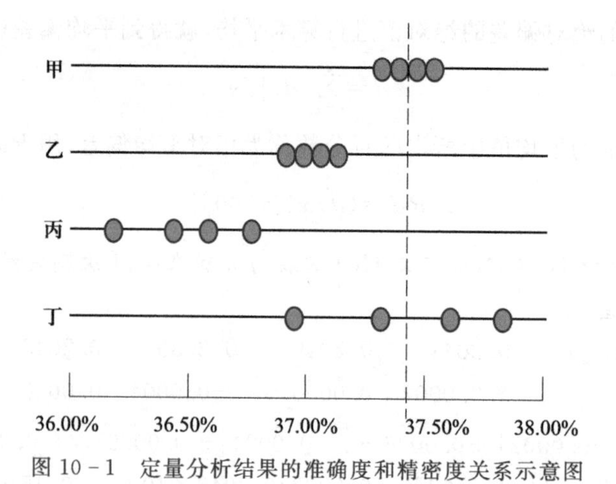

图 10-1 定量分析结果的准确度和精密度关系示意图

10.3 有限实验数据的统计处理

10.3.1 随机误差的正态分布

随机误差服从统计规律，当测量次数 $n \to \infty$ 时，随机误差的分布符合高斯(Gaussian)**正态分布曲线**。正态分布曲线的数学方程为

$$y = f(x) = \frac{1}{\sigma\sqrt{2\pi}} e^{\frac{-(x-\mu)^2}{2\sigma^2}} \tag{10-9}$$

式中，y 为概率密度；x 为单次测量值；μ 为总体平均值，表示测量结果集中的趋势；σ 为无限次测量的标准偏差，表示测量结果的分散程度。σ 小，数据集中，曲线尖锐；σ 大，数据分散，曲线平坦。

误差正态分布曲线如图 10-2 所示，其具有如下重要特征：

(1) 单峰性　正态分布曲线的最高点位于直线 $x = \mu$ 上，测量值有向总体平均值集中的趋势，说明小误差出现的概率大，大误差出现的概率小，特别大的误差出现的概率极小。

(2) 对称性　正态分布曲线以直线 $x = \mu$ 为对称轴，表明在无限次测量中，正误差和负误差出现的概率相等。

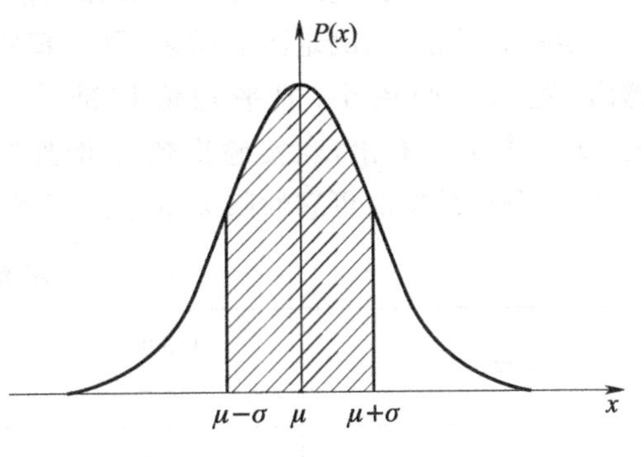

图 10-2　误差正态分布曲线

曲线下覆盖的面积表示随机误差在这一范围内出现的概率。此概率称为**置信度**或**置信水平**(confidence level)，用符号 P 表示。出现在此范围外的概率称为**显著性水平**，用 α 表示。置信度与显著性水平是同一个事物的两个方面，$P = 1 - \alpha$。对于标准正态分布，测定结果(x)落在 $\mu \pm 1\sigma$ 范围内的概率是 68.3%；落在 $\mu \pm 2\sigma$ 范围内的概率是 95.5%；落在 $\mu \pm 3\sigma$ 范围内的概率是 99.7%。出现在$\mu \pm 3\sigma$ 范围外的概率只有 0.3%，在大多数工作中可以忽略不计，这就是所谓的 **3σ 规则**。

10.3.2 平均值的置信区间

实际工作中通常只做有限次测量，并用测定数据的平均值 $\bar{x}$ 代替 μ，用 s 代替 σ，并按正态分布处理实际问题。如果样本较少，测得的少量数据的平均值总是带有一定的不确定性，则这样的估算误差较大，有时甚至会得出错误的结论。因此，英国化学家戈塞特(Gosset)提出了一个新的分布规律，即 ***t* 分布**。t 的定义为

$$\pm t = (\bar{x} - \mu)\frac{\sqrt{n}}{s} \tag{10-10}$$

对于有限次测量，随机误差不服从正态分布而服从 t 分布，如图 10-3 所示。纵坐标为概率密度 $f(t)$，f 为与测定次数有关的自由度，定义为 $n-1$。

t 分布曲线是自由度 f 的函数，不同的 f 值就有不同的 t 分布曲线。当 $f\to\infty$ 时，t 分布曲线即是正态分布曲线。t 的数值与自由度 f 和置信度 P 有关，不同的 f 和 P 对应的 t 值已由统计学家计算并编成表供查用，详见表 10－1。有时也用 $t_{\alpha,f}$ 表示，α 为显著性水平，f 为自由度。

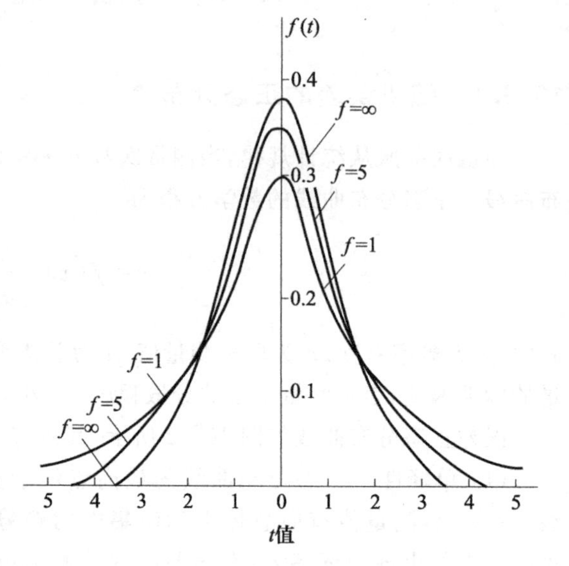

图 10－3 不同 f 值时的 t 分布曲线

将式(10－10)重排得

$$\mu=\bar{x}\pm(ts/\sqrt{n}) \qquad (10-11)$$

在实际工作中，置信度往往是指定的，需要求解的是以平均值 $\bar{x}$ 为中心，包括总体平均值 μ 的范围，这个范围称为平均值的**置信区间**(confidence interval)。因此，平均值的置信区间取决于测定的精密度、测定的次数和置信度。在一定的置信度下，测定次数越多，测定精密度越高，置信区间越小，即平均值越准确。从表 10－1中可以看出，当实验次数 n 增加时，t 值减小，分析数据的可靠性随 n 的增加而增大。

表 10－1 不同的 f 和 P 对应的 t 值表

实验次数 n	自由度(f)	置信度			
	$n-1$	50%	90%	95%	99%
2	1	1.00	6.31	12.71	63.66
3	2	0.82	2.92	4.30	9.93
4	3	0.76	2.35	3.18	5.84
5	4	0.74	2.13	2.78	4.60
6	5	0.73	2.02	2.57	4.03
7	6	0.72	1.94	2.45	3.71
8	7	0.71	1.90	2.37	3.50
9	8	0.71	1.86	2.31	3.36
10	9	0.70	1.83	2.26	3.25
11	10	0.70	1.81	2.23	3.17
16	15	0.69	1.75	2.13	2.95
21	20	0.69	1.73	2.09	2.85
∞	∞	0.65	1.65	1.96	2.58

例 10－5 某分析工作者测定某硅铁试样中硅的百分含量，五次测定结果的平均值 $\bar{x}=0.3736$，$s=0.0012$。计算置信度为 90%和 95%时平均值的置信区间。

解 已知 $\bar{x}=0.3736, s=0.0012$

(1) 置信度为 90%时平均值的置信区间：

当 $n=5, f=4$, 90%置信度时，查表 10-1 知 $t=2.13$。所以

$$\mu=0.3736\pm(2.13\times0.0012/\sqrt{5})$$
$$=0.3736\pm0.0011\text{（即总体平均值在 0.3725～0.3747 区间内）}$$

(2) 置信度为 95%时平均值的置信区间：

当 95%置信度时，查表 10-1 知 $t=2.78$。所以

$$\mu=0.3736\pm(2.78\times0.0012/\sqrt{5})$$
$$=0.3736\pm0.0015\text{（即总体平均值在 0.3721～0.3751 区间内）}$$

由例 10-5 计算得知，置信度越高，置信区间就越大。置信度的高低说明所估计的区间包括真值的可能性。如取 90%的置信度，则说明总体平均值 μ 在此区间内有 90%的概率。在相同的置信度下，置信区间越小说明测量结果的精密度越高。在分析化学中，一般将置信度定为 90%或 95%。

例 10-6 某学生标定 HCl 溶液，获得以下分析结果（单位均为 $mol\cdot L^{-1}$）：0.1141，0.1140，0.1148 和 0.1142；再标定 2 次测得数据为 0.1145 和 0.1142。试分别按 4 次和 6 次标定的数据计算置信度为 95%时平均值的置信区间。

解 4 次标定

$$\bar{x}_4=(0.1141+0.1140+0.1148+0.1142)/4=0.1143$$
$$s=0.0004$$

95%置信度时，$n=4, f=3$，t 值为 3.18。所以

$$\mu_4=0.1143\pm(3.18\times0.0004/\sqrt{4})=0.1143\pm0.0006$$

6 次标定

$$\bar{x}_6=(0.1141+0.1140+0.1148+0.1142+0.1145+0.1142)/6=0.1143$$
$$s=0.0003$$

95%置信度时，$n=6, f=5$，t 值为 2.57。所以

$$\mu_6=0.1143\pm(2.57\times0.0003/\sqrt{6})=0.1143\pm0.0003$$

由例 10-6 可知，当测定次数较少时，适当增加测定次数，可以消除标准偏差 s 的不确定性，使置信区间变窄，即可以使测定平均值 $\bar{x}$ 与总体平均值 μ 更接近。

10.3.3 显著性检验

在定量分析中，经常遇到某一分析人员对标准试样分析得到的平均值 $\bar{x}$ 与总体平均值 μ 不一致的情况；或者是两个不同的分析人员或不同实验室对同一个试样分析，所得的两组数据的平均值（$\bar{x}_1, \bar{x}_2$）之间存在一些差异。这种差异是随机误差还是系统误差引起的呢？**显著性检验**就是用统计的方法来分析处理此类问题。如果分析结果之间的差异来自系统误差或过失误差，则实验结果是不能被接受的，这种差异称为“**显著性差异**”；如果分析结果之间的差异纯属偶然误差引起的，是正常的，就认为没有显著性差异。显著性检验的方法有好几种，在此仅介绍分析化学中最常用的 **t 检验法**。

例 10-7 采用一种新方法分析钢中 Mn 含量为 1.17%的试样，五次测定后得到如下结果：$\bar{x}=1.14\%$，$s=0.016\%$。问这种新方法是否准确可靠(置信度为 95%)？

解 $n=5$，$\bar{x}=1.14\%$，$s=0.016\%$

$$t_{计算}=\frac{|\bar{x}-\mu|}{s/\sqrt{n}}=\frac{|1.14\%-1.17\%|}{0.016\%/\sqrt{5}}=4.19$$

由表 10-1 可知，置信度为 95%，$n=5$ 时，t 值为 2.78，因此 $t_{计算}>t_{表}$，即测定平均值 $\bar{x}$ 与真实值 μ 之间有显著差异，表明新方法不可靠。

10.3.4 测定结果中可疑值的舍弃

在进行一组平行测定时，有时会出现一个测量值比其他测量值明显偏大或偏小。偏差比较大的数值，称为**可疑值**(离群值)。如果可疑值的出现是由于实验条件的改变或系统误差等引起的，则可疑值应该舍弃。如果不易直观地辨别原因就无法决定其取舍，必须用统计检验的方法来进行判断。常见的检验方法有很多，最常用的检验方法是 Q 检验法。Q 检验法是先将数据 x_1，x_2，…，x_n 从小到大排列，其中 x_1 或 x_n 为可疑值，按照下式计算 Q 值。

当 x_1 为可疑值：
$$Q_{计}=\frac{x_2-x_1}{x_n-x_1} \tag{10-12}$$

当 x_n 为可疑值：
$$Q_{计}=\frac{x_n-x_{n-1}}{x_n-x_1} \tag{10-13}$$

对照表 10-2 列出 Q 的数值。如果 $Q_{计}>Q_{表}$，则可疑值应该舍弃；反之，则应保留。

表 10-2 在不同置信度水平下，舍弃可疑值的 Q 值表

测定次数 n	3	4	5	6	7	8	9	10
Q(90%)	0.94	0.76	0.64	0.56	0.51	0.47	0.44	0.41
Q(95%)	0.98	0.85	0.73	0.64	0.59	0.54	0.51	0.48
Q(99%)	0.99	0.93	0.82	0.74	0.68	0.63	0.60	0.57

例 10-8 测定某 NaOH 溶液的浓度(单位均为 $mol \cdot L^{-1}$)，4 次分析测定结果为 0.1014，0.1012，0.1016 和 0.1025。应用 Q 检验法，判断 0.1025 的数值是否舍弃(置信度 90%)。

解 根据式(10-13)

$$Q_{计算}=\frac{0.1025-0.1016}{0.1025-0.1012}=\frac{0.0009}{0.0013}=0.69$$

查表，在 90%的置信度时，当 $n=4$，$Q_{表}=0.76>Q_{计算}$。因此，该数值不能舍弃。

10.4 提高分析结果准确度的方法

分析结果的准确度受各种误差的直接影响，要提高准确度必须避免发生过失误差，消除系统误差，减小随机误差。

10.4.1 选择合适的分析方法

被测组分的含量不同时对分析结果准确度的要求不同。常量组分分析一般要求相对误差小于0.2%,微量组分则要求相对误差为1%～5%。另一方面,不同的分析方法所能达到的准确度也不一样。重量分析法和一般滴定分析法的相对误差在0.5%以下,仪器分析法一般在5%以下。所以常量组分的测定一般应选择滴定分析法和重量分析法,而微量组分的测定应选择仪器分析法。在同一类的分析方法中,对某些试样来说,采用不同的测定方法所得结果的准确度不同,如矿石中常量铁的测定,选用配位滴定法不如氧化还原滴定法好。所以要根据试样的具体情况和对准确度的要求以及客观实际条件综合考虑,选择合适的分析方法。

10.4.2 减小测量的相对误差

物理量的测定都有一定的误差,每一种仪器都有一个最大的不准确范围。例如,50 mL滴定管每次读数的最大不确定值为±0.01 mL。分析天平每次称量的最大不确定值为±0.1 mg,用分析天平称量两次,可能引起的最大绝对误差就是±0.2 mg。滴定分析和重量分析时一般要求称量的相对误差小于0.1%,因此所需试样的最小质量为

$$m_{样}=\frac{绝对误差}{相对误差}=\frac{0.2\times10^{-3}\text{g}}{0.1\%}=0.2\text{g}$$

在滴定分析中,每次滴定需要读数两次,因此读数的最大误差为±0.02 mL。为了使相对误差小于0.1%,同理可计算得液体的体积最小为20 mL。在实际操作中,一般要求液体的体积在20～30 mL之间,这样既减小了测量误差,又节省了试剂。

10.4.3 消除滴定过程的系统误差

系统误差是造成测定平均值偏离真实值的主要原因,因此,检查并消除系统误差是提高分析结果准确度的重要措施。

(1) 对照试验　用选定的方法测定标准试样,并检验 $\bar{x}$ 和标准值间有无显著性差异,以此判断所用方法或实验操作是否存在系统误差;或者使用国家标准局颁布的标准方法或公认的经典分析方法与所采用的分析方法进行显著性检验;或采用标准加入法进行对照,即可判断分析结果是否存在系统误差。当通过对照试验证明存在系统误差时,应设法找出原因,加以消除。

(2) 空白试验　所谓空白试验是在不加试样的情况下,按照和试样分析同样的步骤、条件进行分析,所得结果称为空白值。另外在同样条件下得到试样的"测定结果",然后从"测定结果"中扣除空白值即得最后的分析结果。空白试验可以消除或减小由于试剂、蒸馏水、器皿和环境等引起的系统误差。

(3) 仪器校正　在准确度要求比较高的分析中,所用仪器(如天平砝码、滴定管、移液管、容量瓶)需要校正,以消除因仪器不准带来的系统误差。

(4) 方法校正　例如在重量分析中,应该设法降低沉淀的溶解度,减小因沉淀的溶解而产生的方法误差。也可以利用其他分析方法配合进行校正,如利用仪器分析方法测定溶液中的组分含量,再将该含量加到重量分析的结果中,从而提高分析结果的准确度。

10.4.4 增加平行测定次数,减小随机误差

随机误差虽然不可避免,但增加平行测定次数,以平均值报告分析结果可以减小随机误差的影响。

从数理统计规律来看,测量次数增加到一定程度时,如 10 次左右,再增加次数对减小随机误差就没有明显的效果了,如图 10-4 所示。因此在实际工作中测定 4～6 次已经足够了。

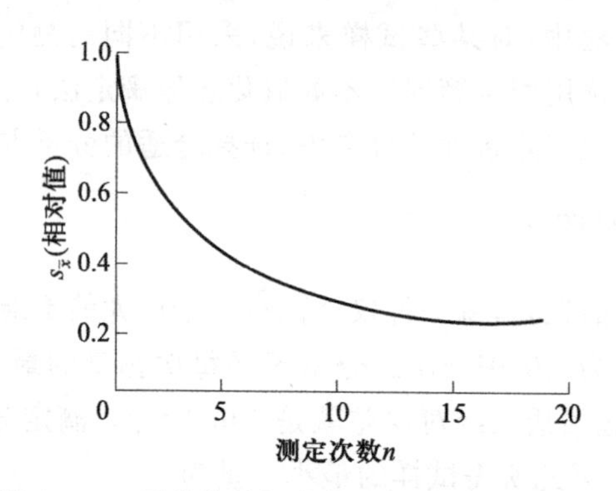

图 10-4 平均值的标准偏差与测定次数的关系

习题

1. 在以下数值中,各数值包含多少位有效数字?

(1) 0.03260　(2) 4.2×10^{-11}　(3) 5200

(4) 96485　(5) 6.02×10^{23}　(6) 17.5193

2. 设下列数值中最后一位是不确定值,请用正确的有效数字表示下列各数的答案。

(1) $\dfrac{4.75\times3.18\times11.24}{6.23\times10^{4}}$　(2) $\dfrac{4.12\times16.78\times2.46}{0.0265}$

(3) $\dfrac{52.64\times5.6\times10^{4}}{2.617\times6.24\times10^{-10}}$　(4) $458.72+6.8-0.248$

3. 某一操作人员在滴定时,溶液过量了 0.10 mL,假如滴定的总体积为 2.65 mL,其相对误差为多少? 如果滴定的总体积为 22.78 mL,其相对误差又是多少? 说明了什么问题?

4. 如果要使分析结果的准确度为 0.2%,应在灵敏度为 0.0001 g 和 0.001 g 的分析天平上分别称取多少克试样? 如果要求称取试样为 0.5 g 左右,应取哪种灵敏度的天平较为合适?

5. 测定 NaCl 试样中氯的质量分数。六次测定 w(Cl)值为 0.6012,0.6018,0.6030,0.6045,0.6020 和 0.6037。请计算分析结果:(1) 平均值;(2) 平均偏差和相对平均偏差;(3) 标准偏差和相对标准偏差。

6. 假如取纯 NaCl 为试样,请计算第 5 题分析结果平均值的绝对误差和相对误差。

7. 某人对某铁矿石标准试样中铁的含量分别进行了两组测定,数据如下:

(1) 57.21%; 58.35%; 59.18%

(2) 58.08%; 58.16%; 58.29%

已知标准试样中铁含量的准确值为 58.27%。对这两组数据分别计算平均值、相对平均偏差、标准偏差及相对误差,并对这两组数据进行评价,应该取哪组数据?

8. 有一甘氨酸试样,需分析其中氮的质量分数,分送至 5 个单位,所得分析结果 w(N)为 0.1844,0.1851,0.1872,0.1880 和 0.1882。请计算分析结果:(1) 平均值;(2) 平均偏差;(3) 标准偏差;(4) 置信度为 95%的置

信区间。

9. 标定 NaOH 溶液的浓度时获得以下分析结果(单位均为 $mol \cdot L^{-1}$):0.1021,0.1022,0.1023 和 0.1030。问:

(1) 对于最后一个分析结果 0.1030,在置信度为 90%时,按照 Q 检验法是否可以舍弃?

(2) 溶液准确浓度应该怎样表示?

(3) 计算平均值在置信度为 95%时的置信区间。

10. 某人对一盐酸溶液的浓度进行标定,测定结果($mol \cdot L^{-1}$)为 0.1135,0.1109,0.1142,0.1137,0.1145。判断在以上测定结果中有无应舍弃的可疑值(置信度 $P=95\%$)。

11. 在正常生产时,某钢铁厂的钢水中平均含碳量为 4.55%。某一工作日对某炉钢水进行了 5 次测定,测量值分别为 4.28%,4.40%,4.42%,4.35%,4.37%。请问该炉钢水的含碳量是否正常(置信度 $P=95\%$)?

12. 测定某试样的含氮量,六次平行测定的结果分别为 20.48%,20.55%,20.58%,20.80%,20.53%,20.50%,则:

(1) 是否存在应舍弃的可疑值(置信度为 95%)?

(2) 计算这组数据的平均值、平均偏差、相对平均偏差、标准偏差、变异系数。

(3) 若此试样是标准试样,其含氮量为 20.45%,计算以上测定结果的绝对误差和相对误差。

(4) 分别求置信度为 90%和 95%时的置信区间。

(5) 此次测定是否存在系统误差(置信度为 95%)?

习题参考答案

第十一章 主族元素

主族元素包括ⅠA～ⅦA族元素和零族（ⅧA族）元素。其中ⅠA和ⅡA族元素称为s区元素，周期表中的活泼金属主要集中在这个区；ⅢA～ⅦA族元素和零族元素称为p区元素，其化学元素以多样性为特点，是唯一同时包括金属元素和非金属元素的一个区，也是无机非金属材料库。

11.1 卤　素

11.1.1 卤素概述

卤素是指元素周期表ⅦA族元素，包括氟、氯、溴、碘、砹和第七周期的䶗共6种元素。它们都易形成盐，统称为卤素。卤素基态原子的价电子构型为ns^2np^5，因此卤素都容易获得一个电子，形成氧化数为−1的阴离子，而表现出非金属元素的特征。表11-1列出了卤素的一些基本性质。

表11-1　卤素的一些基本性质

性质	氟	氯	溴	碘
价电子构型	$2s^22p^5$	$3s^23p^5$	$4s^24p^5$	$5s^25p^5$
共价半径/pm	67	99	114	133
离子（X^-）半径/pm	133	181	196	220
熔点/℃	−219.6	101.0	−7.2	113.5
沸点/℃	−188.1	−34.6	58.8	184.4
电负性	4.0	3.2	3.0	2.7
电离能/($kJ\cdot mol^{-1}$)	1762	1311	1194	1057
电子亲和能/($kJ\cdot mol^{-1}$)	344	365	340	309
X^-水合能/($kJ\cdot mol^{-1}$)	−460	−385	−351	−305
X—X键键能/($kJ\cdot mol^{-1}$)	156	243	193	151
常见氧化态	−1	−1，+1，+3，+5，+7	−1，+1，+3，+5，+7	−1，+1，+3，+5，+7

从表11-1中可见，F—F键键能比Cl—Cl键键能小，氟的电子亲和能也比氯的小。这主要是因为氟的半径小，当F—F成键时，两原子的孤对电子与键对电子之间产生较大的斥力，从而削弱了F—F键；氟的电子亲和能小也是由于氟的半径小、电子密度大，当它获得一个电子时，电子间的斥力显著增加，该斥力部分抵消了它获得一个电子所放出的能量。

卤素单质分子中原子间以共价键相结合而形成双原子分子。从氟到碘，随着分子间色散力的逐渐增加，卤素单质的密度、熔点、沸点等依次递增，颜色依次加深。

单质中，F_2与水的反应剧烈，将水分子中的氧氧化为氧气：

$$2F_2+2H_2O=\!=\!=4HF+O_2$$

常温下，Cl_2与水发生部分歧化反应：

$$Cl_2+H_2O=\!=\!=HCl+HClO$$

常温下，Br_2和I_2与水反应一般歧化成－1价和＋5价，形成相应的氢卤酸和卤酸：

$$3Br_2+3H_2O=\!=\!=5HBr+HBrO_3$$
$$3I_2+3H_2O=\!=\!=5HI+HIO_3$$

在热溶液中，Cl_2也有此类反应。该歧化反应的方向与介质的酸度有关。在碱性溶液中，歧化反应比较彻底；而在酸性溶液中，则为生成卤素单质的反歧化反应。这种歧化和反歧化的反应关系，可以很方便地从图11－1中卤素在酸性溶液和碱性溶液中的电极电势来判断。所以在室温下将Cl_2，Br_2或I_2分别加入碱液中，得到的产物分别是ClO^-，BrO_3^-或IO_3^-。要制得ClO_3^-，反应系统必须加热。

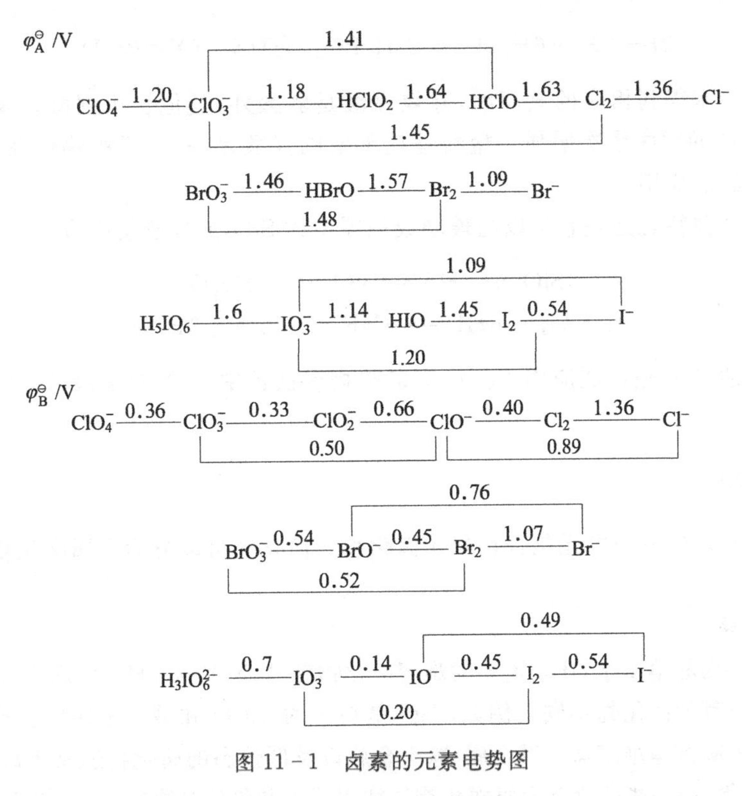

图11－1　卤素的元素电势图

I_2可以较好地溶解在KI水溶液中，形成多碘化物KI_3。I_3^-是直线形离子，在溶液中呈黄色。为避免甲状腺疾病，可以在食盐中添加少量碘化物。碘的酒精溶液具有杀菌作用，常用来处理外部创伤。

11.1.2 卤化氢和氢卤酸

HX的气体分子或纯HX液体，称为卤化氢，而它们的水溶液，统称为氢卤酸。常温常压下，卤化氢均呈气态，是具有强刺激性气味的无色气体。实验室里卤化氢可由卤化物与高沸点酸(如H_2SO_4，H_3PO_4等)反应制取。

$$CaF_2 + H_2SO_4(浓) \xlongequal{\triangle} CaSO_4 + 2HF\uparrow$$

$$NaCl + H_2SO_4(浓) \xlongequal{\triangle} NaHSO_4 + HCl\uparrow$$

由于HBr和HI可以被浓硫酸氧化成单质，所以不能用浓H_2SO_4制取，可以利用无氧化性的浓磷酸代替浓硫酸。

$$NaBr + H_3PO_4 \xlongequal{\triangle} NaH_2PO_4 + HBr\uparrow$$

$$NaI + H_3PO_4 \xlongequal{\triangle} NaH_2PO_4 + HI\uparrow$$

HBr和HI也可以用卤素与单质磷和水连续反应制备。反应先生成PBr_3或PI_3，然后遇水立即水解成亚磷酸和HBr或HI：

$$2P + 3X_2 + 6H_2O \xlongequal{} 2H_3PO_3 + 6HX \quad (X=Br、I)$$

卤化氢溶解于水得到相应的氢卤酸，除氢氟酸是弱酸外，其他皆为强酸。氢卤酸的酸性按HF，HCl，HBr，HI的顺序依次增强。盐酸是最重要的强酸之一，在无机物制备、皮革、焊接、塑料等行业有着广泛的应用。

氢氟酸的一个独特之处是它可以与玻璃或瓷器中的SiO_2或硅酸盐反应：

$$SiO_2 + 4HF \xlongequal{} SiF_4\uparrow + 2H_2O$$

$$CaSiO_3 + 6HF \xlongequal{} CaF_2 + SiF_4\uparrow + 3H_2O$$

利用这一特性，HF被广泛应用于分析测定矿物或铁板中SiO_2的含量，以及玻璃、陶瓷器皿的刻蚀等。

11.1.3 卤化物

卤素与其他元素生成的二元化合物叫作卤化物。卤化物可以分为金属卤化物和非金属卤化物两大类。

1. 金属卤化物

金属卤化物一般易溶于水，比较重要的难溶卤化物有AgX，PbX_2，Hg_2X_2和CuX(X=Cl，Br，I)。氟化物的溶解性与其他卤化物不同。例如，AgF是易溶的，而Li和碱土金属以及稀土元素金属氟化物因为晶格能较高都是难溶盐。碱金属、碱土金属以及低价态的卤化物通常为离子型化合物，如NaCl，CaF_2，$FeCl_2$等；而一些高价态金属卤化物往往表现出共价化合物的性质，如$AlCl_3$，$FeCl_3$等。

2. 非金属卤化物

非金属卤化物一般为共价化合物和分子晶体，因此溶沸点较低。除CCl_4，SF_6外，非金属卤化物大都容易水解，一般认为，非金属卤化物水解机理是水分子解离出的OH^-以氧原子为配位原子配位到卤化物正电性的中心原子上，而解离出来的 H^+ 则结合到含有孤对电子的负电性的卤素原子上，最后得到非金属含氧酸和卤化氢。例如：

$$BCl_3 + 3H_2O = H_3BO_3 + 3HCl$$
$$SiCl_4 + 4H_2O = H_4SiO_4 + 4HCl$$
$$PCl_5 + 4H_2O = H_3PO_4 + 5HCl$$

OCl_2 的水解过程与上面的不同。水分子解离出的 H^+ 和负电性的氧原子的孤对电子结合，而 OH^- 和正电性的氯原子结合，水解产物为 H_2O 和 HOCl，因此反应式为

$$OCl_2 + 2H_2O = H_2O + 2HOCl \quad 或 \quad OCl_2 + H_2O = 2HOCl$$

11.1.4 卤素含氧酸及其盐

在卤素含氧酸中，卤素可以呈现＋1，＋3，＋5，＋7 价的氧化态，卤素含氧酸根的结构除 IO_6^{5-} 是 sp^3d^2 杂化外，其他均是 sp^3 杂化，详见表 11－2。

表 11－2 卤素含氧酸

名称	卤素的氧化态	氯	溴	碘
次卤酸	＋1	HClO*	HBrO*	HIO*
亚卤酸	＋3	$HClO_2^*$	—	—
卤酸	＋5	$HClO_3^*$	$HBrO_3^*$	HIO_3
高卤酸	＋7	$HClO_4$	$HBrO_4$	HIO_4，H_5IO_6

* 表示仅存在于溶液中。

在卤素含氧酸中，HClO 是很弱的酸（$K_a^\ominus = 2.90 \times 10^{-8}$）。它很不稳定，只能存在于稀溶液中，在光照下会自行分解：

$$2HClO = 2HCl + O_2\uparrow$$

HClO 是强氧化剂和漂白剂。漂白粉是通过熟石灰和氯气反应得到的混合物：

$$2Cl_2 + 3Ca(OH)_2 = Ca(ClO)_2 + CaCl_2 \cdot Ca(OH)_2 \cdot H_2O + H_2O$$

次氯酸钙是漂白粉的有效成分，漂白作用是基于 ClO^- 的氧化性。NaClO 可用于游泳池、城市供水和下水道的消毒。

$HClO_2$ 极不稳定，会迅速分解：

$$5HClO_2 = 4ClO_2\uparrow + HCl + 2H_2O$$

亚氯酸盐比亚氯酸稳定，$NaClO_2$ 主要用于织物漂白。

$HClO_3$ 是强酸，也是强氧化剂，可以将一些非金属单质氧化成高价含氧酸。例如：

$$5HClO_3 + 3I_2 + 3H_2O = 6HIO_3 + 5HCl$$

$KClO_3$ 是最重要的氯酸盐。在有 MnO_2 作催化剂时，它受热分解为 KCl 和 O_2；若无催化剂，则发生歧化反应

$$4KClO_3 \xlongequal{\triangle} 3KClO_4 + KCl$$

$KClO_3$ 是一种强氧化剂，它与易燃物质（碳、硫、磷或有机物）混合后受撞击会发生爆炸着火，

因此，$KClO_3$常用来制造火柴、炸药和焰火等。

$HClO_4$在水溶液中几乎完全解离，所以 $HClO_4$在无机酸中具有最强的酸性。无水高氯酸为无色的黏稠液体，对震动敏感，易爆炸。其稀溶液比较稳定，氧化能力不及 $HClO_3$。高氯酸盐一般是可溶的，但 K^+，Rb^+，Cs^+的高氯酸盐溶解度较小，可用于分离。NH_4ClO_4可用作火箭燃料；$Mg(ClO_4)_2$在干电池中作电解质和干燥剂。

11.1.5 含氧酸的强度与结构的关系

含氧酸是指酸根中含氧原子的酸，如 H_2SO_4，HNO_3等。这些酸可用通式 $RO_m(OH)_n$表示，其中 R 为成酸的中心原子，m 为与 R 单独成键的 O 原子数，因为这些 O 原子只与 R 成键，常称之为非羟基氧，n 为与 R 成键的羟基数。含氧酸都有 R—O—H 结构。严格来说，R—O—H 在水中有两种解离方式：

碱式解离： $ROH \longrightarrow R^+ + OH^-$

酸式解离： $ROH \longrightarrow RO^- + H^+$

按酸式还是碱式解离，与阳离子的极化作用有关。卡特利奇(Cartledge G H)把影响极化作用的电荷和半径两个因素结合在一起考虑，提出了“离子势”的概念，**离子势**即阳离子电荷数 z 与半径 r 之比，即 $\phi=z/r$。显然，ϕ 值越大，R 的电场越强，对氧原子上的电子云的吸引力也就越强，导致 R—O—H 中 R—O 键较强而 O—H 键较弱，因此 H^+ 易解离，即酸性越强。反之，碱性越强。

离子半径的单位取 pm，可推出判断金属氢氧化物酸碱性的经验规则：

(1) $\sqrt{\phi}<0.22$， 金属氢氧化物呈碱性；

(2) $0.22<\sqrt{\phi}<0.32$， 金属氢氧化物呈两性；

(3) $\sqrt{\phi}>0.32$， 金属氢氧化物呈酸性。

对于不同的次卤酸(HRO)，中心原子 R 的电荷都是相同的，均为+1，而半径随着卤素原子的增大而增大，ϕ 值依次减小，因此这些次卤酸的酸性强弱的次序为 HClO ＞HBrO ＞HIO。

表 11－3 列出了中心原子相同，但键合非羟基氧原子数不同的氯的含氧酸的 $K_a^\ominus$。由表可见，非羟基氧原子数对酸强度的影响是很大的。美国化学家鲍林从中总结出含氧酸的 $K_a^\ominus$与非羟基氧原子数的半定量关系，即具有 $RO_m(OH)_n$形式的酸，其 $K_a^\ominus$与非羟基氧原子数 m 的关系为

(1) $m=0$ 时，$K_a^\ominus \leqslant 10^{-7}$，是很弱的酸；

(2) $m=1$ 时，$K_a^\ominus \approx 10^{-2}$，是弱酸；

(3) $m=2$ 时，$K_a^\ominus \approx 10^{3}$，是强酸；

(4) $m=3$ 时，$K_a^\ominus \approx 10^{8}$，是很强的酸。

表 11－3 卤素含氧酸非羟基氧原子数与 $K_a^\ominus$的关系

卤素含氧酸	非羟基氧原子数	$K_a^\ominus$
HClO	0	2.9×10^{-8}
$HClO_2$	1	1×10^{-2}
$HClO_3$	2	$\sim1\times10^{1}$
$HClO_4$	3	$\sim1\times10^{10}$

综上所述，在比较含氧酸酸性时，一般首先看非羟基氧原子数，在非羟基氧原子数相同的情况下，在同一族同类型的含氧酸中，再看中心原子的 ϕ 值。

例 11-1 判断下列酸的酸性大小，并解释原因。

H_2SO_4　　H_2SO_3　　H_2SeO_4　　$HClO_4$　　$HClO$

解 这些含氧酸的非羟基氧原子数依次为 2,1,2,3,0。非羟基氧原子数相同的 H_2SO_4 和 H_2SeO_4，中心原子氧化数相同，半径 S <Se，因此 S 的 ϕ 值更大，所以酸性的顺序为 $HClO_4 > H_2SO_4 > H_2SeO_4 > H_2SO_3 > HClO$。

11.2 氧 族 元 素

11.2.1 氧族元素概述

氧族元素是指元素周期表ⅥA 族元素，包括氧、硫、硒、碲、钋和第七周期的鉝。其价电子构型为 ns^2np^4，有 6 个价电子，可以结合两个电子形成氧化数为 −2 的阴离子，而表现出非金属的特征。表 11-4 列出了氧族元素的一些基本性质。从表 11-4 可以看出，与氟相似，氧原子也因半径特小，某些性质出现“反常”。例如，氧的单键键能比硫的小。

表 11-4 氧族元素的一些基本性质

性质	氧	硫	硒	碲
价电子构型	$2s^22p^4$	$3s^23p^4$	$4s^24p^4$	$5s^25p^4$
共价半径/pm	60	104	117	137
离子(M^{2-})半径/pm	140	184	198	221
熔点/℃	−218.8	112.8	220	449.5
沸点/℃	−183.0	444.6	685	989.8
电负性	3.4	2.6	2.6	2.1
电离能/($kJ\cdot mol^{-1}$)	1377	1047	986	911
单键键能/($kJ\cdot mol^{-1}$)	138	264	172	126
常见氧化态	−2	−2,+2,+4,+6	−2,+2,+4,+6	−2,+2,+4,+6

氧与硫单质的熔、沸点相差很大，这是因为单质 O_2 和 S_8 的分子结构分别为

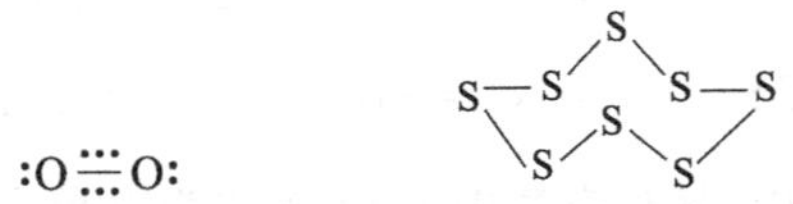

$:O\overset{\cdots}{\underset{\cdots}{-}}O:$

氧原子和硫原子都有 2 个单电子，都可以形成 2 个键，所以它们的单质有两种键合方式：一种是两个原子之间以双键相连的方式形成双原子的小分子；另一种是多个原子之间以单键相连形成多原子的“大分子”。它们以哪种方式成键取决于键能的大小：

(1) $\Delta_b H(M{=}M) < 2\Delta_b H(M{-}M)$，　易形成单键；

(2) $\Delta_b H(M{=}M) > 2\Delta_b H(M{-}M)$，　易形成双键。

氧和硫的单、双键键能分别为：

$$\Delta_b H(\text{O—O})=138\ \text{kJ}\cdot\text{mol}^{-1} \qquad \Delta_b H(\text{S—S})=264\ \text{kJ}\cdot\text{mol}^{-1}$$

$$\Delta_b H(\text{O}=\text{O})=498\ \text{kJ}\cdot\text{mol}^{-1} \qquad \Delta_b H(\text{S}=\text{S})=425\ \text{kJ}\cdot\text{mol}^{-1}$$

显然，氧原子的键能关系符合(2)式，硫原子的符合(1)式。这就是氧单质以 O_2，硫单质以 S_8形式存在的原因。半径特别小的原子(如 N,O,F 原子)形成单键时存在强烈的孤对电子之间、孤对电子与键对电子之间的斥力，这将大大地削弱所形成的键。相反地，原子半径小对形成多重键却有利，因为 π 键是轨道侧向重叠，只有当两原子半径很小时，轨道侧向重叠的程度才会大。

氧族元素单质都有同素异形体。例如，氧有 O_2 和 O_3(臭氧)，硫有斜方硫、单斜硫和弹性硫等。

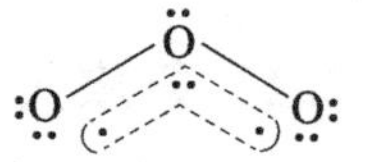

O_3的结构比较特殊，它的分子呈 V 形(图 11-2)。中心氧原子是 sp^2 杂化，它用两个杂化轨道与两端两个氧原子键合，另一个杂化轨道被孤对电子占据。除此以外，中心氧原子还有一个没有参加杂化的 p 轨道(被 2 个电子占据)，两端的两个氧原子也各有一个 p 轨道(各被 1 个电子占据)，这三个 p 轨道相互平行，形成了垂直于分子平面的三中心四电子的离域 π 键(也称大 π 键，图 11-2 中用虚线框表示)，记为 π_3^4。由此可见，形成离域 π 键需满足：

图 11-2 O_3分子结构

(1) 参与离域 π 键的原子应共面，而且每个原子都能提供一个垂直于共面的价轨道；

(2) 离域 π 键上总的 π 电子数应小于参与离域 π 键价轨道数的两倍。

O_3分子由于形成 π_3^4 键，每个 O—O 键都具有一定的双键特征，键能和键长介于单键和双键之间。

单斜硫和斜方硫的分子式都是 S_8，只是晶体中的分子排列不同而已。弹性硫为 S_8环断开后，相互缠绕在一起形成的长链大分子，是可以拉伸的弹性硫。从单质的结构特征来看，硫有形成长链的特性，这一点在多硫化物和连多硫酸中也有体现。

11.2.2 氧族元素氢化物

1. 硫化氢

硫化氢是一种无色有臭鸡蛋气味的有毒气体，空气中含有体积分数为 0.1% 的 H_2S 会引起头痛、眩晕等症状，吸入大量 H_2S 会造成昏迷甚至死亡，因此使用 H_2S 气体时必须在通风橱中操作。H_2S 的水溶液称为氢硫酸，许多金属离子遇 H_2S 可以生成难溶的硫化物沉淀。H_2S 中的硫处于最低氧化数 −2，所以 H_2S 的一个重要化学性质是它的还原性：

$$S+2H^+ + 2e^- \rightleftharpoons H_2S \qquad \varphi^{\ominus}=0.144\ \text{V}$$

H_2S 的水溶液暴露在空气中，易被空气中的 O_2 氧化为 S 单质而使溶液变混浊：

$$2H_2S+O_2 = 2S\downarrow +2H_2O$$

较弱的氧化剂 Fe^{3+} 和 I_2 也可以将 H_2S 氧化：

$$I_2 + H_2S = 2HI+S\downarrow$$

$$2Fe^{3+} + H_2S = 2Fe^{2+} + S\downarrow + 2H^+$$

2. 过氧化氢

过氧化氢俗称双氧水。因其分子中含有过氧键(—O—O—),有较强的氧化性。

$$O_2 + 2H^+ + 2e^- \rightleftharpoons H_2O_2 \qquad \varphi^{\ominus} = 0.695V$$

$$H_2O_2 + 2H^+ + 2e^- \rightleftharpoons 2H_2O \qquad \varphi^{\ominus} = 1.76\ V$$

由以上电极电势可见,H_2O_2既是一种强氧化剂,又是一种弱还原剂。从热力学上讲,H_2O_2可自发地发生如下歧化反应:

$$2H_2O_2 = 2H_2O + O_2\uparrow \qquad \Delta_r G^{\ominus} = -205\ kJ \cdot mol^{-1}$$

H_2O_2在较低温度和高纯度时比较稳定。如果有重金属离子(如 Fe^{3+},Fe^{2+},Mn^{2+},Cr^{3+} 等)作催化剂,分解反应可大大加速。H_2O_2在反应中本身的产物只有 H_2O 或 O_2,同时剩余的 H_2O_2又很容易受热分解为 H_2O 和 O_2,不会给反应体系引入杂质离子,是一种“干净”的氧化(还原)剂。油画的颜料含 Pb,长时间与空气中的 H_2S 作用,生成 PbS 而发暗,用 H_2O_2涂刷得到 $PbSO_4$,可使旧画变白而翻新:

$$PbS + 4H_2O_2 = PbSO_4 + 4H_2O$$

H_2O_2只有遇到强氧化剂时才显示出还原性。例如:

$$2MnO_4^- + 5H_2O_2 + 6H^+ = 2Mn^{2+} + 5O_2\uparrow + 8H_2O$$

11.2.3 金属硫化物和多硫化物

除碱金属和碱土金属硫化物外(BeS 难溶),金属硫化物大都难溶于水。金属硫化物按溶解性的不同,可分为五类,如表 11-5 所示。很多金属的最难溶化合物常常是硫化物,因此可以利用硫化物的难溶性来除去溶液中的金属离子杂质;在分析化学中也常利用硫化物溶解度的差异以及硫化物特征的颜色分离和鉴定金属离子。

表 11-5 金属硫化物的颜色及溶解性

硫化物	颜色	$K_{sp}^{\ominus}$	溶解性
Na_2S	无色	—	溶于水或稍溶于水
K_2S	黄棕色	—	
BaS	无色	—	
MnS	肉色	2.5×10^{-13}	溶于 0.3 $mol \cdot L^{-1}$ H^+ 溶液
FeS	黑色	6.3×10^{-18}	
NiS(α)	黑色	3.2×10^{-19}	
CoS(α)	黑色	4.0×10^{-21}	
ZnS(α)	白色	1.6×10^{-24}	
CdS	黄色	8.0×10^{-27}	溶于浓 HCl
SnS	黑色	8.0×10^{-28}	
PbS			
CuS	黑色	6.3×10^{-36}	溶于 HNO_3
Ag_2S	黑色	6.3×10^{-50}	
HgS	黑色	4×10^{-53}	溶于王水

碱金属和碱土金属的硫化物溶液能溶解单质硫生成多硫化物。例如：

$$Na_2S+(x-1)S = Na_2S_x$$

多硫化物的溶液一般呈黄色，随着 x 的值的增加而颜色加深。多硫化物具有链状结构，原子通过共用电子对形成硫链。多硫化物在酸性溶液中很不稳定，易发生歧化反应而分解：

$$S_x^{2-}+2H^+ = H_2S+(x-1)S$$

11.2.4 硫的含氧酸及其盐

硫能形成种类繁多的含氧酸，比较常见的有硫酸、亚硫酸、硫代硫酸和过二硫酸等。

1. 硫酸及其盐

纯 H_2SO_4 为无色油状液体，有很强的吸水性，对动植物组织有很强的腐蚀性，能严重地破坏动植物的组织，使用时务必注意安全。浓硫酸与水混合会释放出大量的热，所以稀释时应该在不断搅拌的条件下，把浓硫酸慢慢地倒入水中，操作要十分小心，绝不能把水倒入浓硫酸中。

H_2SO_4的第一步解离是完全的，所以是强酸，但 HSO_4^- 只部分解离（$K_{a_2}^{\ominus}=1.02\times10^{-2}$）。浓硫酸的氧化性是由 H_2SO_4 中处于最高氧化态的 S(Ⅵ)所产生的，加热时，浓硫酸的氧化性更显著，可以氧化许多金属和非金属，还原产物一般为 SO_2。例如：

$$C+2H_2SO_4(浓) = CO_2\uparrow+2SO_2\uparrow+2H_2O$$

$$Cu+2H_2SO_4(浓) = CuSO_4+SO_2\uparrow+2H_2O$$

硫酸盐一般易溶于水，只有 Sr^{2+}，Ba^{2+} 和 Pb^{2+} 的硫酸盐难溶，Ag^+ 和 Ca^{2+} 的硫酸盐微溶。可溶硫酸盐大多都携带结晶水，如 $CuSO_4\cdot5H_2O$(胆矾)和 $FeSO_4\cdot7H_2O$(绿矾)。许多硫酸盐有形成复盐的特性。常见的复盐有两种类型，一类的组成符合通式 $M_2^ISO_4\cdot M^{II}SO_4\cdot6H_2O$（$M^I=NH_4^+,K^+,Rb^+,Cs^+$；$M^{II}=Fe^{2+},Co^{2+},Ni^{2+},Zn^{2+},Cu^{2+}$等），如著名的摩尔盐 $(NH_4)_2SO_4\cdot FeSO_4\cdot6H_2O$；另一类的组成符合通式 $M_2^ISO_4\cdot M_2^{III}(SO_4)_3\cdot24H_2O$（$M^I=Na^+,K^+,NH_4^+$；$M^{III}=Al^{3+},Cr^{3+},Fe^{3+},Ga^{3+}$等），如明矾 $K_2SO_4\cdot Al_2(SO_4)_3\cdot24H_2O$。

2. 亚硫酸及其盐

SO_2溶于水生成很不稳定的亚硫酸，H_2SO_3只存在于水溶液中，没有纯 H_2SO_3。在亚硫酸和它的盐中，硫的氧化数为+4，所以亚硫酸及其盐既有氧化性又有还原性，以还原性为主。在酸性介质中，H_2SO_3有关电极电势为

$$H_2SO_3+4H^++4e^- \rightleftharpoons S+3H_2O \qquad \varphi^{\ominus}=0.45\ V$$

$$SO_4^{2-}+4H^++2e^- \rightleftharpoons H_2SO_3+H_2O \qquad \varphi^{\ominus}=0.17\ V$$

亚硫酸及其盐能使 I_2 还原为 I^-：

$$H_2SO_3+I_2+H_2O = H_2SO_4+2HI$$

H_2SO_3只有遇到更强的还原剂时，才表现出氧化性。例如：

$$H_2SO_3+2H_2S = 3S\downarrow+3H_2O$$

NH_4^+ 及碱金属的亚硫酸盐易溶于水，其他金属的正盐均微溶于水，所有的酸式亚硫酸盐都易溶于水。亚硫酸盐有很多实际用途，如 $Ca(HSO_3)_2$ 大量用于造纸工业，用于溶解木质素来制造纸浆。

3. 硫代硫酸及其盐

亚硫酸钠与硫粉加热反应可生成硫代硫酸钠：

$$Na_2SO_3 + S \xlongequal{\triangle} Na_2S_2O_3$$

硫代硫酸钠($Na_2S_2O_3 \cdot 5H_2O$)俗称大苏打或海波，是无色透明的晶体。硫代硫酸根在中性或碱性溶液中稳定，在酸性溶液中会迅速分解：

$$S_2O_3^{2-} + 2H^+ \xlongequal{} SO_2\uparrow + S\downarrow + H_2O$$

该反应常用来鉴定 $S_2O_3^{2-}$。硫代硫酸盐是一种中等强度的还原剂，较弱的氧化剂(如 I_2)可以把它氧化为连四硫酸盐。

$$2Na_2S_2O_3 + I_2 \xlongequal{} Na_2S_4O_6 + 2NaI$$

这一反应是容量分析中碘量法的基础。硫代硫酸根还有很强的配位能力，是 Ag^+ 良好的配位剂，可使 AgBr 溶解：

$$AgBr + 2S_2O_3^{2-} \xlongequal{} [Ag(S_2O_3)_2]^{3-} + Br^-$$

4. 过二硫酸及其盐

过二硫酸($H_2S_2O_8$)可以看作 H_2O_2 分子中的两个氢原子被—SO_3H 基团取代的产物。过二硫酸分子中含有过氧键(—O—O—)，因此具有强的氧化性：

$$S_2O_8^{2-} + 2e^- \rightleftharpoons 2SO_4^{2-} \quad \varphi^\ominus = 2.01\ V$$

在 Ag^+ 的催化作用下，过二硫酸盐能将 Mn^{2+} 氧化为 MnO_4^-：

$$2Mn^{2+} + 5S_2O_8^{2-} + 8H_2O \xlongequal{Ag^+} 2MnO_4^- + 10SO_4^{2-} + 16H^+$$

该反应在钢铁分析中用于锰含量的测定。

过二硫酸盐在加热时容易分解，因此过量的过二硫酸盐很容易除去：

$$2K_2S_2O_8 \xlongequal{\triangle} 2K_2SO_4 + 2SO_3\uparrow + O_2\uparrow$$

11.3 氮族元素

11.3.1 氮族元素概述

氮族元素包括氮、磷、砷、锑、铋和第七周期的镆共 6 种元素，在元素周期表中处于VA族。氮和磷是非金属元素，砷是准金属元素，锑和铋为金属元素。氮族元素的一些基本性质列于表 11-6。

表 11-6 氮族元素的一些基本性质

基本性质	氮	磷	砷	锑	铋
价电子构型	$2s^2 2p^3$	$3s^2 3p^3$	$4s^2 4p^3$	$5s^2 5p^3$	$6s^2 6p^3$
共价半径/pm	71	110	121	145	155
熔点/℃	−209.9	44.1（白）	817（灰）	630.5	271.3
沸点/℃	−195.8	280（白）	613（升华）	1380	1560
电负性	3.0	2.2	2.2	2.1	1.9
电离能/($kJ \cdot mol^{-1}$)	1489	1060	990	870	737
主要氧化态	−3，+1，+2，+3，+4，+5	−3，+3，+4，+5	−3，+3，+5	−3，+3，+5	+3，+5

氮族元素的价电子构型为 ns^2np^3，常见氧化态为−3，+3 和+5。对氮和磷来说，只存在少数−3 氧化态的离子型化合物(如 Li_3N，Mg_3N_2，Ca_3P_2 等)，且它们遇水即水解成 NH_3 和 PH_3。氮族元素的特征氧化态是+3 和+5。元素周期表中的氮族元素从上到下+3 氧化态稳定性增加，+5 氧化态稳定性减小。铋主要表现为+3 氧化态，而+5 氧化态的 $NaBiO_3$ 是极强的氧化剂，可将 Mn^{2+} 氧化为 MnO_4^-。这是因为铋中出现了充满电子的 4f 和 5d 能级，而 f 和 d 电子的屏蔽效应较小，6s 电子又具有较大的钻穿效应，所以 6s 能级显著降低，6s 电子很难失去，不易参与成键。这在无机化学中称为**惰性电子对效应**(inert pair effect)。该效应不仅出现在ⅤA 族，在ⅣA 族中的铅(+2 价稳定)，ⅢA 族中的铊(+1 价稳定)，ⅡB 族中的汞(0 价单质稳定)中都有所体现。

氮和磷的单质性质差别很大。N_2 的熔沸点很低，而磷单质(白磷)的熔沸点较高；N_2 很不活泼，可用作保护气，而白磷有很高的活性，暴露在空气中就会自燃。这种差异主要是由它们分子结构不同引起的。原子半径小的氮原子之间可以形成多重键，N≡N 键键能很高(945 $kJ \cdot mol^{-1}$)，而磷原子半径较大，磷原子通过单键与其他三个磷原子相连，白磷的结构见图 11-3。这种四面体结构键角很小(60°)，张力大，所以 P—P 键键能很小。白磷在空气中会逐渐氧化而自燃，因此，白磷要储存在水中以隔绝空气。

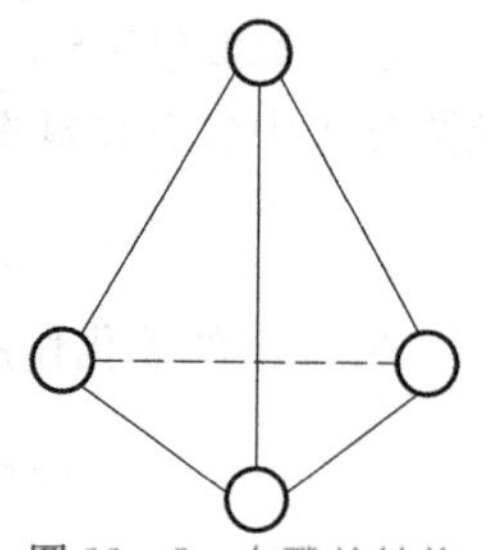

图 11-3 白磷的结构

11.3.2 氨和铵盐

液氨是一种良好的溶剂，活泼的碱金属可以溶于液氨中，得到一种蓝色溶液。其导电能力极强，类似于金属，这是因为生成了氨合电子：

$$Na + xNH_3(l) \rightleftharpoons Na^+ + e(NH_3)_x^-$$

氨合电子是一种很强的还原剂，广泛应用于无机和有机制备中。

氨的化学性质主要表现如下。

1. 配位反应

NH_3 分子中有孤对电子，是路易斯碱，能与具有空轨道的路易斯酸(如 H^+ 和 Ag^+ 等)以配位键相键合：

$$H^+ + NH_3 = NH_4^+$$

$$Ag^+ + 2NH_3 = Ag(NH_3)_2^+$$

2. 还原性

NH_3在纯氧中燃烧生成 N_2：

$$4NH_3 + 3O_2 = 2N_2 + 6H_2O$$

NH_3与 Cl_2也可发生强烈作用：

$$3Cl_2 + 2NH_3 = N_2 + 6HCl$$

产生的 HCl 和剩余的 NH_3进一步反应生成 NH_4Cl 白烟，工业上常用此反应来检查氯气管道是否漏气。

NH_4^+的半径(143 pm)与 K^+(138 pm)和 Rb^+(148 pm)的半径相近，因此铵盐和钾盐或铷盐在晶形、溶解度等方面都有相似之处，具有类质同晶现象，但是固态铵盐加热极易分解。例如，NH_4HCO_3在常温下即可缓慢分解：

$$NH_4HCO_3 = NH_3\uparrow + CO_2\uparrow + H_2O$$

难挥发性酸组成的铵盐，加热分解则只有 NH_3逸出：

$$(NH_4)_2SO_4 \xlongequal{\triangle} NH_3\uparrow + NH_4HSO_4$$

$$(NH_4)_3PO_4 \xlongequal{\triangle} 3NH_3\uparrow + H_3PO_4$$

氧化性酸组成的铵盐，会发生氧化还原反应，受热时往往发生爆炸：

$$NH_4NO_2 \xlongequal{\triangle} N_2\uparrow + 2H_2O$$

$$NH_4NO_3 \xlongequal{\triangle} N_2O\uparrow + 2H_2O$$

11.3.3 氮的含氧酸及其盐

1. 硝酸及其盐

硝酸是工业三酸之一，是制造炸药、染料、硝酸盐和其他化学品的重要原料。HNO_3和 NO_3^-的结构如图 11-4 所示。HNO_3分子中氮原子采用 sp^2杂化轨道与 3 个氧原子形成 3 个 σ 键，呈平面三角形分布。氮原子上剩下一个未参加杂化的 p 轨道(上面有一对电子)与两个非羟基氧原子的 p 轨道(各有一个电子)相互平行，形成了离域 π 键(π_3^4)。硝酸根的结构是正三角形，氮原子与 3 个氧原子之间除 σ 键外，还有一个 π_4^6 离域 π 键。图 11-4 中用虚线表示离域 π 键。

图 11-4 HNO_3和 NO_3^- 的结构

HNO_3是强酸又是重要的氧化剂，与非金属单质反应生成相应的含氧酸和 NO。

$$3C + 4HNO_3 = 3CO_2\uparrow + 4NO\uparrow + 2H_2O$$

$$3P + 5HNO_3 + 2H_2O = 3H_3PO_4 + 5NO\uparrow$$

$$S+2HNO_3 = H_2SO_4+2NO\uparrow$$

除 Au,Pt,Ir 等少数金属外,大多数金属都能与 HNO_3反应,生成相应的硝酸盐。但是 Fe,Al,Cr 等在冷的浓 HNO_3中,因表面钝化而不发生反应,因此可以用铝制品盛放浓硝酸。HNO_3在反应中被还原的程度主要取决于它的浓度和金属的活泼性。实际上,HNO_3的还原产物都不是单一的,可能是 NO_2,NO,N_2O,N_2和 NH_4^+ 等的混合物。通常方程式所表示出来的还原产物只是其中含量最多的一种而已。一般来说,浓 HNO_3与金属反应,还原产物主要是 NO_2;稀 HNO_3与不活泼金属反应,主要产物是 NO,与活泼金属反应(如 Fe,Zn 和 Mg 等),主要产物是 N_2O;极稀 HNO_3与活泼金属反应则生成 NH_4^+。

$$4HNO_3(浓)+Cu = Cu(NO_3)_2+2NO_2\uparrow + 2H_2O$$

$$8HNO_3(稀)+6Hg = 3Hg_2(NO_3)_2+2NO\uparrow + 4H_2O$$

$$10HNO_3(较稀)+4Zn = 4Zn(NO_3)_2+N_2O\uparrow + 5H_2O$$

$$10HNO_3(极稀)+4Zn = 4Zn(NO_3)_2+NH_4NO_3+ 3H_2O$$

浓 HNO_3和浓 HCl 的混合液(体积比 1∶3)称为王水,可以溶解 Au 和 Pt 等不活泼金属。例如:

$$Au+HNO_3+4HCl = H[AuCl_4]+NO\uparrow +2H_2O$$

$$3Pt+4HNO_3+18HCl = 3H_2[PtCl_6]+4NO\uparrow +8H_2O$$

这是因为王水中既含有强氧化剂 HNO_3,又含有配位能力较强的 Cl^-,后者能与溶解的金属离子形成稳定的配离子,从而降低了溶液中金属离子的浓度,有利于反应向金属溶解的方向进行。

硝酸盐都易溶于水。硝酸盐的水溶液没有氧化性,但固体硝酸盐在高温下可分解放出 O_2而显氧化性,遇到有机物会燃烧甚至爆炸。例如,KNO_3是黑火药的组分之一。固体硝酸盐的分解产物因金属离子的不同而不同。金属离子的极化作用越强,硝酸盐越不稳定,分解越容易进行。碱金属和碱土金属(电位序在 Mg 之前的金属)的硝酸盐受热分解为亚硝酸盐和氧气。例如:

$$2NaNO_3 \xlongequal{\triangle} 2NaNO_2+ O_2\uparrow$$

活泼性在 Mg 和 Cu 之间的金属的硝酸盐受热分解为相应的氧化物。例如:

$$2Pb(NO_3)_2 \xlongequal{\triangle} 2PbO+4NO_2\uparrow + O_2\uparrow$$

活泼性比 Cu 差的金属,其硝酸盐分解为金属单质、二氧化氮和氧气。例如:

$$2AgNO_3 \xlongequal{\triangle} 2Ag+2NO_2\uparrow +O_2\uparrow$$

2. 亚硝酸及其盐

亚硝酸在气态或室温下主要以反式平面结构存在(图 11-5),其中 N 采取 sp^2 杂化,N 与非羟基氧原子间为双键。NO_2^- 与 O_3为等电子体,结构为 V 形结构,有离域的 π_3^4 键。所谓**等电子体**是指一类分子或离子,组成它们的原子数相同,而且所含的电子数也相同,则它们互称为等电子体。等电子体常具有相似的电子结构、相似的几何构型，有时在性质上也有许多相似之处。

图 11-5 HNO_2和 NO_2^- 的结构

HNO_2是弱酸($K_a^\ominus=7.2\times10^{-4}$)，不稳定，仅存在于水溶液中，在温度接近 0 ℃时逐渐分解。但是其亚硝酸盐，特别是ⅠA 族和ⅡA 族元素的亚硝酸盐有较高的热稳定性。亚硝酸盐一般易溶于水，但重金属盐较难溶于水，如浅黄色的 $AgNO_2$为微溶盐。亚硝酸盐有毒，易转化为致癌物质亚硝胺。

亚硝酸及其盐在化学性质上主要表现为氧化还原性。在酸性介质中电极电势为

$$HNO_2+H^++e^-\rightleftharpoons NO+H_2O \qquad \varphi^\ominus=1.00\ V$$

$$NO_3^-+3H^++2e^-\rightleftharpoons HNO_2+H_2O \qquad \varphi^\ominus=0.94\ V$$

可见 HNO_2既具有氧化性又具有还原性。例如：

$$2HNO_2+2I^-+2H^+ = 2NO\uparrow+I_2+2H_2O$$

$$5HNO_2+2MnO_4^-+H^+ = 5NO_3^-+2Mn^{2+}+3H_2O$$

两个反应都能够定量进行，可以用于分析亚硝酸盐的含量。

11.3.4 磷及其化合物

1. 磷单质

磷单质的活泼性决定了磷在自然界中是以磷酸盐的形式存在的，如磷酸钙 $Ca_3(PO_4)_2$和磷灰石 $Ca_5F(PO_4)_3$。单质磷是将 $Ca_3(PO_4)_2$，碳粉和石英砂(SiO_2)混合后放在 1400 ℃左右的电炉中加热还原制得的：

$$2Ca_3(PO_4)_2+6SiO_2+10C = 6CaSiO_3+P_4+10CO\uparrow \qquad (1)$$

如果没有 SiO_2参加，则还原反应为

$$2Ca_3(PO_4)_2+10C = 6CaO+P_4+10CO\uparrow \qquad \Delta_rG_{1673}^\ominus\approx 117\ kJ\cdot mol^{-1} \qquad (2)$$

反应(2)不能自发进行。如果在反应体系中加入酸性氧化物 SiO_2，它会和 CaO 进一步反应生成高温下也很稳定的 $CaSiO_3$：

$$CaO+SiO_2 = CaSiO_3 \qquad \Delta_rG_{1673}^\ominus=-92\ kJ\cdot mol^{-1} \qquad (3)$$

反应(1)=(2)+6×(3)，所以 $\Delta_rG_1^\ominus=117\ kJ\cdot mol^{-1}+6\times(-92\ kJ\cdot mol^{-1})=-435\ kJ\cdot mol^{-1}$。因此碳粉还原 $Ca_3(PO_4)_2$这样一个不能自发进行的反应，在 SiO_2的参与下，变成可自发进行。

由此可见，当反应(1)的 $\Delta_rG_1^\ominus>0$ 时，该反应不能自发进行。如果加合反应(2)

($\Delta_r G_2^\ominus < 0$)，使得总反应 $\Delta_r G^\ominus = \Delta_r G_1^\ominus + \Delta_r G_2^\ominus < 0$，于是不能自发进行的反应(1)，合并反应(2)之后就可以自发进行了，这种情况称为**反应的耦合**。反应的耦合在实际工业生产中具有重要的意义，它能使一些 $\Delta_r G^\ominus > 0$ 的反应自发进行。

磷的同素异形体主要有白磷、红磷和黑磷。磷蒸气迅速冷却得到白磷。白磷在密闭环境中加热可转化为红磷。红磷较稳定，熔沸点较高，室温下不易与 O_2 反应。黑磷是磷元素热力学最稳定的变体，密度比红磷大，有导电性，故有"金属磷"之称。黑磷中的磷原子以共价键的形式互相链接成网状结构。

2. 磷的氧化物

磷在充足的氧气中燃烧的产物是五氧化二磷，如果氧气不足则生成三氧化二磷，其分子式分别为 P_4O_{10} 和 P_4O_6。P_4O_6 是以 P_4 分子为基础形成的，P_4 分子中的 P—P 键有张力而不稳定，氧分子进攻时断裂，在每两个磷原子之间嵌入一个氧原子，于是形成了 P_4O_6 分子[图 11-6(a)]。在 P_4O_6 分子中每个磷原子上还有一对孤对电子，可以和氧原子结合而形成 P_4O_{10}[图 11-6(b)]。

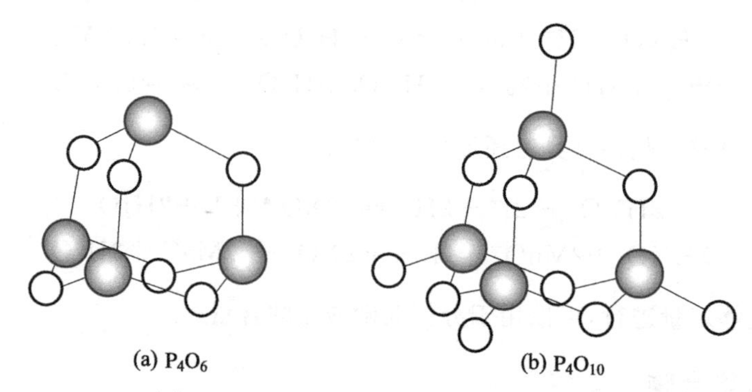

(a) P_4O_6　　(b) P_4O_{10}

图 11-6　P_4O_6 和 P_4O_{10} 的空间构型

P_4O_6 溶于冷水时缓慢地生成亚磷酸：

$$P_4O_6 + 6H_2O(\text{冷}) = 4H_3PO_3$$

与热水作用则发生歧化反应，生成磷酸和膦：

$$P_4O_6 + 6H_2O(\text{热}) = 3H_3PO_4 + PH_3\uparrow$$

P_4O_{10} 是一种白色粉末状固体，有很强的吸水性，在空气中很快会发生潮解，是干燥能力最强的一种干燥剂。P_4O_{10} 与水作用时放出大量的热，生成 P(V)的各种含氧酸。P_4O_{10} 的最新用途是制造一种填有 P_4O_{10} 的苏打石灰玻璃(生物活性玻璃)，把它移植到体内，钙离子和磷酸根离子在玻璃和骨头的间隙中溶出，有助于诱导新的骨骼生长。

3. 磷的含氧酸及其盐

磷能形成多种氧化数的含氧酸，一些重要的磷的含氧酸列于表 11-7 中。

表 11-7　磷的含氧酸

名称	(正)磷酸	焦磷酸	三磷酸	偏磷酸	亚磷酸	次磷酸
化学式	H_3PO_4	$H_4P_2O_7$	$H_5P_3O_{10}$	$(HPO_3)_n$	H_3PO_3	H_3PO_2
磷的氧化态	+5	+5	+5	+5	+3	

H_3PO_4在加热时发生脱水作用，可生成焦磷酸、三磷酸等多磷酸或偏磷酸。多磷酸盐对Ca^{2+}，Mg^{2+}等离子有较强的配位能力，因此可用于硬水的软化和防止锅炉水垢沉积。提供人体活动和细胞生长能量的多磷酸是三磷酸腺苷(ATP)，它存在于各种活细胞中，生成二磷酸腺苷(ADP)的反应可以用于细胞中需要能量的过程。

磷酸盐中磷酸二氢盐一般都易溶于水，而磷酸盐和磷酸一氢盐除K^+，Na^+，NH_4^+盐外，大都不溶于水。天然磷酸盐要成为植物能吸收的磷肥，必须把它变成可溶性的二氢盐：

$$Ca_3(PO_4)_2 + 2H_2SO_4 = 2CaSO_4 + Ca(H_2PO_4)_2$$

反应产物称为“过磷酸钙”。

亚磷酸H_3PO_3和次磷酸H_3PO_2的结构中磷原子均采用sp^3杂化，其中分别有一个和两个H直接和P键连(图11-7)。因为P与H的电负性很接近，P—H键几乎没有极性，所以与P直接键合的H不显酸性，亚磷酸H_3PO_3和次磷酸H_3PO_2分别为二元酸和一元酸。又因为这两种酸分子中都含有1个非羟基氧，所以它们都是中强酸。这两种酸都是较强的还原剂。次磷酸盐常用于化学镀，将金属离子还原为金属。例如：

$$H_2PO_2^- + 2Ni^{2+} + 6OH^- = PO_4^{3-} + 2Ni + 4H_2O$$

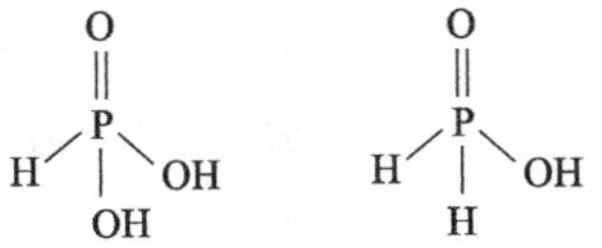

图11-7　H_3PO_3和H_3PO_2的结构

11.3.5　砷的化合物

砷的氧化物有As_2O_3和As_2O_5两种，它们都是白色的固体。As_2O_3俗称砒霜，是剧毒物质，主要用于制造杀虫剂、除草剂以及含砷药物。As_2O_3微溶于水，生成亚砷酸H_3AsO_3。As_2O_3溶于碱生成亚砷酸盐，溶于浓盐酸生成砷(Ⅲ)盐：

$$As_2O_3 + 2NaOH + H_2O = 2NaH_2AsO_3$$
$$As_2O_3 + 6HCl = 2AsCl_3 + 3H_2O$$

As_2O_5溶于水生成砷酸H_3AsO_4。它是一种较弱的氧化剂：

$$H_3AsO_4 + 2H^+ + 2e^- \rightleftharpoons H_3AsO_3 + H_2O \qquad \varphi^{\ominus} = 0.56\ V$$

在强酸介质(pH=0)中H_3AsO_4可以将I^-氧化：

$$H_3AsO_4 + 2H^+ + 2I^- = H_3AsO_3 + I_2 + H_2O$$

如果溶液酸性减弱(pH＞1.0)，上述反应将逆向进行，即H_3AsO_3被I_2氧化。这是因为$\varphi(I_2/I^-)$不受pH影响，而$\varphi(H_3AsO_4/H_3AsO_3)$与pH有关。

砷是亲硫元素，有多种硫化物，其中天然的硫化物有黄色的As_2S_3，俗称雌黄；橘红色的As_4S_4俗称雄黄。As_2S_3有一定的还原性，可以被多硫化物氧化为硫代砷酸盐：

$$As_2S_3 + 3Na_2S_2 = 2Na_3AsS_4 + S$$

11.4 碳族元素

11.4.1 碳族元素概述

元素周期表中ⅣA族元素包括碳、硅、锗、锡、铅和第七周期的𫓧共6种元素，统称碳族元素。其中碳和硅是非金属元素，锗、锡、铅和𫓧是金属元素。硅是构成地球上矿物界的主要元素，而碳是组成生物界的主要元素。表11-8列出了碳族元素的一些基本性质。

表11-8 碳族元素的一些基本性质

基本性质	碳	硅	锗	锡	铅
价电子构型	$2s^22p^2$	$3s^23p^2$	$4s^24p^2$	$5s^25p^2$	$6s^26p^2$
共价半径/pm	77	117	122	140	175
熔点/℃	3550	1410	937	232(白)	327
沸点/℃	4329	2355	2830	2260(白)	1744
电负性	2.6	1.9	2.0	2.0	1.8
电离能/($kJ \cdot mol^{-1}$)	1 138	824	799	743	750
键能(A—A)/($kJ \cdot mol^{-1}$)	346	197	188	146	—
键能(A—O)/($kJ \cdot mol^{-1}$)	343	368	360	—	—
键能(A—H)/($kJ \cdot mol^{-1}$)	415	320	289	251	—
主要氧化态	−4,+2,+4	+4	+2,+4	+2,+4	+2,+4

碳族元素价电子构型为ns^2np^2，因此，它们主要的氧化态为+2和+4。碳有时也可以生成共价的−4氧化态化合物。惰性电子对效应在本族元素中也有体现，Pb(Ⅳ)的化合物表现出强的氧化性。

从表11-8的键能数据中可以看出，本族元素A—A和A—H键中以C—C,C—H键键能最大，这就是碳能形成数百万种有机化合物的主要原因；A—O键中以Si—O键键能最大，这也是硅在自然界中总是以含氧化合物形式存在的主要原因。

在自然界中碳主要存在两种同素异形体：金刚石和石墨。金刚石是典型的原子晶体，每个碳原子都以sp^3杂化轨道与另外4个碳原子形成共价键，构成正四面体。石墨具有层状结构，层内每个碳原子以sp^2杂化轨道和另外3个碳原子形成共价单键，同层中每个碳原子中的p轨道相互重叠，形成一个垂直于分子平面的大π键π_m^m。这些离域的电子可以在层中自由移动，所以石墨具有良好的导电性。20世纪80年代中期，人们发现碳元素还存在第三种同素异形体碳原子簇(主要由C_{60},C_{70}等分子组成)。C_{60}分子是由60个碳原子构成的近似于球形的32面体，即由12个正五边形和20个正六边形组成(图11-8)。建筑学家富勒(Fuller B)曾用正五边形和正六边形组成过类似的结构，故C_{60}也称为富勒烯。它的化合物有许多惊人的性质。例如，C_{60}本身是半导体，当它与适量钾反应生成K_3C_{60}时，会如同金属一样导电；当K_3C_{60}冷却至18 K时，可以得到超导体。与富勒烯

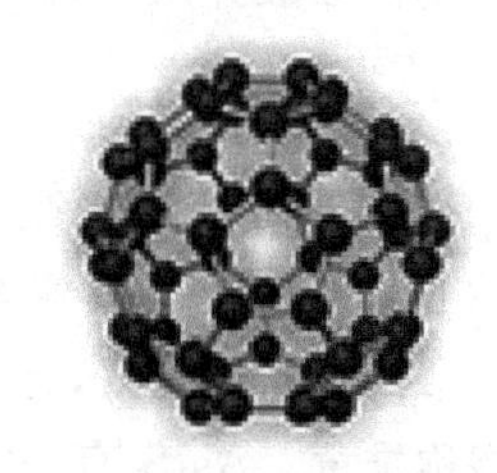

图11-8 C_{60}的结构

分子结构密切相关的碳的第四种同素异形体为碳纳米管。它为具有石墨平面结构的单层或多层碳卷曲成长的空心管状分子，直径可达数百纳米。碳纳米管有强度大、比表面积大、可导电导热的特性，这些不寻常的性质使它成为纳米技术领域中的佼佼者。由于这两类碳分子非凡的性质，目前已发现它们的数十种应用，如极细的球状轴承、轻便电池、新的润滑剂、新的催化剂、新的塑料等。

晶状硅是一种灰色的硬而脆的固体，具有金刚石晶格的结构。高纯度的单晶硅是半导体材料，是现代信息产业中的基本材料之一。

11.4.2 碳的化合物

1. 一氧化碳、二氧化碳和碳酸

CO 和 N_2是等电子体。CO 与 N_2一样，也有三重键，即一个 σ 键、一个正常 π 键和一个 π 配键，π 配键的电子来自氧原子(图 11－9)。π 配键的存在使得碳端为负，氧端为正。这样的电荷分布增强了碳原子的配位能力，所以 CO 能与一些金属原子或离子形成羰基配合物，如 $Ni(CO)_4$，$Fe(CO)_5$等。掌握等电子原理，会使得预测一些分子或离子的结构和性质变得简单。例如，知道了 CO_2为直线形结构，那么 N_2O，N_3^-，NO_2^+ 等也均为直线形结构，因为它们和 CO_2是等电子体。同理，等电子体 BO_3^{3-}，CO_3^{2-}，NO_3^- 均为平面三角形；ClO_4^-，SO_4^{2-}，PO_4^{3-}，SiO_4^{4-} 为四面体结构等。

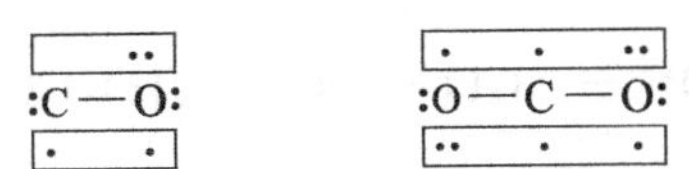

图 11－9 CO 和 CO_2的结构

CO 有很强的毒性，它可以和血液中的血红蛋白结合，形成一种很稳定的化合物，从而破坏血红蛋白的载氧能力，严重时可导致死亡。在实验室和家庭生活中应注意防止煤气管道漏气和炉火通风不良而造成的 CO 中毒。

CO_2为直线形分子，中心原子 C 为 sp 杂化，整个分子中存在两个 π_3^4 离域 π 键(图 11－9)。因此 CO_2分子的碳氧键键长(116 pm)介于碳氧双键键长(约 124 pm)和碳氧三键键长(约 113 pm)之间，具有一定程度的三键特征。

CO_2通过降温或加压可以转化为其固体形式，称为干冰。干冰可以升华，因此常用来作制冷剂。CO_2的水溶液习惯上称为碳酸。它是二元酸，$K_{a_1}^{\ominus}=4.45\times10^{-7}$，$K_{a_2}^{\ominus}=4.69\times10^{-11}$。工业上 CO_2被大量用来生产纯碱、小苏打等工业产品，食品工业中用以生产汽水等饮品。

2. 碳酸盐

碳酸盐有正盐和酸式盐之分，其主要性质有以下三个方面。

(1) 溶解性　正盐中只有碱金属(除锂外)和铵的碳酸盐易溶于水，其他碳酸盐都难溶于水；大多数酸式碳酸盐均易溶于水。对难溶碳酸盐来说，酸式盐溶解度大于正盐。但易溶碳酸盐却相反，正盐溶解度大于酸式盐。后者是由于碳酸氢盐溶液中 HCO_3^- 通过氢键形成二聚或多聚链状离子，从而降低了它们的溶解度。

大理石、石灰石以及珍珠、珊瑚、贝壳的主要成分都是 $CaCO_3$。地表中的碳酸钙矿石在 CO_2 和水的长期侵蚀下可以部分地转变成 $Ca(HCO_3)_2$而溶解，而 $Ca(HCO_3)_2$又可分解析出 $CaCO_3$，这就是自然界中奇特景观钟乳石和石笋形成的原因。

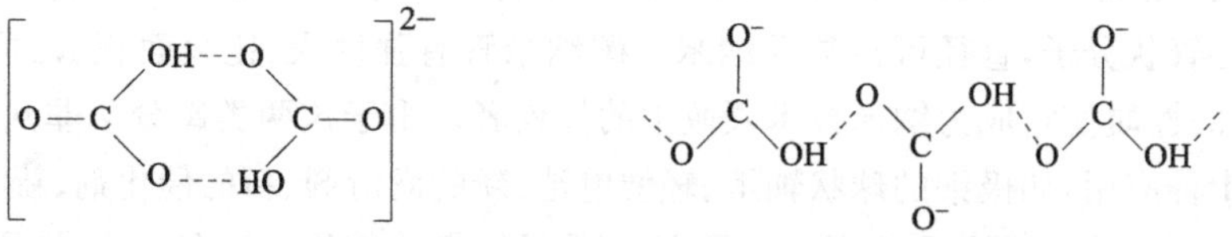

（2）水解性　碱金属碳酸盐溶液因水解呈强碱性，故溶液中同时存在 CO_3^{2-} 和 OH^-。当金属离子和碱金属碳酸盐溶液反应时，产物可能是正盐、碱式碳酸盐或氢氧化物。如果碳酸盐溶解度比氢氧化物的溶解度小得多，则生成正盐。属于这类的金属离子有 Ca^{2+}，Sr^{2+}，Ba^{2+} 和 Mn^{2+} 等。例如：

$$Ba^{2+} + CO_3^{2-} \longrightarrow BaCO_3 \downarrow$$

对于 Fe^{3+}，Al^{3+}，Cr^{3+} 等，其氢氧化物的溶解度远小于碳酸盐的溶解度，则生成氢氧化物沉淀。例如：

$$2Fe^{3+} + 3CO_3^{2-} + 3H_2O \longrightarrow 2Fe(OH)_3 \downarrow + 3CO_2 \uparrow$$

有些离子的氢氧化物和碳酸盐溶解度相近，则生成碱式碳酸盐。属于这类的金属有 Cu^{2+}，Mg^{2+}，Pb^{2+} 和 Zn^{2+} 等。例如：

$$2Cu^{2+} + 2CO_3^{2-} + H_2O \longrightarrow Cu_2(OH)_2CO_3 \downarrow + CO_2 \uparrow$$

由于碳酸根离子的水解性，碳酸盐实际上也是碱，如无水碳酸钠叫作纯碱，碳酸氢钠既是酸又是碱，商业名称为小苏打。

（3）热稳定性　碳酸盐热稳定性较差，受热即按下式分解：

$$M(\text{II})CO_3 \xlongequal{\triangle} M(\text{II})O + CO_2 \uparrow$$

碳酸盐的分解温度取决于阳离子的极化力，极化力越大，分解温度越低。碳酸氢盐的热稳定性低于碳酸盐，但比碳酸稳定。

3. 碳的卤化物

CCl_4 是实验室常见的不燃溶剂，常用来溶解油脂和树脂，也是常见的灭火剂。CCl_2F_2 俗称氟利昂，是常用的制冷剂，但对大气上空的臭氧层有破坏作用。为减少环境污染，现在推广使用“无氟”的冰箱和空调等。

11.4.3 硅的化合物

1. 二氧化硅

二氧化硅广泛存在于自然界中，是一种重要的建筑材料和硅酸盐工业中的重要原料。SiO_2 属于原子晶体，在自然界中有晶形和无定形两种形态。石英是最常见的晶形二氧化硅，硅藻土和燧石是无定形二氧化硅。无色透明的纯净石英叫作水晶。若将石英在 1600 ℃时熔化成黏稠液体，然后急速冷却，石英会因黏度大不易结晶而变成无定形的石英玻璃，可用于制造光学仪器和高级化学器皿。从高纯度的玻璃熔融体中拉出直径约 100 μm 的细丝纤维，这种纤维可以传导光，故称光导纤维，可用于光纤通信。

SiO_2室温下对于盐酸、硫酸显惰性，但可以与氢氟酸反应：

$$SiO_2 + 4HF \longrightarrow SiF_4 \uparrow + 2H_2O$$

SiO_2可以与热的 NaOH 溶液或熔融的 Na_2CO_3反应，生成可溶性硅酸盐：

$$SiO_2 + 2NaOH \longrightarrow Na_2SiO_3 + H_2O$$

$$SiO_2 + Na_2CO_3 \xlongequal{熔融} Na_2SiO_3 + CO_2 \uparrow$$

2. 硅酸和硅胶

硅酸的种类很多，但都可以看成 SiO_2的水合物，常用通式 $m SiO_2 \cdot n H_2O$ 表示。当 $m=1, n=1$ 时，化学式为 H_2SiO_3，称为偏硅酸，习惯上称之为硅酸。真正以简单的单酸形式存在的只有原硅酸（H_4SiO_4），它只存在于很稀的溶液中，若超过其溶解度（7×10^{-4} mol·L^{-1}），就会发生缩聚反应。在一定条件下，如果硅酸聚合物颗粒的大小达到胶粒范围，则形成硅溶胶。如果硅酸聚合成立体网状结构，而大量的溶剂被分隔在网状结构的空隙中失去流动性，则形成硅凝胶。硅凝胶在 300 ℃下经过干燥脱水后成为白色透明多孔性固态物质，称之为硅胶。实验室里常用的变色硅胶是将硅胶用 $CoCl_2$溶液浸泡、干燥、活化后制得。无水 $CoCl_2$呈蓝色，吸水后 $CoCl_2 \cdot 6H_2O$ 呈粉红色。所以可以根据颜色的变化判断硅胶吸水的程度。

3. 硅酸盐

除碱金属硅酸盐（如 Na_2SiO_3，K_2SiO_3等）可溶于水外，其他硅酸盐均不溶于水。如果将氢氧化钠或碳酸钠与石英共熔，然后在增压锅中加水蒸煮，制得的产品叫作水玻璃。它的化学式是 $Na_2O \cdot nSiO_2$，n 一般为 3.3 左右，可见它实际上是一种多硅酸盐。水玻璃溶液为黏度很大的浆状溶液，工业上可用作黏合剂和木材、织物的防腐剂。

天然硅酸盐在地壳中大量存在，约占地壳的 95%。硅酸盐结构的基本单元是 SiO_4四面体，这些四面体可以通过共用顶角上的一个、两个、三个或四个氧原子相连而形成链状、环状、片状或立体网格结构的复杂阴离子，再由某些阳离子把这些硅酸根阴离子约束在一起，得到不同种类的硅酸盐。硅酸盐的复杂性还表现在 SiO_4中的“Si^{4+}”可以被半径相近的“Al^{3+}”部分取代成为含有 AlO_4四面体的铝硅酸盐。

一类具有多孔结构的铝硅酸盐，其结构中有许多笼状空穴和通道。这些均匀的空穴和通道可以有选择地吸附一定大小的分子，通常把这些铝硅酸盐称为分子筛。分子筛除少数是天然的（如泡沸石）外，多为人工合成。合成时由于原料配比及制备条件的不同，所得分子筛的结构和孔径各不相同，因此有多种型号的分子筛，如 A 型，X 型，Y 型等。其中 A 型的孔径一般为 300～500 pm；X 型和 Y 型孔径比 A 型大，一般可达 800 ～ 1000 pm。目前，A 型分子筛常用于气体干燥、净化、富集及轻油脱蜡；X 型和 Y 型常用于石油的催化裂化，也常用于其他有机反应的催化。

11.4.4 锡和铅的化合物

锡和铅都有两种氧化物，MO 和 MO_2。它们都呈两性，但前者偏碱性，后者偏酸性。

在 Sn^{2+}或 Pb^{2+}的溶液中加入 NaOH 溶液，立即生成白色的 $Sn(OH)_2$或 $Pb(OH)_2$沉淀。当 NaOH 溶液过量时，沉淀溶解生成亚锡酸盐和亚铅酸盐：

$$Sn(OH)_2 + OH^- \longrightarrow Sn(OH)_3^-$$

$$Pb(OH)_2 + OH^- \!=\!=\!= Pb(OH)_3^-$$

$SnCl_4$在碱性溶液中水解可得白色沉淀，即α-锡酸H_2SnO_3。它化学性质活泼，易溶于浓盐酸，也易溶于碱溶液。α-锡酸久置或加热会逐渐变成β-锡酸。β-锡酸既不溶于酸又不溶于碱。

Sn^{2+}的还原性很强，它可以把$HgCl_2$还原成Hg_2Cl_2，如果Sn^{2+}过量则还原成Hg：

$$2HgCl_2 + SnCl_2 \!=\!=\!= SnCl_4 + Hg_2Cl_2 \downarrow (白色)$$

$$Hg_2Cl_2 + SnCl_2 \!=\!=\!= SnCl_4 + 2Hg \downarrow (黑色)$$

该反应常用来鉴定Hg^{2+}或Sn^{2+}。

PbO_2有相当强的氧化性，它可以在酸性介质中将Mn^{2+}氧化为MnO_4^-；与浓盐酸反应可放出Cl_2：

$$5PbO_2 + 2Mn^{2+} + 4H^+ \xlongequal{Ag^+} 5Pb^{2+} + 2MnO_4^- + 2H_2O$$

$$PbO_2 + 4HCl(浓) \!=\!=\!= PbCl_2 + Cl_2 \uparrow + 2H_2O$$

铅的氧化物除PbO（黄色）和PbO_2（褐色）外，还有红色的Pb_3O_4（铅丹）和橙色的Pb_2O_3，它们可以看成$2PbO \cdot PbO_2$和$PbO \cdot PbO_2$。令Pb_3O_4和硝酸反应即可在产物中得到两种不同价态的铅：

$$Pb_3O_4 + 4HNO_3 \!=\!=\!= PbO_2 \downarrow + 2Pb(NO_3)_2 + 2H_2O$$

Pb^{2+}和CrO_4^{2-}反应生成黄色的$PbCrO_4$沉淀，可以据此鉴定Pb^{2+}或CrO_4^{2-}：

$$Pb^{2+} + CrO_4^{2-} \!=\!=\!= PbCrO_4 \downarrow$$

11.5 硼族元素

11.5.1 硼族元素概述

硼族元素是指元素周期表中ⅢA族硼、铝、镓、铟、铊和第七周期的鉨共6种元素。硼族元素的一些基本性质列于表11-9。

表11-9 硼族元素的一些基本性质

基本性质	硼	铝	镓	铟	铊
价电子构型	$2s^22p^1$	$3s^23p^1$	$4s^24p^1$	$5s^25p^1$	$6s^26p^1$
共价半径/pm	91	143	123	151	189
熔点/℃	2300	660.1	29.8	156.6	303.5
沸点/℃	2500	2467	2403	2080	1457
电负性	2.0	1.6	1.8	1.8	1.8
电离能/($kJ \cdot mol^{-1}$)	839	605	607	585	618
常见氧化态	+3	+3	(+1),+3	+1,+3	+1,(+3)

硼族元素的价电子构型为 ns^2np^1，氧化态一般为＋3。惰性电子对效应在硼族元素中仍有所体现，铊＋1 氧化态稳定，＋3 氧化态具有较强的氧化性。硼族元素价电子层有 4 个轨道（1 个 s 轨道和 3 个 p 轨道），但价电子只有 3 个，这种价电子数小于价轨道数的原子称为**缺电子原子**。当它与其他原子形成共价键时，价电子层中还留下空轨道，这种化合物称为**缺电子化合物**。由于空轨道具有很强的接受电子对的能力，故它们具有如下特性：

（1）易形成配合物，例如：

$$F_3B + :NH_3 = F_3B \leftarrow NH_3$$

$$BF_3 + F^- = [BF_4]^-$$

（2）易形成聚合分子，气态的卤化铝（除离子型化合物 AlF_3 外）易形成双聚分子 Al_2X_6。例如，在 Al_2Cl_6 分子中，每个 Al 原子以 sp^3 杂化轨道与四个 Cl 原子成键，呈四面体结构。中间两个 Cl 原子形成桥式结构，它除了与一个 Al 原子形成正常共价键外，还与另一个 Al 原子形成配位键。

Cl Cl Cl
Al Al
Cl Cl Cl

11.5.2 硼的化合物

1. 硼的氢化物

硼氢化合物是极其重要的一类硼化物，因物理性质类似于烷烃，故称之为**硼烷**。其中最简单的是乙硼烷 B_2H_6，其分子结构如图 11－10 所示。B 为 sp^3 杂化，每个 B 原子用两个杂化轨道分别与两个 H 原子形成正常共价键。B 原子剩下的另外两个 sp^3 杂化轨道在平面的两侧分别与 H 原子轨道重叠，形成包括两个 B 原子和一个 H 原子的三中心二电子键，记为 B⌒H⌒B。它是一种非定域键，由于 H 原子位于两个 B 原子之间形成一座桥，故也称为**氢桥键**。氢桥键的形成体现了 B 原子的缺电子特性。

乙硼烷是剧毒的无色气体。它还原性很强，在空气中易燃，且放出大量热量，可在火箭和导弹中用作高能喷射燃料。

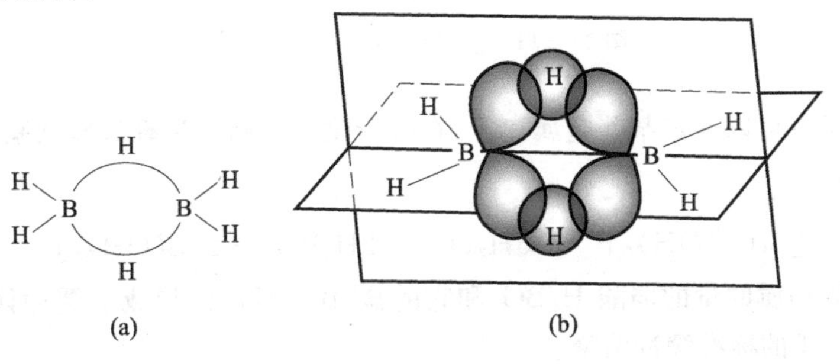

图 11－10 B_2H_6 的结构

$$B_2H_6(g)+3O_2(g) \xlongequal{} B_2O_3(s)+3H_2O\ (l) \qquad \Delta_r H_m^{\ominus}=-2033.8\ kJ \cdot mol^{-1}$$

除了硼烷之外，还有一类硼氢化合物很重要，就是含有 BH_4^- 基团的化合物，如 $NaBH_4$，是化学反应中常用的还原剂。

2. 硼酸

硼最重要的氧化物是 B_2O_3，它易溶于水生成硼酸。

H_3BO_3 是一元弱酸，$K_a^{\ominus}=5.8\times10^{-10}$。它显酸性并不是它本身给出质子，而是由于硼是缺电子原子，它结合了溶液中 H_2O 分子解离出的 OH^- 而释放出 H^+：

$$H_3BO_3+H_2O \rightleftharpoons [B(OH)_4]^- + H^+$$

这种成酸机理也体现了硼酸的缺电子特性，所以 H_3BO_3 是一种典型的路易斯酸。向硼酸中加入多元醇(如乙二醇或甘油)，硼酸的酸性会增强。

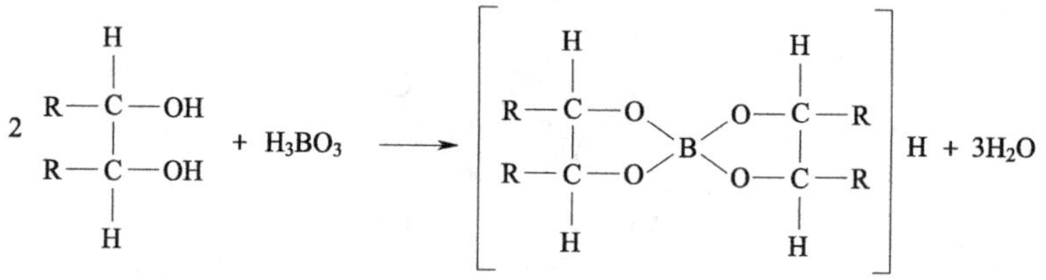

$$2\begin{matrix} & H & \\ & | & \\ R- & C & -OH \\ & | & \\ R- & C & -OH \\ & | & \\ & H & \end{matrix} + H_3BO_3 \longrightarrow \left[\begin{matrix} & H & & & & H & \\ & | & & & & | & \\ R- & C & -O & & O- & C & -R \\ & | & & B & & | & \\ R- & C & -O & & O- & C & -R \\ & | & & & & | & \\ & H & & & & H & \end{matrix}\right]H + 3H_2O$$

在定量分析中，上述反应使 NaOH 溶液直接滴定硼酸成为可能。

3. 硼酸盐

硼砂是最重要的硼的含氧酸盐，是一种带有结晶水的四硼酸钠盐。其酸根离子的结构如图 11-11 所示。习惯上把它的化学式写成 $Na_2B_4O_7\cdot10H_2O$，但根据结构，它的化学式写成 $Na_2[B_4O_5(OH)_4]\cdot8H_2O$ 更恰当些。熔融的硼砂可以与许多金属氧化物形成不同颜色的偏硼酸复盐。例如：

$$Na_2B_4O_7+CoO \xlongequal{} Co(BO_2)_2\cdot2NaBO_2\text{(宝石蓝色)}$$

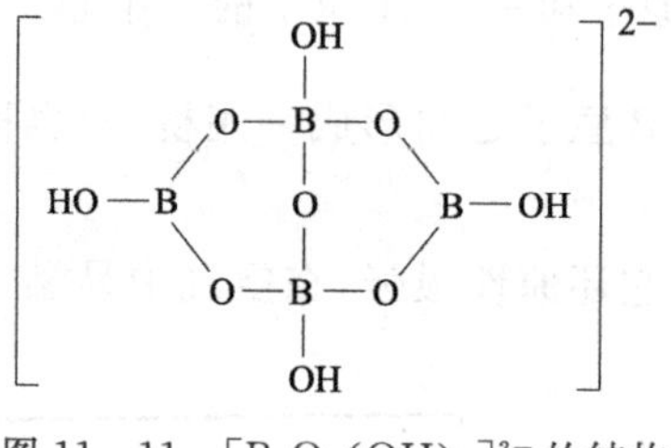

$$\left[\begin{matrix} & & OH & & \\ & & | & & \\ & O- & B & -O & \\ & / & & \backslash & \\ HO-B & & O & & B-OH \\ & \backslash & | & / & \\ & O- & B & -O & \\ & & | & & \\ & & OH & & \end{matrix}\right]^{2-}$$

图 11-11 $[B_4O_5(OH)_4]^{2-}$ 的结构

利用这一类反应可以鉴定某些金属离子，在分析化学上称之为**硼砂珠试验**。硼砂易溶于水，并发生水解反应：

$$[B_4O_5(OH)_4]^{2-} + 5H_2O \rightleftharpoons 2H_3BO_3 + 2[B(OH)_4]^-$$

水解生成的等物质的量的弱酸 H_3BO_3 和它的盐 $[B(OH)_4]^-$ 形成了缓冲体系。实验室常用它来配制 pH=9.24 的标准缓冲溶液。

11.5.3 铝及其化合物

铝是银白色金属，其重要的用途是制造轻合金，作为飞机和宇航器的材料。铝是活泼元素，既能溶于酸也能溶于碱：

$$2Al + 6HCl \xlongequal{} 2AlCl_3 + 3H_2\uparrow$$
$$2Al + 2NaOH + 6H_2O \xlongequal{} 2Na[Al(OH)_4] + 3H_2\uparrow$$

在空气中放置时，铝表面生成一层致密的氧化膜，在遇到冷的浓硝酸或浓硫酸时也不发生反应，因此铝被大量用来制造日用器皿。

Al_2O_3有两种类型：$\alpha-Al_2O_3$和$\gamma-Al_2O_3$。$\alpha-Al_2O_3$硬度相当高，仅次于金刚石，不溶于水，也不溶于酸或碱。在自然界中存在的刚玉就是$\alpha-Al_2O_3$。$\gamma-Al_2O_3$性质活泼，易溶于酸或碱。

在铝盐溶液中加入氨水，可得到白色凝胶状$Al(OH)_3$沉淀：

$$Al^{3+} + 3NH_3\cdot H_2O \xlongequal{} Al(OH)_3\downarrow + 3NH_4^+$$

$Al(OH)_3$为两性氢氧化物，遇酸变成铝盐，遇碱则变成四羟基合铝酸盐：

$$Al(OH)_3 + 3HCl \xlongequal{} AlCl_3 + 3H_2O$$
$$Al(OH)_3 + NaOH \xlongequal{} Na[Al(OH)_4]$$

在水溶液中，铝酸钠为$Na[Al(OH)_4]$形式而不是$NaAlO_2$。固态的偏铝酸钠需要Al_2O_3和氢氧化钠（或碳酸钠）用熔融的方法制得：

$$Al_2O_3 + 2NaOH(s) \xlongequal{\text{熔融}} 2NaAlO_2(s) + H_2O(g)$$

11.6 碱金属和碱土金属

碱金属和碱土金属是指元素周期表中ⅠA族和ⅡA族元素，即s区元素。其价电子构型为$ns^{1\sim2}$。ⅠA族元素包括锂、钠、钾、铷、铯和钫六种元素，因它们的氢氧化物都是强碱，故称为碱金属；ⅡA族元素包括铍、镁、钙、锶、钡和镭六种元素，因它们的氧化物兼有“碱性”和“土性”（化学上把难溶于水和难熔融的性质称为“土性”），故称碱土金属。

11.6.1 碱金属和碱土金属概述

碱金属和碱土金属的价电子构型为$ns^{1\sim2}$，在化学反应中易失去最外层的电子，形成离子型化合物。其中一些基本性质见表11-10和表11-11。

锂和铍的原子半径和离子半径分别是碱金属和碱土金属中最小的，这是锂与其他碱金属元素，铍与其他碱土金属元素性质差别较大的主要原因。特别是Be^{2+}，其离子半径特别小，电荷又高，极化力非常强，以至于其化合物的共价性往往超过了离子性。例如，据测定LiI的共价性约占50%，而BeI_2的共价性可达75%。

水合能是指反应$M^{z+}(g) + H_2O \longrightarrow M^{z+}(aq)$的热效应。离子半径越小，电荷越高水合能越大。碱土金属第二电离能比第一电离能大得多，为什么在水溶液中它们不是以 M^+ 的形式而是以 M^{2+} 的形式存在？其原因就在于 M^{2+} 有更大的水合能，由 $M^+(aq)$ 变成 $M^{2+}(aq)$ 所增加的水合能完全可以抵消 M 的第二电离能。

表 11-10 碱金属的一些基本性质

基本性质	Li	Na	K	Rb	Cs
价电子构型	$2s^1$	$3s^1$	$4s^1$	$5s^1$	$6s^1$
金属半径/pm	152	186	231	243	265
离子(M^+)半径/pm	76	102	138	152	167
电离能/($kJ\cdot mol^{-1}$)	545	520	439	422	394
水合能[$M^+(g) \rightarrow M^+(aq)$]/($kJ\cdot mol^{-1}$)	−498	−393	−310	−284	−251
升华能/($kJ\cdot mol^{-1}$)	159	108	90	86	78
电负性	0.98	0.93	0.82	0.79	0.79
电极电势 $\varphi^{\ominus}(M^+/M)$/V	−3.05	−2.71	−2.93	−2.92	−2.92
熔点/℃	181	97.8	63.2	39	28.5
沸点/℃	1347	883	754	688	669

表 11-11 碱土金属的一些基本性质

基本性质	Be	Mg	Ca	Sr	Ba
价电子构型	$2s^2$	$3s^2$	$4s^2$	$5s^2$	$6s^2$
金属半径/pm	111	160	197	215	217
离子(M^{2+})半径/pm	45	72	100	118	136
电离能 I_1/($kJ\cdot mol^{-1}$)	943	773	618	576	527
I_2/($kJ\cdot mol^{-1}$)	1757	1451	1145	1064	965
水合能[$M^{2+}(g) \rightarrow M^{2+}(aq)$]/($kJ\cdot mol^{-1}$)	−2455	−1900	−1565	−1415	−1275
升华能/($kJ\cdot mol^{-1}$)	322	150	177	163	176
电负性	1.6	1.3	1.0	0.95	0.89
电极电势 $\varphi^{\ominus}(M^{2+}/M)$/V	−1.99	−2.36	−2.84	−2.89	−2.91
熔点/℃	1278	649	839	769	725
沸点/℃	2970	1107	1484	1384	1640

同一族元素从下而上不仅水合能增加，而且离子结合的水分子数也增多。虽然碱金属离子半径从上到下递增，但在水溶液中，水合离子半径却是从上到下递减的(表 11-12)。这就是多种离子在离子交换柱上时，Li^+ 首先被淋洗下来的原因(水合离子半径大，与树脂的结合力小)。

表 11-12 碱金属离子的水合状况

碱金属离子	Li^+	Na^+	K^+	Rb^+	Cs^+
离子半径/pm	76	102	138	152	167
水合离子半径/pm	340	276	232	228	228
水合的平均水分子数	25.3	16.6	10.5	10	9.9

11.6.2 碱金属和碱土金属元素单质的性质

碱金属和碱土金属都是熔点很低的轻金属，具有较低的硬度，除了铍和镁以外，其他金属都可以用刀子切割。它们都是化学活泼性很强或较强的金属。它们能直接或间接地与电负性较大的非金属元素，如卤素、氧、硫、磷、氮和氢等形成相应的化合物。下面仅以这些金属与 O_2 和 H_2O 反应为例，说明它们的一些化学性质。

1. 与 O_2 反应

碱金属在氧气中燃烧时，发生如下几种类型的反应：

$$2M + \frac{1}{2}O_2 = M_2O \quad (M=Li)$$

$$2M + O_2 = M_2O_2 \quad (M=Na)$$

$$M + O_2 = MO_2 \quad (M=K, Rb, Cs)$$

式中，M_2O_2 和 MO_2 分别称为过氧化物和超氧化物，其离子结构如图 11-12 所示。

$$\left[:\ddot{\underset{\cdot\cdot}{O}}-\ddot{\underset{\cdot\cdot}{O}}:\right]^{2-} \qquad \left[:\underset{\cdot\cdot}{O}\overset{\cdots}{-}\underset{\cdot\cdot}{O}:\right]^{-}$$

图 11-12 过氧离子 O_2^{2-} 和超氧离子 O_2^- 的结构(参见 2.6 节分子轨道理论)

碱土金属在常压的氧气中燃烧，所得的产物一般都是正常氧化物，但钡在过量氧气中燃烧，除生成 BaO 外，也有少量 BaO_2 生成。

2. 与 H_2O 反应

碱金属及钙、锶、钡与水反应生成氢氧化物和氢气。例如：

$$2Na + 2H_2O = 2NaOH + H_2\uparrow$$

$$Ca + 2H_2O = Ca(OH)_2 + H_2\uparrow$$

锂、钙、锶、钡与水反应比较平稳，因为锂、钙、锶、钡的熔点较高，不易熔化，因而与水反应不激烈；另一方面，相应的氢氧化物溶解度小，生成之后覆盖在金属表面阻碍了金属和水的接触，从而减缓了金属与水的反应速率。铍和镁的金属表面可以形成致密的氧化物保护膜，常温下对水是稳定的。而钠、钾熔点低，反应所产生的热量可使它们熔化，从而使液态钠或钾与水充分接触，反应速率变快。

11.6.3 碱金属和碱土金属的氧化物和氢氧化物

1. 氧化物

碱金属和碱土金属常见的氧化物有正常氧化物、过氧化物和超氧化物三类。锂和碱土金属在氧气中燃烧时，均得到正常氧化物。

碱金属和碱土金属氧化物与水反应都生成相应的氢氧化物。例如：

$$CaO + H_2O = Ca(OH)_2$$

过氧化物与水反应生成过氧化氢和相应的氢氧化物。例如：

$$Na_2O_2 + 2H_2O = H_2O_2 + 2NaOH$$

H_2O_2分解可放出 O_2，所以 Na_2O_2可用作氧化剂、漂白剂和氧气发生剂。Na_2O_2与 CO_2反应也能放出 O_2：

$$2Na_2O_2 + 2CO_2 = 2Na_2CO_3 + O_2$$

利用这一性质，在防毒面具、高空飞行和潜艇中常用 Na_2O_2作为 CO_2吸收剂和供氧剂。因为 Na_2O_2有较强的氧化性，在分析化学中常用作氧化剂和熔矿剂，可以将 Cr_2O_3转化为 Na_2CrO_4：

$$Cr_2O_3 + 3Na_2O_2 \xlongequal{\text{熔融}} 2Na_2CrO_4 + Na_2O$$

超氧化物与水反应生成过氧化氢，同时放出 O_2：

$$2KO_2 + 2H_2O = 2KOH + H_2O_2 + O_2\uparrow$$

超氧化物与 CO_2反应也能放出 O_2：

$$4KO_2 + 2CO_2 = 2K_2CO_3 + 3O_2$$

所以超氧化物的一个重要用途就是作急救器和潜水、登山等方面的氧气源。

2. 氢氧化物

碱金属氢氧化物都易溶于水，碱土金属氢氧化物在水中的溶解度比碱金属氢氧化物要小得多。$Be(OH)_2$和 $Mg(OH)_2$难溶于水，其余碱土金属氢氧化物的溶解度也比较小。从表 11－13 可见，同族元素氢氧化物的溶解度总趋势是从上到下逐渐增大。

表 11－13 碱金属和碱土金属氢氧化物的溶解度(15 ℃)

碱金属氢氧化物	溶解度/($mol \cdot L^{-1}$)	碱土金属氢氧化物	溶解度/($mol \cdot L^{-1}$)
LiOH	5.3	$Be(OH)_2$	8×10^{-6}
NaOH	26.4	$Mg(OH)_2$	5×10^{-4}
KOH	19.1	$Ca(OH)_2$	6.9×10^{-2}
RbOH	17.9	$Sr(OH)_2$	6.7×10^{-2}
CsOH	25.8	$Ba(OH)_2$	2×10^{-1}

根据 11.1.5 中离子势的概念和判断，可知碱金属和碱土金属的氢氧化物碱性递变规律如表 11－14所示。

NaOH 是强碱，工业上常用电解氯化钠水溶液的方法制取。NaOH 具有很强的腐蚀性，能腐蚀皮肤、衣服、玻璃和陶瓷等。NaOH 容易吸收空气中的水汽和酸性气体，如吸收 CO_2生成 Na_2CO_3。Na_2CO_3在浓 NaOH 溶液中的溶解度极小，故可配制饱和的 NaOH 溶液然后过滤除去其中的 Na_2CO_3沉淀，然后用新煮沸后冷却的水稀释到所需浓度即可。

表 11-14 碱金属和碱土金属的氢氧化物碱性递变规律

	$\sqrt{\phi}$		$\sqrt{\phi}$
LiOH	0.13	$Be(OH)_2$	0.25
NaOH	0.10	$Mg(OH)_2$	0.18
KOH	0.087	$Ca(OH)_2$	0.14
RbOH	0.082	$Sr(OH)_2$	0.13
CsOH	0.077	$Ba(OH)_2$	0.12

（左右两侧自上而下：碱性增强；底部自右向左：碱性增强）

11.6.4 碱金属和碱土金属的盐类

碱金属和碱土金属的常见盐类有卤化物、碳酸盐、硝酸盐和硫酸盐等。下面从几个方面介绍这些盐类的共性和一些特性。

1. 盐类的焰色反应

碱金属和碱土金属中的钙、锶、钡的化合物在高温火焰中电子被激发而跃迁到高能级轨道上，当电子从高能级轨道回到低能级轨道时，就会发射一定波长的光，从而使火焰呈现出特征的颜色，这就是**焰色反应**。锂使火焰呈红色、钠呈黄色、钾和铷呈紫色、钙呈橙红色、锶呈洋红色、钡呈绿色。因此可用焰色反应来鉴定一些金属离子，以及用它们的化合物制成五颜六色的焰火或信号弹等。

2. 晶形

表 11-15 列出了碱金属和碱土金属氟化物和氯化物的熔点。从中可以看出：

(1) 这些卤化物熔点较高，所以它们多为离子型晶体。

(2) 碱金属氟化物或氯化物的熔点在同一族中从上到下逐渐降低(除 Li 外)，而碱土金属氟化物或氯化物的熔点从上到下逐渐升高(除 BaF_2 外)。两者变化趋势不同的主要原因是碱金属离子极化力小，它们的氟化物或氯化物是典型的离子晶体。碱金属从上到下随着离子半径增加，晶格能逐渐降低，故熔点下降。碱土金属离子极化能力比碱金属离子大，而且从下而上随离子半径减小极化能力增强。碱土金属的卤化物从下而上由典型的离子性逐渐过渡到一定程度的共价性，所以它们的熔点从下而上逐渐降低。

(3) Li^+，Be^{2+} 的卤化物熔点最低，这与它们半径最小、极化能力最大有关。其实 $BeCl_2$ 的共价性已经超过了离子性。室温下固态 $BeCl_2$ 是链式的多聚结构(图 11-13)，它易升华，随着温度升高，先在 500 ℃时变成气态的双聚结构，再在 1000 ℃时变成直线形的 $BeCl_2$ 分子。$BeCl_2$ 易溶于有机溶剂。这些性质都表明了它的共价性。

表 11-15 碱金属和碱土金属氟化物和氯化物的熔点

金属	Li	Na	K	Rb	Cs	Be	Mg	Ca	Sr	Ba
氟化物熔点/℃	846	996	858	795	703	552	1263	1418	1477	1368
氯化物熔点/℃	606	801	776	715	645	405	714	772	873	963

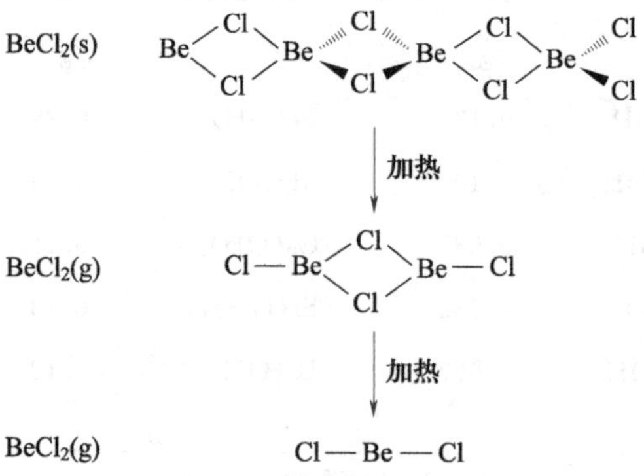

$BeCl_2(s)$ Be–Cl–Be–Cl–Be–Cl–Be–Cl（氯桥链状结构）

加热

$BeCl_2(g)$ Cl—Be(Cl)₂Be—Cl

加热

$BeCl_2(g)$ Cl—Be—Cl

图 11-13 $BeCl_2$的结构

3. 溶解性

碱金属盐类的特点是易溶解，但存在少数难溶盐，如六羟基锑酸钠 $Na[Sb(OH)_6]$（白色）、乙酸铀酰锌钠 $NaAc \cdot Zn(Ac)_2 \cdot 3UO_2(Ac)_2 \cdot 9H_2O$（黄绿色）、高氯酸钾 $KClO_4$（白色）、氯铂酸钾 $K_2[PtCl_6]$（淡黄色）、四苯硼酸钾 $K[B(C_6H_5)_4]$（白色）、亚硝酸钴钠钾 $K_2Na[Co(NO_2)_6]$（亮黄色）等。在实验室里常利用生成这些难溶盐来鉴定 Na^+ 和 K^+。

碱土金属的卤化物（除氟化物外）、硝酸盐、乙酸盐等都易溶于水，而碳酸盐、硫酸盐、磷酸盐、草酸盐和铬酸盐等多数难溶于水。一些碱土金属难溶化合物的溶度积列于表 11-16。由表可见，这些离子型化合物的溶解度大致有如下的规律性：小阳离子与小阴离子或者大阳离子与大阴离子形成的化合物溶解度小，而小阳离子与大阴离子或者大阳离子与小阴离子形成的化合物溶解度大。例如，小阴离子 F^-，OH^- 与碱土金属形成的化合物溶解度一般由 Be 到 Ba 逐渐增加，大阴离子 SO_4^{2-}，CrO_4^{2-}，CO_3^{2-} 等与碱土金属形成的化合物溶解度一般由 Be 到 Ba 依次减小（除 $BaCO_3$ 外）。

表 11-16 一些碱土金属难溶化合物的溶度积

溶度积	OH^-	F^-	SO_4^{2-}	CrO_4^{2-}	CO_3^{2-}
Mg^{2+}	5.6×10^{-12}	5.2×10^{-11}	—	—	6.8×10^{-6}
Ca^{2+}	5.5×10^{-6}	5.3×10^{-9}	4.9×10^{-5}	7.1×10^{-4}	2.8×10^{-9}
Sr^{2+}	3.2×10^{-4}	3.2×10^{-9}	3.4×10^{-7}	4.0×10^{-5}	5.6×10^{-10}
Ba^{2+}	5×10^{-3}	1.8×10^{-7}	1.1×10^{-10}	1.2×10^{-10}	2.6×10^{-9}

以上规律可用热力学原理做初步解释。溶解过程可以看作由晶格拆散和离子水合两过程组成，即 $\Delta_{sol}H=U+\Delta_h H$。$\Delta_{sol}H$ 为整个溶解过程的焓变；U 为晶格拆散的能量，吸热过程；$\Delta_h H$ 为离子水合，放热过程。所以 U 越小越有利于溶解，$\Delta_h H$ 越大越有利于溶解。U 与正、负离子半径之和（$r_+ + r_-$）有关，$\Delta_h H$ 是正离子和负离子的水合能之和，即 $\Delta_h H$ 分别与 r_+ 和 r_- 有关。它们之间的函数关系可表示为

$$U=f_1\left(\frac{1}{r_+ + r_-}\right)$$

$$\Delta_h H = f_2\left(\frac{1}{r_+}\right) + f_3\left(\frac{1}{r_-}\right)$$

因此，当 r_+ 和 r_- 都很小时，U 和 $\Delta_h H$ 都很大，$\Delta_{sol} H$ 趋向于较小的负值或正值，不利于溶解；当 r_+ 和 r_- 都很大时，U 和 $\Delta_h H$ 都很小，同样不利于溶解；而当 $r_+ \gg r_-$ 或 $r_- \gg r_+$ 时，正、负离子中只要有一个是大离子就可以有效地降低 U；而 $\Delta_h H$ 是两离子的水合能之和，只要一个离子水合能足够大(r 小)，另一个离子即使水合能很小(r 大)，$\Delta_{sol} H$ 也趋向于较大的负值，有利于溶解。所以，从焓效应来看，当正、负离子大小接近时，不利于溶解；正、负离子大小悬殊时，有利于溶解。

以上规律可以用来说明碱金属卤化物的溶解性。例如，由小阳离子 Li^+ 和小阴离子 F^- 组成的 LiF，或者由大阳离子 Cs^+ 和大阴离子 I^- 组成的 CsI，分别是碱金属氟化物和碘化物中溶解度最小的。而离子半径一大一小的 LiI 或 CsF 是同类型碱金属卤化物中溶解度最大的(表 11－17)。

表 11－17 碱金属氟化物和碘化物的溶解度

化合物	LiF	NaF	KF	RbF	CsF	LiI	NaI	KI	RbI	CsI
溶解度变化趋势	0.10	0.95	16	12.6	24	12.3	12	8.7	7.2	3.0
$[mol \cdot (kgH_2O)^{-1}]$	小→大					大→小				

4. 含氧酸盐的热稳定性

碱金属的含氧酸盐一般都具有较高的热稳定性。除碳酸氢盐在 200 ℃以下可分解为碳酸盐和 CO_2，以及硝酸盐分解温度较低外，碳酸盐分解温度一般都在 800 ℃以上，硫酸盐分解温度更高。碱土金属的含氧酸盐热稳定性比碱金属差，而且随着半径减小分解温度降低。表 11－18 列出了碱土金属一些盐类的分解温度，从中可以看出，碱土金属的含氧酸盐从上到下热稳定性递增。

表 11－18 碱土金属一些盐类的分解温度 单位：℃

盐类	硝酸盐	碳酸盐	硫酸盐
Be^{2+}	约 100	<100	550～600
Mg^{2+}	约 129	540	1124
Ca^{2+}	>561	900	>1450
Sr^{2+}	>750	1290	1580
Ba^{2+}	>592	1360	>1580

碱金属和碱土金属含氧酸盐的热稳定性可以用离子极化来说明。例如，对 MCO_3 来说，当 M^{2+} 与 CO_3^{2-} 相接近时，M^{2+} 对邻近的一个 O^{2-} 产生极化作用。该极化作用导致 M—O 的连接增强而 O—C 的连接减弱，从而分解为 MO 和 CO_2。显然，金属离子极化力越大，其碳酸盐越容易分解。

11.6.5 锂铍的特殊性和对角线规则

一般来说，碱金属和碱土金属元素性质的递变是有规律的，但锂和铍却表现出反常性。锂及其化合物的性质与其他碱金属元素及其化合物的性质有明显的差异。铍也同样表现出与其他碱土金属元素性质上差异。但是锂与镁,铍与铝在性质上却表现出很多的相似性。

在元素周期表中,某元素和它左上方或右下方的另一元素性质的相似性,称为**对角线规则**。这种相似性特别明显地存在于下列三对元素之间:

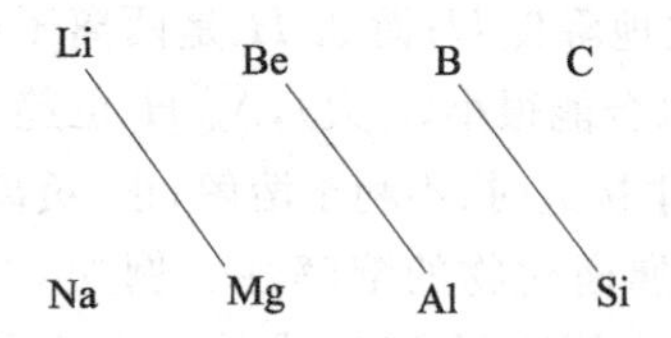

例如,锂与镁的相似性表现在:

(1) 锂、镁在氧气中燃烧都生成正常氧化物,而其他碱金属生成过氧化物或超氧化物。

(2) 都能与 N_2直接化合生成氮化物,而其他碱金属不能直接与 N_2化合。

(3) 它们的氟化物、碳酸盐、磷酸盐均难溶于水,而其他碱金属的相应化合物均为易溶盐。

(4) 氢氧化物均为中等强度的碱,在水中溶解度不大,加热时可分别分解为 Li_2O 和 MgO。其他碱金属氢氧化物均为强碱,且加热至熔融也不分解。

(5) 硝酸盐加热分解产物均为氧化物,NO_2和 O_2。而其他碱金属的硝酸盐分解为亚硝酸盐和 O_2。

(6) 氯化物都具有共价性,能溶于有机溶剂中。它们的水合氯化物晶体受热时都会发生水解反应。

对角线规则可以用离子极化的观点略加说明。一般来说,若正离子极化能力接近,则它们形成的化学键性质就相近,因而相应化合物的性质便呈现出某些相似性来。Li^+ 的极化力比 Na^+,K^+ 等大得多,但却与 Mg^{2+} 相近,因为 Mg^{2+} 半径虽比 Li^+ 半径大,但它的电荷比 Li^+ 高,两者总的结果使得 Li^+ 的极化能力与 Mg^{2+} 的相近,于是 Li^+ 与它的右下方的 Mg^{2+} 在性质上显示出很多相似性。

11.7 氢和稀有气体

早在 16 世纪帕拉塞尔苏斯(Paracelsus)就发现硫酸与铁反应时,有一种能燃烧的气体产生。1787 年,拉瓦锡(Lavoisier A L)把这种气体命名为氢,希腊文原意为"水之素"。氢是宇宙中最丰富的元素,为一切元素之源。已知氢有三种同位素,分别为氢或氕(^1_1H 或 H)、氘(^2_1H 或 D)和氚(^3_1H 或 T)。氘广泛应用于反应机理的研究和光学分析。氢原子可以失去 1 个电子形成 H^+,H^+ 不能单独存在,可以与溶剂分子如水分子结合成 H_3O^+。氢原子能够得到 1 个电子形成 H^-,主要存在于氢和ⅠA,ⅡA 族中的金属所形成的离子型氢化物中,如 NaH,MgH_2等。氢原子和其他电负性不大的非金属原子通过共用电子对结合,形成共价型氢化物,如 H_2S,HCl 等。氢的工业应用包括许多有机化合物的加氢还原和合成氨等。近年来,对以 H_2为未来动力燃料的氢能源的研究获得了迅速的发展。使用金属钌的化合物等作催化剂,利用太阳能实现光解水制氢有着重要的研究意义。

1785 年,卡文迪什(Cavendish H)在他的经典著作中论述到空气的组分时指出,将空气试样

经过量的 O_2 反复火花放电后，发现有少量不能用化学方法去除的气体残余物，并测定其量“不超过整个气体的 1/120”。在一个世纪以后，这个气体残余物组分才被确认为氩(希腊文意为“懒惰”)。**稀有气体**(rare gas)，也称为**惰性气体**(inert gas)，包括氦、氖、氩、氪、氙、氡 6 种元素。空气是得到稀有气体的最基本的原料，使空气液化，再升温将液态空气分馏是制取稀有气体的基本过程。空气的稀有气体中氩占主要成分，液态空气在 87 K 时的馏分是氩。稀有气体不易发生化学反应，所以其主要用途是为反应提供惰性环境。氦是宇宙中含量第二高的元素。氦的密度很小，常用来填充气球和飞艇。其沸点也是已知物质中最低的，所以广泛用于核磁共振(NMR)光谱仪和 NMR 显影中使用的超导磁体的冷冻剂。

1962 年，英国化学家巴特利特(Bartlett N)使用氙和六氟化铂蒸气在室温下反应，得到了一种橙黄色固体，其化学式为 $Xe^+PtF_6^-$：

$$Xe + PtF_6 = Xe^+PtF_6^-$$

这是第一个发现的稀有气体的化合物。随后不久又相继发现了一系列氟化物，如 XeF_2，XeF_4 等。这些化合物都是很强的氧化剂，并且在氧化过程中被还原为氙逸出，不会给体系增加杂质。也可作为氟化剂，对有机物、无机物都有良好的氟化性能。

习题

1. 完成下列反应方程式：

(1) $KBr + KBrO_3 + H_2SO_4 \longrightarrow$

(2) $AsF_5 + H_2O \longrightarrow$

(3) $OCl_2 + H_2O \longrightarrow$

(4) Cl_2 通入热的碱液

2. 解释实验现象。

(1) I_2 难溶于水，却易溶于 KI 溶液；

(2) 溴能从含有碘离子的溶液中取代出碘，而碘又能从溴酸钾溶液中取代出溴；

(3) Fe^{3+} 可以被 I^- 还原为 Fe^{2+}，并生成单质 I_2，但如果在 Fe^{3+} 溶液中先加一定量氟化物，然后再加入 I^-，此时就不会有 I_2 生成。

3. 将 Cl_2 不断地通入 KI 溶液中，为什么开始时溶液呈黄色，继而有棕褐色沉淀产生，最后又变成无色溶液？

4. 比较下列各组物质指定性质的大小，并简要说明理由。

(1) 键解离能 Cl_2，Br_2 和 I_2；

(2) 酸性 HI 和 HCl；

(3) 溶解度 HgF_2，$HgCl_2$，$HgBr_2$ 和 HgI_2；

(4) 氧化性 HClO，$HClO_3$ 和 $HClO_4$。

5. 将下列酸按强弱的次序排列：

H_6TeO_6； $HClO_4$； $HBrO_3$； H_3PO_4； H_3AsO_4； HIO_3

6. 在淀粉碘化钾溶液中加入少量 NaClO，得到蓝色溶液 A；继续加入过量 NaClO，蓝色褪去变成无色溶液 B。然后酸化之，并加入少量 Na_2SO_3 固体于溶液 B 中，则蓝色又出现；当 Na_2SO_3 过量时，蓝色又褪去成无色溶液 C；再加入 $NaIO_3$ 溶液，蓝色又复原。请判断 A，B 和 C 各为何物？并写出各步的反应方程式。

7. 完成下列反应方程式：

(1) $Na_2SO_3 + Na_2S + HCl \longrightarrow$

(2) $Fe^{3+} + H_2SO_3 + H_2O \longrightarrow$

(3) $Na_2S_2O_3 + I_2 \longrightarrow$

(4) $HNO_3 + H_2S \longrightarrow$

(5) $Mn^{2+} + S_2O_8^{2-} + H_2O \xrightarrow{Ag^+}$

(6) $MnO_4^- + H_2O_2 + H^+ \longrightarrow$

8. 试解释：

(1) 为何氧单质以 O_2形式存在而硫单质以 S_8形式存在？

(2) 为何硫可以生成 SF_4和 SF_6而氧只能生成 OF_2？

(3) 为何亚硫酸盐溶液中往往含有硫酸盐？如何检验 SO_4^{2-}的存在？

(4) 为何不能用 HNO_3与 FeS 反应来制取 H_2S?

(5) 为何将 H_2S 通入 $MnSO_4$溶液中，得不到 MnS 沉淀，而将$(NH_4)_2S$ 溶液加入 $MnSO_4$溶液中，却有 MnS 沉淀产生？

9. 古代人常用碱式碳酸铅 $2PbCO_3 \cdot Pb(OH)_2$（俗称铅白）作白色颜料作画，这种画长期与空气接触，因受空气中 H_2S 的作用而变灰暗。用 H_2O_2溶液涂抹可使古画恢复原来的色彩。试用化学方程式表示其中的反应。

10. 解释实验现象。

(1) 向硫代硫酸钠溶液中滴加少量硝酸银溶液，生成少许白色沉淀又马上消失，向此溶液中加入少许盐酸，则产生黑色沉淀；

(2) 向稀盐酸和 Na_2SO_3混合溶液中通入 H_2S 气体，溶液变浑浊；向稀盐酸和 Na_2SO_4 混合溶液中通入 H_2S 气体，溶液无变化。

11. 试用简单的方法鉴别 Na_2S,Na_2SO_3,Na_2SO_4和 $Na_2S_2O_3$。

12. 将无色钠盐 A 溶于水得无色溶液，用 pH 试纸检验知 A 溶液显酸性。A 能使酸性 $KMnO_4$溶液褪色，同时 A 被氧化为 B。向 B 的溶液中加入 $BaCl_2$溶液得不溶于强酸的白色沉淀 C。向 A 中加入稀盐酸有无色气体 D 放出，将 D 通入氯水则又得到无色的 B。向含有淀粉的 KIO_3溶液中通入少量 D 则溶液立即变蓝，说明有 E 生成，过量时蓝色消失得无色溶液。试给出 A～E 所代表的物质的化学分子式。

13. 完成下列反应方程式：

(1) $Na(s) + NH_3(l) \longrightarrow$

(2) $MnO_4^- + HNO_2 + H^+ \longrightarrow$

(3) $HNO_3 + S \xrightarrow{\triangle}$

(4) $Zn(NO_3)_2 \xrightarrow{\triangle}$

(5) $Pt + HNO_3 + HCl \longrightarrow$

14. 试解释：

(1) N_2很稳定，可用作保护气；而磷单质白磷却很活泼，在空气中可自燃；

(2) $NaBiO_3$是很强的氧化剂，而 Na_3AsO_3是较强的还原剂；

(3) 氮族元素中有 PCl_5和 $SbCl_5$，却不存在 NCl_5和 $BiCl_5$；

(4) 过磷酸钙肥料不能和石灰一起使用和储存。

15. 在 HNO_3分子中，N 与非羟基氧的核间距是 121 pm，而 N 与羟基氧的核间距是 140.5 pm，试解释为什么前者小于后者，又为什么在 NO_3^- 中 N 与 O 的核间距相同（均为 124 pm）。

16. 用煤气灯加热 $NaNO_3$固体时无红棕色气体生成，当 $NaNO_3$固体混有 $MgSO_4$时则有红棕色的气体生成，为什么？

17. 在 H_3PO_2,H_3PO_3和 H_3PO_4分子中都含有 3 个 H，为什么 H_3PO_2为一元酸，H_3PO_3为二元酸，而

H_3PO_4为三元酸？

18. 有一钠盐 A，将其灼烧有气体 B 放出，留下残余物 C。气体 B 能使带有火星的木条复燃。残余物 C 可溶于水，将该水溶液用 H_2SO_4酸化后，分成两份：一份加几滴 $KMnO_4$溶液，$KMnO_4$褪色；另一份加几滴 KI－淀粉溶液，溶液变蓝色。问 A，B 和 C 为何物？并写出有关的反应方程式。

19. 完成下列反应方程式：

(1) $SiO_2 + HF \longrightarrow$

(2) $Si + NaOH \longrightarrow$

(3) $PbO_2 + Mn^{2+} + H^+ \xrightarrow{Ag^+}$

(4) $Pb_3O_4 + HCl$(浓)$\longrightarrow$

(5) $SnCl_2 + HgCl_2 \longrightarrow$

20. 试举出下列物质的两种等电子体：CO，CO_2，ClO_4^-。

21. 解释实验现象：

(1) 将 CO_2气体通入澄清的石灰水中，溶液变浑浊，继续通入至过量后，溶液又变澄清；

(2) 向 $SnCl_4$溶液中滴加 Na_2S 溶液，有沉淀生成，继续加入沉淀又溶解，再以稀盐酸处理此溶液，又析出沉淀；

(3) 向氯化汞溶液中滴加 $SnCl_2$溶液，先生成白色沉淀，随着 $SnCl_2$溶液滴入至过量，沉淀逐渐变灰、变黑；

(4) 向 $Pb(NO_3)_2$溶液中滴加 K_2CrO_4的中性或弱碱性溶液，生成黄色沉淀；而 $Pb(NO_3)_2$溶液中滴加 K_2CrO_4的酸性或碱性溶液则无沉淀生成。

22. 为什么常温下 SiO_2是一种熔点极高的无限聚合物固体，而 CO_2却是气体分子？

23. 比较下列各对物质指定性质的大小或强弱：

(1) 氧化性 SnO_2和 PbO_2；

(2) 分解温度 $PbCO_3$和 $CaCO_3$；

(3) 溶解度 Na_2CO_3和 $NaHCO_3$。

24. 某红色固体粉末 A 与 HNO_3反应得褐色沉淀 B。将沉淀过滤后，在滤液中加入 K_2CrO_4溶液，得黄色沉淀 C。在滤渣 B 中加入浓盐酸，则有气体 D 放出，此气体可使 KI－淀粉试纸变蓝。问 A，B，C 和 D 各为何物？写出有关的反应方程式。

25. 写出下列反应方程式：

(1) B_2H_6和水的反应；

(2) 固体 Na_2CO_3同 Al_2O_3一起熔融，冷却后将研碎的熔块放入水中，搅拌后产生白色乳状沉淀；

(3) Al 和热浓 NaOH 溶液作用放出气体；

(4) 铝酸钠溶液中加入 NH_4Cl，有氨气放出，溶液有乳白色凝胶沉淀。

26. 解释下列名词：

(1) 缺电子原子　　(2) 氢桥键　　(3) 离域 π 键

(4) 惰性电子对效应　　(5) 等电子体　　(6) 反应的耦合

27. 解释下列实验现象：

(1) $AlCl_3$溶液和 Na_2S 溶液混合产生白色沉淀和有臭鸡蛋味的气体；

(2) 测得硼砂水溶液的 pH＝9.24，用水稀释后溶液的 pH 基本不变；

(3) 测得某硼酸溶液的 pH 为 5，加入甘油后，测得溶液的 pH＝3；

(4) 铝比铜活泼得多，但冷的浓硝酸能溶解铜而不能溶解铝；

(5) $AlCl_3$为二聚体，而 BCl_3却为单分子结构。

28. 某金属 A 溶于盐酸生成物质 B 的溶液，若溶于氢氧化钠则生成物质 C 的溶液，两个反应均有气体 D 生成。向 C 溶液中通入 CO_2，有白色沉淀 E 析出，E 不溶于氨水。在较低的温度下加热 E 有 F 生成，F 易溶于盐酸，也溶于氢氧化钠溶液；但在高温下灼烧后生成的 G 不溶于盐酸，也不溶于氢氧化钠溶液。试写出 A～G 所代表的物质的名称和化学分子式。

29. 完成并配平下列反应的化学方程式：

(1) 过氧化钠与水作用；

(2) 过氧化钠和三氧化二铬熔融下反应；

(3) 超氧化钾与二氧化碳反应；

(4) 碳酸镁受热分解。

30. 锂、钠、钾在氧气中燃烧生成何种氧化物？这些氧化物与水反应情况如何？以化学方程式来说明。

31. 比较下列性质的大小：

(1) 溶解度：CsI，LiI；CsF，LiF；$LiClO_4$，$KClO_4$；

(2) 碱性的强弱：$Be(OH)_2$，$Mg(OH)_2$，$Ca(OH)_2$，NaOH；

(3) 分解温度：Na_2CO_3，$NaHCO_3$，$MgCO_3$，K_2CO_3；

(4) 水合能：Na^+，K^+，Be^{2+}，Mg^{2+}。

32. 解释下列事实：

(1) 卤化锂在非极性溶剂中的溶解度大小顺序为 LiI ＞LiBr ＞LiCl ＞LiF。

(2) 虽然 $\varphi^\ominus(Li^+/Li)$ 比 $\varphi^\ominus(Na^+/Na)$ 低，但金属锂与水反应不如金属钠与水反应剧烈。

(3) 锂的第一电离能小于铍的第一电离能，但锂的第二电离能大于铍的第二电离能。

(4) 在实验室里，NaOH 标准溶液不能装在酸式滴定管中，而只能装在碱式滴定管中。

33. 回答下列问题：

(1) 在水溶液中，离子在电场作用下移动速度的快慢常用离子的迁移率来描述。为什么实验测得碱金属离子的迁移率大小顺序是 $Cs^+>Rb^+>K^+>Na^+>Li^+$？

(2) 氯化钙加入冰中可获得低温，从制冷效果来看，采用无水 $CaCl_2$ 还是 $CaCl_2 \cdot 6H_2O$ 为好？

(3) 为什么碱金属氯化物的熔点 NaCl ＞KCl ＞RbCl ＞CsCl？而碱土金属氯化物的熔点 $MgCl_2<CaCl_2<SrCl_2<BaCl_2$？

(4) 为什么在配黑火药时使用 KNO_3 而不是 $NaNO_3$？

34. 商品 NaOH 中为什么常含有杂质 Na_2CO_3？怎样用简便的方法加以检验？如何除去？

35. Ca^{2+} 和 Mg^{2+} 混合液可用如下操作予以分离：在混合液中先加入 NH_3-NH_4Cl 混合液，然后再加入 $(NH_4)_2CO_3$ 溶液，发现 Ca^{2+} 变成 $CaCO_3$ 沉淀，而 Mg^{2+} 仍留在溶液中。试用有关平衡理论解释之。

36. 图 11－13 给出 $BeCl_2$ 在不同温度下的三种结构式。试指出这三种结构中 Be 的杂化类型。

习题参考答案

第十二章 副族元素

副族元素包括过渡元素(transition element)和内过渡元素(inner transition element)。过渡元素是元素周期表中从ⅢB族到ⅡB族的化学元素，包括d区元素和ds区元素。内过渡元素是元素周期表下方f区的元素，即镧系元素和锕系元素。

12.1 过渡元素概述

过渡元素价电子构型是$(n-1)d^{1\sim10}ns^{0\sim2}$。第四周期的过渡元素称为第一过渡系，第五、六周期的过渡元素分别称为第二和第三过渡系。因为$(n-1)$d轨道和ns轨道的能量相近，d电子可全部或部分参与成键，由此构成了过渡元素如下的特点。

1. 单质均为金属

过渡元素的最外层电子数一般都不超过2个，容易失去，所以它们都是金属，电离能和电负性都比较小。过渡元素与s区元素相比具有较大的有效核电荷，因此过渡金属具有较小的原子半径，较大的密度，较高的熔、沸点和良好的导电导热性。例如，Os的相对密度(22.48)、W的熔点(3380 ℃)及Cr的硬度等都是金属中最大的。

2. 有可变的氧化态

过渡元素除最外层的s电子可参与成键外，次外层的d电子在适当的条件下也可以部分甚至全部参与成键，因此，它们大多具有可变的氧化态。现以第一过渡系为例，将其常见的氧化态列于表12－1。

表12－1 第一过渡系常见的氧化态

族	ⅢB	ⅣB	ⅤB	ⅥB	ⅦB	Ⅷ			ⅠB	ⅡB
元素	Sc	Ti	V	Cr	Mn	Fe	Co	Ni	Cu	Zn
价电子构型	$3d^1 4s^2$	$3d^2 4s^2$	$3d^3 4s^2$	$3d^5 4s^1$	$3d^5 4s^2$	$3d^6 4s^2$	$3d^7 4s^2$	$3d^8 4s^2$	$3d^{10} 4s^1$	$3d^{10} 4s^2$
常见氧化态	$\underline{+3}$	+2 +3 $\underline{+4}$	+2 +3 +4 $\underline{+5}$	+2 $\underline{+3}$ +6	$\underline{+2}$ +3 +4 +6 +7	+2 $\underline{+3}$ (+6)	$\underline{+2}$ +3	$\underline{+2}$ (+3)	+1 $\underline{+2}$	$\underline{+2}$

注：下面画有横线的表示最稳定的氧化态，有括弧的表示很不稳定的氧化态。

由表 12－1 可见，随着原子序数的逐渐增加，氧化态先逐渐升高，但高氧化态逐渐不稳定，随后氧化态又逐渐降低。第二、第三过渡系的氧化态变化情况与第一过渡系类似，即同一周期自左向右，氧化态先逐渐升高，过了第Ⅷ族的钌(Ru)和锇(Os)以后，氧化态又逐渐降低。同一元素的氧化态的变化通常是连续的。例如，Ti 的氧化态有＋2，＋3 和＋4。对同一族元素来说，第一过渡系元素容易出现低氧化态，而第二、第三过渡系元素一般出现高氧化态，也就是说，同一族元素自上而下高氧化态趋于稳定。例如，MnO_4^- 具有强氧化性，而 ReO_4^- 却很稳定。

不同氧化态之间在一定的条件下可互相转化，从而表现出氧化还原性。例如，铬的存在形式有 Cr^{2+}，Cr^{3+}，CrO_4^{2-} 和 $Cr_2O_7^{2-}$ 等；锰的存在形式有 Mn^{2+}，MnO_2，MnO_4^{2-} 和 MnO_4^- 等。低氧化态（如 Cr^{2+} 和 Mn^{2+} 等）具有还原性；高氧化态（如 $Cr_2O_7^{2-}$ 和 MnO_4^- 等）具有氧化性；而中间的氧化态（如 Cr^{3+} 和 MnO_2 等）则既有氧化性又有还原性。MnO_2 的氧化性大于还原性，而 Cr^{3+} 的还原性大于氧化性。

3. 水合离子大多具有颜色

过渡元素在水溶液中都是以水合离子形式存在的，因此通常有颜色，这与它们离子的 d 轨道有未成对电子有关。晶体场理论指出，在配体水的作用下，d 轨道发生分裂，由于分裂能较小，未成对电子吸收可见光后即可发生 d－d 跃迁，所以能显色。表 12－2 列出了一些过渡元素水合离子的颜色与离子中未成对电子数的关系。由表可见，Sc^{3+}，Zn^{2+} 及 TiO^{2+} 等由于其 d 轨道没有未成对电子，它们的水合离子均无色，而 d 轨道有 1～5 个未成对电子的水合离子，则有各种不同的颜色。

表 12－2　一些过渡元素水合离子的颜色与离子中未成对电子数的关系

离子中未成对电子数	水合离子的颜色		
0	Sc^{3+}（无色）	Zn^{2+}（无色）	TiO^{2+}（无色）
1	Ti^{3+}（紫红色）	VO^{2+}（蓝色）	Cu^{2+}（蓝色）
2	Ni^{2+}（绿色）	V^{3+}（绿色）	
3	Cr^{3+}（紫色）	Co^{2+}（桃红色）	V^{2+}（紫色）
4	Fe^{2+}（淡绿色）	Cr^{2+}（蓝色）	
5	Mn^{2+}（淡红色）	Fe^{3+}（淡紫色）	

4. 容易形成配合物

过渡元素容易形成配合物。这是因为：(1) 过渡元素的离子一般有高的电荷、小的半径和 9～17 不规则的外层电子构型，因而具有较大的极化力。(2) 过渡元素的原子或离子一般具有未充满的 d 轨道，在配体的作用下，可额外地获得晶体场稳定化能。例如，第一过渡系金属均易与 NH_3，CN^-，$C_2O_4^{2-}$ 等常见配体形成配合物，还能与 CO 形成羰基化合物，如 $Ni(CO)_4$，$Fe(CO)_5$ 等。

此外，过渡元素的 d 轨道既容易接受电子也容易失去电子，所以这些元素及其化合物常具有催化性能。

12.2 铜族和锌族元素

ⅠB族元素包括铜、银、金，通常称为铜族元素，ⅡB族元素包括锌、镉、汞，通常称为锌族元素。它们的价电子构型分别为$(n-1)d^{10}ns^1$和$(n-1)d^{10}ns^2$，也称为ds区元素。虽然这些元素的最外层电子数分别与ⅠA和ⅡA族元素的最外层电子数相同，但它们和s区元素之间的性质却有很大的差异。这是因为ds区元素的核电荷数比相应的s区元素大10，虽然它们核外也多了10个d电子，但这些电子不能完全屏蔽掉增加的核电荷，因此铜族和锌族元素的有效核电荷数比s区元素的要大，原子核对最外层电子的吸引力增大了很多，电离能也高了很多，所以铜族和锌族元素的活泼性远不如碱金属和碱土金属元素的活泼性。

ⅠB族元素的d轨道刚好填满10个电子，由于刚填满d轨道的电子不稳定，ⅠB族元素除能失去1个s电子形成+1价氧化态外，还可以再失去1个或2个d电子形成+2，+3价氧化态。其中铜常见的氧化态为+1，+2，银为+1，金为+1，+3。ⅡB族元素d轨道的电子已趋于稳定，只能失去最外层的一对s电子，因而它们多表现为+2价氧化态。汞有+1价氧化态，但这时其总是以双聚离子$[Hg—Hg]^{2+}$的形式存在。

铜在生命系统中起着重要的作用，人体有30多种含有铜的蛋白和酶。血浆中的铜蓝蛋白具有亚铁氧化酶的功能，在铁的代谢中起着重要的作用。锌也是重要的生命必需微量元素之一，人体缺锌的典型症状是皮肤受损，伤口不易愈合。而镉和汞则是毒性很大的元素，1953年日本的“水俣病”就是甲基汞中毒。

12.2.1 铜族和锌族元素单质的重要性质

铜、银、金都是密度较大，熔、沸点较高，延展性较好的金属。银是导电性最好的金属，铜次之。在室温下，ⅠB族金属单质在空气中是稳定的，但是铜与含有CO_2的潮湿空气接触，表面会生成铜锈(铜绿)——碱式碳酸铜：

$$2Cu + O_2 + CO_2 + H_2O = Cu_2(OH)_2CO_3$$

银与含有H_2S的空气接触时，表面因生成Ag_2S而发暗：

$$4Ag + 2H_2S + O_2 = 2Ag_2S + 2H_2O$$

金与所有的酸都不反应，但可溶于王水：

$$Au + 4HCl + HNO_3 = H[AuCl_4] + NO\uparrow + 2H_2O$$

锌、镉、汞的熔、沸点较低，汞是唯一在室温下呈液态的金属，汞与其他金属相比，具有较高的蒸气压。汞蒸气吸入人体会引起慢性中毒，使用汞时要特别小心，不能把它洒落在地面上。万一不慎洒落，应先小心地把汞收集起来，然后在地面上撒一些硫粉使其生成难溶的HgS或倒入饱和的铁盐溶液使其氧化除去。汞在273～473 K之间的体积膨胀系数很均匀，因而广泛用于温度计、气压计中。锌、镉、汞都能与其他金属形成合金。锌与铜的合金称为黄铜，具有相当大的商业价值。汞的合金称为汞齐，其中钠汞齐在有机合成中常用作还原剂。锌主要用于防腐镀层、各种合金以及干电池。锌是两性金属，能溶于强碱溶液中：

$$Zn + 2NaOH + 2H_2O = Na_2[Zn(OH)_4] + H_2\uparrow$$

12.2.2 铜的化合物

1. Cu(Ⅰ)化合物

氧化亚铜 Cu_2O 可以通过在碱性介质中还原 Cu(Ⅱ)化合物得到。用葡萄糖作还原剂时,反应如下:

$$2Cu(OH)_4^{2-}+C_6H_{12}O_6 = Cu_2O\downarrow+C_6H_{11}O_7^-+3OH^-+3H_2O$$

生成红色的 Cu_2O。医学上用这个反应来检测尿液中的糖类,以帮助诊断糖尿病。

CuCl,CuBr,CuI 都是白色的难溶化合物,且溶解度依次减小。

Cu(Ⅰ)多形成配位数为 2 的配位化合物,如$[CuCl_2]^-$,$[Cu(NH_3)_2]^+$等。

2. Cu(Ⅱ)化合物

氧化铜 CuO,黑色,难溶于水,可溶于酸:

$$CuO+2H^+ = Cu^{2+}+H_2O$$

氢氧化铜显两性,既可溶于酸生成铜盐,也可溶于过量的浓碱溶液:

$$Cu(OH)_2+2NaOH = Na_2[Cu(OH)_4]$$

Cu(Ⅱ)最常见的含氧酸盐是蓝色的 $CuSO_4\cdot 5H_2O$,俗称胆矾。无水 $CuSO_4$ 为白色粉末,吸水性强,吸水后显示出水合铜离子的特征蓝色。常用这一性质来检验乙醇、乙醚等有机物中的微量水分,无水 $CuSO_4$ 也可用作干燥剂。

在 $CuSO_4$ 溶液中逐步加入氨水,先得到浅蓝色的碱式硫酸铜沉淀:

$$2CuSO_4+2NH_3\cdot H_2O = Cu_2(OH)_2SO_4\downarrow+(NH_4)_2SO_4$$

若继续加入氨水,$Cu_2(OH)_2SO_4$ 溶解,得到深蓝色的铜氨配离子$[Cu(NH_3)_4]^{2+}$。Cu^{2+} 与过量氨水作用生成深蓝色的$[Cu(NH_3)_4]^{2+}$是鉴定 Cu^{2+} 的特征反应。

硫酸铜有杀菌能力,常用于蓄水池、游泳池中防止藻类生长。硫酸铜与石灰乳混合而成的“波尔多液”,农业上可用来消灭植物的病虫害。

3. Cu(Ⅰ)和 Cu(Ⅱ)的相互转化

从 Cu^+ 的价电子构型($3d^{10}$)来看,Cu^+ 化合物应该比 Cu^{2+}($3d^9$)化合物稳定。例如,CuO 加热到 1273 K 时会分解生成 Cu_2O:

$$4CuO \overset{\triangle}{=} 2Cu_2O+O_2\uparrow$$

但是 Cu^+ 在水溶液中不稳定,会发生歧化反应:

$$2Cu^+ = Cu^{2+}+Cu\downarrow$$

这可以从铜的元素电势图中看出:

$$Cu^{2+}\overset{0.159}{——}Cu^+\overset{0.53}{——}Cu$$

由于 $\varphi^\ominus_{右}>\varphi^\ominus_{左}$,$Cu^+$ 转化成 Cu^{2+} 和 Cu 的趋势很大。反应的标准平衡常数 $K^\ominus$ 为 1.8×10^6。$K^\ominus$ 很大,说明歧化反应进行得很彻底。Cu^+ 在水溶液中不稳定的主要原因是电荷高、半径小的 Cu^{2+} 的水合能($-2121\ kJ\cdot mol^{-1}$)比 Cu^+ 的水合能($-582\ kJ\cdot mol^{-1}$)大得多,故自由的 Cu^+ 在水溶液中有变成 Cu^{2+} 的强烈倾向。因此,将 Cu_2O 溶于稀硫酸中,立即发生如下歧化反应

$$Cu_2O+H_2SO_4 = Cu+CuSO_4+H_2O$$

在水溶液中要使 Cu^{2+} 转化为 Cu^{+}，必须具备两个条件：(1) 有还原剂存在；(2) 必须有 Cu^{+} 的沉淀剂或配位剂存在，以减小溶液中 Cu^{+} 的浓度，从而有利于 Cu^{+} 的歧化反应逆向进行。例如，$CuSO_4$ 溶液和浓盐酸及铜屑混合加热，可得$[CuCl_2]^-$溶液：

$$Cu^{2+}+Cu+4Cl^- \xlongequal{\triangle} 2[CuCl_2]^-$$

这里 Cu 是还原剂，Cl^- 是配位剂。将制得的溶液稀释，可得白色的 CuCl 沉淀：

$$[CuCl_2]^- \xlongequal{} CuCl\downarrow +Cl^-$$

如果用其他还原剂代替 Cu，也可得到 Cu^{+} 化合物。例如：

$$2Cu^{2+}+2Cl^-+SO_2+2H_2O \xlongequal{} 2CuCl\downarrow +SO_4^{2-}+4H^+$$

$$2Cu^{2+}+4I^- \xlongequal{} 2CuI\downarrow +I_2$$

后一反应生成的 I_2 可用碘量法测定，故该反应在定量分析中可用于测定铜含量。

12.2.3 银的化合物

Ag_2O 可由可溶性银盐与强碱反应生成。Ag^+ 与强碱作用生成白色 AgOH 沉淀，AgOH 极不稳定，立即脱水变成棕黑色 Ag_2O：

$$2AgOH \xlongequal{} Ag_2O+H_2O$$

银(Ⅰ)盐大都难溶于水，但 $AgNO_3$ 是易溶盐，因此它是制备其他银的化合物的主要原料。$AgNO_3$ 在日光直接照射下会逐渐分解：

$$2AgNO_3 \xlongequal{} 2Ag+2NO_2\uparrow +O_2\uparrow$$

故其晶体或溶液应装在棕色的玻璃瓶中。$AgNO_3$ 对有机组织有破坏作用，在医药上用作消毒剂和腐蚀剂。

在 $AgNO_3$ 溶液中加入卤化物，可生成相应的 AgCl，AgBr 和 AgI 沉淀，它们的颜色依次加深(白—浅黄—黄)，溶解度依次降低。这是由于阴离子的变形性按 Cl^-，Br^-，I^- 的顺序增大，使 Ag^+ 与它们之间的极化作用依次增强。卤化银中只有 AgF 是离子型化合物，易溶于水。由于 AgBr 具有感光性，大量用于摄影底片中。AgI 在人工降雨中可用作冰核形成剂。

Ag^+ 易与 NH_3，$S_2O_3^{2-}$，CN^- 等配体形成配离子，即 $Ag(NH_3)_2^+$，$Ag(S_2O_3)_2^{3-}$，$Ag(CN)_2^-$。结合银盐的溶度积数据，可知 AgCl 可以很好地溶解在氨水中，AgBr 能很好地溶解在 $Na_2S_2O_3$ 溶液中，而 AgI 可以溶解在 KCN 溶液中。$Ag(NH_3)_2^+$ 可用于制造保温瓶和镜子镀银：

$$2Ag(NH_3)_2^+ +RCHO+3OH^- \xlongequal{} 2Ag\downarrow +RCOO^- +4NH_3+2H_2O$$

该反应称为**银镜反应**，常用来鉴定醛。

如果在 $AgNO_3$ 溶液中通入 H_2S 气体，则析出黑色的 Ag_2S 沉淀。它是溶解度最小的银盐($K_{sp}^{\ominus}=6.3\times10^{-50}$)，需要用浓、热硝酸才能溶解：

$$3Ag_2S+8HNO_3 \xlongequal{} 6AgNO_3+3S\downarrow +2NO\uparrow +4H_2O$$

12.2.4 锌的化合物

ZnO 俗称锌白，工业上主要用作橡胶及油漆颜料的原料，医药上用于制造药膏。

氢氧化锌为两性物质，与强酸作用生成锌盐，与强碱作用得到四羟基合锌酸盐：

$$Zn(OH)_2+2H^+ \longrightarrow Zn^{2+}+2H_2O$$

$$Zn(OH)_2+2OH^- \longrightarrow Zn(OH)_4^{2-}$$

ZnS 同 $BaSO_4$ 共沉淀形成的混合晶体又称锌钡白或立德粉，是一种很好的白色颜料。

氯化锌($ZnCl_2 \cdot H_2O$)是比较重要的锌盐，易潮解，极易溶于水。其水溶液因 Zn^{2+} 水解呈酸性：

$$Zn^{2+}+H_2O \longrightarrow Zn(OH)^+ +H^+$$

在 $ZnCl_2$ 浓溶液中，由于形成配合酸，溶液呈显著酸性：

$$ZnCl_2+H_2O \longrightarrow H[ZnCl_2(OH)]$$

该溶液能溶解金属氧化物。例如：

$$FeO+2H[ZnCl_2(OH)] \longrightarrow Fe[ZnCl_2(OH)]_2+H_2O$$

因此，$ZnCl_2$ 浓溶液能清除金属表面的氧化物，可用作“焊药”，也被称作“熟镪水”。

Zn^{2+} 溶液与 NH_3 或 CN^- 都能形成稳定的配离子$[Zn(NH_3)_4]^{2+}$或$[Zn(CN)_4]^{2-}$。

12.2.5 汞的化合物

1. 汞(Ⅱ)的化合物

往 $Hg(NO_3)_2$ 溶液中加入强碱可得到黄色 HgO 沉淀而不是 $Hg(OH)_2$：

$$Hg^{2+}+2OH^- \longrightarrow HgO\downarrow +H_2O$$

向含有 Hg^{2+} 的溶液中通入 H_2S 气体，会得到黑色的硫化汞 HgS，天然辰砂 HgS 是红色的。黑色的变体加热到 659 K 可以转化为比较稳定的红色变体。HgS 是溶解度最小的硫化物，只能用王水来溶解：

$$3HgS+8H^+ +2NO_3^- +12Cl^- \longrightarrow 3[HgCl_4]^{2-}+3S\downarrow +2NO\uparrow +4H_2O$$

$HgCl_2$ 是白色针状晶体，是典型的共价化合物，在水中解离度很小，主要以分子形式存在。$HgCl_2$ 熔点较低，易升华，俗称升汞，极毒。它的稀溶液有杀菌作用，在医疗中用作外科消毒剂。

在 $HgCl_2$ 溶液中加入氨水，立即产生白色的氯化氨基汞沉淀：

$$HgCl_2+2NH_3 \longrightarrow Hg(NH_2)Cl\downarrow +NH_4Cl$$

在 Hg^{2+}溶液中加入 KI，首先得到红色的 HgI_2 沉淀，然后沉淀可溶于过量的 KI 溶液中，形成无色的$[HgI_4]^{2-}$：

$$Hg^{2+}+2I^- \longrightarrow HgI_2\downarrow$$

$$HgI_2+2I^- \longrightarrow [HgI_4]^{2-}$$

在 $K_2[HgI_4]$溶液中加入 KOH 使之呈碱性，所得的溶液称为奈斯勒(Nessler)试剂。它可用于检验 NH_4^+，因为$[HgI_4]^{2-}$ 遇 NH_4^+ 有红色沉淀产生：

$$2[HgI_4]^{2-}+4OH^-+NH_4^+ \longrightarrow \left[O\begin{matrix}Hg\\ \\ Hg\end{matrix}NH_2\right]I\downarrow +7I^-+3H_2O$$

2. Hg(Ⅰ)的化合物及 Hg^{2+} 和 Hg_2^{2+} 的转化

在 $Hg_2(NO_3)_2$ 和 Hg_2Cl_2 等 Hg(Ⅰ)的化合物中，汞总是以双聚体 Hg_2^{2+} 的形式出现。两个 Hg^+ 以共价形式结合，Hg_2^{2+} 中没有成单电子，因此亚汞化合物是抗磁性的。在 $Hg_2(NO_3)_2$ 溶液中加入 Cl^-，可得白色的 Hg_2Cl_2 沉淀。Hg_2Cl_2 俗称甘汞，少量无毒，在医药上用作泻药，也常用来制作甘汞电极。

Hg 的元素电势图为：

$$Hg^{2+} \overset{0.91}{——} Hg_2^{2+} \overset{0.80}{——} Hg$$

因为 $\varphi^{\ominus}_{右} < \varphi^{\ominus}_{左}$，所以 Hg_2^{2+} 不会发生歧化反应，相反的，却可发生反歧化反应。例如，把 $Hg(NO_3)_2$ 与 Hg 一起振荡就可以生成 $Hg_2(NO_3)_2$：

$$Hg(NO_3)_2 + Hg = Hg_2(NO_3)_2$$

该反应的平衡常数 $K^{\ominus} = [Hg_2^{2+}]/[Hg^{2+}] = 72$。因此，在通常情况下，$Hg_2^{2+}$ 在水溶液中是稳定的，只有当溶液中的 Hg^{2+} 浓度大大减小的情况下(如生成沉淀或配位化合物)，上述平衡逆向移动，Hg_2^{2+} 才会发生歧化反应。

在 Hg_2^{2+} 溶液中分别加入 OH^-，NH_3，I^- 或 S^{2-} 时，因为这些离子都能有效地降低 Hg^{2+} 的浓度，所以 Hg_2^{2+} 可发生歧化反应：

$$Hg_2^{2+} + 2OH^- = HgO\downarrow + Hg\downarrow + H_2O$$

$$Hg_2(NO_3)_2 + 2NH_3 = Hg(NH_2)NO_3\downarrow + Hg\downarrow + NH_4NO_3$$

$$Hg_2^{2+} + 4I^- = [HgI_4]^{2-} + Hg\downarrow$$

$$Hg_2^{2+} + S^{2-} = HgS\downarrow + Hg\downarrow$$

由上述元素电势图还可以看出，Hg^{2+} 和 Hg_2^{2+} 都具有氧化性，都能氧化 $SnCl_2$。Hg^{2+} 与 $SnCl_2$ 反应首先生成 Hg_2Cl_2 白色沉淀，当 $SnCl_2$ 过量时，Hg_2Cl_2 进一步被还原为 Hg。该反应可用来鉴定 Hg^{2+} 和 Hg_2^{2+}。

*12.3 钛

12.3.1 金属钛的性质和用途

钛是银白色金属，熔点高、密度小、机械强度大、耐热和抗腐蚀性能好。它兼有钢(强度高)和铝(质地轻)的优点，因此是航空、舰船、军械兵器等部门不可缺少的材料，也是化工等部门用于制造防腐设备的优良材料。钛还可以用于制造人造关节和骨骼，故有“生命金属”之称。

钛在室温下不能与水或稀酸反应，这是因为它的表面生成了一层薄的致密氧化膜。但能缓慢地溶解在热的浓盐酸或氢氟酸中：

$$2Ti + 6HCl \overset{\triangle}{=} 2TiCl_3 + 3H_2\uparrow$$

$$Ti + 6HF = TiF_6^{2-} + 2H^+ + 2H_2\uparrow$$

后一反应之所以能够进行，是由于 Ti^{4+} 是硬酸，F^- 是硬碱，它们之间可以形成稳定的配离子 TiF_6^{2-}，从而促使钛的溶解。

12.3.2 钛的化合物

在钛的化合物中，以＋4 价氧化态最稳定。TiO_2 为白色粉末，不溶于水、稀酸或碱溶液中，但能溶于热的浓硫酸或氢氟酸中：

$$TiO_2 + H_2SO_4 \xlongequal{\triangle} TiOSO_4 + H_2O$$
$$TiO_2 + 6HF \xlongequal{} H_2[TiF_6] + 2H_2O$$

纯净的 TiO_2 称为钛白，是极好的白色颜料。它具有折射率高、着色力强、遮盖力强和化学性质稳定等优点。大量的钛白广泛用于油漆、造纸、塑料、橡胶、化纤、搪瓷等工业部门。自然界中的 TiO_2 有三种晶形，分别为金红石、锐钛矿和板钛矿，最常见的是金红石型。最新的研究表明，TiO_2 受紫外线的照射后可自发地产生一些“活性氧”，从而自动地清除附着在其表面的各种有机物。TiO_2 不仅具有较强的氧化分解能力，而且具有自身不分解以及可以利用阳光等优点，因此被誉为“环境友好催化剂”。

TiO_2 在碳的参与下，加热进行氯化，可以制得 $TiCl_4$：

$$TiO_2 + 2C + 2Cl_2 \xlongequal{\triangle} TiCl_4 + 2CO$$

$TiCl_4$ 常温下是一种无色液体，有刺激性气味。$TiCl_4$ 极易水解，在潮湿的空气中由于水解而发烟，利用此反应可以制造烟幕：

$$TiCl_4 + 3H_2O \xlongequal{} H_2TiO_3 + 4HCl$$

在强酸性介质中，Ti(Ⅳ)可以被活泼金属还原为 Ti^{3+}。Ti^{3+} 呈紫红色，有很强的还原性：

$$TiO_2 + 4H^+ + e^- \rightleftharpoons Ti^{3+} + 2H_2O \qquad \varphi^\ominus = 0.10\ V$$

分析化学中利用这一性质进行钛含量的测定：在含 Ti(Ⅳ)的硫酸溶液中，先加入铝片将 TiO^{2+} 还原为 Ti^{3+}，然后用 $FeCl_3$ 标准溶液滴定 Ti^{3+}，KSCN 溶液作指示剂。反应式为：

$$3TiO^{2+} + Al + 6H^+ \xlongequal{} 3Ti^{3+} + Al^{3+} + 3H_2O$$
$$Ti^{3+} + Fe^{3+} + H_2O \xlongequal{} TiO^{2+} + Fe^{2+} + 2H^+$$

12.4 钒

钒是元素周期表 VB 族中重要的元素，广泛应用于制造特种钢和催化剂。钒的价电子构型为 $3d^3 4s^2$，5 个电子都有成键作用，因此氧化态变化范围很广。钒在化合物中的主要氧化态为＋5，但也存在＋4，＋3 和＋2。在酸性溶液中，钒的元素电势图为：

$$\varphi_A^\ominus/V:\quad VO_2^+ \xrightarrow{1.0} VO^{2+} \xrightarrow{0.34} V^{3+} \xrightarrow{-0.25} V^{2+} \xrightarrow{-1.2} V \quad (V^{3+} \to V:\ -0.25)$$

由此可见，V^{2+}和V^{3+}具有较强的还原性，VO^{2+}较稳定，而VO_2^+具有氧化性，是一个中等强度的氧化剂。不同氧化态之间的转化容易实现，而且也容易判断，因为不同氧化态的钒具有不同的颜色。例如，VO_2^+（淡黄色）可以被Fe^{2+}，$H_2C_2O_4$等还原为VO^{2+}（蓝色）：

$$VO_2^+ + Fe^{2+} + 2H^+ \xlongequal{} VO^{2+} + Fe^{3+} + H_2O$$

$$2VO_2^+ + H_2C_2O_4 + 2H^+ \xlongequal{} 2VO^{2+} + 2CO_2\uparrow + 2H_2O$$

如果用较强的还原剂还可以把VO_2^+分别还原为V^{3+}（绿色）或V^{2+}（紫色）。例如：

$$VO_2^+ + Sn^{2+} + 4H^+ \xlongequal{} V^{3+} + Sn^{4+} + 2H_2O$$

$$2VO_2^+ + 3Zn + 8H^+ \xlongequal{} 2V^{2+} + 3Zn^{2+} + 4H_2O$$

不同氧化态的钒的氧化物也具有不同的颜色和酸碱性：灰色的VO为碱性，黑色的V_2O_3为两性偏碱，深蓝色的VO_2为两性，橙色的V_2O_5为两性偏酸。V_2O_5是生产H_2SO_4的催化剂，可由偏钒酸铵加热分解得到：

$$2NH_4VO_3 \xlongequal{\triangle} V_2O_5 + 2NH_3 + H_2O$$

V_2O_5是酸性为主的两性氧化物，在冷的碱性溶液中溶解生成四面体结构的正钒酸盐：

$$V_2O_5 + 6OH^- \xlongequal{} 2VO_4^{3-} + 3H_2O$$

在热的碱性溶液中生成偏钒酸盐：

$$V_2O_5 + 2OH^- \xlongequal{\triangle} 2VO_3^- + H_2O$$

V_2O_5也能溶于强酸中，在pH<1的酸性溶液中，能生成淡黄色的VO_2^+：

$$V_2O_5 + 2H^+ \xlongequal{} 2VO_2^+ + H_2O$$

V_2O_5氧化性较强，能将浓盐酸氧化成氯气，而本身被还原成V(Ⅳ)：

$$V_2O_5 + 6HCl \xlongequal{} 2VOCl_2 + Cl_2\uparrow + 3H_2O$$

在正钒酸根VO_4^{3-}的溶液中加入酸，随着pH逐渐下降，单钒酸根会逐步聚合，生成二聚物、三聚物等一系列不同缩合度的多钒酸根：

	VO_4^{3-}	$V_2O_7^{4-}$	$V_3O_9^{3-}$	$V_{10}O_{28}^{6-}$	V_2O_5	VO_2^+
pH	≥13	12～10.6	～8.4	8～3	～2	<1
V与O原子比	1∶4	1∶3.5	1∶3	1∶2.8	1∶2.5	1∶2

随着H^+浓度的增加，多钒酸根中的氧逐渐被H^+夺走而使V与O原子比值逐渐减小，到了pH<1时，溶液中主要是淡黄色的VO_2^+。

12.5 铬、钼、钨

铬、钼、钨是元素周期表中ⅥB族的三个元素，其价电子构型为$(n-1)d^5ns^1$（W为$5d^46s^2$）。s电子和d电子都可以参与成键，因此最高氧化数为6。铬是金属中硬度最大的，其表面易形成致密的氧化膜，从而降低它的活泼性。在铁制品表面镀上一层铬，可使其长期保持光亮。含铬12%的钢称为“不锈钢”，有极强的耐腐蚀性能。铬的主要氧化态为+2，+3和+6，其元素电势图为：

$$\varphi_A^{\ominus}/V:\quad Cr_2O_7^{2-} \xrightarrow{1.33} Cr^{3+} \xrightarrow{-0.42} Cr^{2+} \xrightarrow{-0.91} Cr \qquad (Cr^{3+} \xrightarrow{-0.74} Cr)$$

$$\varphi_B^{\ominus}/V:\quad CrO_4^{2-} \xrightarrow{-0.13} Cr(OH)_3 \xrightarrow{-1.1} Cr(OH)_2 \xrightarrow{-1.4} Cr$$

由此可见，铬在酸性介质中，+2氧化态具有还原性，+6氧化态具有强氧化性；在碱性介质中，+6氧化态稳定。但是钼和钨在酸性介质中，均以+6氧化态稳定。

铬是人体必需的微量元素，Cr(Ⅲ)在机体的糖代谢和脂代谢中发挥着特殊作用。缺铬主要表现为葡萄糖耐量受损，并可能伴有高血糖、尿糖；还会导致脂代谢失调，易诱发冠状动脉硬化，导致心血管疾病。钼是大脑必需的七种微量元素Fe，Cu，Zn，Mn，Mo，I，Se之一，钼缺乏将导致神经异常，智力发育迟缓，影响骨骼生长。钼还是豆科植物根瘤中固氮酶的组分，后者可以使游离的氮气常温常压下转化为氮肥。

12.5.1 铬的化合物

1. 铬(Ⅲ)化合物

较重要的铬(Ⅲ)化合物有Cr_2O_3和$Cr_2(SO_4)_3$。将$(NH_4)_2Cr_2O_7$加热分解或单质铬在空气中燃烧，都可以制得绿色的Cr_2O_3：

$$(NH_4)_2Cr_2O_7 \xlongequal{\triangle} Cr_2O_3 + N_2\uparrow + 4H_2O$$

$$4Cr + 3O_2 \xlongequal{燃烧} 2Cr_2O_3$$

Cr_2O_3为两性氧化物，既能溶于酸，也能溶于碱。但是经过高温灼烧的Cr_2O_3不溶于酸，因其化学性质较稳定，被广泛地用作颜料，俗称铬绿。

在铬(Ⅲ)溶液中加碱，可以得到灰蓝色胶态$Cr(OH)_3$沉淀。它与$Al(OH)_3$性质相似，也显两性。$Cr(OH)_3$溶于酸生成Cr^{3+}，溶于碱生成$Cr(OH)_4^-$。$Cr(OH)_3$在溶液中存在着如下平衡，只能在一定的pH范围内以沉淀的形式存在：

$$Cr^{3+} \underset{H^+}{\overset{OH^-}{\rightleftharpoons}} Cr(OH)_3 \underset{H^+}{\overset{OH^-}{\rightleftharpoons}} [Cr(OH)_4]^-$$

Cr^{3+}具有较强的配位能力，在水溶液中以$[Cr(H_2O)_6]^{3+}$的形式存在。内界的水分子可被其他配体所置换，但速率非常慢，所以可以得到一系列的产物。例如，化合物$[Cr(H_2O)_6]Cl_3$的晶体，如果内界的水一部分被Cl^-所置换，则呈现不同的颜色：$[Cr(H_2O)_6]Cl_3$（紫色）；$[Cr(H_2O)_5Cl]Cl_2 \cdot H_2O$（浅绿色）；$[Cr(H_2O)_4Cl_2]Cl \cdot 2H_2O$（暗绿色）。如果内界的水被氨置换，也可以生成一系列不同的配离子：$[Cr(H_2O)_6]^{3+}$（紫色）；$[Cr(NH_3)_2(H_2O)_4]^{3+}$（紫红色）；$[Cr(NH_3)_3(H_2O)_3]^{3+}$（浅红色）；$[Cr(NH_3)_4(H_2O)_2]^{3+}$（橙红色）；$[Cr(NH_3)_5(H_2O)]^{3+}$（橙黄色）；$[Cr(NH_3)_6]^{3+}$（黄色）。随着内界的水分子逐个被氨分子取代，配离子的颜色也逐渐向长波方向移动。这种现象可以用晶体场理论加以解释：由于NH_3是比H_2O更强的配体，因此$[Cr(NH_3)_6]^{3+}$的d轨道分裂能Δ_O大于$[Cr(H_2O)_6]^{3+}$的Δ_O，前者实现d-d跃迁需要吸收的能量大于后者，故$[Cr(NH_3)_6]^{3+}$吸收波长较短的光，而透过波长较长的光。需要指出的是，在Cr^{3+}溶液中加入氨水，得到的不是$[Cr(NH_3)_6]^{3+}$而是$Cr(OH)_3$沉淀。$[Cr(NH_3)_6]^{3+}$一般要在液氨系统内形成。

从铬的元素电势图可见，Cr(Ⅲ)在酸性溶液中很稳定，但在碱性溶液中具有较强的还原性，易被氧化为CrO_4^{2-}，常用的氧化剂有Cl_2，Br_2，H_2O_2和Na_2O_2等。例如：

$$2Cr(OH)_4^- + 3H_2O_2 + 2OH^- = 2CrO_4^{2-} + 8H_2O$$

2. 铬(Ⅵ)化合物

铬(Ⅵ)最重要的化合物是$K_2Cr_2O_7$(俗称红矾钾)，为橙红色晶体，易溶于水。在水溶液中$Cr_2O_7^{2-}$(橙红色)和CrO_4^{2-}(黄色)存在着如下平衡：

$$2CrO_4^{2-} + 2H^+ \rightleftharpoons Cr_2O_7^{2-} + H_2O \qquad K^{\ominus} = \frac{[Cr_2O_7^{2-}]}{[CrO_4^{2-}]^2[H^+]^2} = 1.2\times10^{14}$$

可见在中性溶液中，$[Cr_2O_7^{2-}]/[CrO_4^{2-}]^2\approx1$。向溶液中加酸，平衡向右移动，$Cr_2O_7^{2-}$增多，溶液变成橙红色；向溶液中加碱，平衡向左移动，CrO_4^{2-}增多，溶液变成黄色。由于此平衡的存在，在$K_2Cr_2O_7$溶液中分别加入Ba^{2+}，Pb^{2+}和Ag^+时，得到的是相应的铬酸盐沉淀，因为这些离子的铬酸盐溶解度较小，而重铬酸盐溶解度较大：

$$Cr_2O_7^{2-} + 2Ba^{2+} + H_2O = 2H^+ + 2BaCrO_4\downarrow\text{(黄色)}$$

$$Cr_2O_7^{2-} + 2Pb^{2+} + H_2O = 2H^+ + 2PbCrO_4\downarrow\text{(黄色)}$$

$$Cr_2O_7^{2-} + 4Ag^+ + H_2O = 2H^+ + 2Ag_2CrO_4\downarrow\text{(砖红色)}$$

以上反应都生成有色沉淀，在定性分析上可以用来鉴定CrO_4^{2-}和$Cr_2O_7^{2-}$，也可以用于鉴定Ba^{2+}，Pb^{2+}和Ag^+。

在酸性溶液中，$Cr_2O_7^{2-}$和H_2O_2反应生成蓝色的过氧化铬CrO_5：

$$Cr_2O_7^{2-} + 4H_2O_2 + 2H^+ = 2CrO_5 + 5H_2O$$

这也是鉴定$Cr_2O_7^{2-}$或H_2O_2的一个灵敏反应。由于CrO_5在水中易分解，此反应必须在冷溶液中进行，同时加入乙醚进行萃取。CrO_5的结构相当于CrO_3中两个氧原子被两个过氧基(—O—O—)取代，故它的分子式写成$CrO(O_2)_2$更恰当些。

由铬的元素电势图可知，在碱性溶液中CrO_4^{2-}稳定，在酸性溶液中$Cr_2O_7^{2-}$是强氧化剂。后者将Fe^{2+}氧化为Fe^{3+}的反应是定量测定铁含量的基本反应：

$$K_2Cr_2O_7 + 6FeSO_4 + 7H_2SO_4 = 3Fe_2(SO_4)_3 + Cr_2(SO_4)_3 + K_2SO_4 + 7H_2O$$

重铬酸钾也可被乙醇还原：

$$3CH_3CH_2OH + 2K_2Cr_2O_7 + 8H_2SO_4 = 3CH_3COOH + 2Cr_2(SO_4)_3 + 2K_2SO_4 + 11H_2O$$

该反应可以检测司机是否酒后驾车(检测物质变灰绿色)。

饱和$K_2Cr_2O_7$溶液和浓H_2SO_4的混合液叫作铬酸洗液，它有氧化性和去污能力，在实验室中用于洗涤玻璃器皿，但是由于它有强腐蚀性以及Cr(Ⅵ)是致癌物质，所以能用一般洗涤剂洗净的器皿，尽量不要选用铬酸洗液。

12.5.2 钼和钨的化合物

CrO_3 溶于水能生成 H_2CrO_4，但 MoO_3（白色）和 WO_3（黄色）不溶于水，只能溶解在氨水或强碱性溶液中，生成相应的盐：

$$MoO_3+2NH_3\cdot H_2O = (NH_4)_2MoO_4+H_2O$$

$$WO_3+2NaOH = Na_2WO_4+H_2O$$

在钼酸盐或钨酸盐溶液中加入酸，就会析出黄色的钼酸或白色的钨酸沉淀：

$$MoO_4^{2-}+2H^+ = H_2MoO_4\downarrow$$

$$WO_4^{2-}+2H^+ = H_2WO_4\downarrow$$

钼酸、钨酸加热脱水，易变成相应的氧化物：

$$H_2MoO_4 \xlongequal{\triangle} MoO_3+H_2O$$

$$H_2WO_4 \xlongequal{\triangle} WO_3+H_2O$$

铬、钼和钨三者含氧酸的酸性及氧化性变化趋势为：

氧化性和酸性增强 ←

H_2CrO_4　　H_2MoO_4　　H_2WO_4

在可溶性的钼酸盐或钨酸盐的溶液中逐滴加入酸，随着酸度增大，可以形成$[Mo_2O_7]^{2-}$，$[Mo_3O_{10}]^{2-}$，$[Mo_7O_{24}]^{6-}$ 或 $[HW_6O_{21}]^{5-}$，$[W_{12}O_{41}]^{10-}$ 等一系列多酸根离子，最后析出 H_2MoO_4 和 H_2WO_4（严格地说是含水量不定的三氧化物）。钼和钨还能和磷、硅等元素形成杂多酸。综上所述，钼酸和钨酸的特点是：(1) 难溶于水；(2) 易形成多酸；(3) 氧化性弱。

12.6 锰

锰是元素周期表中ⅦB 族元素，锰在炼钢过程中常用作去硫剂和去氧剂，含锰 13%和含碳 1.25%的钢非常坚硬，可以用来制造挖土机、钢轨等。锰的价电子构型为 $3d^54s^2$，能呈现+2，+3，+4，+6 和+7 等氧化态。锰的元素电势图为：

酸性介质（$\varphi_A^\ominus$/V）

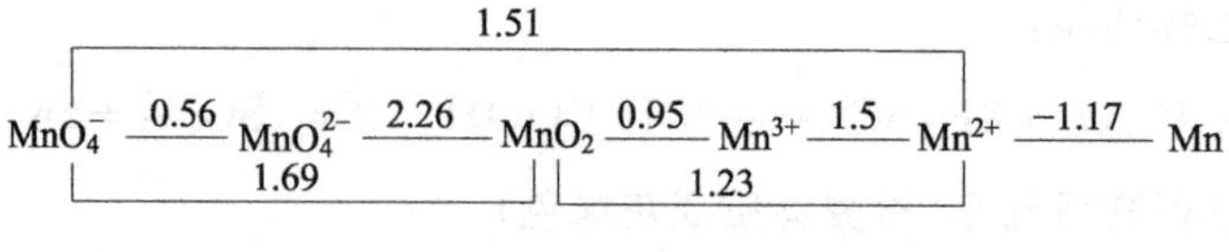

MnO_4^- —0.56— MnO_4^{2-} —2.26— MnO_2 —0.95— Mn^{3+} —1.5— Mn^{2+} —−1.17— Mn

（MnO_4^- → Mn^{2+}：1.51；MnO_4^- → MnO_2：1.69；MnO_2 → Mn^{2+}：1.23）

碱性介质（$\varphi_B^\ominus$/V）

MnO_4^- —0.56— MnO_4^{2-} —0.62— MnO_2 —−0.2— $Mn(OH)_3$ —0.1— $Mn(OH)_2$ —−1.55— Mn

（MnO_4^- → MnO_2：0.60；MnO_2 → $Mn(OH)_2$：−0.05）

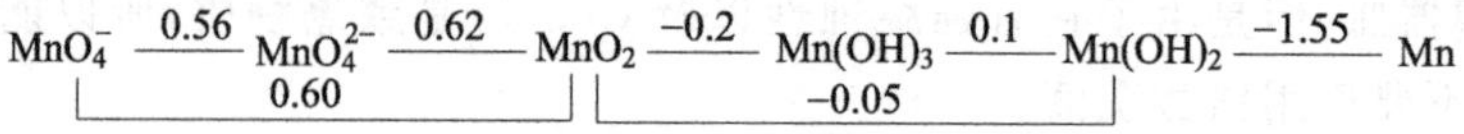

12.6.1 锰(Ⅱ)化合物

常见的锰(Ⅱ)盐有 $MnSO_4 \cdot 5H_2O$,$MnCl_2 \cdot 4H_2O$ 和 $Mn(NO_3)_2 \cdot 3H_2O$ 等。它们都是粉红色晶体($[Mn(H_2O)_6]^{2+}$ 的颜色),易溶于水。由元素电势图可见,Mn^{2+} 在酸性溶液中稳定,只有很强的氧化剂[如 $NaBiO_3$,$(NH_4)_2S_2O_8$,PbO_2 等]才可以把它氧化成 MnO_4^-:

$$2Mn^{2+} + 5NaBiO_3 + 14H^+ \xlongequal{} 5Na^+ + 5Bi^{3+} + 2MnO_4^- + 7H_2O$$

$$2Mn^{2+} + 5S_2O_8^{2+} + 8H_2O \xlongequal[Ag^+]{\triangle} 10SO_4^{2-} + 2MnO_4^- + 16H^+$$

$$5PbO_2 + 2Mn^{2+} + 4H^+ \xlongequal{Ag^+} 5Pb^{2+} + 2MnO_4^- + 2H_2O$$

由于 MnO_4^- 具有很深的颜色,故以上反应可用于定性鉴定 Mn^{2+}。

在碱性溶液中,Mn^{2+} 生成不稳定的白色 $Mn(OH)_2$ 沉淀,后者在空气中极易被氧化成棕色的 $MnO(OH)_2$ 沉淀:

$$2Mn(OH)_2 + O_2 \xlongequal{} 2MnO(OH)_2$$

12.6.2 锰(Ⅳ)化合物

锰(Ⅳ)化合物中最重要的是 MnO_2。它是黑色粉末,在通常情况下很稳定。在酸性溶液中具有氧化性,能与浓 HCl 反应产生氯气,与 H_2SO_4 反应产生氧气。

$$MnO_2 + 4HCl \xlongequal{} MnCl_2 + Cl_2\uparrow + 2H_2O$$
$$2MnO_2 + 2H_2SO_4 \xlongequal{} 2MnSO_4 + O_2\uparrow + 2H_2O$$

在碱性介质中,MnO_2 有转化为绿色的锰(Ⅵ)酸盐的倾向。例如,将 MnO_2 和 KOH 固体在空气中混合或者与 $KClO_3$ 等氧化剂一起加热熔融,就可制得锰酸盐:

$$2MnO_2 + 4KOH + O_2 \xlongequal{熔融} 2K_2MnO_4 + 2H_2O$$

$$3MnO_2 + 6KOH + KClO_3 \xlongequal{熔融} 3K_2MnO_4 + KCl + 3H_2O$$

二氧化锰是非常重要的工业原料,最重要的应用是制造干电池。在电子工业中可用作软磁铁氧体的成分。MnO_2 还是一种催化剂,能加快 $KClO_3$ 的分解速率。

12.6.3 锰(Ⅵ)和锰(Ⅶ)化合物

锰(Ⅵ)化合物中比较稳定的是 K_2MnO_4(深绿色)由下列的元素电势图可以看出:

$\varphi_A^\ominus/$ V: $MnO_4^- \xrightarrow{0.56} MnO_4^{2-} \xrightarrow{2.26} MnO_2$

$\varphi_B^\ominus/$ V: $MnO_4^- \xrightarrow{0.56} MnO_4^{2-} \xrightarrow{0.62} MnO_2$

MnO_4^{2-} 在酸性、中性和碱性条件下均可发生歧化反应,只有在强碱性介质(pH>14)中才稳定存在。随着酸度增加,歧化反应发生的趋势越来越大:

$$3MnO_4^{2-} + 4H^+ \xlongequal{} 2MnO_4^- + MnO_2\downarrow + 2H_2O$$

氯气、次氯酸盐等氧化剂可以直接将锰酸根氧化为高锰酸根：

$$2MnO_4^{2-} + Cl_2 = 2MnO_4^- + 2Cl^-$$

锰(Ⅶ)最常见的化合物是高锰酸钾，为紫黑色晶体。水溶液中 MnO_4^- 呈紫红色。在酸性溶液中 MnO_4^- 不稳定，会缓慢地分解：

$$4MnO_4^- + 4H^+ = 4MnO_2 \downarrow + 2H_2O + 3O_2 \uparrow$$

光对 $KMnO_4$ 的分解起催化作用，所以 $KMnO_4$ 溶液应当保存在棕色瓶中。$KMnO_4$ 是最常用的强氧化剂，它的氧化能力和还原产物因介质酸碱度的不同而有显著差异。在酸性溶液中，$KMnO_4$ 被还原成 Mn^{2+}，在中性溶液中则是 MnO_2，在强碱性溶液中为 MnO_4^{2-}。例如，$KMnO_4$ 和 K_2SO_3 反应：

在酸性介质中：

$$2KMnO_4 + 5K_2SO_3 + 3H_2SO_4 = 2MnSO_4 + 6K_2SO_4 + 3H_2O$$

在中性或弱碱性介质中：

$$2KMnO_4 + 3K_2SO_3 + H_2O = 2MnO_2 \downarrow + 3K_2SO_4 + 2KOH$$

在强碱性介质中：

$$2KMnO_4 + K_2SO_3 + 2KOH = 2K_2MnO_4 + K_2SO_4 + H_2O$$

$KMnO_4$ 在酸性介质中氧化能力很强，它本身有很深的紫红色，而它的还原产物(Mn^{2+})几乎无色(浓 Mn^{2+} 溶液呈淡红色)，所以在定量分析中用它来测定还原性物质时，不需要再另外添加指示剂，因此 $KMnO_4$ 滴定法应用广泛。$KMnO_4$ 在医药中用作杀菌消毒剂，质量分数为 5%的 $KMnO_4$ 溶液(紫药水)可治疗烫伤。

12.7 铁系元素

元素周期表第四周期Ⅷ族元素包括铁、钴、镍。由于它们性质相似，统称为铁系元素。第五、第六周期Ⅷ族元素钌、铑、钯和锇、铱、铂统称为铂系元素。铁系元素的价电子构型为 $3d^{6\sim8}4s^2$。由于 3d 电子已超过 5 个，全部 d 电子参与成键变得困难了。在一般条件下铁呈+2、+3 氧化态，钴和镍的稳定氧化态为+2。

12.7.1 铁系元素的单质

铁、钴、镍均具有金属光泽，都有强磁性，许多铁、钴、镍合金是很好的磁性材料。铁是用途最广泛的金属。铸铁和钢的强度很高，是最重要的结构材料。钴主要用于制造特种钢和磁性材料，镍主要用作其他金属的保护层或用来生产耐腐蚀的合金钢及耐热元件。

铁、钴、镍属于中等活泼的金属，活泼性按 Fe－Co－Ni 的顺序递减。铁系元素都难以与强碱发生反应。其中，镍的稳定性最好，可以使用镍坩埚熔融强碱。

12.7.2 氧化物和氢氧化物

铁系元素主要的氧化物有：

NiO(暗绿色)　　CoO(灰绿色)　　FeO(黑色)

Ni_2O_3(黑色)　　Co_2O_3(黑色)　　Fe_2O_3(砖红色)

铁的氧化物还存在具有强磁性的 Fe_3O_4(黑色),可以把它看作 FeO 和 Fe_2O_3 的混合氧化物。Ni_2O_3,Co_2O_3,Fe_2O_3 都有氧化性,氧化能力随 Fe－Co－Ni 的顺序增强。Co_2O_3 和 Ni_2O_3 与盐酸反应都能放出 Cl_2:

$$M_2O_3 + 6HCl = 2MCl_2 + Cl_2\uparrow + 3H_2O \qquad (M=Co,Ni)$$

在 Fe^{2+},Co^{2+} 和 Ni^{2+} 的溶液中分别加入碱,可以得到白色的 $Fe(OH)_2$,粉红色的 $Co(OH)_2$ 和绿色的 $Ni(OH)_2$ 沉淀。$Fe(OH)_2$ 被空气迅速氧化为红棕色的 $Fe(OH)_3$:

$$4Fe(OH)_2 + O_2 + 2H_2O = 4Fe(OH)_3$$

$Co(OH)_2$ 也会慢慢地被氧化为暗棕色的 $CoO(OH)$。但 $Ni(OH)_2$ 不会被空气氧化,只有在强碱性溶液中用强氧化剂(如 NaClO)才能将其氧化为黑色的 $NiO(OH)$。

将 $Fe(OH)_3$,$CoO(OH)$ 和 $NiO(OH)$ 分别溶于盐酸,则分别得到三价的 Fe^{3+} 和二价的 Co^{2+},Ni^{2+},这是因为在酸性溶液中 Co^{3+} 和 Ni^{3+} 是很强的氧化剂,能将 Cl^- 氧化为 Cl_2:

$$2MO(OH) + 6HCl = 2MCl_2 + Cl_2\uparrow + 4H_2O \qquad (M=Co,Ni)$$

12.7.3 盐类

1. +2 价盐类

Fe^{2+},Co^{2+},Ni^{2+} 盐类有如下一些共同的特性:

(1) 这些离子都有未成对电子,所以它们的水合离子都有特征的颜色:$[Fe(H_2O)_6]^{2+}$ 浅绿色,$[Co(H_2O)_6]^{2+}$ 粉红色,$[Ni(H_2O)_6]^{2+}$ 绿色。

(2) 溶解性相似。它们的强酸盐,如卤化物、硝酸盐、硫酸盐都易溶于水;而一些弱酸盐,如碳酸盐、磷酸盐、硫化物都难溶于水。可溶性盐从水溶液中结晶出来时,常含有相同数目的结晶水,如 $MCl_2\cdot 6H_2O$,$M(NO_3)_2\cdot 6H_2O$,$MSO_4\cdot 7H_2O$($M=Fe,Co,Ni$)。

(3) 它们的硫酸盐均能和碱金属的硫酸盐形成相同类型的复盐 $M_2^{(I)}SO_4\cdot M^{(II)}SO_4\cdot 6H_2O$,式中 $M^{(I)}=K^+$,Rb^+,Cs^+,NH_4^+;$M^{(II)}=Fe^{2+}$,Co^{2+},Ni^{2+}。

但是它们之间也有明显的差异。Fe^{2+} 有还原性,而 Co^{2+},Ni^{2+} 性质稳定。其还原性按 $Fe^{2+}-Co^{2+}-Ni^{2+}$ 顺序减弱。

亚铁盐中以 $FeSO_4\cdot 7H_2O$ 最为重要。它为绿色晶体,俗称绿矾。在酸性溶液中,Fe^{2+} 会被空气氧化,所以在保存 Fe^{2+} 溶液时,应保持足够的酸度,同时加几枚铁钉。因为有金属 Fe 存在时,就不会生成 Fe^{3+}。$FeSO_4$ 是制备其他铁化合物的常用起始原料,如制造颜料和蓝黑墨水等。

$CoCl_2\cdot 6H_2O$ 是常用的钴盐。它在受热脱水过程中,伴随着颜色的变化:

$$\underset{(粉红)}{CoCl_2\cdot 6H_2O} \xrightleftharpoons{52\ ℃} \underset{(紫红)}{CoCl_2\cdot 2H_2O} \xrightleftharpoons{90\ ℃} \underset{(蓝紫)}{CoCl_2\cdot H_2O} \xrightleftharpoons{120\ ℃} \underset{(蓝)}{CoCl_2}$$

利用 $CoCl_2$ 结合不同数量的水分子所产生的颜色变化,可以将其掺入硅胶中作为硅胶含水量的指示剂,这种材料称为变色硅胶。吸水后的硅胶可以在烘箱中加热变回蓝色而重复利用。

2. +3价盐类

+3价铁盐稳定，而+3价钴盐和镍盐不稳定。Fe^{3+}是一种中等强度的氧化剂，一些较强的还原剂，如H_2S，HI，Cu等，可以把它还原成Fe^{2+}：

$$2Fe^{3+}+H_2S \xlongequal{} 2Fe^{2+}+S\downarrow+2H^+$$

$$2Fe^{3+}+2I^- \xlongequal{} 2Fe^{2+}+I_2$$

$$2Fe^{3+}+Cu \xlongequal{} 2Fe^{2+}+Cu^{2+}$$

Fe^{3+}可以应用在印刷制版中，作为铜版的腐蚀剂。

Fe^{3+}的溶液因水解呈现较强的酸性。$Fe(H_2O)_6^{3+}$只存在于强酸性溶液中，颜色为淡紫色，平常看到的黄色是铁(Ⅲ)盐水解作用引起的。当溶液pH=2.3时，它的水解反应已经很明显了，且开始有沉淀生成；pH=4.1时就完全变成沉淀。利用Fe^{3+}这一性质，可以除去试剂中的铁杂质，如在$MnSO_4$溶液中含有少量Fe^{2+}和Fe^{3+}，可以先用氧化剂H_2O_2把Fe^{2+}氧化为Fe^{3+}，然后把溶液的pH调至5～6，即可达到铁锰分离的目的。利用铁(Ⅲ)盐易水解这一性质，$FeCl_3$被大量用于污水处理，Fe^{3+}水解为胶体的$Fe(OH)_3$，它对油污、聚合物有较强的吸附能力。

12.7.4 配位化合物

1. 铁的配位化合物

Fe^{3+}与F^-生成的配位单元主要是$[FeF_6]^{3-}$，它无色而且稳定常数较大。利用这一特点，氟化物在分析化学中经常作为Fe^{3+}的掩蔽剂。F^-的加入不仅排除了Fe^{3+}的颜色对于待分析物的干扰，同时也阻止了Fe^{3+}与其他试剂的反应。

人们经常用KSCN或$(NH_4)SCN$在水溶液中与Fe^{3+}生成红色的配位化合物来鉴定Fe^{3+}，配离子可以写成$[Fe(SCN)_n]^{3-n}$。随着配位化合物浓度的增大，溶液的颜色从浅红到暗红变化，一般认为$[Fe(SCN)(H_2O)_5]^{2+}$是红颜色的主要成分。

黄色晶体$K_4[Fe(CN)_6]\cdot 3H_2O$俗称黄血盐，由Fe^{2+}溶液中加入过量的KCN作用获得。黄血盐在溶液中遇到Fe^{3+}生成蓝色沉淀，即普鲁士蓝。在Fe^{3+}溶液中加入KCN可得到深红色的$K_3[Fe(CN)_6]$，俗称赤血盐。Fe^{2+}和$[Fe(CN)_6]^{3-}$反应也生成蓝色沉淀，俗称滕氏蓝。实验证明这两种蓝色沉淀实际上是同一物质。上述反应可表示为：

$$K^++Fe^{3+}+[Fe(CN)_6]^{4-} \xlongequal{} K[Fe^{Ⅱ}Fe^{Ⅲ}(CN)_6]\downarrow$$

$$K^++Fe^{2+}+[Fe(CN)_6]^{3-} \xlongequal{} K[Fe^{Ⅱ}Fe^{Ⅲ}(CN)_6]\downarrow$$

Fe^{3+}与$C_2O_4^{2-}$可以形成翠绿色的$[Fe(C_2O_4)_3]^{3-}$，这里$C_2O_4^{2-}$为双齿配体。

向$FeCl_3$溶液中加入磷酸，溶液由黄色变为无色，这是因为生成了无色的$[Fe(HPO_4)_3]^{3-}$或$[Fe(PO_4)_2]^{3-}$配离子。

Fe^{2+}可以与NO形成配位化合物。利用Fe^{2+}鉴定硝酸盐的棕色环实验，生成的棕色物质就是$[Fe(NO)(H_2O)_5]^{2+}$配离子：

$$NO_3^-+3Fe^{2+}+4H^+ \xlongequal{} NO+3Fe^{3+}+2H_2O$$

$$Fe^{2+}+NO+5H_2O \xlongequal{} [Fe(NO)(H_2O)_5]^{2+}$$

血红蛋白是血液中运输氧的蛋白质，由球蛋白与辅基即血红素结合而成，血红素是由 Fe^{2+} 中心与配体卟啉衍生物结合成的大环配位化合物。

2. 钴的配位化合物

钴(Ⅱ)配位化合物的颜色与其配位环境有关。通常八面体 6 配位的 Co(Ⅱ)颜色为粉红至紫色，而四面体 4 配位的 Co(Ⅱ)颜色为蓝色。例如，$[Co(H_2O)_6]^{2+}$ 为粉红色，在空气中稳定。将浓 $CoCl_2$ 溶液加热或加入浓盐酸，溶液由粉红色变为蓝色，这是因为 $[Co(H_2O)_6]^{2+}$ 转化成了 $[CoCl_4]^{2-}$。

Co^{2+} 与 SCN^- 作用生成蓝色配位化合物 $[Co(NCS)_4]^{2-}$，可用于鉴定 Co^{2+}。由于该配离子稳定常数较小，需要加入某些有机溶剂(如乙醚、戊醇等)，把配位化合物萃取到有机相，以提高显色灵敏度。

在 Co^{2+} 溶液中加入过量氨水，得到黄色的 $[Co(NH_3)_6]^{2+}$。$[Co(NH_3)_6]^{2+}$ 在空气中不稳定，可以被缓慢氧化为橙黄色的 $[Co(NH_3)_6]^{3+}$：

$$4[Co(NH_3)_6]^{2+} + O_2 + 2H_2O = 4[Co(NH_3)_6]^{3+} + 4OH^-$$

在 Co^{2+} 溶液中加入过量的 KCN 溶液中可以形成 $[Co(CN)_6]^{4-}$。但 $[Co(CN)_6]^{4-}$ 很不稳定，有很强的还原性，其水溶液稍稍加热，甚至可以把水还原：

$$2[Co(CN)_6]^{4-} + 2H_2O \overset{\triangle}{=} 2[Co(CN)_6]^{3-} + 2OH^- + H_2\uparrow$$

Co^{3+} 具有很强的氧化能力，在水溶液中不能稳定存在。但形成配位化合物后，Co(Ⅲ)配位化合物比 Co(Ⅱ)配位化合物稳定，因而 Co(Ⅲ)配位化合物大多采用间接的办法从 Co(Ⅱ)配位化合物氧化制备。

3. 镍的配位化合物

镍的水合离子 $[Ni(H_2O)_6]^{2+}$ 为绿色。向二价镍盐水溶液中加入过量氨水，得到紫色 $[Ni(NH_3)_6]^{2+}$ 溶液。向二价镍盐水溶液中加入过量氰化钾溶液，得到 $[Ni(CN)_4]^{2-}$ 溶液。

丁二酮肟可以和 Ni^{2+} 反应，生成鲜红色的二丁二酮肟合镍(Ⅱ)沉淀：

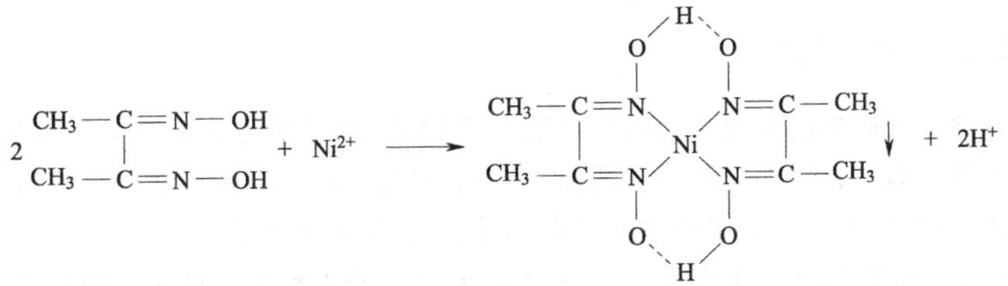

$$2\begin{array}{l}CH_3-C=N-OH\\ \quad\;\;\, | \\ CH_3-C=N-OH\end{array} + Ni^{2+} \longrightarrow \begin{array}{c}\quad H \\ O \cdots\cdots O \\ | \qquad\quad | \\ CH_3-C=N \qquad N=C-CH_3 \\ | \quad\; \diagdown \; Ni \; \diagup \quad | \\ CH_3-C=N \qquad N=C-CH_3 \\ | \qquad\quad | \\ O \cdots\cdots O \\ \quad H\end{array}\downarrow + 2H^+$$

这个反应可以用来鉴定 Ni^{2+} 的存在。

镍能与 CO 反应生成羰基化合物 $Ni(CO)_4$。通过加热分解羰基化合物可以得到高纯度的金属粉末。

12.8 镧系元素和锕系元素

元素周期表中第六周期ⅢB 族镧这个位置代表了 57 号元素镧(La)到 71 号元素的镥(Lu)，共 15 种元素，统称为镧系元素(Ln，lanthanide)。第七周期ⅢB 族锕这个位置代表了 89 号元素锕(Ac)到103号元素铹(Lr),也是15种元素,统称为锕系元素(An,actinide)。镧系元素和ⅢB族另一种元素钇(Y)一起,又合称为稀土元素(RE,rare earth element),因为它们的化学性质相似,在自然界中基本上共生在一起。

12.8.1 镧系收缩

镧系元素依次增加的电子填充在外数第三电子层的4f轨道中,由于4f电子的增加不能完全抵消核电荷的递增,从La到Lu有效核电荷数逐渐增加,因此,对外电子层的引力逐渐增强,以致外电子层逐渐向原子核收缩。表12-3列出了镧系元素的金属原子半径R(M)和离子半径$R(M^{3+})$的数值。从表中可以看到,镧系元素的原子半径总趋势是逐渐缩小的,而+3价离子半径则极有规律地依次缩小。镧系元素这种原子半径和离子半径依次缩小的现象,叫作镧系收缩(lanthanide contraction)。

表12-3 镧系元素的金属原子半径R(M)和离子半径$R(M^{3+})$

元素	La	Ce	Pr	Nd	Pm	Sm	Eu	Gd
R(M)/pm	187.7	182.4	182.8	182.2	—	180.2	198.3	180.1
$R(M^{3+})$/pm	106.1	103.4	101.3	99.5	97.5	96.4	95.0	93.8
元素	Tb	Dy	Ho	Er	Tm	Yb	Lu	
R(M)/pm	178.3	177.5	176.7	175.8	174.7	193.9	173.5	
$R(M^{3+})$/pm	92.3	90.8	89.4	88	87	85.8	85	

镧系收缩是重要的化学现象。由于它的存在,镧后元素铪(Hf)、钽(Ta)、钨(W)等原子半径和离子半径,分别与同族上一周期的锆(Zr)、铌(Nb)、钼(Mo)等几乎相等,造成Zr-Hf、Nb-Ta、Mo-W的化学性质非常相似,难以分离。此外,在Ⅷ族的九种元素中,Fe,Co,Ni性质相似,Ru,Rh,Pd和Os,Ir,Pt性质相似,而铁系元素与铂系元素性质差别较大,这也是镧系收缩造成的结果。

12.8.2 镧系元素的性质

镧系的各种元素最外层和次外层的电子数几乎相等,原子半径和离子半径也很接近,因此,它们的性质十分相似。它们都是较活泼的金属,虽然活泼性次于s区元素金属的活泼性,但比金属铝活泼。从镧到镥,由于原子半径逐渐减小,活泼性也缓慢地降低。

镧系金属离子的颜色是由未充满的4f电子经f-f跃迁引起的。具有f^0和f^{14}结构的La^{3+}和Lu^{3+}无f-f跃迁,故无色。

镧系属于ⅢB族,所以一般表现为+3氧化态。不过,由于4f电子亚层倾向于保持或接近全空、半满或全满的稳定结构,有些元素出现+2或+4氧化态(图12-1)。其中Ce^{4+},Tb^{4+}能稳定存在(图12-1中用正方形表示),分别与它们f轨道的电子构型为全空($4f^0$)和半满($4f^7$)有关;同理,Eu^{2+},Yb^{2+}能稳定存在,分别与它们f轨道的电子构型为半满($4f^7$)和全满($4f^{14}$)有关。显然,f轨道的电子构型接近全空的Pr^{4+}($4f^1$)、接近半满的Sm^{2+}($4f^6$)和接近全满的Tm^{2+}($4f^{13}$)稳定性较差(图中用小三角形表示)。

镧系元素+3氧化态的氢氧化物都为中强碱,随着La^{3+}到Lu^{3+}离子半径依次缩小,氢氧化物的碱性逐渐减弱。镧系元素的氢氧化物皆难溶于水，盐类一般也难溶于水，但氯化物、硝酸盐和硫酸盐是常见的可溶性盐。这些可溶性盐在水溶液中析出时，经常带结晶水。

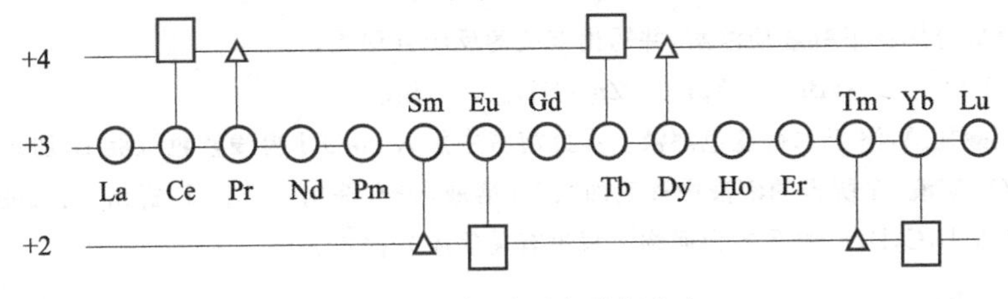

图 12-1　镧系元素的氧化态

$Ce(SO_4)_2$ 常用于定量分析的氧化还原滴定中，因为 Ce^{4+} 是一种氧化剂。

$$Ce^{4+} + e^- \rightleftharpoons Ce^{3+} \qquad \varphi^\ominus = 1.61\ V$$

而且 $Ce(SO_4)_2$ 还具有稳定、易提纯、参加反应时副反应少等优点。

Ln^{3+} 属于典型的硬酸，易与硬碱中的氟、氧等配位原子成键。其配位数一般比较大，可以从 6 到 12。这些配合物的形成对镧系元素的分离和提纯非常重要。

12.8.3　稀土元素的用途

稀土元素的特殊电子构型使得其在光、电、磁等新材料方面有特殊的应用，被誉为新材料的宝库。稀土元素的重要用途之一是发光材料的制备。稀土原子电子构型的特殊性导致它们具有优异的荧光或磷光性能，因此被用于制造发光材料。自 20 世纪 60 年代稀土红色荧光粉（主要是 Eu^{3+}）问世以来，因为其亮度高、色彩鲜艳纯正的优点，几乎成为目前唯一的彩色电视机用红色荧光粉。

新磁性材料的制备，也是稀土元素的重要用途。20 世纪 60 年代，第一代稀土永磁材料问世；70 年代 $SmCo_5$ 实现了商品化；80 年代又出现了 $Nd_2Fe_{14}B$ 永磁材料，使用廉价的铁取代了钴。稀土永磁材料满足了高科技对磁性元件轻、薄、小的需求。

稀土材料在石油化工、冶金、玻璃、陶瓷、储氢、农业和医药等行业也具有重要的应用。

习题

1. 解释下列现象并写出反应方程式：

(1) 埋在湿土中的铜钱变绿；

(2) 银器在含 H_2S 的空气中发黑；

(3) 金不溶于浓 HCl 或 HNO_3 中，却溶于此两种酸的混合液中。

2.“熟镪水”的化学成分是什么？焊接金属时用“熟镪水”清除锈蚀的金属表面，其作用原理是什么？

3. HCl 和 HI 都是强酸，为什么 Ag 不能从 HCl 溶液中置换出 H_2，却能从 HI 溶液中置换出 H_2？

4. 碱能否分别与 Cu^{2+}，Ag^+，Zn^{2+}，Hg^{2+} 和 Hg_2^{2+} 反应？若能的话，试指出反应产物及现象。

5. 氨水能否分别与 Cu^{2+}，Ag^+，Zn^{2+}，Hg^{2+} 和 Hg_2^{2+} 反应？若能的话，试指出反应产物及现象。

6. I^- 能否分别与 Cu^{2+}，Ag^+，Zn^{2+}，Hg^{2+} 和 Hg_2^{2+} 反应？若能的话，试指出反应产物及现象。

7. 完成下列反应方程式：

(1) $HgCl_2+SnCl_2 \longrightarrow$

(2) $Ag_2S+NaCN \longrightarrow$

(3) $Zn+NaOH+H_2O \longrightarrow$

(4) $AgBr+Na_2S_2O_3$(过量)$\longrightarrow$

(5) $Hg_2Cl_2+H_2S \longrightarrow$

(6) $Cu_2O+H_2SO_4 \longrightarrow$

8. 利用配位反应分别将下列物质溶解，并写出有关的反应方程式。

$CuCl$ $Cu(OH)_2$ $AgBr$ AgI $Zn(OH)_2$ HgI_2

9. 有一白色硫酸盐A，溶于水得蓝色溶液。在此溶液中加入NaOH得浅蓝色沉淀B，加热B变成黑色物质C。C可溶于H_2SO_4溶液，在所得的溶液中逐滴加入KI溶液，先有棕褐色沉淀D析出，后又变成红棕色溶液E和白色沉淀F。问A,B,C,D,E和F各为何物？写出有关反应方程式。

10. 解释实验现象：

(1) 将SO_2通入$CuSO_4$和NaCl的浓混合溶液中，有白色的沉淀析出；

(2) 在$AgNO_3$溶液中滴加KCN溶液时，先生成白色沉淀而后溶解，再加入NaCl溶液无沉淀生成，但加入少许Na_2S溶液就析出黑色沉淀；

(3) HgC_2O_4难溶于水，但可溶于NaCl溶液；

(4) 向$Hg_2(NO_3)_2$溶液中滴加KI溶液，得到黑色沉淀和无色溶液；

(5) 单质铁能使Cu^{2+}还原，单质铜能使Fe^{3+}还原。

11. 回答下列问题：

(1) $CuSO_4$是杀虫剂，为什么要和石灰乳混用？

(2) 锌是最重要的微量生命元素之一，是生物体内多种酶的组成元素；$ZnCO_3$和ZnO亦可用于药膏，促进伤口愈合。为什么在炼锌厂附近却会造成严重的环境污染？

12. 完成下列反应方程式：

(1) $TiO_2+H_2SO_4$(浓)$\longrightarrow$

(2) $TiO^{2+}+Zn+H^+ \longrightarrow$

(3) $V_2O_5+NaOH \longrightarrow$

(4) $V_2O_5+H_2SO_4 \longrightarrow$

(5) $V_2O_5+HCl \longrightarrow$

(6) $VO_2^++H_2C_2O_4+H^+ \longrightarrow$

13. 完成下列反应方程式：

(1) $(NH_4)_2Cr_2O_7 \xrightarrow{\triangle}$

(2) $Cr_2O_3+NaOH \longrightarrow$

(3) $Cr^{3+}+NH_3 \cdot H_2O \longrightarrow$

(4) $Cr_2O_7^{2-}+Fe^{2+}+H^+ \longrightarrow$

(5) $Cr_2O_7^{2-}+Pb^{2+}+H_2O \longrightarrow$

(6) $Na_2WO_4+HCl \longrightarrow$

14. 完成下列反应方程式：

(1) $MnO_2+KOH+O_2 \xrightarrow{\triangle}$

(2) $MnO_4^-+H_2O_2+H^+ \longrightarrow$

(3) $MnO_4^-+NO_2^-+H_2O \longrightarrow$

(4) $MnO_4^-+NO_2^-+OH^- \longrightarrow$

(5) $K_2MnO_4+HAc \longrightarrow$

(6) MnO_2+HCl(浓)$\stackrel{\triangle}{=\!=}$

15. 以 MnO_2 为主要原料制备 $MnCl_2$,K_2MnO_4 和 $KMnO_4$,用反应方程式来表示各步反应。

16. 完成下列反应方程式:

(1) $FeCl_3 + NaF \longrightarrow$

(2) $Co(OH)_3 + H_2SO_4 \longrightarrow$

(3) $Co^{2+} + SCN^- \longrightarrow$

(4) $Ni(OH)_2 + Br_2 + OH^- \longrightarrow$

(5) $Ni + CO \xrightarrow{\triangle}$

17. 测定 TiO_2 试样中钛含量时,将 TiO_2 溶于热的 H_2SO_4-$(NH_4)_2SO_4$ 混合液中,冷却,稀释;用金属铝还原后,再用 KSCN 为指示剂,Fe^{3+} 为氧化剂滴定溶液中的 Ti^{3+},便可计算出钛的含量。请写出有关反应方程式,并说明测定方法的依据。

18. 用反应方程式说明下列现象:

(1) 在 Fe^{2+} 溶液中加入 NaOH 溶液,先生成灰绿色沉淀,然后沉淀逐渐变成红棕色;

(2) 过滤后,沉淀用酸溶解,加入几滴 KSCN 溶液,溶液立刻变成血红色,再通入 SO_2 气体,血红色消失;

(3) 向红色消失的溶液中滴加 $KMnO_4$ 溶液,其紫红色会褪去;

(4) 最后加入黄血盐溶液,生成蓝色沉淀。

19. 指出下列实验结果,并写出反应方程式:

(1) 用浓盐酸分别处理 $Fe(OH)_3$,$CoO(OH)$ 及 $NiO(OH)$ 沉淀;

(2) 分别在 $FeSO_4$,$CoSO_4$ 及 $NiSO_4$ 溶液中加入过量的氨水,然后放置在无 CO_2 的空气中。

20. 判断下列四种酸性未知溶液的定性分析报告是否合理。

(1) K^+,NO_2^-,MnO_4^-,CrO_4^{2-}　　(2) Fe^{2+},Mn^{2+},SO_4^{2-},Cl^-

(3) Fe^{3+},Co^{3+},I^-,Cl^-　　(4) Ba^{2+},$Cr_2O_7^{2-}$,NO_3^-,Br^-

21. 简单回答下列问题:

(1) Mg 和 Ti 原子的外层都是 2 个电子,为什么 Ti 有 +2,+3,+4 价,而 Mg 只有 +2 价?

(2) 为什么 $TiCl_4$ 暴露在空气中会冒白烟?

(3) 在水溶液中,为什么 Ca^{2+},Zn^{2+} 无色,而 Fe^{2+},Mn^{2+},Ti^{3+} 有颜色?

(4) Ni^{2+} 的半径为 69 pm,Mg^{2+} 的半径为 66 pm,它们的电荷数相同,为什么 Ni^{2+} 形成配位化合物的能力比 Mg^{2+} 大得多?

(5) 为什么 $[NiCl_4]^{2-}$ 为四面体形结构,而 $[PtCl_4]^{2-}$ 为平面四边形结构?

22. 根据下列实验现象,写出有关的反应方程式:

(1) 在 $Cr_2(SO_4)_3$ 溶液中滴加 NaOH 溶液,先析出灰蓝色絮状沉淀,后又溶解,此时加入溴水,溶液颜色由绿变黄;

(2) 向 $MnSO_4$ 溶液中加入 NaOH 溶液,生成白色沉淀;该白色沉淀暴露在空气中逐渐变成棕黑色;加入稀硫酸棕黑色沉淀也不溶解;

(3) 将 MnO_2,$KClO_3$,KOH 固体混合后用煤气灯加热,得绿色固体;用稀硫酸处理绿色固体得到紫色溶液和棕黑色沉淀;

(4) 在 Co^{2+} 溶液中加入 KCN,稍稍加热有气体逸出;

(5) 在 $FeCl_3$ 溶液中通入 H_2S 气体,有乳白色沉淀析出。

23. 浅黄色晶体 A 受热分解生成棕黄色粉末 B 和无色气体 C。B 不溶于水,与盐酸作用放出强刺激性气体 D。将气体 C 通入 $CuSO_4$ 溶液有浅蓝色沉淀 E 生成,C 过量则沉淀溶解得到深蓝色溶液 F。B 溶于稀硫酸后得到黄色溶液 G,在 G 溶液中加入适量草酸,经充分反应得到蓝色溶液 H。请给出 A～H 所代表的物质并写出相关的反应方程式。

24. 白色固体A溶于水得到无色溶液。向A中加入氢氧化钠得黄色沉淀B，B不溶于氢氧化钠溶液，B溶于盐酸又得到A。向A中滴加少量氯化亚锡溶液有白色沉淀C生成，加入过量的氯化亚锡溶液有黑色沉淀D生成。用过量的碘化钾溶液处理C得到黑色沉淀D和无色溶液E。向无色溶液A中通入硫化氢气体得到黑色沉淀F，F不溶于浓硝酸，只能溶于王水中。请给出A～F所代表的物质并写出有关的反应方程式。

25. 暗绿色固体A不溶于水，将A溶于过量NaOH溶液可得化合物B。向B溶液加入H_2O_2得到黄色溶液C。向C中加入稀硫酸至酸性后转化为橙色溶液D。向酸化的D溶液中滴加Na_2SO_3溶液得到绿色溶液E。向E中加入氨水得灰蓝色沉淀F，F加热失水后又会得到A。请给出A～F所代表的物质并写出相关的反应方程式。

26. 一种固体混合物可能含有$AgNO_3$，CuS，$AlCl_3$，$KMnO_4$，K_2SO_4和$ZnCl_2$中的一种或几种。将此混合物置于水中，并用少量盐酸酸化，得白色沉淀和无色溶液。该白色沉淀可溶于氨水。将滤液分成两份，一份加入少量NaOH溶液有白色沉淀产生，再加入过量NaOH溶液则白色沉淀溶解；另一份加入少量氨水也能产生白色沉淀，当加入过量氨水时白色沉淀溶解。根据上述现象判断在混合物中哪些化合物肯定存在，哪些肯定不存在，哪些可能存在并说明理由。

习题参考答案

附　录

一、一些基本物理常数

真空中的光速	$c=2.99792458\times10^{8}\ \mathrm{m\cdot s^{-1}}$
电子的电荷	$e=1.60217733\times10^{-19}\mathrm{C}$
原子质量单位	$u=1.6605402\times10^{-27}\ \mathrm{kg}$
质子净质量	$m_{\mathrm{p}}=1.6726231\times10^{-27}\ \mathrm{kg}$
中子净质量	$m_{\mathrm{n}}=1.674927211\times10^{-27}\ \mathrm{kg}$
电子净质量	$m_{\mathrm{e}}=9.1093897\times10^{-31}\ \mathrm{kg}$
摩尔气体常数	$R=8.314510\ \mathrm{J\cdot mol^{-1}\cdot K^{-1}}$
阿伏伽德罗常数	$N_{\mathrm{A}}=6.0221367\times10^{23}\ \mathrm{mol^{-1}}$
里德伯常量	$R_{\infty}=1.0973731534\times10^{7}\ \mathrm{m^{-1}}$
法拉第常数	$F=9.6485309\times10^{4}\ \mathrm{C\cdot mol^{-1}}$
普朗克常量	$h=6.6260755\times10^{-34}\ \mathrm{J\cdot s}$
玻尔兹曼常量	$k=1.380658\times10^{-23}\ \mathrm{J\cdot K^{-1}}$
电子伏特	$\mathrm{eV}=1.60217733\times10^{-19}\ \mathrm{J}$

二、元素的原子半径(单位:pm)

IA	IIA	IIIB	IVB	VB	VIB	VIIB	VIII			IB	IIB	IIIA	IVA	VA	VIA	VIIA	0
H 37																	He 122
Li 152	Be 111											B 91	C 77	N 71	O 60	F 67	Ne 160
Na 186	Mg 160											Al 143	Si 117	P 110	S 104	Cl 99	Ar 191
K 231	Ca 197	Sc 161	Ti 145	V 131	Cr 125	Mn 118	Fe 124	Co 125	Ni 126	Cu 128	Zn 133	Ga 123	Ge 122	As 121	Se 117	Br 114	Kr 198
Rb 243	Sr 215	Y 180	Zr 160	Nb 147	Mo 136	Tc 135	Ru 133	Rh 135	Pd 138	Ag 144	Cd 149	In 151	Sn 140	Sb 145	Te 137	I 133	Xe 217
Cs 265	Ba 217	La 187	Hf 156	Ta 143	W 137	Re 138	Os 134	Ir 136	Pt 139	Au 144	Hg 151	Tl 170	Pb 175	Bi 155	Po 167	At 145	Rn
Fr 270	Ra 220	Ac 188															

Ce	Pr	Nd	Pm	Sm	Eu	Gd	Tb	Dy	Ho	Er	Tm	Yb	Lu
183	182	181	181	180	199	179	176	175	174	173	173	194	172
Th	Pa	U	Np	Pu	Am	Cm	Bk	Cf	Es	Fm	Md	No	Lr
179	161	158	155	153	151	99	154	183					

说明:金属原子为金属半径;非金属原子为共价半径(单键);稀有气体为范德华半径。

三、元素的第一电离能(单位:kJ·mol^{-1})

ⅠA	ⅡA	ⅢB	ⅣB	ⅤB	ⅥB	ⅦB	Ⅷ			ⅠB	ⅡB	ⅢA	ⅣA	ⅤA	ⅥA	ⅦA	0
H 1374.8																	He 2485.7
Li 545.1	Be 942.6											B 838.9	C 1138.4	N 1469.4	O 1376.8	F 1761.5	Ne 2180.2
Na 519.6	Mg 773.0											Al 605.2	Si 824.2	P 1060.2	S 1047.4	Cl 1311.1	Ar 1593.3
K 438.9	Ca 618.0	Sc 663.3	Ti 690.3	V 682.0	Cr 684.1	Mn 751.8	Fe 800.7	Co 796.8	Ni 772.4	Cu 781.1	Zn 949.7	Ga 606.5	Ge 798.6	As 989.7	Se 985.9	Br 1194.4	Kr 1415.4
Rb 422.3	Sr 575.8	Y 628.5	Zr 670.7	Nb 683.3	Mo 717.0	Tc 736.0	Ru 744.2	Rh 754.1	Pd 842.9	Ag 765.9	Cd 909.3	In 585.0	Sn 742.5	Sb 870.3	Te 910.9	I 1056.6	Xe 1226.3
Cs 393.7	Ba 526.9	La 563.8	Hf 690.0	Ta 763.3	W 795.0	Re 792.0	Os 853.1	Ir 906.0	Pt 905.8	Au 932.7	Hg 1055.3	Tl 617.5	Pb 749.8	Bi 736.6	Po 850.6	At —	Rn 1086.7
Fr 411.8	Ra 533.6	Ac 522.7															

Ce 560.0	Pr 533.3	Nd 558.6	Pm 564.3	Sm 570.6	Eu 573.2	Gd 621.8	Tb 592.8	Dy 600.4	Ho 608.7	Er 617.5	Tm 625.2	Yb 632.3	Lu 548.6
Th 637.6	Pa 595.5	U 626.2	Np 633.5	Pu 609.2	Am 604.0	Cm 605.7	Bk 626.0	Cf 635.1	Es 649.1	Fm 657.2	Md 665.2	No 672.3	Lr 495.4

本数据摘自 David R Lide. CRC Handbook of Chemistry and Physics. 90th ed. 2009—2010.

四、一些元素的电子亲和能(单位:kJ·mol^{-1})

ⅠA	ⅡA	ⅢB	ⅣB	ⅤB	ⅥB	ⅦB	Ⅷ			ⅠB	ⅡB	ⅢA	ⅣA	ⅤA	ⅥA	ⅦA	0
H 76.2																	He NS
Li 62.5	Be NS											B 28.3	C 127.6	N NS	O 147.7	F 343.8	Ne NS
Na 55.4	Mg NS											Al 43.8	Si 138.5	P 75.5	S 210.0	Cl 365.3	Ar NS
K 50.7	Ca 2.5	Sc 19.0	Ti 8.0	V 53.1	Cr 67.3	Mn NS	Fe 15.3	Co 66.9	Ni 116.9	Cu 124.9	Zn NS	Ga 43.5	Ge 124.7	As 82.3	Se 204.3	Br 340.1	Kr NS
Rb 49.1	Sr 4.9	Y 31.0	Zr 43.1	Nb 90.3	Mo 75.6	Tc 55.6	Ru 106.2	Rh 115.0	Pd 56.8	Ag 133.5	Cd NS	In 30.3	Sn 112.4	Sb 105.8	Te 199.3	I 309.3	Xe NS
Cs 47.7	Ba 14.7	La 47.5	Hf —	Ta 32.6	W 82.4	Re 15.2	Os 111.2	Ir 158.1	Pt 215.1	Au 233.4	Hg NS	Tl 20.2	Pb 36.8	Bi 95.2	Po 192.1	At 283.1	Rn NS
Fr 46.5	Ra 10.1	Ac 35.4															

Ce	Pr	Nd	Pm	Sm	Eu	Gd	Tb	Dy	Ho	Er	Tm	Yb	Lu
96.5	97.3	—	—	—	87.4	—	—	—	—	—	104.0	—	34.4
Th	Pa	U	Np	Pu	Am	Cm	Bk	Cf	Es	Fm	Md	No	Lr
—	—	—	—	—	—	—	—	—	—	—	—	—	—

说明:"NS"表示"不稳定";"—"表示"未测得"。

本数据摘自 David R Lide. CRC Handbook of Chemistry and Physics. 90th ed. 2009—2010.

五、元素的电负性

IA																	0
H 2.2	IIA											IIIA	IVA	VA	VIA	VIIA	He NS
Li 0.98	Be 1.57											B 2.04	C 2.55	N 3.04	O 3.44	F 3.98	Ne —
Na 0.93	Mg 1.31	IIIB	IVB	VB	VIB	VIIB	VIII			IB	IIB	Al 1.61	Si 1.90	P 2.19	S 2.58	Cl 3.16	Ar —
K 0.82	Ca 1.00	Sc 1.36	Ti 1.54	V 1.63	Cr 1.66	Mn 1.55	Fe 1.83	Co 1.88	Ni 1.91	Cu 1.90	Zn 1.65	Ga 1.81	Ge 2.01	As 2.18	Se 2.55	Br 2.96	Kr —
Rb 0.79	Sr 0.95	Y 1.22	Zr 1.33	Nb 1.6	Mo 2.16	Tc 2.10	Ru 2.2	Rh 2.28	Pd 2.20	Ag 1.93	Cd 1.69	In 1.78	Sn 1.96	Sb 2.05	Te 2.1	I 2.66	Xe —
Cs 0.79	Ba 0.89	La 1.10	Hf 1.3	Ta 1.5	W 1.7	Re 1.9	Os 2.2	Ir 2.2	Pt 2.4	Au 2.4	Hg 1.9	Tl 1.8	Pb 1.8	Bi 1.9	Po 2.0	At 2.2	Rn —
Fr 0.7	Ra 0.9	Ac 1.1															

Ce 1.12	Pr 1.13	Nd 1.14	Pm —	Sm 1.17	Eu —	Gd 1.20	Tb —	Dy 1.22	Ho 1.23	Er 1.24	Tm 1.25	Yb —	Lu 1.0
Th 1.3	Pa 1.5	U 1.7	Np 1.3	Pu 1.3	Am 1.3	Cm 1.3	Bk 1.3	Cf 1.3	Es 1.3	Fm 1.3	Md 1.3	No 1.3	Lr —

本表数据摘自 James G Speight. Lange's Handbook of Chemistry. 16th ed. 2005.

六、常见化学键的键能(单位:kJ·mol^{-1},298.15 K)

		H	C	N	O	F	Si	P	S	Cl	Br	I
单键	H	436										
	C	415	346									
	N	389	293	159								
	O	465	343	201	138							
	F	565	486	272	184	156						
	Si	320	281	—	368	540	197					
	P	318	264	300	352	490	214	214				
	S	364	289	247	—	340	226	230	264			
	Cl	431	327	201	205	252	360	318	272	243		
	Br	366	276	243	—	280	289	272	214	218	193	
	I	299	239	201	201	271	214	214	—	211	179	151

双键	C=C	612	C=N	615	C=O	743	C=S	578
	N=N	419	O=O	498	O=S	518	S=S	425
三键	C≡C	835	C≡N	890	C≡O	1074	N≡N	945

七、鲍林离子半径(单位:pm)

H^-	154	Be^{2+}	45	Ga^{3+}	62
F^-	133	Mg^{2+}	72	In^{3+}	80
Cl^-	181	Ca^{2+}	100	Tl^{3+}	88.5
Br^-	196	Sr^{2+}	118	Fe^{3+}	64.5(HS)55(LS)
I^-	220	Ba^{2+}	136	Cr^{3+}	61.5
		Ra^{2+}	148		
O^{2-}	140	Zn^{2+}	74	C^{4+}	16
S^{2-}	184	Cd^{2+}	95	Si^{4+}	40
Se^{2-}	198	Hg^{2+}	102	Ti^{4+}	60.5
Te^{2-}	221	Pb^{2+}	119	Zr^{4+}	72
		Mn^{2+}	83(HS)67(LS)	Ce^{4+}	87
Li^+	76	Fe^{2+}	78(HS)61(LS)	Ge^{4+}	53
Na^+	102	Co^{2+}	74.5(HS)65(LS)	Sn^{4+}	69
K^+	138	Ni^{2+}	69	Pb^{4+}	78
Rb^+	152	Cu^{2+}	73		
Cs^+	167				
Cu^+	77	B^{3+}	27		
Ag^+	115	Al^{3+}	53.5		
Au^+	137	Sc^{3+}	74.5		
Tl^+	150	Y^{3+}	90		
NH_4^+	146	La^{3+}	103.2		

八、一些物质的 $\Delta_f H_m^\ominus$、$\Delta_f G_m^\ominus$ 和 $S_m^\ominus$(298.15 K,100 kPa)

物质	$\Delta_f H_m^\ominus/(kJ\cdot mol^{-1})$	$\Delta_f G_m^\ominus/(kJ\cdot mol^{-1})$	$S_m^\ominus/(J\cdot K^{-1}\cdot mol^{-1})$
$Ag(s)$	0	0	42.6
$Ag^+(aq)$	105.6	77.1	72.7
$AgCl(s)$	−127.0	−109.8	96.3
$AgBr(s)$	−100.4	−96.9	107.1
$AgI(s)$	−61.8	−66.2	115.5
$AgNO_3(s)$	−124.4	−33.4	140.9
$Ag_2O(s)$	−31.1	−11.2	121.3
$Ag_2CO_3(s)$	−505.8	−436.8	167.4
$Ag_2CrO_4(s)$	−731.7	−641.8	217.6
$Al(s)$	0	0	28.3
Al_2O_3(s,刚玉)	−1675.7	−1582.3	50.9
$Al^{3+}(aq)$	−531.0	−485.0	−321.7
$AsH_3(g)$	66.4	68.9	222.8
$AsF_3(l)$	−821.3	−774.2	181.2
$As_4O_6(s)$	−1313.9	−1152.4	214.2
$Au(s)$	0	0	47.4
$B(s)$	0	0	5.9
$B_2H_6(g)$	36.4	87.6	232.1
$B_2O_3(s)$	−1273.5	−1194.3	54.0
$B(OH)_4^-(aq)$	−1344.0	−1153.2	102.5
$H_3BO_3(s)$	−1094.3	−968.9	90.0
$Ba(s)$	0	0	62.5
$Ba^{2+}(aq)$	−537.6	−560.8	9.6
$BaO(s)$	−548.0	−520.3	72.1
$BaCO_3(s)$	−1213.0	−1134.4	112.1
$BaSO_4(s)$	−1473.2	−1362.2	132.2
$Br_2(g)$	30.9	3.1	245.5
$Br_2(l)$	0	0	152.2
$Br^-(aq)$	−121.6	−104.0	82.4
$HBr(g)$	−36.3	−53.4	198.7

续表

物质	$\Delta_f H_m^\ominus/(kJ \cdot mol^{-1})$	$\Delta_f G_m^\ominus/(kJ \cdot mol^{-1})$	$S_m^\ominus/(J \cdot K^{-1} \cdot mol^{-1})$
C(s,金刚石)	1.9	2.9	2.4
C(s,石墨)	0	0	5.7
$CH_4(g)$	−74.6	−50.5	186.3
$C_2H_4(g)$	52.4	68.4	219.3
$C_2H_6(g)$	−84.0	−32.0	229.2
$C_2H_2(g)$	227.4	209.9	200.4
$CH_2O(g)$	−108.6	−102.5	218.8
$CH_3OH(g)$	−201.0	−162.3	239.9
$CH_3OH(l)$	−239.2	−166.6	126.8
$CH_3CHO(g)$	−166.2	−133.0	263.8
$C_2H_5OH(g)$	−234.8	−167.9	281.6
$C_2H_5OH(l)$	−277.6	−174.8	160.7
$CH_3COOH(l)$	−484.3	−389.9	159.8
$C_6H_{12}O_6$(s,葡萄糖)	−1273.2	−910.5	212.1
$CO(g)$	−110.5	−137.2	197.7
$CO_2(g)$	−393.5	−394.4	213.8
$Ca(s)$	0	0	41.6
$Ca^{2+}(aq)$	−542.8	−553.6	−53.1
$CaO(s)$	−634.9	−603.3	38.1
$CaCO_3$(s,方解石)	−1207.6	−1129.1	91.7
$Ca(OH)_2(s)$	−985.2	897.5	83.4
$CaSO_4(s)$	−1434.5	−1322.0	106.5
$CaSO_4 \cdot 1/2H_2O(s)$	−1577.0	−1436.7	130.5
$CaSO_4 \cdot 2H_2O(s)$	−2022.6	−1797.3	194.1
$Ce^{3+}(aq)$	−696.2	−672.0	−205.0
$CeO_2(s)$	−1088.7	−1024.6	62.3
$Cl_2(g)$	0	0	223.1
$Cl^-(aq)$	−167.2	−131.3	56.5
$ClO^-(aq)$	−107.1	−36.8	42.0
$HCl(g)$	−92.3	−95.3	186.9
HClO(aq,非解离)	−120.9	−79.9	142.0
$Co(s)$	0	0	30.0

续表

物质	$\Delta_f H_m^\ominus/(kJ \cdot mol^{-1})$	$\Delta_f G_m^\ominus/(kJ \cdot mol^{-1})$	$S_m^\ominus/(J \cdot K^{-1} \cdot mol^{-1})$
$Co^{2+}(aq)$	−58.2	−54.4	−113.0
$CoCl_2(s)$	−312.5	−269.8	109.2
$Cr(s)$	0	0	23.8
$CrO_4^{2-}(aq)$	−881.2	−727.8	50.2
$Cr_2O_7^{2-}(aq)$	−1490.3	−1301.1	261.9
$Cr_2O_3(s)$	−1139.7	−1058.1	81.2
$CrO_3(s)$	−589.5	−506.3	—
$Cu(s)$	0	0	33.2
$Cu^{+}(aq)$	71.7	50.0	40.6
$Cu^{2+}(aq)$	64.8	65.5	−99.6
$Cu_2O(s)$	−168.6	−146.0	93.1
$CuO(s)$	−157.3	−129.7	42.6
$CuSO_4(s)$	−771.4	−662.2	109.2
$CuSO_4 \cdot 5H_2O(s)$	−2279.7	−1880.0	300.4
$F_2(g)$	0	0	202.8
$F^{-}(aq)$	−332.6	−278.8	−13.8
$HF(g)$	−273.3	−275.4	173.8
$Fe(s)$	0	0	27.3
$Fe^{2+}(aq)$	−89.1	−78.9	−137.7
$Fe^{3+}(aq)$	−48.5	−4.7	−315.9
$FeO(s)$	−272.0	—	—
$Fe_2O_3(s)$	−824.2	−742.2	87.4
$Fe_3O_4(s)$	−1118.4	−1015.4	146.4
$Fe(OH)_2(s)$	−569.0	−486.5	88
$Fe(OH)_3(s)$	−823.0	−696.5	106.7
$H_2(g)$	0	0	130.7
$H^{+}(aq)$	0	0	0
$H_2O(g)$	−241.8	−228.6	188.8
$H_2O(l)$	−285.8	−237.1	69.9
$H_2O_2(l)$	−187.8	−120.4	109.6
$OH^{-}(aq)$	−230.0	−157.2	−10.8
$Hg(l)$	0	0	75.9

续表

物质	$\Delta_f H_m^{\ominus}/(kJ \cdot mol^{-1})$	$\Delta_f G_m^{\ominus}/(kJ \cdot mol^{-1})$	$S_m^{\ominus}/(J \cdot K^{-1} \cdot mol^{-1})$
Hg^{2+}(aq)	171.1	164.4	−32.2
Hg_2^{2+}(aq)	172.4	153.5	84.5
HgO(s,红色)	−90.8	−58.5	70.3
HgO(s,黄色)	−90.5	−58.4	71.1
HgI_2(s,红色)	−105.4	−101.7	180.0
HgS(s,红色)	−58.2	−50.6	82.4
I_2(s)	0	0	116.1
I_2(g)	62.4	19.3	260.7
I^-(aq)	−55.2	−51.6	111.3
HI(g)	26.5	1.7	206.6
HIO_3(s)	−230.1	—	—
K(s)	0	0	64.7
K^+(aq)	−252.4	−283.3	102.5
KCl(s)	−436.5	−408.5	82.6
K_2O(s)	−361.5	—	—
K_2O_2(s)	−494.1	−425.1	102.1
Li^+(aq)	−278.5	−293.3	13.4
Li_2O(s)	−597.9	−561.2	37.6
Mg(s)	0	0	32.7
Mg^{2+}(aq)	−466.9	−454.8	−138.1
$MgCl_2$(s)	−641.3	591.8	89.6
MgO(s)	−601.6	−569.3	27.0
$Mg(OH)_2$(s)	−924.5	−833.5	63.2
$MgCO_3$(s)	−1095.8	−1012.1	65.7
Mn(s,α)	0	0	32.0
Mn^{2+}(aq)	−220.8	−228.1	−73.6
MnO_2(s)	−520.0	−465.9	53.1
N_2(g)	0	0	191.6
NH_3(g)	−45.9	−16.4	192.8
$NH_3 \cdot H_2O$(aq,非解离)	−366.1	−263.6	181.2
N_2H_4(g)	95.4	159.4	238.5
N_2H_4(l)	50.6	149.3	121.2

续表

物质	$\Delta_f H_m^\ominus/(kJ\cdot mol^{-1})$	$\Delta_f G_m^\ominus/(kJ\cdot mol^{-1})$	$S_m^\ominus/(J\cdot K^{-1}\cdot mol^{-1})$
$NH_4Cl(s)$	−314.4	−202.9	94.6
$NH_4NO_3(s)$	−365.6	−183.9	151.1
$(NH_4)_2SO_4(s)$	−1180.9	−901.7	220.1
NO(g)	91.3	87.6	210.8
$NO_2(g)$	33.2	51.3	240.1
$N_2O(g)$	81.6	103.7	220.0
$N_2O_4(g)$	11.1	99.8	304.2
$HNO_3(l)$	−174.1	−80.7	155.6
Na(s)	0	0	51.3
$Na^+(aq)$	−240.1	−261.9	59.0
NaCl(s)	−411.2	−384.1	72.1
$Na_2B_4O_7(s)$	−3291.1	−3096.0	189.5
$NaBO_2(s)$	−977.0	−920.7	73.5
$Na_2CO_3(s)$	−1130.7	−1044.4	135.0
$NaHCO_3(s)$	−950.8	−851.0	101.7
$NaNO_2(s)$	−358.7	−284.6	103.8
$NaNO_3(s)$	−467.9	−367.0	116.5
$Na_2O(s)$	−414.2	−375.5	75.1
$Na_2O_2(s)$	−510.9	−447.7	95.0
NaOH(s)	−425.6	−379.5	64.5
$O_2(g)$	0	0	205.2
$O_3(g)$	142.7	163.2	238.9
P(s,白)	0	0	41.0
$PCl_3(g)$	−287.0	−267.8	311.8
$PCl_5(g)$	−347.9	−305.0	364,6
P_4O_{10}(s,六方)	−2984.0	−2697.7	228.9
Pb(s)	0	0	64.8
$Pb^{2+}(aq)$	−1.7	−24.4	10.5
$PbCl_2(s)$	−359.4	−314.1	136.0
PbO(s,黄色)	−217.3	−187.9	68.7
PbO(s,红色)	−219.0	−188.9	66.5

续表

物质	$\Delta_f H_m^{\ominus}/(kJ \cdot mol^{-1})$	$\Delta_f G_m^{\ominus}/(kJ \cdot mol^{-1})$	$S_m^{\ominus}/(J \cdot K^{-1} \cdot mol^{-1})$
Pb_3O_4(s)	−718.4	−601.2	211.3
PbO_2(s)	−277.4	−217.3	68.6
PbS(s)	−100.4	−98.7	91.2
S(s,斜方)	0	0	32.1
S^{2}(aq)	33.1	85.8	−14.6
H_2S(g)	−20.6	−33.4	205.8
SO_2(g)	−296.8	−300.1	248.2
SO_3(g)	−395.7	−371.1	256.8
SO_3^{2-}(aq)	−635.5	−486.5	−29.0
SO_4^{2-}(aq)	−909.3	−744.5	20.1
Si(s)	0	0	18.8
SiO_2(s,石英)	−910.7	−856.3	41.5
SiF_4(g)	−1615.0	−1572.8	282.8
$SiCl_4$(l)	v687.0	−619.8	239.7
Sn(s,白色)	0	0	51.2
Sn(s,灰色)	−2.1	0.1	44.1
Sn^{2+}(aq)	−8.8	−27.2	−17.0
SnO(s)	−280.7	−251.9	57.2
SnO_2(s)	−577.6	−515.8	49.0
Sr^{2+}(aq)	−545.8	−559.5	−32.6
SrO(s)	−592.0	−561.9	54.4
$SrCO_3$(s)	−1220.1	−1140.1	97.1
Ti(s)	0	0	30.7
TiO_2(s,金红石)	−944.0	−888.8	50.6
$TiCl_4$(l)	−804.2	−737.2	252.2
V_2O_5(s)	−1550.6	−1419.5	131.0
WO_3(s)	−842.9	−764.0	75.9
Zn(s)	0	0	41.6
Zn^{2+}(aq)	−153.9	−147.1	−112.1
ZnO(s)	−350.5	−320.5	43.7
ZnS(s,闪锌矿)	−206.0	−210.3	57.7

本表数据主要摘自 David R Lide. CRC Handbook of Chemistry and Physics. 90th ed. 2009−2010.

九、一些弱酸和弱碱的标准解离常数(25 ℃)

弱酸	$K_a^\ominus$	$pK_a^\ominus$
HCN	6.17×10^{-10}	9.21
H_2CO_3	$K_{a_1}^\ominus=4.45\times10^{-7}$	6.35
	$K_{a_2}^\ominus=4.69\times10^{-11}$	10.33
HClO	2.90×10^{-8}	7.54
HF	6.31×10^{-4}	3.20
HNO_2	7.24×10^{-4}	3.14
H_2O_2	2.29×10^{-12}	11.64
H_3PO_4	$K_{a_1}^\ominus=7.11\times10^{-3}$	2.15
	$K_{a_2}^\ominus=6.34\times10^{-8}$	7.20
	$K_{a_3}^\ominus=4.79\times10^{-13}$	12.32
H_2S	$K_{a_1}^\ominus=1.07\times10^{-7}$	6.97
	$K_{a_2}^\ominus=1.26\times10^{-13}$	12.90
H_2SO_3	$K_{a_1}^\ominus=1.29\times10^{-2}$	1.89
	$K_{a_2}^\ominus=6.24\times10^{-8}$	7.20
H_2SO_4	$K_{a_2}^\ominus=1.02\times10^{-2}$	1.99
HCOOH	1.77×10^{-4}	3.75
CH_3COOH	1.75×10^{-5}	4.76
$H_2C_2O_4$(草酸)	$K_{a_1}^\ominus=5.36\times10^{-2}$	1.27
	$K_{a_2}^\ominus=5.35\times10^{-5}$	4.27
$C_3H_6O_3$(乳酸)	1.39×10^{-4}	3.86
弱碱	$K_b^\ominus$	$pK_b^\ominus$
NH_3	1.76×10^{-5}	4.75
CH_3NH_2(甲胺)	4.17×10^{-4}	3.38
$C_2H_5NH_2$(乙胺)	4.27×10^{-4}	3.37
C_5H_5N(吡啶)	1.48×10^{-9}	8.83
$C_6H_5NH_2$(苯胺)	4.27×10^{-4}	3.37

十、硬软酸碱分类

酸类	（硬）	H^+，Li^+，Na^+，K^+；Be^{2+}，Mg^{2+}，Ca^{2+}，Sr^{2+}，Mn^{2+}；Al^{3+}，Sc^{3+}，Ga^{3+}，In^{3+}，La^{3+}；Gd^{3+}，Lu^{3+}，Cr^{3+}，Co^{3+}，Fe^{3+}，As^{3+}，CH_3Sn^{3+}；Si^{4+}，Ti^{4+}，Zr^{4+}，Th^{4+}，U^{4+}，Pu^{4+}，Ce^{3+}，Hf^{4+}，WO^{4+}，Sn^{4+}；UO_2^{2+}；$(CH_3)_2Sn^{2+}$，VO^{2+}，MoO^{3+}，$Be(CH_3)_2$，BF_3，$B(OR)_3$；$Al(CH_3)_3$，$AlCl_3$，AlH_3，RPO_2^+；$ROPO_2^+$；RSO_2，$ROSO_2^+$，SO_3，RCO^+，CO_2，NC^+；I^{7+}，I^{5+}，Cl^{7+}，Cr^{6+}；HX（成氢键分子）
	（交界）	Fe^{2+}，Co^{2+}，Ni^{2+}，Cu^{2+}，Zn^{2+}，Pb^{2+}，Sn^{2+}，Sb^{3+}，Bi^{3+}，Rh^{3+}，Ir^{3+}，$B(CH_3)_3$，SO_2，NO^+，Ru^{2+}，Os^{2+}，R_3C^+，$C_6H_5^+$，GaH_3，Cr^{2+}
	（软）	Cu^+，Ag^+，Au^+，Tl^+，Hg^+，Pd^{2+}，Cd^{2+}，Pt^{2+}，Hg^{2+}，Tl^{3+}，$Tl(CH_3)_3$，CH_3Hg^+，$Co(CN)_5^{2-}$，Pt^{4+}，Te^{4+}，BH_3，$Ga(CH_3)_3$，$GaCl_3$，RS^+，RSe^+，RTe^+；I^+，Br^+，HO^+，RO^+；$InCl_3$，GaI_3，I_2，Br_2，ICN 等；三硝基苯等，氰乙烯等，醌类等，O，Cl，Br，I，N，RO，RO_2；CH_2；M^0（金属原子）
碱类	（硬）	H_2O，OH^-，O^{2-}，F^-，$CH_3CO_2^-$，PO_4^{3-}，SO_4^{2-}；Cl^-，CO_3^{2-}，NO_3^-，ROH，RO^-，R_2O；NH_3，RNH_2，N_2H_4
	（交界）	$C_6H_5NH_2$，C_5H_5N，N_3^-，Br^-，NO_2^-，SO_3^{2-}，N_2
	（软）	R_2S，RSH，RS^-；I^-，SCN^-，$S_2O_3^{2-}$，S^{2-}，R_3P，R_3As，$(RO)_3P$，CN^-，RNC，CO；C_2H_4，C_6H_6，H^-，R^-

十一、常用缓冲溶液 pH 范围

缓冲溶液	$pK_a^\ominus$	pH 有效范围
盐酸-甘氨酸（$HCl-NH_2CH_2COOH$）	2.4	1.4～3.4
盐酸-邻苯二甲酸氢钾[$HCl-C_6H_4(COO)_2HK$]	3.1	2.2～4.0
柠檬酸-氢氧化钠[$C_3H_5(COOH)_3-NaOH$]	2.9，4.1，5.8	2.2～6.5
蚁酸-氢氧化钠（$HCOOH-NaOH$）	3.8	2.8～4.6
醋酸-醋酸钠（$CH_3COOH-CH_3COONa$）	4.74	3.6～5.6
邻苯二甲酸氢钾-氢氧化钾[$C_6H_4(COO)_2HK-KOH$]	5.4	4.0～6.2
琥珀酸氢钠-琥珀酸钠 $NaOOCCH_2-CH_2COOH-NaOOCCH_2-CH_2COONa$	5.5	4.8～5.3
柠檬酸氢二钠-氢氧化钠[$C_3H_5(COO)_3HNa_2-NaOH$]	5.8	5.0～6.3
磷酸二氢钾-氢氧化钠（KH_2PO_4-NaOH）	7.2	5.8～8.0
磷酸二氢钾-硼砂（$KH_2PO_4-Na_2B_4O_7$）	7.2	5.8～9.2
磷酸二氢钾-磷酸氢二钾（$KH_2PO_4-K_2HPO_4$）	7.2	5.9～8.0
硼酸-硼砂（$H_3BO_3-Na_2B_4O_7$）	9.2	7.2～9.2
硼酸-氢氧化钠（H_3BO_3-NaOH）	9.2	8.0～10.0
甘氨酸-氢氧化钠（$NH_2CH_2COOH-NaOH$）	9.7	8.2～10.1
氯化铵-氨水（$NH_4Cl-NH_3\cdot H_2O$）	9.3	8.3～10.3
碳酸氢钠-碳酸钠（$NaHCO_3-Na_2CO_3$）	10.3	9.2～11.0
磷酸氢二钠-氢氧化钠（Na_2HPO_4-NaOH）	12.4	11.0～12.0

十二、一些配离子的标准稳定常数

配离子	$K^{\ominus}_{稳}$	$\lg K^{\ominus}_{稳}$	配离子	$K^{\ominus}_{稳}$	$\lg K^{\ominus}_{稳}$
$[CdCl_4]^{2-}$	6.31×10^{2}	2.80	$[HgI_4]^{2-}$	6.76×10^{29}	29.83
$[CuCl_3]^{2-}$	5.01×10^{5}	5.70	$[Ag(NH_3)_2]^{+}$	1.12×10^{7}	7.05
$[HgCl_4]^{2-}$	1.17×10^{15}	15.07	$[Cd(NH_3)_4]^{2+}$	1.32×10^{7}	7.12
$[PtCl_4]^{2-}$	1.00×10^{16}	16.00	$[Co(NH_3)_6]^{2+}$	1.29×10^{5}	5.11
$[SnCl_4]^{2-}$	3.02×10^{1}	1.48	$[Co(NH_3)_6]^{3+}$	1.58×10^{35}	35.2
$[ZnCl_4]^{2-}$	1.58	0.20	$[Cu(NH_3)_6]^{+}$	7.24×10^{10}	10.86
$[Ag(CN)_2]^{-}$	1.26×10^{21}	21.10	$[Cu(NH_3)_4]^{2+}$	2.09×10^{13}	13.32
$[Au(CN)_2]^{-}$	2.00×10^{38}	38.30	$[Ni(NH_3)_6]^{2+}$	5.50×10^{8}	8.74
$[Cd(CN)_4]^{2-}$	6.03×10^{18}	18.78	$[Pt(NH_3)_6]^{2+}$	2.00×10^{35}	35.3
$[Cu(CN)_2]^{-}$	1.00×10^{24}	24.00	$[Zn(NH_3)_4]^{2+}$	2.88×10^{9}	9.46
$[Cu(CN)_4]^{3-}$	2.00×10^{30}	30.30	$[Al(OH)_4]^{-}$	1.07×10^{33}	33.03
$[Fe(CN)_6]^{4-}$	1.00×10^{35}	35.00	$[Cd(OH)_4]^{2-}$	4.17×10^{8}	8.62
$[Fe(CN)_6]^{3-}$	1.00×10^{42}	42.00	$[Cr(OH)_4]^{-}$	7.94×10^{29}	29.9
$[Hg(CN)_4]^{2-}$	2.51×10^{41}	41.40	$[Cu(OH)_4]^{2-}$	3.16×10^{18}	18.5
$[Ni(CN)_4]^{2-}$	2.00×10^{31}	31.30	$[Ag(SCN)_2]^{-}$	3.72×10^{7}	7.57
$[Zn(CN)_4]^{2-}$	5.01×10^{16}	16.70	$[Co(SCN)_4]^{2-}$	1.00×10^{3}	3.00
$[Al(C_2O_3)_3]^{3-}$	2.00×10^{16}	16.30	$[Fe(SCN)]^{2+}$	8.91×10^{2}	2.95
$[Co(C_2O_3)_3]^{4-}$	5.01×10^{9}	9.70	$[Fe(SCN)_2]^{+}$	2.29×10^{3}	3.36
$[Cu(C_2O_3)_2]^{2-}$	3.16×10^{8}	8.50	$[Cu(SCN)_2]^{-}$	1.51×10^{5}	5.18
$[Fe(C_2O_3)_3]^{4-}$	1.66×10^{5}	5.22	$[Hg(SCN)_4]^{2-}$	1.70×10^{21}	21.23
$[Fe(C_2O_3)_3]^{3-}$	1.58×10^{20}	20.20	$[Ag(S_2O_3)_2]^{3-}$	2.88×10^{13}	13.46
$[AlF_6]^{3-}$	6.92×10^{19}	19.84	$[Cu(S_2O_3)_2]^{3-}$	1.66×10^{12}	12.22
$[FeF]^{2+}$	1.91×10^{5}	5.28	$[Ag(en)_2]^{+}$	5.01×10^{7}	7.70
$[FeF_2]^{+}$	2.00×10^{9}	9.30	$[Co(en)_3]^{2+}$	8.71×10^{13}	13.94
$[AgI_2]^{-}$	5.50×10^{11}	11.74	$[Co(en)_3]^{3+}$	4.90×10^{48}	48.69
$[CdI_4]^{2-}$	2.57×10^{5}	5.41	$[Fe(en)_3]^{2+}$	5.01×10^{9}	9.70
$[CuI_2]^{-}$	7.08×10^{8}	8.85	$[Ni(en)_3]^{2+}$	2.14×10^{18}	18.33
$[PbI_4]^{2-}$	2.95×10^{4}	4.47	$[Zn(en)_3]^{2+}$	1.29×10^{14}	14.11

十三、金属离子与氨羧配位剂形成的配合物标准稳定常数的对数值

金属离子	EDTA	EGTA	HEDTA
Ag^{+}	7.3		
Al^{3+}	16.1		
Ba^{2+}	7.8	8.4	6.2
Bi^{3+}	27.9		
Ca^{2+}	10.7	11.0	8.0
Ce^{3+}	16.0		
Cd^{2+}	16.5	15.6	13.0
Co^{2+}	16.3	12.3	14.4
Co^{3+}	36		
Cu^{2+}	18.8	17.0	17.4
Fe^{2+}	14.3		12.2
Fe^{3+}	25.1		19.8
Hg^{2+}	21.8	23.2	20.1
La^{3+}	15.4	15.6	13.2
Mg^{2+}	8.7	5.2	5.2
Mn^{2+}	14.0	11.5	10.7
Ni^{2+}	18.6	12.0	17.0
Pb^{2+}	18.0	13.0	15.5
Sn^{2+}	22.1		
Sr^{2+}	8.6	8.5	6.8
Th^{4+}	23.2		
Ti^{3+}	21.3		
TiO^{2+}	17.3		
Zn^{2+}	16.5	12.8	14.5

十四、一些金属离子在不同 pH 时的 $\lg\alpha_{M(OH)}$ 值

金属离子	离子强度	pH													
		1	2	3	4	5	6	7	8	9	10	11	12	13	14
Al^{3+}	2					0.4	1.3	5.3	9.3	13.3	17.3	21.3	25.3	29.3	33.3
Bi^{3+}	3	0.1	0.5	1.4	2.4	3.4	4.4	5.4							
Ca^{2+}	0.1													0.3	1.0
Cd^{2+}	3									0.1	0.5	2.0	4.5	8.1	12.0
Co^{2+}	0.1								0.1	0.4	1.1	2.2	4.2	7.2	10.2
Cu^{2+}	0.1								0.2	0.8	1.7	2.7	3.7	4.7	5.7
Fe^{2+}	1									0.1	0.6	1.5	2.5	3.5	4.5
Fe^{3+}	3			0.4	1.8	3.7	5.7	7.7	9.7	11.7	13.7	15.7	17.7	19.7	21.7
Hg^{2+}	0.1			0.5	1.9	3.9	5.9	7.9	9.9	11.9	13.9	15.9	17.9	19.9	21.9
La^{3+}	3										0.3	1.0	1.9	2.9	3.9
Mg^{2+}	0.1											0.1	0.5	1.3	2.3
Mn^{2+}	0.1										0.1	0.5	1.4	2.4	3.4
Ni^{2+}	0.1									0.1	0.7	1.6			
Pb^{2+}	0.1							0.1	0.5	1.4	2.7	4.7	7.4	10.4	13.4
Th^{4+}	1				0.2	0.8	1.7	2.7	3.7	4.7	5.7	6.7	7.7	8.7	9.7
Zn^{2+}	0.1									0.2	2.4	5.4	8.5	11.8	15.5

十五、一些难溶电解质的溶度积

化合物	$K_{sp}^{\ominus}$	$pK_{sp}^{\ominus}$	化合物	$K_{sp}^{\ominus}$	$pK_{sp}^{\ominus}$
AgBr	5.35×10^{-13}	12.27	$Al(OH)_3$	1.3×10^{-33}	32.89
AgCl	1.77×10^{-10}	9.75	$BaCO_3$	2.58×10^{-9}	8.59
AgCN	5.97×10^{-17}	16.22	$BaC_2O_4\cdot H_2O$	2.3×10^{-8}	7.64
Ag_2CO_3	8.46×10^{-12}	11.07	$BaCrO_4$	1.17×10^{-10}	9.93
$Ag_2C_2O_4$	5.40×10^{-12}	11.27	BaF_2	1.84×10^{-7}	6.74
Ag_2CrO_4	1.12×10^{-12}	11.95	$BaSO_4$	1.08×10^{-10}	9.97
AgI	8.52×10^{-17}	16.07	$Be(OH)_2$	6.92×10^{-22}	21.16
$AgIO_3$	3.17×10^{-8}	7.50	$CaCO_3$	2.8×10^{-9}	8.54
AgOH	2.0×10^{-8}	7.71	$CaC_2O_4\cdot H_2O$	2.32×10^{v9}	8.63
Ag_3PO_4	8.89×10^{-17}	16.05	CaF_2	5.3×10^{-9}	8.28
Ag_2S	6.3×10^{-50}	49.20	$Ca(OH)_2$	5.5×10^{-6}	5.26
AgSCN	1.03×10^{-12}	11.99	$Ca_3(PO_4)_2$	2.07×10^{-29}	28.68
Ag_2SO_3	1.50×10^{-14}	13.82	$CaSO_4$	4.93×10^{-5}	4.31
Ag_2SO_4	1.20×10^{-5}	4.92	$CaSO_4\cdot 2H_2O$	3.14×10^{-5}	4.50
$CdCO_3$	1.0×10^{-12}	12.00	$MgCO_3$	6.82×10^{-6}	5.17
$Cd(OH)_2$	7.2×10^{-15}	14.14	$MgC_2O_4\cdot 2H_2O$	4.83×10^{-6}	5.32
CdS	8.0×10^{-27}	26.10	MgF_2	5.16×10^{-11}	10.29
$Co(OH)_2$	5.92×10^{-15}	14.23	$Mg(OH)_2$	5.61×10^{-12}	11.25
α - CoS	4.0×10^{-21}	20.40	$MgNH_4PO_4$	2.5×10^{-13}	12.60
β - CoS	2.0×10^{-25}	24.70	$Mn(OH)_2$	1.9×10^{-13}	12.72
$Co(OH)_3$	1.6×10^{-44}	43.80	MgS(无定形)	2.5×10^{-10}	9.6
$Cr(OH)_3$	6.3×10^{-31}	30.20	MnS(晶形)	2.5×10^{-13}	12.60
CuCl	1.72×10^{-7}	6.76	$NiCO_3$	1.42×10^{-7}	6.85
CuCN	3.47×10^{-20}	19.46	$Ni(OH)_2$	5.48×10^{-16}	15.26
CuI	1.27×10^{-12}	11.90	α - NiS	3.2×10^{-19}	18.50
Cu_2S	2.5×10^{-48}	47.60	β - NiS	2.5×10^{-22}	21.60
CuSCN	1.77×10^{-13}	12.75	$PbCO_3$	7.40×10^{v14}	13.13
CuC_2O_4	4.43×10^{-10}	9.35	$PbCl_2$	1.70×10^{-5}	4.77
$Cu(OH)_2$	2.2×10^{-20}	19.66	$PbCrO_4$	2.8×10^{-13}	12.55
$Cu_3(PO_4)_2$	1.40×10^{-37}	36.85	PbF_2	3.3×10^{-8}	7.48
CuS	6.3×10^{-36}	35.20	PbI_2	9.8×10^{-9}	8.01
$FeCO_3$	3.13×10^{-11}	10.50	$Pb(OH)_2$	1.43×10^{-15}	14.84
$Fe(OH)_2$	4.87×10^{-17}	16.31	PbS	8.0×10^{-28}	27.10
FeS	6.3×10^{-18}	17.20	$PbSO_4$	2.53×10^{-8}	7.60
$Fe(OH)_3$	2.79×10^{-39}	38.55	$Sn(OH)_2$	5.45×10^{-28}	27.26
Hg_2Cl_2	1.43×10^{-18}	17.84	SnS	1.0×10^{-25}	25.00
Hg_2CO_3	3.6×10^{-17}	16.44	$SrCO_3$	5.60×10^{-10}	9.25
Hg_2I_2	5.2×10^{-29}	28.72	$SrSO_4$	3.44×10^{-7}	6.46
Hg_2SO_4	6.5×10^{-7}	6.19	TlCl	1.86×10^{-4}	3.73
$HgBr_2$	6.2×10^{-20}	19.21	TlI	5.54×10^{-8}	7.26
HgI_2	2.9×10^{-29}	28.54	$ZnCO_3$	1.46×10^{v10}	9.84
HgS(红)	4.0×10^{-53}	52.40	$Zn(OH)_2$	3.0×10^{-17}	16.52
HgS(黑)	1.6×10^{-52}	51.80	α - ZnS	1.6×10^{-24}	23.80
LiF	1.84×10^{-3}	2.74	β - ZnS	2.5×10^{-22}	21.60
Li_3PO_4	2.37×10^{-11}	10.63			

十六、标准电极电势(298.15 K)

(一)在酸性溶液中(酸表)

电极反应	$\varphi^{\ominus}$/V
$Li^{+}+e^{-}=Li$	−3.045
$K^{+}+e^{-}=K$	−2.925
$Rb^{+}+e^{-}=Rb$	−2.924
$Cs^{+}+e^{-}=Cs$	−2.923
$Ba^{2+}+2e^{-}=Ba$	−2.92
$Sr^{2+}+2e^{-}=Sr$	−2.89
$Ca^{2+}+2e^{-}=Ca$	−2.84
$Na^{+}+e^{-}=Na$	−2.714
$La^{3+}+3e^{-}=La$	−2.38
$Mg^{2+}+2e^{-}=Mg$	−2.356
$Ce^{3+}+3e^{-}=Ce$	−2.34
$[AlF_6]^{3-}+3e^{-}=Al+6F^{-}$	−2.07
$Sc^{3+}+3e^{-}=Sc$	−2.03
$Be^{2+}+2e^{-}=Be$	−1.99
$Al^{3+}+3e^{-}=Al$	−1.67
$Ti^{2+}+2e^{-}=Ti$	−1.63
$[SiF_6]^{2-}+4e^{-}=Si+6F^{-}$	−1.37
$Mn^{2+}+2e^{-}=Mn$	−1.17
$V^{2+}+2e^{-}=2V$	−1.13
$SiO_2+4H^{+}+4e^{-}=Si+2H_2O$	−0.909
$H_3BO_3+3H^{+}+3e^{-}=B+3H_2O$	−0.890
$TiO^{2+}+2H^{+}+4e^{-}=Ti+H_2O$	−0.86
$Zn^{2+}+2e^{-}=Zn$	−0.7626
$Cr^{3+}+3e^{-}=Cr$	−0.74
$2CO_2+2H^{+}+2e^{-}=H_2C_2O_4$	−0.481
$Fe^{2+}+2e^{-}=Fe$	−0.440
$Cr^{3+}+e^{-}=Cr^{2+}$	−0.424
$Cd^{2+}+2e^{-}=Cd$	−0.4025
$Ti^{3+}+e^{-}=Ti^{2+}$	−0.37

续表

电极反应	$\varphi^{\ominus}/V$
$PbI_2+2e^-=Pb+2I^-$	−0.365
$PbSO_4+2e^-=Pb+SO_4^{2-}$	−0.356
$PbBr_2+2e^-=Pb+2Br^-$	−0.280
$Co^{2+}+2e^-=Co$	−0.277
$PbCl_2+2e^-=Pb+2Cl^-$	−0.268
$Ni^{2+}+2e^-=Ni$	−0.257
$V^{3+}+e^-=V^{2+}$	−0.255
$VO_2^++4H^++5e^-=V+2H_2O$	−0.255
$[SnF_6]^{2-}+4e^-=Sn+6F^-$	−0.200
$AgI+e^-=Ag+I^-$	−0.1522
$Sn^{2+}+2e^-=Sn$	−0.136
$Pb^{2+}+2e^-=Pb$	−0.125
$2H^++2e^-=H_2$	0.00
$[Ag(S_2O_3)_2]^{3-}+e^-=Ag+2S_2O_3^{2-}$	0.033
$AgBr+e^-=Ag+Br^-$	0.0711
$S_4O_6^{2-}+2e^-=2S_2O_3^{2-}$	0.080
$TiO^{2+}+2H^++e^-=Ti^{3+}+H_2O$	0.100
$S+2H^++2e^-=H_2S$	0.144
$Sn^{4+}+2e^-=Sn^{2+}$	0.151
$SO_4^{2-}+4H^++2e^-=SO_2(aq)+H_2O$	0.158
$Cu^{2+}+e^-=Cu^+$	0.159
$AgCl+e^-=Ag+Cl^-$	0.2233
$Hg_2Cl_2+2e^-=2Hg+2Cl^-$	0.2682
$VO^{2+}+2H+e^-=V^{3+}+H_2O$	0.337
$Cu^{2+}+2e^-=Cu$	0.340
$[Fe(CN)_6]^{3-}+e^-=[Fe(CN)_6]^{4-}$	0.361
$2H_2SO_3+2H^++4e^-=S_2O_3^{2-}+3H_2O$	0.400
$Ag_2CrO_4+2e^-=2Ag+CrO_4^{2-}$	0.447
$2H_2SO_3+4H^++4e^-=S+3H_2O$	0.449*
$Cu^++e^-=Cu$	0.53
$I_2+2e^-=2I^-$	0.536
$MnO_4^-+e^-=MnO_4^{2-}$	0.56
$H_3AsO_4+2H^++2e^-=H_3AsO_3+H_2O$	0.560
$2HgCl_2+2e^-=Hg_2Cl_2+2Cl^-$	0.63
$O_2+2H^++2e^-=H_2O_2$	0.695
$[PtCl_4]^{2-}+2e^-=Pt+4Cl^-$	0.758

续表

电极反应	$\varphi^{\ominus}$/V
$Fe^{3+}+e^{-}=Fe^{2+}$	0.771
$Hg_2^{2+}+2e^{-}=2Hg$	0.7960
$Ag^{+}+e^{-}=Ag$	0.7991
$NO_3^{-}+2H^{+}+e^{-}=NO_2+H_2O$	0.803
$2Hg^{2+}+2e^{-}=Hg_2^{2+}$	0.911
$NO_3^{-}+3H^{+}+2e^{-}=HNO_2+H_2O$	0.94
$NO_3^{-}+4H^{+}+3e^{-}=NO+2H_2O$	0.96
$HNO_2+H^{+}+e^{-}=NO+H_2O$	0.996
$VO_2^{+}+2H^{+}+e^{-}=VO^{2+}+H_2O$	1.000
$[AuCl_4]^{-}+3e^{-}=Au+4Cl^{-}$	1.002
$Br_2(aq)+2e^{-}=2Br^{-}$	1.087
$Cu^{2+}+2CN^{-}+e^{-}=Cu(CN)_2^{-}$	1.12
$SeO_4^{2-}+4H^{+}+2e^{-}=H_2SeO_3+H_2O$	1.151
$Pt^{2+}+2e^{-}=Pt$	1.18
$ClO_3^{-}+3H^{+}+2e^{-}=HClO_2+H_2O$	1.181
$2IO_3^{-}+12H^{+}+10e^{-}=I_2+6H_2O$	1.195
$ClO_4^{-}+2H^{+}+2e^{-}=ClO_3^{-}+H_2O$	1.201
$O_2+4H^{+}+4e^{-}=2H_2O$	1.229
$MnO_2+4H^{+}+2e^{-}=Mn^{2+}+2H_2O$	1.23
$Cr_2O_7^{2-}+14H^{+}+6e^{-}=2Cr^{3+}+7H_2O$	1.332
$Cl_2+2e^{-}=2Cl^{-}$	1.36
$2HIO+2H^{+}+2e^{-}=I_2+2H_2O$	1.45
$PbO_2+4H^{+}+2e^{-}=Pb^{2+}+2H_2O$	1.46
$2BrO_3^{-}+12H^{+}+10e^{-}=Br_2+6H_2O$	1.5
$Mn^{3+}+e^{-}=Mn^{2+}$	1.5
$MnO_4^{-}+8H^{+}+5e^{-}=Mn^{2+}+4H_2O$	1.51
$Au^{3+}+3e^{-}=Au$	1.52
$2HBrO+2H^{+}+2e^{-}=Br_2+2H_2O$	1.604
$Ce^{4+}+e^{-}=Ce^{3+}$ (1 mol·L^{-1} HNO_3)	1.61
$2HClO+2H^{+}+2e^{-}=Cl_2+2H_2O$	1.63
$HClO_2+2H^{+}+2e^{-}=HClO+H_2O$	1.64
$PbO_2+SO_4^{2-}+4H^{+}+2e^{-}=PbSO_4+2H_2O$	1.690
$MnO_4^{-}+4H^{+}+3e^{-}=MnO_2+2H_2O$	1.70
$H_2O_2+2H^{+}+2e^{-}=2H_2O$	1.763
$Co^{3+}+e^{-}=Co^{2+}$	1.92
$S_2O_8^{2-}+2e^{-}=2SO_4^{2-}$	1.96
$F_2+2e^{-}=2F^{-}$	2.87

(二) 在碱性溶液中(碱表)

电极反应	$\varphi^{\ominus}$/V
$Mg(OH)_2+2e^- \rightleftharpoons Mg+2OH^-$	−2.687
$Al(OH)_4^-+3e^- \rightleftharpoons Al+4OH^-$	−2.310
$B(OH)_4^-+3e^- \rightleftharpoons B+4OH^-$	−1.811
$Mn(OH)_2+2e^- \rightleftharpoons Mn+2OH^-$	−1.55*
$Zn(CN)_4^{2-}+2e^- \rightleftharpoons Zn+4CN^-$	−1.34
$Zn(OH)_4^{2-}+2e^- \rightleftharpoons Zn+4OH^-$	−1.285
$Zn(NH_3)_4^{2+}+2e^- \rightleftharpoons Zn+4NH_3$	−1.04
$SO_4^{2-}+H_2O+2e^- \rightleftharpoons SO_3^{2-}+2OH^-$	−0.936
$HSnO_2^-+H_2O+2e^- \rightleftharpoons Sn+3OH^-$	−0.91
$2H_2O+2e^- \rightleftharpoons H_2+2OH^-$	−0.828
$Cd(NH_3)_4^{2+}+2e^- \rightleftharpoons Cd+4NH_3$	−0.622
$SO_3^{2-}+3H_2O+4e^- \rightleftharpoons S+6OH^-$	−0.59
$2SO_3^{2-}+3H_2O+4e^- \rightleftharpoons S_2O_3^{2-}+6OH^-$	−0.576
$Fe(OH)_3+e^- \rightleftharpoons Fe(OH)_2+OH^-$	−0.56*
$Ni(NH_3)_6^{2+}+2e^- \rightleftharpoons Ni+6NH_3(aq)$	−0.49
$Cu(CN)_2^-+e^- \rightleftharpoons Cu+2CN^-$	−0.44
$S+2e^- \rightleftharpoons S^{2-}$	−0.407
$Ag(CN)_2^-+e^- \rightleftharpoons Ag+2CN^-$	−0.31
$AgCN+2e^- \rightleftharpoons Ag+CN^-$	−0.31
$CrO_4^{2-}+4H_2O+3e^- \rightleftharpoons Cr(OH)_4^-+4OH^-$	−0.13
$Cu(NH_3)_2^++e^- \rightleftharpoons Cu+2NH_3$	−0.100
$NO_3^-+H_2O+2e^- \rightleftharpoons NO_2^-+2OH^-$	0.01*
$Co(NH_3)_6^{3+}+e^- \rightleftharpoons Co(NH_3)_6^{2+}$	0.058
$HgO+H_2O+2e^- \rightleftharpoons Hg+2OH^-$	0.0977*
$Co(OH)_3+e^- \rightleftharpoons Co(OH)_2+OH^-$	0.17
$Ag(NH_3)_2^++e^- \rightleftharpoons Ag+2NH_3$	0.2223
$IO_3^-+3H_2O+6e^- \rightleftharpoons I^-+6OH^-$	0.257
$ClO_3^-+H_2O+2e^- \rightleftharpoons ClO_2^-+2OH^-$	0.33*
$ClO_4^-+H_2O+2e^- \rightleftharpoons ClO_3^-+2OH^-$	0.36*
$O_2+2H_2O+4e^- \rightleftharpoons 4OH^-$	0.401
$2ClO^-+H_2O+2e^- \rightleftharpoons Cl_2(g)+4OH^-$	0.421
$IO^-+H_2O+2e^- \rightleftharpoons I^-+2OH^-$	0.485*
$BrO_3^-+3H_2O+6e^- \rightleftharpoons Br^-+6OH^-$	0.61*
$MnO_4^{2-}+2H_2O+2e^- \rightleftharpoons MnO_2+4OH^-$	0.62
$ClO_2^-+H_2O+2e^- \rightleftharpoons ClO^-+2OH^-$	0.66*
$BrO^-+H_2O+2e^- \rightleftharpoons Br^-+2OH^-$	0.76
$ClO^-+H_2O+2e^- \rightleftharpoons Cl^-+2OH^-$	0.890

本表数据主要摘自 James G Speight. Lange's Handbook of Chemistry. 16th ed. 2005.

* 数据摘自 David R Lide. CRC Handbook of Chemistry and Physics. 90th ed. 2009—2010.

十七、条件电极电势 $\varphi^{\ominus'}$

半反应	$\varphi^{\ominus'}$/V	介质
$Ag(II)+e^- \rightleftharpoons Ag^+$	1.927	4 $mol \cdot L^{-1}$ HNO_3
$Ce(IV)+e^- \rightleftharpoons Ce(III)$	1.70	1 $mol \cdot L^{-1}$ $HClO_4$
	1.61	1 $mol \cdot L^{-1}$ HNO_3
	1.44	0.5 $mol \cdot L^{-1}$ H_2SO_4
	1.28	1 $mol \cdot L^{-1}$ HCl
$Co^{3+}+e^- \rightleftharpoons Co^{2+}$	1.85	4 $mol \cdot L^{-1}$ HNO_3
$Co(乙二胺)_3^{3+}+e^- \rightleftharpoons Co(乙二胺)_3^{2+}$	−0.2	0.1 $mol \cdot L^{-1}$ KNO_3+0.1 $mol \cdot L^{-1}$ 乙二胺
$Cr(III)+e^- \rightleftharpoons Cr(II)$	−0.40	5 $mol \cdot L^{-1}$ HCl
$Cr_2O_7^{2-}+14H^++6e^- \rightleftharpoons 2Cr^{3+}+7H_2O$	1.00	1 $mol \cdot L^{-1}$ HCl
	1.025	1 $mol \cdot L^{-1}$ $HClO_4$
	1.08	3 $mol \cdot L^{-1}$ HCl
	1.05	2 $mol \cdot L^{-1}$ HCl
	1.15	4 $mol \cdot L^{-1}$ H_2SO_4
$CrO_4^{2-}+2H_2O+3e^- \rightleftharpoons 2CrO_2^-+4OH^-$	−0.12	1 $mol \cdot L^{-1}$ NaOH
$Fe(III)+e^- \rightleftharpoons Fe(II)$	0.73	1 $mol \cdot L^{-1}$ $HClO_4$
	0.71	0.5 $mol \cdot L^{-1}$ HCl
	0.68	1 $mol \cdot L^{-1}$ H_2SO_4
	0.46	2 $mol \cdot L^{-1}$ H_3PO_4
	0.51	1 $mol \cdot L^{-1}$ HCl
$H_3AsO_4+2H^++2e^- \rightleftharpoons H_3AsO_3+H_2O$	0.557	1 $mol \cdot L^{-1}$ HCl
$Fe(EDTA)^-+e^- \rightleftharpoons Fe(EDTA)^{2-}$	0.12	0.1 $mol \cdot L^{-1}$ EDTA, pH=4～6
$Fe(CN)_6^{3-}+e^- \rightleftharpoons Fe(CN)_6^{4-}$	0.48	0.01 $mol \cdot L^{-1}$ HCl
	0.56	0.1 $mol \cdot L^{-1}$ HCl
	0.71	1 $mol \cdot L^{-1}$ HCl
	0.72	1 $mol \cdot L^{-1}$ $HClO_4$
$I_2(水)+2e^- \rightleftharpoons 2I^-$	0.628	1 $mol \cdot L^{-1}$ H^+
$I_3^-+2e^- \rightleftharpoons 3I^-$	0.545	1 $mol \cdot L^{-1}$ H^+
$MnO_4^-+8H^++5e^- \rightleftharpoons Mn^{2+}+4H_2O$	1.45	1 $mol \cdot L^{-1}$ $HClO_4$
	1.27	8 $mol \cdot L^{-1}$ H_3PO_4
$Os(VIII)+4e^- \rightleftharpoons Os(IV)$	0.79	5 $mol \cdot L^{-1}$ HCl
$SnCl_6^{2-}+2e^- \rightleftharpoons SnCl_4^{2-}+2Cl^-$	0.14	1 $mol \cdot L^{-1}$ HCl
$Sn^{2+}+2e^- \rightleftharpoons Sn$	−0.16	1 $mol \cdot L^{-1}$ $HClO_4$
$Sb(V)+2e^- \rightleftharpoons Sb(III)$	0.75	3.5 $mol \cdot L^{-1}$ HCl
$Sb(OH)_6^-+2e^- \rightleftharpoons SbO_2^-+2OH^-+2H_2O$	−0.428	3 $mol \cdot L^{-1}$ NaOH
$SbO_2^-+2H_2O+3e^- \rightleftharpoons Sb+4OH^-$	−0.675	10 $mol \cdot L^{-1}$ KOH
$Ti(IV)+e^- \rightleftharpoons Ti(III)$	−0.01	0.2 $mol \cdot L^{-1}$ H_2SO_4
	0.12	2 $mol \cdot L^{-1}$ H_2SO_4
	−0.04	1 $mol \cdot L^{-1}$ HCl
	−0.05	1 $mol \cdot L^{-1}$ H_3PO_4
$Pb(II)+2e^- \rightleftharpoons Pb$	−0.32	1 $mol \cdot L^{-1}$ NaAc
	−0.14	1 $mol \cdot L^{-1}$ $HClO_4$

十八、一些化合物的摩尔质量

化合物	$M/(g \cdot mol^{-1})$
$AgBr$	187.77
$AgCl$	143.32
$AgCN$	133.89
Ag_2CrO_4	331.73
AgI	234.77
$AgNO_3$	169.87
$AgSCN$	165.95
Al_2O_3	101.96
$Al_2(SO_4)_3$	342.15
$Al(C_9H_6ON)_3$(8-羟基喹啉铝)	459.43
As_2O_3	197.84
As_2O_5	229.84
$BaCO_3$	197.34
BaC_2O_4	225.35
$BaCl_2$	208.23
$BaCrO_4$	253.32
BaO	153.33
$Ba(OH)_2$	171.34
$BaSO_4$	233.39
$CaCO_3$	100.09
CaC_2O_4	128.10
$CaCl_2$	110.98
CaF_2	78.07
$Ca(NO_3)_2$	164.09
CaO	56.08
$Ca(OH)_2$	74.09
$CaSO_4$	136.14
$Ca_3(PO_4)_2$	310.18
$Ce(SO_4)_2$	332.24
CH_3COOH	60.05
CH_3OH	32.04
CH_3COCH_3	58.08
$(CH_3)_2AsO_2H$	138.00
C_6H_5COOH	122.12
C_6H_5COONa	144.10
$C_6H_4COOHCOOK$ (邻苯二甲酸氢钾)	204.22
$C_6H_{12}O_6$(葡萄糖)	180.16
CH_3COONa(乙酸钠)	82.03

化合物	$M/(g \cdot mol^{-1})$
C_6H_5OH(苯酚)	94.11
$COOHCH_2COOH$	104.06
$COOHCH_2COONa$	126.04
$CHCl_3$	119.38
Cr_2O_3	151.99
CuO	79.54
Cu_2O	143.09
$CuSCN$	121.63
$CuSO_4$	159.61
$CuSO_4 \cdot 5H_2O$	249.69
$FeCl_3$	162.21
FeO	71.84
Fe_2O_3	159.69
Fe_3O_4	231.53
$FeSO_4 \cdot 7H_2O$	278.01
$FeSO_4 \cdot (NH_4)_2SO_4 \cdot 6H_2O$	392.14
$Fe_2(SO_4)_3$	399.89
H_3BO_3	61.83
HBr	80.91
$H_2C_4H_4O_6$(酒石酸)	150.09
HCN	27.03
H_2CO_3	62.02
$H_2C_2O_4$	90.03
$HCOOH$	46.03
HCl	36.46
$HClO_4$	100.46
HF	20.01
HI	127.91
HNO_2	47.01
HNO_3	63.01
H_2O_2	34.02
H_3PO_4	98.00
H_2S	34.08
H_2SO_3	82.08
H_2SO_4	98.08
$HgCl_2$	271.50
Hg_2Cl_2	472.09
$KAl(SO_4)_2 \cdot 12H_2O$	474.39

续表

化合物	$M/(g \cdot mol^{-1})$	化合物	$M/(g \cdot mol^{-1})$
$KB(C_6H_5)_4$	358.33	$NaNO_2$	69.00
KBr	119.00	Na_2O	61.98
$KBrO_3$	167.00	$NaOH$	40.00
KCN	65.12	Na_3PO_4	163.94
K_2CO_3	138.21	Na_2S	78.04
KCl	74.55	Na_2SO_3	126.04
$KClO_3$	122.55	Na_2SO_4	142.04
$KClO_4$	138.55	$Na_2S_2O_3$	158.11
$K_2Cr_2O_7$	294.18	$Na_2S_2O_3 \cdot 5H_2O$	248.18
$KHC_2O_4 \cdot H_2C_2O_4 \cdot 2H_2O$	254.19	Na_2SiF_6	188.06
KI	166.00	NH_4Cl	53.49
KIO_3	214.00	$(NH_4)_2C_2O_4 \cdot H_2O$	142.11
$KMnO_4$	158.03	$(NH_4)_2HPO_4$	132.06
KNO_2	85.10	$(NH_4)_3PO_4 \cdot 12MoO_3$	1876.35
K_2O	94.20	NH_4SCN	76.12
KOH	56.11	$(NH_4)_2SO_4$	132.14
K_2SO_4	174.26	$NH_4Fe(SO_4)_2 \cdot 12H_2O$	482.19
$KSCN$	97.18	$NiC_8H_{14}O_4N_4$（丁二酮肟镍）	288.91
$MgCO_3$	84.31		
$MgCl_2$	95.21	P_2O_5	141.94
$MgNH_4PO_4$	137.31	$PbCrO_4$	323.19
MgO	40.30	PbO	223.20
$Mg_2P_2O_7$	222.55	PbO_2	239.20
MnO	70.94	Pb_3O_4	685.60
MnO_2	86.94	$PbSO_4$	303.26
$Na_2B_4O_7$	201.22	Sb_2O_3	291.52
$Na_2B_4O_7 \cdot 10H_2O$	381.37	Sb_2S_3	339.72
$NaBiO_3$	279.97	SiF_4	104.08
$NaBr$	102.89	SiO_2	60.08
$NaCN$	49.01	$SnCO_3$	178.72
Na_2CO_3	105.99	$SnCl_2$	189.62
$Na_2C_2O_4$	134.00	SnO_2	150.71
NaAc(乙酸钠)	82.03		
$NaCl$	58.44	TiO_2	79.87
NaF	41.99		
$NaHCO_3$	84.01	WO_3	231.84
NaH_2PO_4	119.98		
Na_2HPO_4	141.96	$ZnCl_2$	136.31
$Na_2H_2Y \cdot 2H_2O$(EDTA 二钠盐)	372.24	ZnO	81.41
NaI	149.89	$Zn_2P_2O_7$	304.76
		$ZnSO_4$	161.47

郑重声明

读者意见反馈

为收集对教材的意见建议，进一步完善教材编写并做好服务工作，读者可将对本教材的意见建议通过如下渠道反馈至我社。

咨询电话 400-810-0598

反馈邮箱 hepsci@pub.hep.cn

通信地址 北京市朝阳区惠新东街4号富盛大厦1座
高等教育出版社理科事业部

邮政编码 100029